普通高等教育人工智能与大数据系列教材

U0149892

# 现代互联网技术与应用

主编　杨武军　郭　娟

参编　石　敏　畅志贤　程远征

机械工业出版社

本书主要介绍现代互联网技术的基本概念、工作原理和应用，包括 SDN 等新技术的应用。讨论园区和电信城域网的组网方式、TCP/IP 和主要应用部署的原则、方法。实验部分介绍在具体的网络设备上如何运用这些知识，针对具体问题和需求，组建网络、配置和部署协议。主要内容包括：互联网概述、TCP/IP 基础、Wireshark/GNS3/Mininet 等常用网络工具的使用、以太网原理与二层组网技术、路由协议与 OSPF 协议、域间路由与 BGP、应用层协议与 ISP 基础服务、园区与城域网综合应用实验、SDN 技术及实验等。

本书内容新颖翔实，讲述深入浅出，很好地兼顾了现代互联网理论与实践两方面的知识和技能的要求，每章均附有练习与思考题，便于自学。本书可作为普通高等院校通信工程、电子信息、计算机等专业的高年级本科生的理论或实验教学用书，也可作为电信工程技术人员继续教育的教材和参考书。

**图书在版编目（CIP）数据**

现代互联网技术与应用/杨武军，郭娟主编. —北京：机械工业出版社，2021. 12

普通高等教育人工智能与大数据系列教材

ISBN 978-7-111-69465-6

Ⅰ.①现…　Ⅱ.①杨…②郭…　Ⅲ.①互联网络—高等学校—教材　Ⅳ.①TP393.4

中国版本图书馆 CIP 数据核字（2021）第 218096 号

机械工业出版社（北京市百万庄大街 22 号　邮政编码 100037）

策划编辑：王雅新　责任编辑：王雅新　侯　颖

责任校对：潘　蕊　张　薇　封面设计：张　静

责任印制：常天培

北京机工印刷厂印刷

2022 年 1 月第 1 版第 1 次印刷

184mm×260mm・21.5 印张・530 千字

标准书号：ISBN 978-7-111-69465-6

定价：65.00 元

电话服务　　　　　　　　　网络服务

客服电话：010-88361066　机 工 官 网：www.cmpbook.com

　　　　　010-88379833　机 工 官 博：weibo.com/cmp1952

　　　　　010-68326294　金 书 网：www.golden-book.com

**封底无防伪标均为盗版**　机工教育服务网：www.cmpedu.com

# 前　言

进入 21 世纪后，随着宽带移动通信、WLAN、物联网等技术的成熟和广泛应用，互联网已经深入到人们生活和工作的方方面面，成为与水、电、交通一样重要的社会基础设施，须臾不可离。互联网世界统计（IWS）数据显示，截至 2020 年 12 月底，全球互联网用户数量达到 50.53 亿人。互联网本身已成长为一个高度动态、规模庞大的复杂系统，其应用渗透到了各行各业，其带来的影响，一方面是需要的专业人员越来越多了，另一方面是对从业人员的专业能力要求也更高了！

在互联网体系架构中，TCP/IP 技术居于核心地位，它向上承载各类应用，向下互联各类网络，为丰富多彩的互联网应用提供了安全可靠的运行环境。因此，TCP/IP 技术也成为高校电子信息类和计算机类相关专业的核心教学内容之一。为满足当前信息通信产业对互联网工程技术人才的需求，相关教材内容上既要使学生很好地理解原理，又要与企业需求对接，培养学生解决实际复杂工程问题的能力，解决人才培养"最后一公里"问题。鉴于上述考虑，本书坚持理论与实践相融合，在内容组织和编排上具有如下特点：

1）坚持 TCP/IP 原理与工程实践相融合。第 1 章介绍了互联网组成结构和 TCP/IP，后续各章均先介绍应用背景和原理，然后进入实验内容。除第 1 章外，各章最后安排综合实验，综合实验的内容来自实际工程问题，以达到培养学生综合运用知识和工具解决实际工程问题的能力的目标。

2）强调现代工具的运用。引入 Wireshark/GNS3 等现代工具辅助教学。在互联网技术类课程的教学中，TCP/IP 分层体系的内容既是教学重点，也是学习的难点。本书给出逻辑分层与物理网络对应关系，并运用 Wireshark/GNS3 软件展示协议的真实细节，使学生把抽象的分层协议概念与实现联系起来。同时，通过实验中的观察、分析、排查故障、预测网络行为等环节，培养学生分析问题、解决问题的能力。

3）突出基本原理与电信网络运营和应用实际相结合。设置第 6 章和第 7 章专门介绍企业网、城域网的组网原理，以及软件定义网络的原理，并提供专门的综合实验和前沿技术实验，培养学生综合运用知识和技术的能力。教师可根据实际教学情况，以项目的方式安排任务，培养学生了解和掌握从需求分析开始，经过规划设计、实现、业务部署，到最后测试交付的全过程知识。

本书适合高校电子信息类和计算机类相关专业的学生使用，也适合信息通信行业从业人员自学和培训使用。用作课程教材，适用于 48~64 学时的理论和实践教学，教学过程中教师可以根据学生的基础，灵活安排第 6 章和第 7 章的内容。

本书的第 1 章由杨武军编写，第 2 章和第 5 章由石敏编写，第 3 章和第 6 章由郭娟编写，第 4 章由畅志贤编写，第 7 章由程远征编写。全书的统稿工作由杨武军和郭娟两位主编共同完成。

写作是一个漫长而艰苦的过程，在繁重的教学、科研工作之余能够最终完成本书，是五位作者共同努力的结果，期间五位作者克服了很多困难，将宝贵的时间和热情投入到写作中。另外，本书的写作还得益于中兴-西邮 ICT 培训中心边立涛总经理，以及江苏省未来网络创新研究院团队总监魏亮博士提供实验环境的支持和写作帮助，在此一并表示感谢。

对于像互联网技术这样不断变化发展的领域，知道得越多，越会认识到自己对它了解之贫乏！限于作者的水平，书中难免存在不足之处，殷切期望广大同行和读者批评指正，以便作者根据大家的反馈和建议，结合本领域的最新进展进行修订和完善。

**编者 于西安邮电大学**

2021 年 4 月

# 目　录

# 第 1 章  现代互联网概述

本章介绍现代互联网（Internet）的组成、核心协议和工作原理，为后续的实验部分提供必要的背景知识。本章共四节：第一节介绍 Internet 的体系结构，包括定义、组成、互联的原理，以及 TCP/IP 的分层体系结构；第二节和第三节则分别介绍 Internet 体系结构中核心的两层，即网络层和传输层的主要协议和工作原理，如 IP、TCP、UDP 的主要内容和工作原理；第四节介绍 Internet 的演进过程，以及演进中出现的三个主要技术 IPv6、MPLS 和 SDN 的特点和原理。

## 1.1  Internet 的体系结构

### 1.1.1  Internet 概述

Internet 指采用分组交换技术、使用 TCP/IP、将不同类型的网络互相连接在一起而形成的覆盖全球的信息基础设施。Internet 是 20 世纪人类创造的最大、最复杂的系统，它联结了全球数以百亿计的各类设备，这些设备可以是一台计算机，也可以是移动智能手机、工业设备、物联网终端或智能家电等，只要它们遵循 TCP/IP 标准，就可以与互联网相连，实现彼此间的通信。

Internet 的成功之处是其设计上的通用性和开放性。通用性体现在 Internet 不是针对特定行业或业务设计，而是可以承载不同类型的业务；开放性则体现在采用标准的、开放的 TCP/IP，并提供开放的应用编程接口。这些特点使得新业务的开发和部署不依赖设备制造商和网络运营商。这种通用性和开放性是 Internet 能快速发展和繁荣的关键因素。

互联网起源于 1969 年美国国防部高级研究计划署（Defense Advanced Research Projects Agency）研发的军事科研网 ARPANET。20 世纪 90 年代，Internet 商业化后，其规模取得爆炸式的发展。据互联网世界统计（Internet World Stats，IWS），到 2020 年底，全球 Internet 用户数量已达 49 亿人，其应用范围也从学术、商业和消费领域，逐步扩展渗透到各行各业的生产、制造等领域。

互联网协会（Internet Society，ISOC）是互联网管理机构，成立于 1992 年。ISOC 与 ITU（International Telecommunication Union，国际电信联盟）官方特点不同，它是一个国际性的、非营利的会员制组织，其主要职责是为与 Internet 发展有关的标准、教育和政策等工作提供财政和法律支持，推动 Internet 在全球范围的应用和健康发展。ISOC 下设的互联网架构委员会（Internet Architecture Board，IAB），负责整个互联网的架构和长期发展规划；IAB 管理下的互联网工程任务组（The Internet Engineering Task Force，IETF），负责 Internet 相关技术规范的研发和制定等具体工作。互联网域名与地址分配机构 ICANN（Internet Corporation for Assigned Names and Numbers）

也是一个独立于官方的非营利性国际组织，负责全球互联网运营中非常重要的 IP 地址、域名资源，以及根和顶级域名服务器系统的分配、协调和运维管理工作。

## 1.1.2　网络结构

### 1. 网络单元

Internet 是由不同类型的网络单元组成的，主要包括：终端、传输链路、路由器和交换机，以及安全设备。终端可以是任意具备联网功能的终端设备，最常见的是通用计算机、笔记本式计算机、智能手机等。路由器和交换机实现分组的路由和转发功能，其中交换机位于一个网络的内部，可以是以太网交换机、ATM 交换机等，路由器则位于一个网络的边缘，负责不同网络之间的互联。传输链路与其他类型的电信网络没有区别。近年来，由于网络安全问题的日益突出，如防火墙、ICS/IPS 等安全设备也成为网络的基本单元。

### 2. 网络组成

Internet 在网络结构上可分为三个部分，即接入网、城域网和骨干网，如图 1.1.1 所示。用户必须通过某个互联网服务提供商（Internet Service Provider，ISP）提供接入服务，而该 ISP 必须已经是互联网的一部分。ISP 可以是为公众提供商业服务的电信运营商，也可以是建有自己园区网的公司、学校和各类机构。在后一种情况下，ISP 一方面为自己的员工提供接入，另一方面又是某商用 ISP 的客户，通过租用 ISP 电信专线接入上一级 Internet。如图 1.1.1 所示，每个大型商用 ISP 的网络都包含接入网、城域网和骨干网三部分，Internet 的骨干网就是由商业 ISP 骨干网互联而成。出于网络管理与控制的考虑，大型商用 ISP 网络之间仅在骨干网层面，通过边界网关路由器实现互联。互联的 ISP 之间，会通过签署保密的商业协议来规定彼此的义务和责任，包括

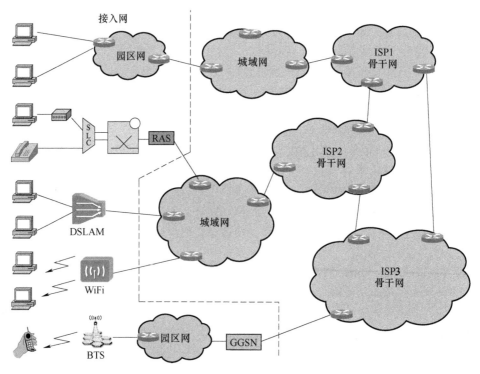

图 1.1.1　Internet 的网络结构

相互交换路由信息、转发彼此的流量，以及如何进行网间结算等内容。这里，需明确 Internet 上两个网络互联，应该至少包含两个层面：第一层是两网之间存在一条链路，即实现物理连接；第二层是两个网络可以交换 TCP/IP 配置信息，知道通过对方可达哪些网络，即实现逻辑连接。

### 3. ISP 的类型

ISP 是随着互联网的商业化出现的概念。ISP 为用户提供的主要服务包括：互联网接入、流量中转、域名服务、通信与信息服务等。今天的 Internet，其主干是由许多商业化的大型电信运营商网络（即 ISP 网络）以对等互联的方式而组成的多主干结构。对等互联指双方互相为对方提供流量转发服务，按商业合同进行服务结算。

商业 ISP 按经营范围分为骨干 ISP、区域 ISP 和接入 ISP 这三个层次。骨干 ISP，也称第一层 ISP，网络规模通常都很大，覆盖从国内到国际、从接入到传输的全部服务。例如，AT&T、Sprint、NTT、中国电信等大的电信基础服务运营商。第二层 ISP，即区域 ISP，通常连接 1 个或多个骨干层 ISP，也可能与其他第二层 ISP 直接互联，其网络覆盖为一个区域。第三层 ISP，即接入或本地 ISP，它们是网络的最后一跳，直接面对用户，为互联网用户提供接入，通常是高层 ISP 的客户。另外，Google 和亚马逊等提供全球服务的 IT 公司，它们也会租用基础电信运营商网络的传输资源，互联自己分布在全球的数据中心，形成自己的信息服务网络，但它们并不为用户提供接入、域名等基础服务。

图 1.1.2 描绘了 Internet 的三层 ISP 联网结构。ISP 之间的互联通常有两种方式：中转方式（Transit）或对等方式（Peering）。中转方式指一个 ISP 允许另一个 ISP 的流量通过自己的网络转发，通常是小型 ISP 从大型 ISP 处以付费方式购买该服务。此时，大型 ISP 成为小型 ISP 的上游服务提供商，如区域 ISP 与第一层的骨干 ISP 之间的互联多采用这种方式。对等方式指两个网络规模基本相当的 ISP 之间直接互联、相互转发对方的流量、互不收费。此时，两个 ISP 之间称为对等方，如第一层的 ISP 之间，多采用对等互联方式。对等互联可以采用在两个 ISP 边界路由器间建立直达专线的方式实现，也可以通过 IXP（Internet Exchange Point）来实现。

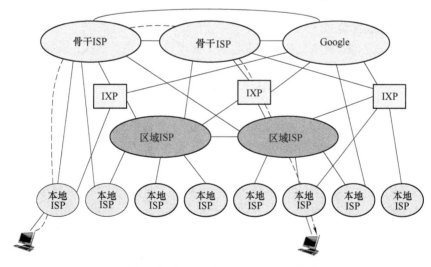

图 1.1.2　Internet 的三层 ISP 联网结构

IXP 是一个采用二层网络技术（Ethernet 或 ATM/MPLS 等虚电路），主要以对等模式构建的公共互联网基础设施，用于 ISP 之间的对等互联。IXP 的对等模式指连接到 IXP 的所有 ISP 按占用接口带宽的比例分担建设运维费用，ISP 之间通过 IXP 的两层网络直接互联，相互转发流量时互不收费，即所谓的 SKA（Sender Keep All）模式。

实际中的 ISP 骨干网并不一定全部采用路由器组建，一种常见的组网形式是，仅在骨干网的边界处部署路由器，内部则采用诸如 MPLS（Multiprotocol Label Switching，多协议标签交换）等两层交换技术实现边界路由器之间的全网状逻辑互联，以提高网络的转发性能和服务质量。

### 1.1.3　互联的原理

**1. 问题与挑战**

在 Internet 出现之前，已经存在很多不同类型的分组交换网，如 X. 25、Ethernet、FR、ATM 等，这些网络都很好地解决了内部网络上任意节点间的通信。那如何让任意两个节点穿越一个由不同物理网络组成的网络相互通信？如果希望构建的互联网是一个覆盖全球范围的、连接数亿终端的"网络的网络"，如何应对网络扩张后的性能要求？

符合现实的做法是设计一种异构网络互联的方法。该方法不要求位于不同网络上的终端在应用通信时必须了解底层物理网络的细节，数据穿越每个物理网络内部传输时，却仍然可以使用原有的通信设施，以保护现有的基础网络投资。从用户的角度看，这样一个由许多使用不同技术网络互联而成的新网络，在通信时和单一技术组成的网络没有什么不同。

简而言之，实现互联的主要挑战是异构性和扩展性两个问题。异构性问题之所以成为一个挑战，是因为现存的分组网络技术差别很大，例如：

1）服务模式不同。网络为应用提供的服务不同，如可靠性的程度、服务质量等。

2）接口不同。例如，分组的长度、地址格式等。

3）协议不同。例如，不同的选路协议等。

另一个设计上要考虑的问题是，广泛互联引起的网络规模扩张对性能的影响。例如：

1）路由协议不会因为节点和链路数量的增加就失去稳定性。

2）地址应该是一个分层次的结构，有利于选路优化和汇聚地址。

3）随着用户数和业务量的增加，应该有一个拥塞控制的方法来保持网络的稳定性和性能。

**2. 基于 IP 的互联方案**

在保持原有网络基础设施不变的基础上，为了实现异构网络的互联，Internet 采用了一种基于逻辑网络层的互联方案。其主要思想是：

1）叠加模型：定义一个新的逻辑网络层协议 IP，将其叠加在现存物理网络的网络层之上，并要求所有的终端设备和互联网关设备（统称路由器）都必须运行 IP。IP 负责完成所有上层应用到物理网络，以及物理网络到上层应用的映射，以此来实现异构网络的互联。

2）全局逻辑地址：为实现跨网寻址，新创建一个全局的、分级的 IP 地址空间，用以处理高效的寻址和扩展性问题。

以图 1.1.3 为例，主机位于 Ethernet 网络上，服务器位于 ATM 网络上，这两个异构的网络通过路由器互联实现通信。可以看到，采用叠加模型互联时，原有的物理网络中设备的协议栈保持不变，但要求终端和网络边界的路由器的协议栈增加一个新的逻辑网络层 IP，这个新的网络层为通信的各方提供统一的分组格式和端到端的全局寻址能力。

以图 1.1.4 和图 1.1.5 为例来说明引入一个中间层的叠加模型的优点。在图 1.1.4 中，没有引入中间的逻辑网络 IP 层之前，应用的实现与物理网络是紧耦合关系，每个应用都必须为每一种物理网络重新实现一次；当出现一种新的物理网络如 WLAN，则所有的应用也必须为该类网络重新实现一次。同样，引入一个新的应用，如 HTTP，也必须为每个物理网络重复实现一次。这导致大量系统冗余和应用部署的低效率。

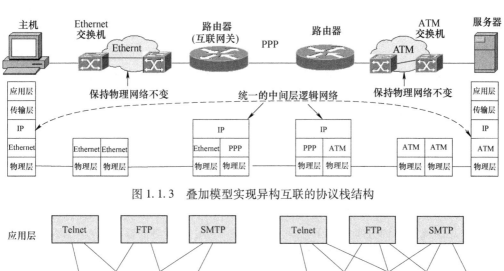

图 1.1.3　叠加模型实现异构互联的协议栈结构

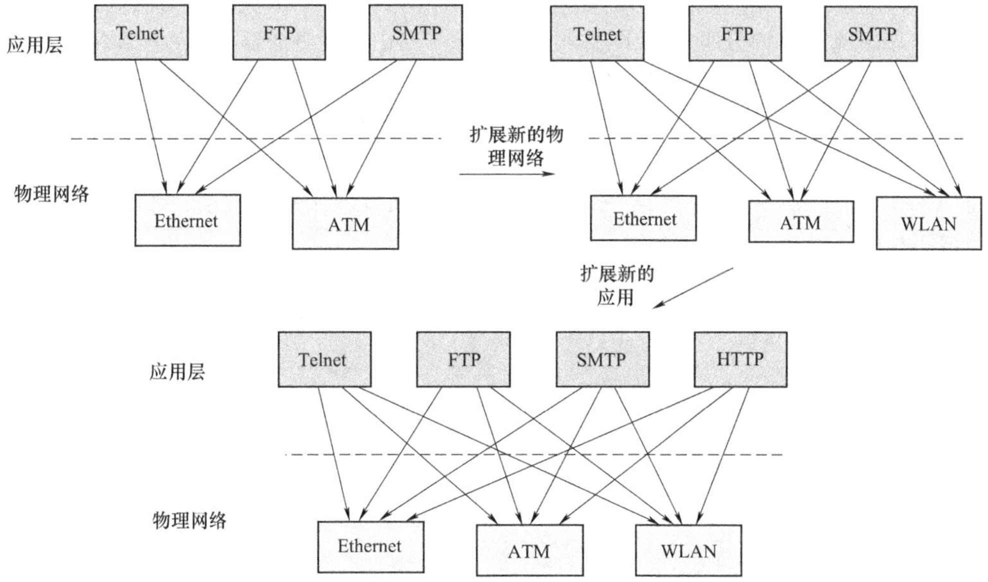

图 1.1.4　应用与物理网络相关的扩展模式

图 1.1.5 描述了采用叠加模型后的灵活性。在应用层和物理网络之间引入一个逻辑网络层 IP 后，应用面对的是一个中间的逻辑网络层（IP），该层与物理网络无关，它给应用提供统一的 API。这样，无论增加新的物理网络，还是增加新的应用协议，都可以避免协议间映射的 $N^2$ 问题。

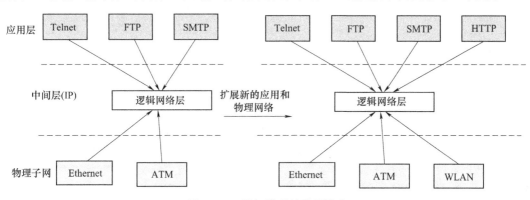

图 1.1.5　叠加模型的扩展模式

现在来回顾一下 Internet 基于叠加模型互联的思想：第一，为了允许不同网络技术共存于 Internet，设计者引入一个逻辑网络层（IP），IP 定义了全新的分组格式和独立于硬件的全局逻辑地址，然后将它叠加在现有的物理网络之上，扮演中间层的角色，此时，每个物理网络从 IP 的角度看，都成为一种 IP 之下的数据链路层，就是常说的物理网络的链路化；第二，引入 IP 之后，IP 提供的网络功能可能与原物理网络重叠，为避免冗余，设计上 IP 就应该仅实现最低限度的功能，即提供尽力而为的网络服务。现实中 IP 为上层应用提供的服务，多数情况下不可能比原物理网络提供的更多。

## 1.1.4 TCP/IP 体系结构

### 1. 分层结构

体系结构用于描述一个系统的设计目标，实现目标采取的技术方法，以及组成系统的基本构建块。Internet 体系结构也叫 TCP/IP 体系结构，是从 ARPANET 发展而来的，其核心协议包括 IP、TCP、UDP、路由协议、DNS 等。建立 TCP/IP 体系结构时积累的经验对 OSI（开放系统互联）参考模型产生了很大的影响。TCP/IP 参考模型采用分层体系结构，但没有统一的约定，其结构定义在 1989 年发布的 RFC1122 和 RFC1123 中，但并不严格遵守 OSI 参考模型。在图 1.1.6 中，将 TCP/IP 描述成一个五层的结构，五个层次自底向上依次是物理层、数据链路层、网络层、传输层和应用层。

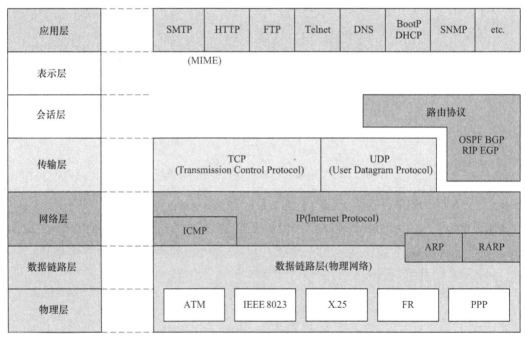

图 1.1.6　Internet 分层体系结构

从图 1.1.6 中能看到，TCP/IP 参考模型与 OSI 参考模型之间是有差异的。首先，TCP/IP 的应用层包含了 OSI 的应用层、表示层和会话层三个层次的功能；其次，TCP/IP 的核心协议主要在网络层和传输层，并不直接涉及物理层，很多讨论 TCP/IP 技术的文献和书籍讲解 TCP/IP 分层结构时，将数据链路层和物理层合在一起，称为物理网络层、网络接入层，或数据链路层。实际中，IETF 制定标准时也不独立定义新的数据链路层和物理层协议，而是使用现存的标准，但会定义 IP 如何在其上承载的相关协议。最后要指出的是，互联网的 TCP/IP 作为工业实现，强调在性能与模块化之间折中，并不严格遵循分层的约束。以路由协议为例，它们属于网络层功能，但在 TCP/IP 的分层结构中，OSPF 通过 IP 层传输，而 BGP 则通过 TCP 来传输，但路由功能的讨论仍然要归入网络层的范畴，而不是划到传输层或应用层来讨论，这样的情况在互联网中有很多。

数据链路层为两台直连的主机提供点到点的通信链路。该层可以使用现有的各种物理网络协议，如 ATM、Ethernet、PPP、MPLS 等。在实际组网中，两台设备之间的数据链路可以是点到点的链路，可以是一个广播型链路，也可以是一条包含多跳的虚电路。但从 IP 的观点看，它们都是直连的一跳链路，没有什么区别。

网络层在数据链路层之上，为网络上任意主机之间的通信提供不可靠的、无连接的数据报服务。网络层包含多个协议，核心是 IP 和路由协议（Routing Protocol）。IP 定义了 IP 分组和 IP 地址的格式，以及分组转发的规则。路由协议如 OSPF 和 BGP4 等，主要实现路由功能，负责创建和维护每台路由器上的路由表，保障全网选路和转发行为的一致性。由于 IP 的功能较简单，仅靠 IP 很难满足商业电信网络的运营与维护需求，在图 1.1.6 中能看到网络层还有很多扩展的辅助协议，它们来完成 IP 和路由协议不提供的功能。例如，通过 ARP 来进行 IP 地址到数据链路层地址的翻译，使用 ICMP 来完成维护和差错信息的通告功能等，使用 DNS 协议完成域名服务等。

传输层在网络层之上，它为不同主机上两个进程之间的通信提供传输信道。鉴于实际应用的多样性需求，传输层设计了几种协议以满足不同的需要，并允许扩展新的传输层协议。目前，常用的是 TCP 和 UDP 两个协议。

应用层在传输层之上，它为各类网络应用提供服务接口，以简化网络应用的设计实现。目前已经定义了支持各种互联网服务的应用层协议。例如，SMTP（Simple Mail Transfer Protocol），它是创建邮件应用的基础；HTTP 用于支持 Web 服务；FTP 用于支持文件传输服务。

在现代电信网络中，从运营、管理的视角，在分层模型的基础上将网络划分为三个功能面，依次是数据面、控制面和管理面。互联网商业化后，在 TCP/IP 核心协议的基础上，也扩展了控制面和管理面协议，以支撑商业运营和管理的需要。例如，互联网的管理面负责承载和处理管理数据流，包括监视、故障告警定位、计费和业务流量统计等，SNMP、DHCP、AAA/Radius 均属于管理面的协议。互联网的控制面核心是路由协议。正确合理地配置路由协议、优化路由系统参数，可以提高数据面的分组转发效率，降低网络管理的复杂度，是改善网络性能的主要手段之一。除路由协议外，ARP 和 DNS 等从功能看，都可归属于控制面的协议。

**2. TCP/IP 体系结构的特点**

采用 TCP/IP 体系结构的互联网主要有三个特点：

1）漏斗模型。其特点可描述为"简单的网络，智能的终端"。其设计原则是，在互联网上所有的主机和路由器都要实现 IP，但 IP 仅提供最低限度的功能来支持主机到主机的分组交付。流量控制、差错控制、拥塞控制、连接管理等复杂的功能由传输层和应用层执行，但它们仅在终端上实现。这代表了互联网最基本的设计哲学。

2）无状态结构。网络层采用无连接的数据报服务模式，网络内部不维持用户通信时的连接状态信息，这些信息仅在上层需要时保存在终端。换言之，为保持网络的简单性，路由器上不保存数据面的用户状态信息，仅保存网络的当前状态信息。网络状态信息帮助数据面正确执行分组转发功能。在路由器上，保存网络的状态信息最重要的组件就是路由表。

3）接口开放。为网络应用程序开发提供了一个开放的应用编程接口（API），通过 API，任何用户和第三方服务提供商，在技术上都可不受限制地开发自己的网络应用程序。

Internet 提供服务的方式被称为"尽力而为"模型。其优点是：由于网络层的简单性，易于异构网络互联；其次，传输层与网络层分离，可以方便地引入新的传输层协议支持新的应用，而无须修改核心网；再次，网络无状态，路由器转发分组自主灵活，提高了网络的生存性。

## 1.2 网络层

### 1.2.1 网络层概述

网络层负责主机到主机的通信，它是 TCP/IP 体系结构中最复杂的层次之一。网络层有两个基本功能，即选路和转发。

选路（Routing）：指路由器之间通过路由信息的交换和路由算法的执行，创建路由表，决定端到端的分组转发路径的过程。选路过程通常需要多台路由器之间协作完成，属于控制面的功能。

转发（Forwarding）：指路由器从输入接口接收一个分组后，根据目的地址查询路由表，将分组转发到输出接口的过程。与选路过程相比，转发过程仅涉及一台路由器，处理过程也相对简单，属于数据面的功能。

可以看出，路由表是联系选路和转发两个基本功能的关键部件。每台路由器的路由表存储了到所有已知目的网络的路由信息。

图 1.2.1 描述了网络层的主要协议和功能。IP 是网络层的核心协议，它定义了 IP 分组的格式、编址方法和转发规则；其次是路由协议，它负责计算从本地出发的一个分组到目的端的转发路径，创建和维护路由表。ICMP 和 ARP 是两个支撑协议，它们协助网络层实现选路和转发优化。下面来介绍 IP、ARP 和 ICMP，路由协议则放到第 4 章中专门讲解。

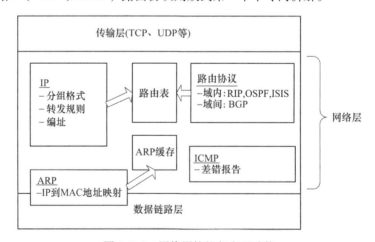

图 1.2.1　网络层协议与主要功能

### 1.2.2 IP

IP 有 IPv4 和 IPv6 两个版本。IPv4 是目前应用最广泛的一个版本，它发布于 1981 年的 RFC791，定义了 IP 的分组格式和全局逻辑地址，为主机之间的通信提供"尽力而为"的数据报服务。IPv6 是在 20 世纪 90 年代初提出的计划取代 IPv4 的下一代互联网协议，其内容将在第

1.4.2 小节详细介绍。

**1. 分组格式**

IP 能够提供什么功能体现在 IP 分组头部能提供哪些控制信息。下面以 IPv4 的分组格式和控制信息为例，对其功能做一个较为详细的介绍。

如图 1.2.2 所示，IP 分组长度是可变的，由头部和用户数据两部分组成。头部本身也是可变长的，它由一个 20B（字节）的定长部分和一个变长的可选字段组成。在实际应用中，出于转发性能方面的考虑，头部主要采用 20B 定长格式，以 4B 为一组分为 5 个（字）。

1）第一个字提供分组的摘要信息。主要字段如下：

● 版本（4bit）：分组的版本号。

● 头部长度（4bit）：给出以 4B（32bit）为单位的分组头部长度。例如，该字段取值为 5，则实际表示分组头部的长度为 20B。

● 服务类型（8bit）：描述分组要求的服务类型，包括可靠性、优先级、时延、吞吐量等。但目前没有被路由设备广泛支持。

● 总长度（16bit）：该字段以 8bit 为单位描述包括头部和数据部分的分组总长度。分组总长度不能超过 64KB。

2）第二个字的信息用于进行分片处理。它由三个字段组成：

● 标识符（16bit）：在异构的互联网上一个分组传输过程中有可能被分片，该字段用于指示哪些分片属于同一个分组，以帮助目的地进行分组的重装。该字段的值是随机选择的，同一个 IP 分组的每一个分片都有相同的标识符。实际上，无论是否分片，该字段始终保持不变。

● 分片标志（3bit）：用于指示如何处理当前分组分片，目前仅使用了 2bit。MF（More Fragment）位置 1，代表该分片是分组中的一片，后面还有该分组的其他分片；置 0 则代表该分片是分组的最后一片。DF（Don't Fragment）位置 1，代表该分组不允许被分片；置 0 则允许分片。假如一个分组被设置成不允许分片，则当其长度超出网络允许的范围，则路由器就会丢弃该分组。

● 分片偏移量（13bit）：与分片标志字段结合使用，用于在重新组装分组时指示分片在原分组中的位置（以 8B 为单位）。

图 1.2.2　IP 分组格式

3）第三个字包含三个字段，用于实现 IP 执行交付分组、差错检测、环路避免和超时控制。

● 生命期（Time to Live，TTL）（8bit）：以跳数为单位描述分组的生存期。路由器收到一个分组，会将该字段减 1，为 0 则丢弃该分组，以此来控制超时和环路问题。

● 协议（8bit）：由于网络层之上存在多个协议，该字段描述 IP 分组中数据部分来自于上层的哪一个协议。通过该字段，IP 可以将分组交付给指定的上层协议。典型的取值有：1 代表 ICMP，6 代表 TCP，17 代表 UDP，89 代表 OSPF 协议。

● 头部校验和（Header Checksum，16bit）：用于差错检测，以 16bit 为一个单位，对头部执行反码求和运算（参考第 3 章的内容）。IP 对校验出错的分组采用简单丢弃的处理方式。

4）第四个字和第五个字分别是 32bit 的源 IP 地址和目的 IP 地址。IP 地址用于在 Internet 上唯一地标识一台主机。

5）可选项（Options）：该字段用于承载可选参数，如特殊的路由和安全需求等，长度可变。RFC791 要求路由器要支持可选项字段，但实际中大多数情况下的 IP 分组中该字段都不使用。

**2. IP 地址及表示法**

在 TCP/IP 体系中，需为每台主机分配一个唯一的 32bit 的 IPv4 地址，该地址用于该主机在 Internet 上的所有通信中。IP 编址方案需要实现两个目标：第一，唯一地标识一台主机；第二，帮助路由器实现高效的选路和转发。

为达成上述目标，IP 地址采用了分层的结构设计。每个 32bit 的 IPv4 地址由两部分组成，表示成"<网络前缀>，<主机部分>"的形式。网络前缀是主机接口所连接的 IP 子网的标识。地址分配时，要求属于相同 IP 子网的主机接口的网络前缀必须相同，主机部分必须不同，这样一个 IP 地址就唯一地标识了设备所在的网络，也唯一地标识了网络上的一台主机。

实际网络中，当主机和路由器有多个接口连接到不同的网络时，需要为每个接口配置一个不同的 IP 地址。因此，简单地说一个 IP 地址标识一台主机并不准确，准确地讲，一个 IP 地址唯一地标识一台主机连接具体网络的网络接口。

二进制的 IP 地址方便主机处理，但并不方便阅读和日常管理。工作中则采用点分十进制（Dotted Decimal Notation）表示法，即将 32bit 的 IP 地址，分为 4 个字节，每个字节代表一个 0 ~ 255 之间的十进制数值，这些数之间通过圆点分割。例如，一个二进制的 IP 地址 11000000. 10101000. 00000001. 00000001，表示成点分十进制则为 192. 168. 1. 1。

**3. 分类编址**

最初设计 Internet 的编址方案时，根据不同的网络规模和用途，定义了五类地址。其中的 A、B、C 类用于不同规模网络的单播通信，D 类地址是 IP 组播通信，E 类地址保留供实验使用。这里重点介绍 A、B、C 类地址。

如图 1.2.3 所示，可以看出 A、B、C 类地址的网络前缀有以下特点：

1）在 A 类地址中，第一个字节用于网络前缀，其余三个字节用于主机部分。

2）在 B 类地址中，前两个字节用于网络前缀，其余两个字节用于主机部分。

3）在 C 类地址中，前三个字节用于网络前缀，最后一个字节用于主机部分。

为便于确定一个 IP 地址属于哪个类型，分类编址方案采用了"首字节规则"，即通过 IP 地址的第一个字节中的标志位区分地址的类型。如在图 1.2.3 中，如果 IP 地址的首字节第一位为 0，则为 A 类地址，如果 IP 地址首字节的前两位为 10，则为 B 类地址，依此类推。通过"首字节规则"，路由器可以快速地确定一个 IP 地址的网络前缀，提高转发效率。根据首字节规则，可以确定各类地址的网络前缀和主机的取值范围，见表 1.2.1。

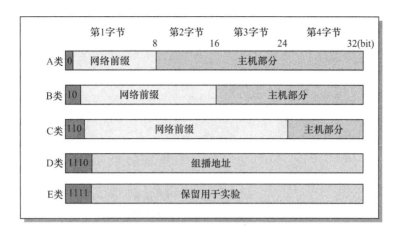

图 1.2.3 分类 IP 地址及首字节

表 1.2.1 分类 IP 地址的网络和部分主机部分的地址范围

| 地址类别 | 首字节中标志位的值 | 首字节中的取值范围 | 可能的网络数 | 每个网络可能的主机数 | 掩码 |
|---|---|---|---|---|---|
| A | 0 | 1~126 | 126 | 16777214 | 255.0.0.0 |
| B | 10 | 128~191 | 16364 | 65534 | 255.255.0.0 |
| C | 110 | 192~223 | 2097152 | 254 | 255.255.255.0 |
| D | 1110 | 224~239 | N | N | N |
| E | 1111 | 240~254 | N | N | N |

表 1.2.1 中，给每一类地址分配了相应的掩码，掩码也采用点分十进制表示法，1 对应网络前缀部分，0 对应主机部分，对于 B 类地址，则相应的掩码记为 255.255.0.0。对于分类地址的掩码，习惯叫作子网掩码。

实际中，如何为一个 IP 网络中的每个端口分配 IP 地址？由于 IP 地址是与物理位置相关的，为保证正确地转发分组，每个接口的 IP 地址不能任意分配。地址分配的规则是，每个路由器的接口连接一个 IP 子网，每个 IP 子网要分配唯一的网络前缀，同一个 IP 子网的接口网络前缀要相同，主机部分不能相同，拥有相同网络前缀的接口组成的集合定义为一个 IP 子网。两台路由器如果直连（中间不存在任何三层设备），则直连的两个接口属于同一个 IP 子网。

以图 1.2.4 为例，路由器互联了两个两层网络，地址分配的步骤如下：

1）以路由器端口为界，确定要划分两个 IP 子网；为每个 IP 子网分配唯一的网络前缀，分别为 172.16.0.0/16 和 10.0.0.0/8。

2）为子网内每台主机分配 IP 地址的主机部分，同一个子网内的接口 IP 地址的网络前缀部分要相同，主机部分要不同。

这样，路由器收到一个分组，查看其目的 IP 地址，若网络前缀为 172.16.0.0/16，则将其转发到左侧接口，若网络前缀为 10.0.0.0/8，则将其转发到右侧接口，简化了转发处理过程。

**4. 保留地址与私有地址**

按照约定，编址方案保留了一些特殊用途的地址，它们不能分配给主机接口。其中主要有网络地址、广播地址、全 0 地址、环回地址等，见表 1.2.2。这些特殊的地址都被保留用于特殊的用途，不能把它们分配给一个主机的接口使用。

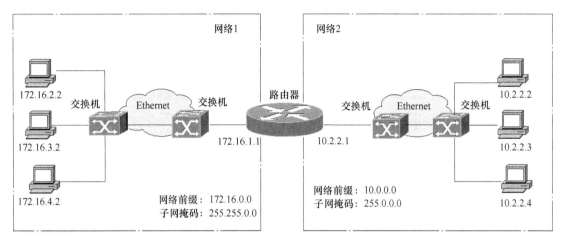

图 1.2.4　IP 网络中的地址分配

表 1.2.2　保留用于特殊用途的 IP 地址

| IP 地址 | 功能描述 |
| --- | --- |
| 0.0.0.0 | 主机在使用 DHCP 动态获取地址的过程中，保留用该地址标识自身 |
| 255.255.255.255 | 本地广播地址，用于向当前网络所有主机广播 |
| 127.0.0.1~127.255.255.254 | 环回地址（Loopback），用于实验和测试，亦可代表本机（Localhost） |
| 169.254.0.1~169.254.255.254 | 也称 APIPA（自动私有 IP 地址），用于一台主机首次连接网络时，若无法从 DHCP 服务器租用 IPv4 地址，则创建一个 APIPA 地址 |
| 定向广播地址 | 按约定，主机部分为 1 的 IP 地址，用于向指定网络的所有主机广播 |
| 网络地址 | 按约定，主机部分为 0 的 IP 地址，保留用于代表网络自身 |

这里解释上表中几个特殊的保留地址：

1）全 0 地址 0.0.0.0 在 IP 地址中代表"本"。它用于主机通过 DHCP 服务器自动获取地址时，在 IP 地址还没有分配，但需要通过与服务器交互获取 IP 地址的情况下，此时主机使用全 0 地址代表自身与 DHCP 服务器交互。

2）定向广播地址。例如，10.255.255.255 代表对 10.0.0.0/8 网络的广播地址，该地址其实是 10.0.0.0/8 网络地址空间的最后一个地址。由于定向广播地址经常被 DoS（Denial-of-service）工具滥用，IETF 不建议在 Internet 中使用它。实践中定向广播分组会被防火墙过滤，电信核心网的路由器通常也会过滤定向广播分组。

3）网络地址保留用于标识一个网络自身。路由器主要根据网络前缀转发分组，不关心 IP 地址的主机部分，因此使用网络地址描述一个网络时，只要简单地将 IP 地址的主机号设置成全"0"即可。例如，10.0.0.0 就代表一个 A 类网络的网络地址，它其实是这个 A 类网络地址空间的首地址，不能把它分配给任何主机接口。

有了上述约定，对于一个任意类型的 IP 网络，假如其主机号有 $N$bit。因为地址空间中的首地址代表网络地址，最后一个地址代表广播地址都被保留了，因此可分配给主机接口的地址数为 $2^N-2$。

除了上述的特殊地址外，RFC1918 中还定义了可以用于机构内部通信的 A、B、C 类保留地址块。这些私有地址块包括：

12

10. 0. 0. 0 ~ 10. 255. 255. 255

172. 16. 0. 0 ~ 172. 31. 255. 255

192. 168. 0. 0 ~ 192. 168. 255. 255

上述地址不能用于 Internet，所有 Internet 的路由器都会过滤那些包含私有地址的分组。由于上述的过滤策略，只在企业或园区网内部使用私有地址是相对安全的。

**5. 子网编址与 VLSM**

分类编址隐含假设 Internet 是两层结构，即网络层次和主机层次，并且网络只有 A、B、C 三种规模。在 Internet 发展的早期，网络规模不大，接入的主机数不多，每个网络的内部结构不复杂，不会导致突出的矛盾。

随着互联网的普及，机构的网络变得大了，结构也复杂了，包含多个 IP 子网已很普遍。此时，按传统的分类编址就需要给一个机构分配多个分类网络地址块才能满足组网需要。实际中的矛盾是，大多数机构的网络多在 300~3000 主机规模，而 C 类地址仅有 254 个主机地址，对大多数机构来说太小，因此这些机构会尽力获取 A 类和 B 类地址。管理机构如果满足他们的要求，分配 A 类和 B 类网络地址块，又会造成 IP 地址的巨大浪费；而给每个公司分配多个 C 类网络地址又会导致 Internet 路由表项的增长过快。

1985 年，RFC950 定义了将一个分类网络地址块进行子网划分的子网编址方法，以解决分类编址使用中存在的问题。子网编址的思想是将原始分类地址的主机号进一步分成两部分：子网号和主机号。这样，一个分类 IP 地址块就分割成了多个子地址块，每块分配给一个内部子网。划分子网后，IP 地址就变成了"<网络前缀>，<子网号>，<主机号>"三部分组成的结构，如图 1. 2. 5 所示。

引入子网后，一个网络内部划分的子网通过子网号区分，但对外仍然拥有相同的分类网络前缀。机构网络内部路由器使用扩展的网络前缀"<网络前缀>，<子网号>"来转发分组，而外部路由器仍然根据分类地址的网络前缀部分选路。机构网络的边界路由器不对外广播子网路由信息，子网号在机构网络外部是不可见的。因此，子网划分不会增加骨干网路由器路由表的大小，却提高了地址的使用效率。

图 1. 2. 5　子网划分与子网掩码

子网划分后，同时也带来了一个新问题，机构内的路由器选路无法用首字节规则确定子网号和主机号的分界点。为保证正确地转发，需要将分界点信息传递给主机和路由器。解决办法是使用子网掩码。

子网掩码也是 32bit，其中的每位对应 IP 地址中相同位置的一位。对任意给定的 IP 地址，计算子网掩码的规则是，将 IP 地址中的网络前缀和子网号全部置"1"，主机号全部置"0"。具体实践中要求子网掩码的"1"序列必须连续，例如，255. 255. 0. 0、255. 255. 255. 0 和 255. 255. 192. 0 都是有效的子网掩码，而 254. 255. 0. 0 和 255. 127. 255. 0 就不是有效的子网掩码。这样"1"序列和"0"的分界点，就是子网号和主机号的分界点。进而，可以将没有进行子网划分的 A、B、C 类地址看成子网编址的特例，按上述规则，它们的掩码分别为 255.0.0.0、255.255.0.0 和 255.255.255.0，习惯上称其为子网掩码。

如图 1.2.6 所示，172.16.1.5 是一个 B 类地址，如果将原来表示主机号的第三字节全部用作子网号，按规则子网掩码为 255.255.255.0。用这个子网掩码与 172.16.1.5 进行按位与运算，得到子网的网络地址 172.16.1.0。由于第三字节的值全是 1，即 IP 地址 172.16.1.5 是位于 B 类网络 172.16.0.0 中的子网 1 的一个主机地址。精确的子网 1 的地址表示为（172.16.1.0，255.255.255.0）。另外，还可以使用更简洁的前缀/长度表示法，例如 172.16.1.0/24，斜线后面的数字 24 代表扩展网络前缀的长度（包含子网号字段）。

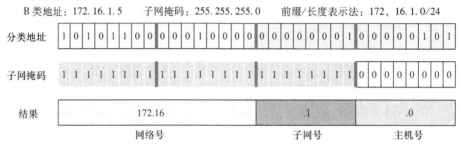

图 1.2.6　子网计算和表示法

下面来讨论子网划分后全"0"和全"1"子网的问题。对于网络地址 10.0.0.0，假如进行了子网划分，那么如何区分它是一个 A 类网络"10"？还是一个子网"10.0"？

同样，对于广播地址 10.255.255.255，它是对整个网络"10"的定向广播？还是仅对子网 10.255 的广播？可以看到，进行子网划分后，子网 0 和子网广播的含义变得不确定了。为了避免混淆，RFC950 规定子网划分后，全"0"子网，和全"1"子网都被保留不用。

【例 1.1】　假设某大型机构分配了一个 B 类网络地址 175.32.0.0/16。该机构规划了 10 个 IP 子网，每个子网的主机数基本相同。

根据需求，先确定子网号的位数，取子网号为 4bit，则 $2^4 = 16$，保留全"0"子网和全"1"子网，可用子网号为 14 个，满足规划要求。下面计算每个子网的子网地址、子网掩码和子网广播地址。

1）子网地址。计算子网地址时，常规的方法是先将 IP 地址写成二进制形式，主机号字段全部置"0"；然后，将 4 位子网号看成独立的一个部分，从 0~15 赋值；最后再转换成点分十进制形式。

由于子网掩码等长，并且在一个字节空间之内，可以简化每个子网的网络地址的计算。在本例中，划分了 16 个子网，由于确定子网地址时，主机号部分也要全部置"0"，所以就只需要确定子网地址所在的第三字节的取值即可。由于一个字节的编码空间为 $2^8 = 256$，则子网地址按序递增的步长值为 256/16=16。子网地址等于每个子网地址空间中的首地址，子网号每加 1，等于第三字节的值增加 16，则以子网 0 为参照，其子网地址是 175.32.0.0，子网地址的计算公式为 175.32.$N$×16.0，其中 $N$=0，1，2，…，15，则子网 1 为 175.32.16.0，子网 2 为 175.32.32.0，依此类推，子网 15 为 175.32.240.0。注意：全 0、全 1 两个子网保留不用。

2）子网掩码。第一、第二字节取全"1"，第三字节高 4 位置"1"，剩下的主机部分位置"0"，则子网掩码是 255.255.240.0。

3）广播地址。按照广播地址的规则。知道了子网地址后，由于广播地址是每个子网地址空间的最后一个地址，计算也可以简化。以子网 1 为例，已知子网 2 的地址是 175.32.32.0，将子网 2 的网络地址减 1，得子网 1 的广播地址为 175.32.31.255。

例 1.1 的子网划分结果如图 1.2.7 所示。上述子网划分的方法称为"定长子网划分"。它有一个使用限制，即在一个分类地址空间覆盖的整个网络中仅能使用一个子网掩码。这个限制的含义是，一个机构的网络只允许附加一个层次的子网，并且每个子网的规模相等，即要求等长子网地址。

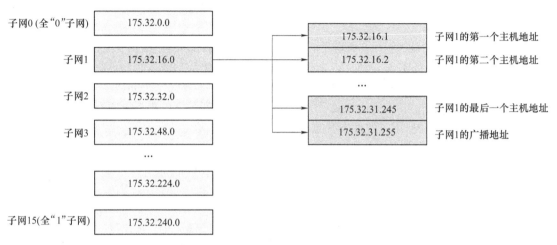

图 1.2.7　子网划分地址计算实例

要求定长的原因很多，但主要的原因是早期路由器的选路转发算法较简单，路由协议如 RIP，交换路由更新报文时不携带掩码信息，掩码信息主要靠管理员进行路由协议配置时输入，这样，允许变长掩码就会存在潜在的选路混乱。

在实际组网中，一方面，机构网络内部通常是按照部门划分子网的，部门之间主机数相差很大，子网号等长就意味着必须根据主机数最多的子网来选择子网号，如果多数子网的主机数很少，就会造成很大的地址浪费；另一方面，有时也需要对已有的子网进行再次的子网划分，以改善网络结构。

为解决上述问题，1987 年，RFC 1009 定义了可变长子网掩码（Variable Length Subnetting Mask，VLSM）方案，它允许在一个分类地址空间覆盖的网络中使用多个掩码。其思想是，在基本子网划分的基础上，进一步创建子网的子网，级数由需求决定。

【例 1.2】　假设一个拥有 C 类网络 202.117.15.0/24 的小型机构，有 6 个部门，每个部门要求划分成一个子网。其中 4 个子网主机数不超过 10，一个子网的主机数是 60，一个子网的主机数是 100。

如果采用定长子网划分，就至少需要 3bit 的子网号来标识 6 个子网，则主机号就只剩 5bit，所支持的子网最大容纳 30 台主机，有两个子网的要求不能满足。因此，常规的解决办法只能是申请另外一个 C 类地址块。整个网络容量不超过 200，一个 C 类网络的地址空间可以满足需求。采用 VLSM 就可以很好地解决。VLSM 子网划分的方法与定长子网划分相同，但允许对大的子网进行再次划分。具体步骤如下：

1）进行基本子网划分。将最大子网记为 N1，子网要求的主机数是 100，则主机部分至少 7 位，网络容量 $2^7 - 2 = 126$ 满足 N1 的要求。此时子网号占 1 位，子网掩码 255.255.255.128，得到两个基本子网 202.117.15.0/25 和 202.117.15.128/25。将子网 202.117.15.0/25 分配给 N1。

2）对未分配的基本子网 202.117.15.128/25 再次进行子网划分。这里将容纳 60 台主机的子网记为 N2，在子网 202.117.15.128/25 的 7 位主机号中，再取出 1 位用作二级子网号，子网掩码为 255.255.255.192，得到两个子网 202.117.15.128/26 和 202.117.15.192/26。将 202.117.15.128/26 分配给 N2，由于主机号有 6 位，$2^6-2=62$ 满足 N2 的要求。

3）最后将未分配的 202.117.15.192/26 再次划分。4 个子网则至少需要 2 位子网号，剩下 4 位做主机号，子网掩码 255.255.255.240，每个子网最多容纳 $2^4-2=14$ 台主机，满足要求。4 个子网地址分别是 202.117.15.192/28、202.117.15.208/28、202.117.15.224/28 和 202.117.15.240/28。

例 2 的子网划分结果如图 1.2.8 所示。划分完成后，在该机构的网络中可以看到同时存在 3 个子网掩码 255.255.255.128、255.255.255.192 和 255.255.255.240，它们分别代表了 3 种不同的子网规模。使用 VLSM，要求路由协议必须支持在路由更新报文中传递掩码信息。同时，RFC1812 对路由器的选路转发算法也做了新的修订。目前的新版路由器系统均支持 VLSM，并且全 "0" 全 "1" 子网的使用在新算法下也是没有限制的。

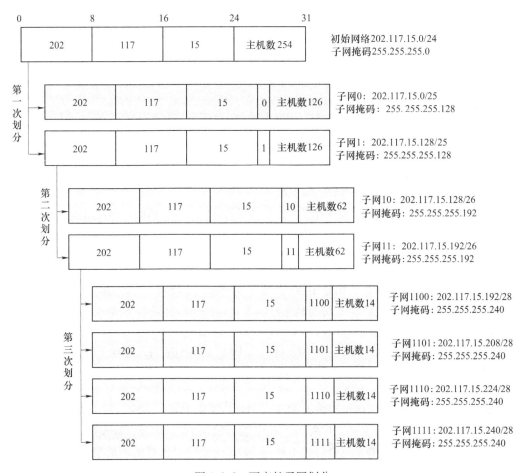

图 1.2.8　可变长子网划分

## 6. 无分类编址和 CIDR

子网编址解决了一个机构网络内部编址不灵活、地址分配效率低的问题，但它的局限性是地址分配必须以分类地址为基础进行。例如，某机构网络规模为 4000 的用户，按分类地址方案要么分配一个 B 类网络，要么分配多个 C 类网络，但一个 B 类地址块太大，很浪费。因此多数情况下，是倾向于将多个连续的 C 类网络地址块分给该机构。但 C 类网络数量庞大，约两百万个，其网络前缀全部进入互联网核心路由器会导致路由表项爆炸性增长，性能下降。

RFC1519（最新为 RFC4632）提出了无分类域间路由 CIDR（Classless Inter-domain Routing）来解决上述问题。CIDR 不再以分类地址为单位进行地址分配，而是根据网络的实际规模灵活地将任意连续地址块分给一个机构，该地址块的拥有者再对该地址块进行进一步的子网划分。CIDR 的思想是取消分类地址的约束，将子网编址中 VLSM 的思想扩展到整个互联网。

例如，可以给规模为 4000 主机的机构分配连续的 16 个 C 类网络，地址空间范围为 202.4.16.0~202.4.31.255。该地址块的网络前缀表示为 202.4.16.0/20，掩码是 255.255.240.0。由于主机部分为 12 位，最多可标识 4094 台主机，满足设计要求。按 CIDR 方式分配地址时，地址块的空间必须连续，且大小是 2 的幂次，其网络前缀由地址块的公共前缀部分确定。理论上，CIDR 的网络前缀可以在任何位上终结，不受字节边界的限制。

为了方便路由器执行地址汇聚、控制路由表的大小，1992 年，RFC1366 对未分配的 C 类地址块按大洲制订了分配计划，具体如下：

- 194.0.0.0~195.255.255.255——欧洲区；
- 198.0.0.0~199.255.255.255——北美区；
- 200.0.0.0~201.255.255.255——中南美区；
- 202.0.0.0~203.255.255.255——泛太平洋。

严格按地理区域分配 C 类地址块后，在互联网骨干网路由器中，去往欧洲地区的路由项可汇聚为一项 194.0.0.0/7，相应的掩码可写为 254.0.0.0。

引入 CIDR 后，一个变化是需要使用<前缀/长度>表示法描述一个目的网络，但前缀长度可以任意。同时，需要自治系统域内和自治系统域间使用无分类路由协议，即路由信息必须携带<前缀/长度>形式的路由。进而，路由器转发分组也不再根据默认的 A、B、C 类网络前缀进行转发，而是根据明确的<前缀/长度>信息进行转发。域间协议 BGP-4，域内路由协议 RIPv2、OSPFv2 都支持 CIDR。由于选路时仅提供 IP 地址的前缀部分选路，CIDR 也由此得名。

在路由协议的支持下，CIDR 允许将多条地址空间连续的具体路由汇聚成一条更一般的路由，从而控制域间路由信息量，减少核心路由器路由表的大小。以图 1.2.9 为例，假设 ISP 网络分配有 32 个连续的 C 类网络 222.24.1.0/24~222.24.31.0/24 地址块，按照 CIDR 规则，在 ISP 网络内部，ISP 可以按需给用户分配地址、划分子网，但在 ISP 网络的边界向外部通告路由时，边界路由器可以将其汇聚成一条路由 222.24.0.0/19 再向外通告，而不是通告 32 条 C 类的网络前缀。222.24.0.0/19 所代表的网络称为一个"超网"（Supernet），因为它代表了原先的 32 个 C 类网络。

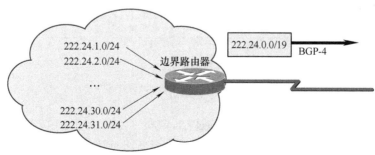

图 1.2.9　路由汇聚和通告

路由汇聚后节省了路由表，却带来了另一个问题，即路由表中与同一个目的网络关联的网络前缀可能会存在多条的情况。如上例中 222.24.0.0/24 和汇聚后的路由 222.24.0.0/19 都指向同一个目的网络，显然更长的前缀代表更具体的路由，因此路由器在转发分组时必须优先选择更具体的路由，即选择最长的网络前缀，称为"最长前缀匹配"转发算法（注：网络前缀的长度就是指掩码中 1 的位数）。

目前 Internet 主要采用基于 ISP 的地址分配方式，即顶层 ISP 从 IANA 获取地址，然后再分配子块给自己的客户，如第二级 ISP。实践中为了减少路由表的大小，大多数顶层 ISP 不接收来自其他 ISP 网络的前缀长度大于 19 的路由。

### 1.2.3 ARP 与 ICMP

**1. 地址解析协议（ARP）**

（1）概述

在分层网络模型下，数据传输在不同的网络层次需要使用不同的地址类型，因而要求网络提供不同类型地址之间的解析功能。以互联网为例，网络层向下交付 IP 分组时，需要知道数据链路层地址已封装成帧，才能将数据发送到下一跳。

以 Ethernet 为例，发送端在成帧时，需要知道源 MAC 地址和目的 MAC 地址。源 MAC 地址就是本地输出接口的 MAC 地址，目的 MAC 地址则是下一跳设备接口的 MAC 地址。发送端通常不知道目的 MAC 地址，但通过路由表可以知道下一跳的 IP 地址。在互联网上，问题就变成如何通过已知的 IP 地址获得对应的 MAC 地址。

互联网采用地址解析的方法来解决 IP 地址到 MAC 地址的映射。地址解析可以是静态方式，也可以是动态方式。在 IP over Ethernet 组网模式中，则采用地址解析协议（Address Resolution Protocol，ARP）动态地确定 IP 地址对应的 MAC 地址。

（2）工作原理

ARP 消息是直接封装在 Ethernet 帧中传输的，其类型字段编码为 0x0806（16 进制）。ARP 协议定义了两种消息类型，ARP 请求和 ARP 响应消息。消息的格式如图 1.2.10 所示。由于 Ethernet 帧头不包含 IP 地址，因此 ARP 消息是不可路由的，仅在一个二层的广播域内传播，路由器收到 ARP 消息后，不会向其他端口转发该消息。

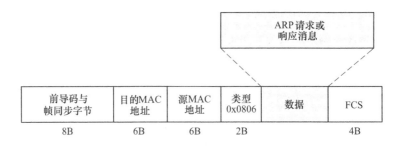

图 1.2.10  ARP 消息在 Ethernet 帧中的封装

以图 1.2.11 为例，讲解 ARP 解析地址的过程。主机 A（IP 地址为 192.168.15.100）要和主机 B 通信（IP 地址为 192.168.15.101），如果 A 不知道 B 的 MAC 地址，ARP 过程如下：

1）主机 A 首先在 192.168.15.0/24 网络上广播一条 ARP 请求消息，询问谁有 192.168.15.101 的 MAC 地址。由于目的 MAC 地址是广播地址，因此 192.168.15.0/24 网络上所有的主机都会接收该消息，只要 192.168.15.101 的主机在线，它就会响应该请求。

2）主机 B 看到请求的是自己的 MAC 地址，则发送一个单播 ARP 响应消息，响应消息中包含 192.168.15.101 的 MAC 地址。

3）主机 A 收到 ARP 响应消息后，完成把 IP 分组封装到 Ethernet 帧的工作，同时在一个本地 ARP 缓存表中保存获得的 IP 地址和 MAC 地址的映射关系，以备下次使用。

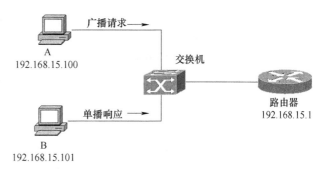

图 1.2.11　一个广播域中 ARP 地址解析过程

在每台主机上建立 ARP 缓存表是为了优化性能，实践中，由于 ARP 请求是一个广播消息，192.168.15.0/24 网络上的所有听到该消息的设备，即使自身不拥有 192.168.15.101 的 MAC 地址的设备，也会把主机 A 的 IP 地址和 MAC 地址的映射关系存储到本地 ARP 缓存表中，以备将来使用。ARP 缓存表具有如下的形式：

| IP 地址 | 物理地址 | 类型 |
|---|---|---|
| 192.168.15.100 | 0A:4B:00:00:07:08 | Dynamic |
| 192.168.15.101 | 0B:4B:00:00:07:00 | Dynamic |
| 192.168.15.1 | 0A:5B:00:01:01:03 | Dynamic |

ARP 缓存表中的表项可以是通过 ARP 请求学习得来的，也可以是管理员手动加入的。实际系统中，每个 ARP 学习得来的表项都有一个超期定时器。Windows 系统中的典型值是 2min，如果某个表项长期没有使用，定时器超时，相应的表项就会自动被清除。

**2. 互联网控制消息协议（ICMP）**

互联网控制消息协议（Internet Control Message Protocol，ICMP）是网络层的另一个重要的支撑协议。ICMP 通过在网络中产生错误和通知信息增强互联网的可管理性，这些功能 IP 本身不提供。ICMP 消息是通过 IP 分组来承载的，在 IP 分组头中的协议字段，ICMP 的编号是 1，因此 ICMP 消息是可路由的。

ICMP 的工作方式很简单，对于运行 ICMP 的任何中间路由器，一旦发现任何分组传输问题，它就向该分组的源端回送一条 ICMP 报文，告知发送者分组传输失败的原因。使用 ICMP 最著名的一个应用就是 ping 程序，如图 1.2.12 所示，通过 ping 程序可以测试某个目的主机的可达性。若可达，则目的主机的 ICMP 会响应，若目的主机不可达，则中间路由器会给出不可达的原因。

ping 程序在目前的网络设备和主机操作系统中都提供，它是最基本的网络测试和故障分析工具。表 1.2.3 描述了常见的 ICMP 错误原因。

表 1.2.3　常见的 ICMP 错误原因列表

| 错误消息 | 可能的问题 |
|---|---|
| Destination host unreachable | 通常是在源端到目的地之间的路由出现了故障 |
| Unknown host hostname | 域名解析无法解析主机名，或主机名写错 |
| Request timed out | 域名解析可以正确解析主机名，但远端主机没收到，或收到不响应 |

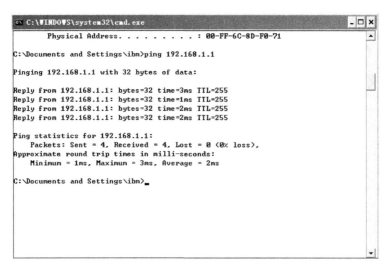

图 1.2.12　ping 程序检查目的主机的可达性

## 1.2.4　路由器的原理

### 1. 功能与结构

如前所述，路由器是一个异构网络的互联设备。通常，一台路由器至少有两个以上的物理接口，用以连接不同的网络，当一个分组从一个物理接口到达路由器时，路由器读取分组头中的 IP 地址信息确定其目的地，然后查找内部预先建立的转发表，将分组转发给去往目的地的"下一跳"路由器。这个过程在每台路由器上重复执行，直到分组到达最终目的地。由于选路与转发都是基于第三层的 IP 地址，因此路由器也称为第三层设备。

现代路由器主要由控制面和转发面两部分组成，具体功能如下：

1）控制面（Control Plane）。主要功能有路由功能，包括执行路由协议、创建和维护路由表、为转发面生成转发表，以及系统配置、维护和管理功能等。控制面功能没有严格的实时性要求，通常由软件来实现。

2）转发面（Forwarding Plane）。主要执行转发功能，即当一个分组到达路由器的某入端口时，转发面根据 IP 分组中的目的地址字段查找转发表，选择一个出端口，然后将分组从入端口转移到出端口。其他功能还包括分组调度、流量监管等。转发功能有严格的实时性要求，主要由 ASIC（Application Specific Integrated Circuit）硬件实现。

图 1.2.13 描述了现代分布式路由器的一般功能与结构。转发面由一组线卡（Line Card），以及交换结构（Switch Fabric，也叫背板 Backplane）组成；控制面则由处理器、存储器、网络操作系统，以及运行操作系统之上的路由协议、操作维护管理系统组成，各部分通过交换结构联结在一起。

在分布式结构的路由器中，转发面的每个线卡中都有本地路由表。控制面则负责创建维护全局路由表。然后定期分发更新每个线卡本地路由表。大多数设备制造商将本地路由表称为"转发表"以区别于全局路由表（本书后续不区分，还叫路由表）。有了转发表，转发决策就可以分散到每个线卡上并行执行，提高了转发面的分组转发能力。目前，高端路由器都使用这种结构。

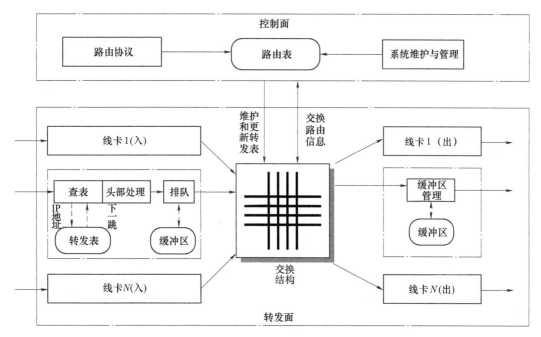

图 1.2.13　路由器的功能与结构

**2. 路由器的类型**

路由器按照提供互联服务的范围和位置，可以分为以下几类：

1）边缘路由器（Edge Router，ER）。位于 ISP 网络和大的企业或机构网络的边界，负责企业或机构网络与 ISP 网络之间的互联。其中，位于 ISP 网络一侧的又称为 PE（Provider Edge）路由器，企业网一侧的又称为 CE（Customer Edge）路由器。PE 路由器和 CE 路由器之间一般通过 External BGP（EBGP）交换路由器信息。

2）边界路由器（Border Router，BR）。位于 ISP 网络的边界，负责 ISP 网络之间的互联。BR 之间通过 BGP（EBGP）交换路由器信息。

3）核心路由器（Core Router，CR）。位于 ISP 网络的内部，负责传递 BR 和 ER 之间的流量。核心路由器与 ER 或 BR 之间通过 Internal BGP（IBGP）交换路由信息。对于结构复杂的大型企业或园区网络，也会使用类似功能的多台路由器构建骨干网，但习惯上，核心路由器都是指 ISP 网络内部用于互联其 ER 和 BR 设备的路由器。由于 ISP 骨干网通常要求所有的 BR 和 ER 设备要建立网状全互联拓扑，所以现代 ISP 网络核心路由器都要求支持虚电路（MPLS 或 ATM）和 VPN。

4）接入路由器。典型的包括 SOHO 路由器，负责将家庭或小型办公室的网络接入互联网。这类设备通常路由能力简单、价格低，体积小。

**3. 路由表**

转发指主机或路由器将收到的分组从输入端口发送到去往目的地的输出端口的过程。转发过程需要路由器预先创建一张路由表，表中保存指导路由器如何转发分组的路由信息。路由器每次转发分组，要先根据分组头部携带的目的 IP 地址查找路由表，根据查找的结果将分组从输入接口发送到指定的输出接口。

表 1.2.4 给出了一个路由表中路由项的例子，这些信息描述了到达一个目的网络

172.168.8.0/24 的路由信息及开销。

表 1.2.4　路由表项的内容

| 目的网络前缀 | 掩码 | 下一跳地址（GW） | 接口 | 度量值（Metric） |
|---|---|---|---|---|
| 172.168.1.0 | 255.255.255.0 | 222.24.1.1 | fei_0/1 | 10 |

下面来讲解每个字段的含义：

1）第一列是目的网络前缀，指明该条路由是到目的网络 172.168.1.0 的路由项。

2）第二列是掩码，指明目的网络 172.168.1.0 对应的掩码是 255.255.255.0。

3）第三列是下一跳地址，有的设备上表示为网关（GW），指明到目的网络 172.168.1.0 的下一跳路由器的接口 IP 地址是 222.24.1.1。

4）第四列是接口，指连接下一跳路由器的本地转发接口是 fei_0/1。有些设备中该字段直接填写的是本地转发接口的 IP 地址。

5）度量值，指明该条路由的度量值是 10，即成本值。

路由表是由控制面创建和维护管理的。路由项由以下三种方式之一产生：

1）直连路由：当设备接口上正确配置了 IP 地址，则相应路由信息自动出现在路由表中。这类路由项由设备的链路层发现。

2）静态路由：由系统管理员通过维护管理接口人工配置。静态路由不随网络拓扑结的改变而改变。

3）动态路由：由路由协议动态生成，在路由器之间相互交换。动态路由可以根据网络的状态变化，自动更新维护路由信息，适用于大规模和复杂的网络环境。

路由协议的原理在第 4 章专门介绍，这里假设路由表已经通过某种方式建立了，当一个目的 IP 地址为 10.1.1.5 的分组到达路由器，图 1.2.14 描述了路由器正确接收这个分组后，转发处理的主要步骤：

1）分组到达路由器的线卡后，先经数据链路层处理，解封装后，转交给第三层处理。

2）第三层收到待转发的分组后，从中提取目的 IP 地址，查找路由表，若表中存在目的路由，则更新 TTL 值，重新计算校验后，转发分组到接口；否则，丢弃该分组。

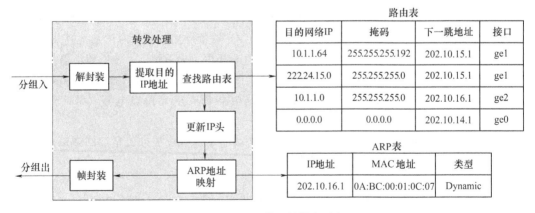

图 1.2.14　IP 分组的转发过程

图 1.2.14 对应的查表的过程如图 1.2.15 所示。路由器将表中掩码字段的值取出与目的 IP 地址 10.1.1.5 执行逻辑与运算，计算网络前缀，确定分组所属的目的网络。例如，目的地址

10.1.1.5 与表中第一行的掩码执行逻辑与，计算的结果是10.1.1.0，与该行的目的网络前缀 10.1.1.64 不匹配，则继续查找；与表中第三行的掩码执行逻

| 目的IP地址 | 10.1.1.5 | 目的IP地址 | 10.1.1.5 |
|---|---|---|---|
| 第一行掩码 | 255.255.255.192 | 第三行掩码 | 255.255.255.0 |
| 逻辑与结果 | 10.1.1.0≠10.1.1.64 | 逻辑与结果 | 10.1.1.0=10.1.1.0 |

图 1.2.15　网络前缀的计算

辑与，计算的结果是 10.1.1.0，与该行的目的网络前缀 10.1.1.0 匹配，该行对应的下一跳地址 202.10.16.1 和接口 ge2 即为要查找的结果。

采用 CIDR 方案时，实际中经常会遇到计算结果与路由表中多条路由项的网络前缀都匹配的情况，按照"最长前缀匹配"的规则要选择网络前缀最长的路由项作为下一跳。这是因为在无分类编址方案中，更长的网络前缀代表更具体、更短的路由，因此会选择该路由转发分组。

3）分组转发到本地接口后，通过查 ARP 表获取下一跳对应的 MAC 地址。如果表中没有，则执行 ARP 请求，获取下一跳的 MAC 地址，随后完成第二层的帧封装。

4）转发完成封装的分组到输出链路上。

**4. 直接交付与间接交付**

在互联网上，位于不同子网的主机之间通信"至少经过一台"路由器转发，转发是以"逐跳"（Hop-by-hop）方式进行的。"一跳"指到达目的地路径上的一个中间节点，通常是一台路由器。如前所述，每台路由器的路由表中存储的不是到目的网络的完整路径信息，而仅是下一跳地址（部分路由信息）。"逐跳"转发的特点是中间路由器对分组逐个执行独立的选路转发过程，当分组转发到下一跳后，再由下一跳设备为该分组执行相同的转发过程，直至将分组交付到目的主机。

在分组转发过程中，如果目的主机与源主机位于同一个 IP 子网，则分组无须经过路由器转发，这个过程称为"直接交付"。目的主机与源主机位于不同的 IP 子网时，无法"直接交付"，则需要至少一台以上的路由器参与才能将分组转发到目的主机，这个过程称为"间接交付"。

"间接交付"时，源主机负责选择"间接交付"的第一跳路由器（通常称为默认网关），然后将分组转发到默认网关即可。这个过程会在每个中间路由器上重复执行，直到最后一跳。由于目的主机连接在最后一跳路由器的直连网络上，最后一跳路由器通过执行一次"直接交付"，最终完成转发任务。因此"间接交付"至少包含一次"直接交付"。

执行"直接交付"还是"间接交付"依赖于网络前缀的比较。假如源主机的网络前缀与目的主机的网络前缀相等，则执行"直接交付"；否则，执行"间接交付"。下面以图 1.2.16 为例，介绍"直接交付"和"间接交付"的过程。

图 1.2.16　直接交付与间接交付

先看"直接交付"过程,假设主机 A 要和主机 B 通信。

1)执行转发过程时,主机 A 根据本机的 IP 配置信息知道自己属于网络 202.15.1.0/24,将待发送分组的目的 IP 地址与掩码 255.255.255.0 执行逻辑与,结果是 202.15.1.0/24,确定主机 B 与自己在同一个网络中,此时主机 A 无须通过路由器就可直接交付分组到主机 B。

2)为了完成数据链路层成帧,主机 A 先查本地的 ARP 表,获取主机 B(202.15.1.3)对应的 MAC 地址,如果 ARP 表中没有,就通过 ARP 请求主机 B 的 MAC 地址。获取主机 B 的 MAC 地址后,主机 A 完成分组的数据链路层封装,通过交换机接口将分组发给主机 B,完成一次分组的直接交付。

再来看"间接交付"过程,假设主机 A 要和主机 C 通信。

1)主机 A 根据自己的 IP 配置信息,确定目的主机 C 与自己不在同一个网络,因此主机 A 执行分组间接交付,即主机 A 需将分组转发到目的网络的下一跳设备。对主机 A 而言,下一跳就是本地 IP 配置中的默认网关 R1,R1 对应网络 202.15.1.0 的 fe0 接口,IP 地址为 202.15.1.1。

2)主机 A 向 R1 发送分组前,先通过本地 ARP 表和 ARP 请求的方式获取 R1 的 MAC 地址,完成数据链路层封装后,再将分组转发给 R1。

3)R1 在 fe0 接口收到主机 A 发来的数据帧,检查目的 MAC 地址与自己匹配,就收下该数据帧,进行两层处理。两层协议处理完毕,检查用户净负荷类型是 IP,则继续交付分组给网络层处理。R1 的网络层执行转发处理,查找路由表确定目的主机 C 在 203.15.1.0 网络,到该网络的下一跳是 R2(204.1.254.2),本地转发接口是 ge1。

4)R1 通过 ARP 完成数据链路层的封装后,将分组通过本地接口 ge1 发往 R2。

5)R2 收到分组后,查表知主机 C 所在的网络 203.15.1.0 是自己的一个直连网络,通过本地接口 fe1 可达,R2 通过完成二层封装后,将分组通过本地接口 fe1 发往主机 C。这一步实际是"直接交付",不再通过其他路由器转发。

表 1.2.5 描述了"间接交付"过程的地址变化。

表 1.2.5 "间接交付"中的每一跳中分组地址

| 地址项 | 主机 A→R1 | R1→R2 | R2→主机 C |
| --- | --- | --- | --- |
| 源 IP 地址 | 202.15.1.2 | 202.15.1.2 | 202.15.1.2 |
| 目的 IP 地址 | 203.15.1.2 | 203.15.1.2 | 203.15.1.2 |
| 源 MAC 地址 | MAC-A | MAC-R1 | MAC-R2 |
| 目的 MAC 地址 | MAC-R1 | MAC-R2 | MAC-C |

通过表 1.2.5 可以看到,"间接交付"分组的过程中,每一跳数据链路层的地址都会改变,但整个过程中网络层的 IP 地址保持不变。简言之,IP 地址在互联网中是全局地址,作用是完成端到端的选路决策,找到去往目的地的下一跳和本地转发接口;而数据链路层的地址是局部地址,用于完成在每段物理网络中的分组传输。

# 1.3 传输层

传输层的主要功能是为位于不同主机上的任意两个进程提供通信服务。将传输层服务从网络层中独立出来的主要原因是不同类型的应用在可靠性、速率、时延、差错等方面的要求差异很大。如果各类应用层协议直接基于网络层之上实现,势必造成网络层功能复杂。如果网络层保存简单性，仅实现各类应用的公共需求，又会导致应用层的设计和实现变得困难和复杂。因此，增加一个独立的传输层来适配不同的应用层需求和网络层服务之间的差异，对于保持网络的灵活性和可扩展性是非常有必要的。传输层一般仅在端系统上实现，它包含一组协议，每个协议为进程之间的通信提供一种类型的逻辑信道，支持一种类型的应用需求。每当新的应用出现，现有传输层协议不能满足要求时，就引入一个新的传输层协议。这样，就避免了修改和更新网络层的成本和风险，同时，引入新的应用也非常灵活。

目前传输层两个主要的协议是 UDP 和 TCP。UDP 提供无连接的、不可靠的通信服务，TCP则提供面向连接的、可靠的通信服务。图 1.3.1 描述了用不同的传输层协议支持不同类型的应用进程通信的概念。

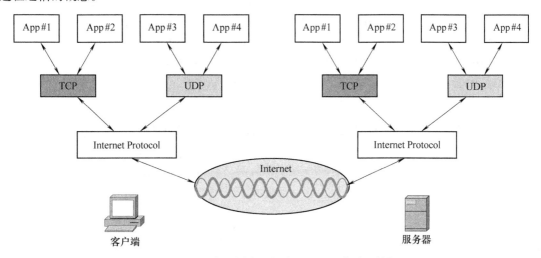

图 1.3.1 面向不同类型的应用进程的传输层协议

## 1.3.1 端口号和套接字

任意主机上的进程通过 Internet 与其他进程通信时，也需要一个唯一的地址标识自身。在 Internet 上，一个应用进程是用 IP 地址和端口号组合标识的。其中，IP 地址是应用进程所在主机的 IP 地址；端口号（Port）是一个 16bit 整数，由本地操作系统分配给应用进程。由于端口号取值范围是 1~65535，则端口号的取值空间就是 65535/IP 地址。习惯上将 IP 地址和端口号的组合叫作套接字（Socket）。

需要注意的是，端口号的作用范围是一台主机，而不是整个网络。这样设计的优点是每台主机可以独立地为本地进程分配端口号，避免了端口号全网统一分配的管理开销，但需要同时使用端口号和 IP 地址才能准确地标识网络上某台主机上的一个进程。例如，地址 20.1.1.2 上运行的 HTTP 服务器的端口号为 80，则该地址上 HTTP 服务器进程对应的套接字就可以用 20.1.1.2：80 的形式来标识。

套接字是传输层提供给应用进程的逻辑接口，该接口是双向的。应用进程使用 TCP/IP 与远端主机上的进程通信之前，首先通过操作系统获取一个套接字，发送数据时，每个应用进程通过自己的套接字把数据传给传输层，传输层通过套接字收集来自应用进程的数据完成封装后交付给 IP，这个过程称为复用；接收数据时，传输层则将接收到的数据根据套接字交付给不同的应用进程，这个过程叫作分解。

使用套接字可以区分互联网上的任意一个进程，但问题是发送进程在通信开始前如何获知接收进程的端口号和IP地址呢？这里先假设发送进程总是能通过域名解析等手段获得目的IP地址，而把讨论集中在如何获得目的端口号这一问题上。

以C/S（客户端/服务器）模式为例，客户进程是一次通信的发起者，它总能从本地操作系统获得自己的源端口号和IP地址，如果服务器进程提供的是Internet标准定义的知名服务（Well-known Service），则该进程总是在一个事先约定的知名端口（Well-known Port）上接收来自客户进程的请求。例如，域名服务器（DNS）总是在端口53上接收消息，简单网管协议（SNMP）总是在端口161上监听消息。假如服务器进程提供的不是标准公共服务，则要么使用事先配置好的专用客户端软件，要么使用通用客户端软件，指明服务器进程的端口号。

IANA（Internet Assigned Numbers Authority）是端口号的分配和管理机构，它将所有的端口号分成三部分：知名端口号使用0~1023之间的值，通常分配给服务器进程使用，所有的Internet知名服务使用的知名端口列表均可在 http：//www.iana.org/assignments/port-numbers 查到；注册端口号（registered ports）的范围是1024~49151，它们也由IANA分配，主要用于私有服务器进程，但也可用于客户进程，一般没有严格的限制；动态或私用端口号的范围是49152~65535，它们主要由主机按需分配给本地客户进程。

表1.3.1　常见TCP/IP知名端口号和应用层协议对应表

| 端口号 | 传输层协议 | 应用层协议或应用名 |
| --- | --- | --- |
| 20 | TCP | FTP（数据信道） |
| 21 | TCP | FTP（控制/命令信道） |
| 23 | TCP | Telnet |
| 25 | TCP | SMTP（Simple Mail Transfer Protocol） |
| 53 | TCP + UDP | DNS（Domain Name System） |
| 67 | UDP | BOOTP/DHCP（Bootstrap Protocol / Dynamic Host Configuration Protocol）（服务器端） |
| 68 | UDP | BOOTP / DHCP（客户端） |
| 69 | UDP | TFTP（Trivial File Transfer Protocol） |
| 80 | TCP | HTTP（Hypertext Transfer Protocol or World Wide Web） |
| 110 | TCP | POP3（Post Office Protocol version 3） |
| 143 | TCP | IMAP（Internet Message Access Protocol） |
| 161 | UDP | SNMP（Simple Network Management Protocol） |
| 161 | UDP | SNMP Trap（Simple Network Management Protocol） |
| 179 | TCP | BGP（Border Gateway Protocol） |
| 443 | TCP | HTTPS（Hypertext Transfer Protocol overSecure Sockets Layer） |
| 520 | UDP | RIP（Routing Information Protocol v1，v2） |

## 1.3.2　UDP

### 1. 功能简介

UDP（User Datagram Protocol，用户数据报协议）是功能最简单、无连接的传输层协议。它在IP服务的基础上提供了以下基本服务：

1）把主机到主机的通信服务扩展到两个进程之间，使得每台主机上的多个应用进程可以共享网络连接。

2）基于校验和进行数据完整性验证，检测用户数据是否出错，出错则丢弃。该项是可选项，默认为 0。

这样一个简单的传输层服务我们称其为"尽力而为"的用户数据报服务，与 IP 提供的数据报服务相似。UDP 服务也是不可靠的，即 UDP 不提供 UDP 段的差错恢复，不保证有序传输，不提供流量控制；UDP 也是无连接的，即 UDP 发送者和接收者之间没有握手信号，端系统不维持每流状态。因此它很简单，易于实现。

**2. 报文段格式**

一般把传输层的分组称为段。图 1.3.2 描述了 UDP 的段格式，其头部长

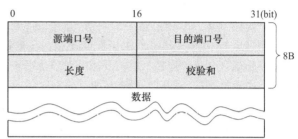

图 1.3.2　UDP 的段格式

度为 8B，包含一个源端口号和一个目的端口号字段，源端口号标识发送进程，目的端口号则标识接收进程；长度字段描述了包含头部和数据部分的 UDP 段的总长度；16bit 的校验和字段用于差错检测，通过它可以检查 UDP 段的正确性。UDP 校验和的内容与 IP 中的稍有不同。在 IP 中仅计算头部的校验和，不计算数据部分；UDP 是计算 UDP 头部、用户数据和伪头部（Pseudo-header）三部分的校验和，校验和的具体计算生成算法与 IP 一样。伪头部由 IP 头部的协议号、源 IP 地址、目的 IP 地址加上 UDP 长度字段组成。校验和包含伪头部信息的目的是让接收端可以验证 UDP 段是否在正确的两个主机之间传输，假如传输过程中目的 IP 地址被修改，接收端就可以检查出这种错误。

与其他传输层协议比较，UDP 有以下优点：

1）没有连接建立时延，速度快。

2）协议简单，在发送和接收端主机都没有连接状态的维持开销。

3）头部简单，只有 8B，开销很小。

4）没有流量控制，理论上 UDP 可以以网络接口的速率上限发送报文，但是存在引起拥塞和报文丢失的风险。

UDP 最常用于音视频、流媒体应用，这一类应用的特点是可以容忍丢失，但对时延很敏感。由于 UDP 是无连接的，在支持多播和广播应用时开销很小，恰好可以满足此类应用的要求。UDP 的另一类应用是 Internet 中控制和管理协议的承载，如 DNS 和 SNMP，由于 UDP 不保证可靠传输，应用层必须增加可靠性机制和特定的差错恢复机制来保证可靠通信。

## 1.3.3　TCP

**1. 功能简介**

TCP（Transmission Control Protocol，传输控制协议）是一个面向连接的传输层协议，它为不同主机上两个进程之间的通信提供可靠的、面向连接的字节流服务，它主要支撑对时延不敏感，但需要可靠传输的应用。因为基于 TCP 来实现端到端的通信，应用层就不必考虑数据丢失和错序等问题，可专注于应用逻辑本身的设计。另一方面，由于协议复杂，TCP 的开销和传输时延较大，通常多媒体应用基本不使用 TCP。TCP 提供的主要功能包括：

1）连接管理。

2）基于端口的复用和分解。

3）可靠传输，包括差错控制、流量控制，顺序控制等。

TCP 将来自应用层的数据看成连续的字节流，对发送的字节流的长度不做限制，但会把字节流分成段，并对每段按序编号，保证每段的可靠传输。在接收端则会将段重装，通过端口交付给指定的应用层进程。

使用 TCP 的主机上的两个进程通信前，必须先建立连接，然后才能交换数据。这样，如何标识一个连接就是 TCP 中最重要的问题。如前述，TCP 使用套接字来标识一个进程，其中端口号的使用规则与 UDP 一样。但由于面向连接，多数情况下，一个进程都要同时保持多个连接，这样为了正确区分每个连接，就需要用一对套接字来标识连接。做一个简单的比喻，进程是一个点，用一个套接字标识即可，而连接更像是一个线段，线段的两端分别是两个通信的进程，则对应地使用一对套接字来标识一个连接就是必需的。图 1.3.3 描述了客户/服务器（C/S）模式下，主机上一个进程如何使用一对套接字来标识一个连接。

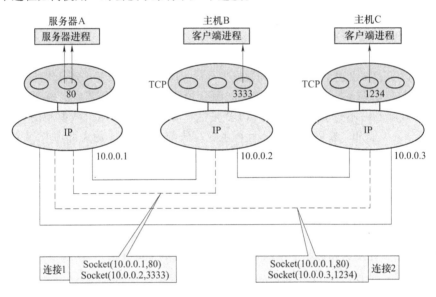

图 1.3.3  TCP 连接标识

图 1.3.3 中，服务器 A 是一个 Web 服务器，服务器进程用本机 IP 地址和端口号 80 标识自己，即 SocketA=[10.0.0.1,80]。主机 B 和 C 是两个客户机，它们运行浏览器进程访问 Web 服务器 A。主机 B 上的浏览器进程由操作系统分配一个空闲的端口号 3333，本机 IP 地址是 10.0.0.2，则 SocketB =［10.0.0.2,3333］；同理，主机 C 上的浏览器进程的 SocketC =［10.0.0.3,1234］。以 Web 服务器 A 为例，它同时保持到客户机 B 的连接 1 和到客户机 C 的连接 2，在服务器上连接 1 的标识为（SocketA,SocketB），而连接 2 的标识为（SocketA,SocketC）。这样通过使用一对套接字，服务器进程就可以方便地在一个套接字上复用多个连接，从而将数据返回到正确的客户端进程。

**2. 报文段格式**

图 1.3.4 描述了 TCP 报文段的格式，其结构与 IP 分组相似，由头部和用户数据两部分组成。头部本身也是可变长的，它由一个 20B 的定长部分和一个变长的可选字段部分组成。实际应用中，头部也主要采用 20B 定长格式。

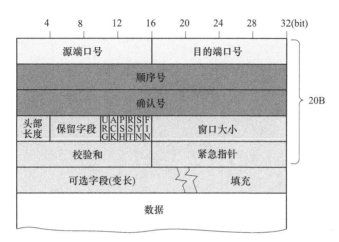

图 1.3.4　TCP 报文段的格式

1）源端口号、目的端口号：源端口号和目的端口号标识通信的两个进程的端口。

2）顺序号、确认号和窗口大小：这三个字段合在一起用于 TCP 的滑动窗口流量控制。TCP 是一个面向字节的协议，数据流中的每个字节都有一个编号，其中顺序号由发送端确定，描述本段中首字节在整个数据流的位置编号；确认号的值由接收端确定，代表接收端已经正确接收了确认号之前的全部字节，该值本身代表接收端期望接收的下一个字节的编号；窗口大小由接收端给出，通知发送端当前的窗口大小，以此来实现一个基于接收者的流量控制。发送端需要根据确认号和窗口大小两个字段的值来精确地定义合法发送窗口的范围，即发送窗口的起始字节号＝确认号，而终止字节号＝（确认号+窗口大小）−1。

3）头部长度：TCP 的头部也是可变长的，该字段以 32bit（4B）为单位描述了 TCP 头部的长度。通过该字段，可以容易地确定数据字段的起始位置。

4）标志：包含 6bit 的标志位，主要用于连接管理，其中常用的是：

① SYN，该位置 1 表示该 TCP 段是一个连接建立请求段，而顺序号此时为新建连接的初始序号值 ISN。需要注意的是，SYN 仅用于连接建立阶段，收发双方在连接建立时需要通过 SYN 置位来实现初始序号的同步，识别谁是连接的发起方。这对于防火墙过滤非常有用。

② ACK，该位置 1 代表该 TCP 段中的确认号字段有效。确认号指明接收端期望接收的下一个字节的编号。

③ FIN，该位置 1 代表该 TCP 段是一个 TCP 连接释放请求段，其携带的数据是数据流中的最后一个段。FIN 仅用于连接释放阶段。

④ RESET，该位置 1 代表异常终止一个连接。

5）校验和：使用和 IP 相同的校验和算法，但校验和包含 TCP 头部、TCP 数据部分，和 IP 伪头部（注：包括 IP 源和目的地址、协议类型和 IP 总长度字段的信息）。这样做的好处是校验和保护了完整的套接字信息，使得 TCP 可以检出 IP 层不能检出的错误，例如防止 TCP 段传送到错误的 IP 主机，这是一个 TCP/IP 并不严格遵守分层设计原则的例子。

**3. 连接建立**

图 1.3.5 描述了 TCP "三次握手"（3-way Handshake）连接建立过程。"三次握手"指客户端和服务器之间建立一个连接要交换三次信息，以协商两端的初始序号等参数集。

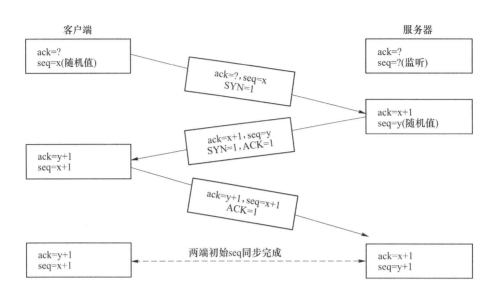

图 1.3.5　TCP 三次握手建立连接

　　如图 1.3.5 所示，客户端是连接建立的发起者，它首先发送一个段，其中 SYN = 1，并选择一个随机的初始序列号 seq = x。该段代表一个连接建立请求，由于它是整个会话的第一个段，不可能确认任何字节，因此 ACK 标志不能置位。服务器正确接收到该段后，看到 SYN = 1，就知道客户端想建立一个连接，如果允许建立一个连接，则给客户端返回一个段，设定该段中的确认号 ack = x+1，并为本段随机选择一个 seq = y，同时置两个标志位 ACK = 1，SYN = 1，该段代表连接请求确认。由于服务器返回的段中标志位 SYN = 1，客户端就知道连接请求被接收了，然后客户端再发送一个段给服务器，并设定该段中的确认号 ack = y+1，标志位 ACK = 1，服务器收到该段后则连接建立成功。注意：在"三次握手"中，除第一个段外，其他段中标志位 ACK 总是置 1。另外，标志位 SYN = 1 时，要象征性地占去一字节编号，即实际的数据部分首字节的顺序号是 seq+1，而不是 seq。

　　"三次握手"算法中的第三次握手看起来似乎是多余的，但其存在的主要原因是，在连接建立之前，TCP 仅能依靠 IP 不可靠的网络服务，这意味着算法必须考虑服务器返回的第二次握手信号可能会因为丢失、超时等原因不能按时送达客户端的情况。假如没有第三次握手信号，出现上述的情况，客户端会认为连接请求失败，而选择放弃或发起新的连接请求，而服务器在发出第二次握手信号后就认为连接建立成功，而为该连接分配资源，而实际的情况是连接建立仅仅成功了一半（Half Open）。这种打开了一半的连接一样会占用服务器的资源，且很容易被攻击者利用。使用三次握手，在没有收到第三次握手信号前，服务器不会为连接分配资源，如果没有按时收到第三次握手信号，服务器就删除这种打开了一半的连接。

　　该算法的另一个问题是初始序号为什么要随机分配。从零开始分配很简单，并且避免了初始 seq 的协商，为什么不可以呢？主要的原因也是考虑服务的安全性。例如，在相同的连接上一个已经结束的 TCP 对话的段可能由于延时很晚才到达，这就会对该连接上新的对话产生干扰，随机分配的 seq 和 seq 的显式协商可以帮助 TCP 消除这些失效的、伪造的分组。

　　在 RFC793 中，建议 seq 在系统启动时随机分配，同时每 4μs 该值加 1，如果有新的连接建立则再加 1。这样，即使在相同的连接上（相同的源/目的 IP 地址，相同的端口号），新旧 TCP

对话的顺序号也能保证不会重叠。

**4. 数据传输**

连接建立成功后，就可以开始双向的数据传输了。图 1.3.6 描述了一个简化的 TCP 数据传输过程。

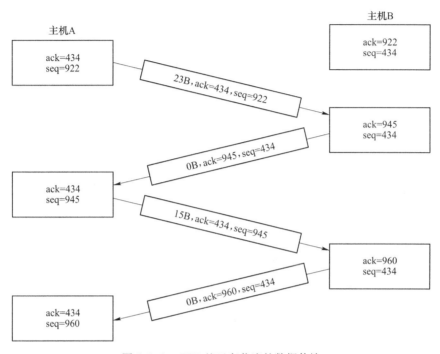

图 1.3.6　TCP 基于字节流的数据传输

图 1.3.6 中，主机 A 向主机 B 发送一个 23B 数据长度的段，其中确认号 A–B = 434，顺序号 A–B = 922；主机 B 正确接收该段后，向主机 A 返回一个包含确认信息的段，由于收到的段中顺序号 A–B = 922，数据长度是 23B，因此确认号 B–A = 顺序号 A–B + 数据长度 = 945，为简单起见，假设 B 到 A 方向数据部分长度为 0B，则顺序号 B–A = 确认号 A–B = 434；主机 A 收到主机 B 的确认段后，继续发送 15B 的数据段，其中确认号 A–B = 434，顺序号 A–B = 945。通过这样的发送确认机制，TCP 可以实现可靠的双向数据传输。由于要求提供可靠传输，在 TCP 的数据传输过程中，每个字节都要求确认。但 TCP 中的确认号并不是针对每个字节进行确认的，例如确认号 = $X$，代表正确接收了顺序号为 $0 \sim X-1$ 的字节，这种方法称为累积确认。其优点是，即使前一个确认信号丢失，后续的确认信号也会对已经收到的字节给出确认。为保证数据的可靠传输，TCP 提供了超时、差错重传、流量控制等机制，对这些方面本书不再详细描述。

**5. 连接释放**

在 C/S 模式下，连接建立总是由客户端主动发起，但数据传输结束后的连接释放却是对称的，即任何一方均可主动发起连接释放请求，收到请求的一方必须立即无条件释放连接。鉴于 C/S 情况下数据传输的不对称性，连接释放需要在两个方向上各自独立地进行，这意味着正确释放一个连接多数情况下需要四个段。

如图 1.3.7 所示，如果 A 到 B 方向的数据传输完毕，则主机 A 就给主机 B 发送一个段，段中标志位 FIN = 1，表示要主动关闭 A 到 B 方向上的连接；B 收到后，检查 FIN = 1 就知道这是一个连接释放请求，接收正确就返回一个确认段，释放这个方向的连接。B 到 A 方向的连接释放过程是一样的。这样，通过 FIN 和 ACK 就可以确保两个方向都能接收全部的字节。需要注意的是，和 SYN = 1 时一样，标志位 FIN = 1，也要象征性地占去一个字节编号。

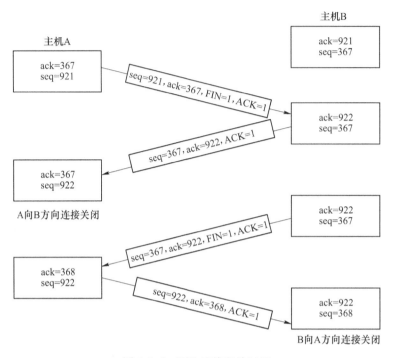

图 1.3.7  TCP 连接释放过程

# 1.4  互联网的演进

## 1.4.1  需求的变化与网络演进

以 TCP/IP 为基础的互联网，以其易扩展、简单性获得了巨大的成功，但试图扩展或修改其核心的网络层仍然是非常困难的事。本节简单介绍互联网的演进过程，以及三个最重要的网络演进技术——IPv6、MPLS 和 SDN/NFV。

将 1969 年 10 月 29 日美国 ARPANET 的开通作为现代互联网的开端，互联网已经历了 50 多年的发展。这期间在流量的增长、用户需求的变化，以及通信技术的进步等因素的推动下，互联网一直在发展演进，大体经历了三个阶段。

**1. 第一阶段**（1970 年—1990 年）

互联网发展的早期，其目标是为异构的计算机间通信提供一个高效、可靠的技术方案，主要服务军事机构、大学和科研院所。该阶段的主要业务包括文件传输、远程登录、电子邮件收/发等。此类业务对带宽要求不高，可以容忍一定的时延，但对可靠传输要求高。TCP/IP 也主要面向此类数据业务优化设计，重点关注提高网络吞吐量、降低分组传输的时延和差错率。

这一阶段有几个事件对推动互联网发展起了重要作用。一是 1972 年，美国 BBN 公司的 Ray Tomlinson 编写了一个可以通过 ARPANET 收/发消息的 e-mail 程序，Tomlinson 并选用@ 作为代表"在"的含义的符号。e-mail 也成为这一阶段推动互联网发展的第一个 Killer App。二是 1981 年，TCP/IP 正式标准化（RFC791、RFC793），1986 年，美国 NSF（National Science Foundation）采用

TCP/IP，创建了覆盖全美的 NSFNET 主干网，任何机构的网络使用 TCP/IP 都可以接入到 NSFNET，NSFNET 的创建是互联网全球普及的开始。

**2. 第二阶段**（1990 年—2010 年）

这一阶段的典型特征是互联网跨出了学术圈，开始在商业和大众消费领域突飞猛进地发展，并迅速在全球普及。互联网的商业化深刻地改变了人们的生活和工作方式。

互联网的商业化和全球普及，一方面给网络带来用户和流量的暴增压力，另一方面，WWW 浏览、即时通信、音视频、多媒体流等新型业务逐渐超越传统数据业务。成为互联网的主流业务。这些新兴的业务与传统业务在性能需求上存在较大差异，它们对带宽、时延、可靠性、安全等服务质量指标和用户体验有更高的要求。为应对规模增长和服务需求的新变化，IETF（国际互联网工程任务组）先后推出了 IPv6 和 MPLS 协议，扩展了 TCP/IP 协议体系，以增强网络的服务性能和管理能力。

这一阶段互联网发展的标志性事件，一是 1991 年英国科学家 Tim Berners-Lee 发明 WWW 技术，开启了互联网"Web 时代"。WWW 是推动互联网在消费领域迅速普及的 Killer App 之一。二是 1995 年，IETF 在 RFC1883 中首次发布新一代互联网标准建议 IPv6，IETF 计划用它取代之前的 IPv4，以解决 1990 年后互联网大规模增长带来的扩展性、服务质量和安全问题，尤其是 IP 地址即将耗尽的问题。三是 1993 年，美国伊利诺大学的 Marc Andreessen 和 Jim Clark 开发了互联网上第一个图形用户界面的 Web 浏览器，命名为 Mosaic；1996 年，三个以色列人维斯格、瓦迪和高德芬格合作，成立了 Mirabilis 公司，并于同年 11 月推出了全世界第一款即时通信软件 ICQ。四是 2001 年 1 月，IETF 发布 MPLS（Multiprotocol Label Switching）标准建议，MPLS 是一种采用面向连接、定长标签交换的分组技术，主要用于运营商核心网。在核心网采用 MPLS 技术，可以为互联网引入流量工程、服务质量保障、VPN 等运营管理手段，改善 2000 年后互联网流量爆炸带来的核心网性能下降的问题。到 2010 年底，全球互联网人数超过 20 亿，占全球人口的将近 1/3。

**3. 第三阶段**（2010 至今）

这一阶段的典型特征是互联网从消费领域向与实体经济深度结合的转变。推动这一转变的原因来自两个方面：一是实体经济自身产业转型升级的需求；另一个是 2010 年后，云计算、大数据、物联网和宽带移动通信等新技术在互联网中的广泛应用，对传统网络架构提出的变革需求。

例如，LTE/5G 等新一代移动通信网的部署和智能移动终端的普及，使得用户在任意时间、任意地点，访问任意互联网数据和应用成为可能，这导致移动流量占比大增，同时，客户端和服务器的位置不固定，使得互联网流量更加难以预测，流量模型动态性和复杂性提高；为提高服务弹性和降低运维信息基础设施，云计算与大数据处理技术互相结合，企业应用加速向公有云迁移，使得原来很大一部分内网流量转移到广域网中，除了传统的 C/S 模式下南北向流量增加外，大型云计算中心之间协同的东西向流量也呈现快速增长的趋势；在工业互联网领域，则要求基础互联网能够提供灵活可定制服务，以及确定性服务质量保证的新需求。传统的 TCP/IP 体系结构设计时假设端系统（客户端和服务器）相对固定，采用基于目的 IP 地址的寻址转发策略，以及分布式控制架构来支持以自治系统为基础的网络互联模型，其优点是简单且易于扩展，缺点是业务和网络服务的定制能力弱，难以灵活应对移动互联网时代流量模型高度动态、服务质量需求多样化的新需求。

为解决现有网络的弊端，围绕新的需求，各国针对未来互联网架构开展了深入的研究，其中 SDN（Software Defined Networking，软件定义网络），由于接口开放、支持对网络更灵活的控制、降低网络部署运营成本，成为目前被学术界和产业界广泛认可和支持的技术。SDN 已经被 5G 标准采纳，成为 5G 核心网的关键技术。SDN 起源于 2006 年美国斯坦福大学 Nick McKeown、Martin Casado 等人领导的 Clean State 项目，2008 年，McKeown 等发表论文 "OpenFlow：Enabling Innovation in Campus Networks"，标志着 SDN 时代的开启。2011 年，McKeown 等联合 Deutsche Telekom、Facebook、Google、Microsoft 和 Verizon，成立开放网络基金会（Open Networking Foundation，ONF），负责推动 SDN 的标准化。

　　SDN 本质上是一种全新的设计理念。SDN 的主要设计思想是将网络的控制面与数据平面分离，通过控制面功能的集中化，实现对网络资源快速和灵活地按需调度；通过开放南北向编程接口，打破传统网络设备的封闭性；通过与网络功能虚拟化（Network Functions Virtualization，NFV）紧密结合，构建虚拟网络层，实现网络设备物理硬件与软件功能的解耦，使得网络管理变得更加简单，资源的调度和业务的部署更加动态和灵活。

　　图 1.4.1 为 ONF 定义的 SDN 分层体系结构图。其中，基础设施层除了实现传统 IP 网络的数据平面功能外，SDN 的基础设施层通过将软件与网络硬件解耦，为控制层提供了一个虚拟网络层，增强了网络配置管理的灵活性；控制层的最大变化是控制面的功能从数据平面独立出来，并通过集中管理模式改进性能，简化了全局业务部署和网络管理的复杂度；应用层主要通过开放和开源，增强了业务和网络的可编程性，使得新业务和新的网络特性的引入更为高效、便捷。第 7 章将对 SDN 做进一步详细介绍。

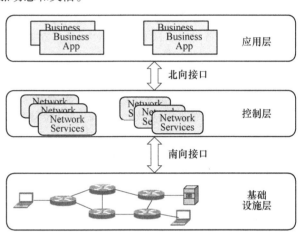

图 1.4.1　ONF 定义的 SDN 分层体系结构

## 1.4.2　IPv6

### 1. 概述

　　IPv6 是 Internet Protocol Version 6 的简称，当前标准是 2017 年 IETF 发布的 RFC8200。IPv6 是下一代互联网网络层的核心协议，IETF 计划用它取代当前的 IPv4，以解决互联网规模暴涨带来的可扩展、性能、安全、管理等问题。

　　IPv4 采用 32 位长编码的地址，理论上可以接入 40 亿台主机。但实际上，无论哪种编址方案都不可能达到 100% 的地址利用率，随着接入互联网的设备数量越来越多，地址终有耗尽的一天。早在 1990 初，IETF 就意识到了这个问题，其最初设计 IPv6 的主要动机就是解决地址耗尽问题。当时预测接入互联网的设备将以指数规模增长，IPv4 地址空间将在 2005 年—2011 年耗尽。后来 IETF 引入了无分类编址模型 CIDR、NAT 和 DHCP 等新技术，在一定程度上减缓了 IP 地址的耗尽步伐，但没有改变地址短缺的状态。随着 2000 年后移动互联网和物联网的普及，对 IP 地址的需求量呈爆炸式增长，IPv6 取代 IPv4 已不可避免。

　　与 IPv4 相比，IPv6 主要的特性有：提供比 IPv4 更大的地址空间，IPv6 采用 128 位长的地址，拥有大约 $2^{128}$（约 $3.4 \times 10^{38}$）个地址，相当于 70 亿地球人口中的每一个人拥有大约 $4.8 \times 10^{28}$ 个地址；还包括实时业务 QoS 支持、网络层的安全性、主机地址自动配置、增强的选路能力支持等。

**2. 分组格式**

IPv6 分组由头部和净负荷两部分组成。由于采用了 128bit 的地址格式，并在多个方面对 IPv4 的功能进行了扩展，因此必须重新设计分组格式。其头部格式如图 1.4.2 所示。

图 1.4.2   IPv6 的分组头部格式

可以看到，IPv6 使用一个 40B 的固定头部，头部包含版本号（Version）、流量类型（Traffic Class）、流标签（Flow Label）、净负荷长度（Payload Length）、Next Header、跳数限制（Hop Limit），以及源地址和目的地址合计 8 个字段。每个字段的作用如下：

1）版本号：始终设置为 6。

2）流量类型：标识分组优先级，对应 IPv4 中的 ToS 字段。

3）流标签：新增字段，用于标识属于同一个流的分组，与流量类型一起用于支持 QoS。

4）净负荷长度：标识以字节为单位的净负荷总长度。

5）Next Header：该字段指示固定头部之后紧邻的那个字段如何解释。假如分组包含扩展头部字段，Next Header 字段指示下一个扩展头部字段的类型和在分组中的位置；假如分组不包含扩展头部，则 Next Header 字段直接标识净负荷字段所属的传输层协议类型。该字段的作用相当于 IPv4 中的 Protocol 字段。

6）跳数限制：对应 IPv4 中的 TTL 字段。

第七和第八两个字段分别是 128bit 的源 IP 地址和目的 IP 地址。为提高路由器转发分组的效率，IPv6 路由器不再进行分组分片和校验和的计算，同时把可选字段也从固定头部移出，这使得 IPv6 分组头部得到简化。与 IPv4 的 20B 定长头部相比，虽然 IPv6 头部有 40B，但 IPv6 头部仅包含 8 个字段，比 IPv4 的头部少了 4 个，实际上更为简单。

**3. 地址表示法与分类**

一个 IPv6 地址长度为 128bit，书写上采用十六进制数+冒号的表示法，即将一个 IPv6 地址分为 8 个地址块，每块由 4 个十六进制数组成，对应 16 位。块之间用冒号分割开，例如 2001：4988：000c：0a06：0000：0000：0002：401d。

分块后，当每块地址中存在连续的前导 0 时，可以采用下面的规则简化 IPv6 的地址表示。

规则 1：删除一个或多个十六进制地址块中的前导 0，例如可以将一个块 000c 缩写成 c。

规则 2：用双冒号::代替连续地址块中连续的 0，但::在地址中仅允许使用一次。

例如，原始的 IPv6 地址是 2001：4988：000c：0a06：0000：0000：0002：401d，使用规则 1 后表示为 2001：4988：c：a06：0：0：2：401d，继续使用规则 2 后表示为 2001：4988：c：a06：：2：401d。

IPv6 的地址分类与 IPv4 不同，按照使用方法分为三类。

1）单播地址（Unicast）：用于标识单个接口，对应 IPv4 中的 A、B、C 类地址。

2）多播地址（Multicast）：用于标识一个接口集合，也称多播组。当向一个多播组发送分组时,路由器会把分组转发给组内的所有接口。IPv6没有广播地址,其功能由多播地址来代替。

3)任播地址(Anycast):是IPv6引入的新地址类型,用于标识一个包含多个接口的集合,也称任播组。当向一个任播组发送分组时,处理请求的路由器会检查到组中所有目的接口的路由,并将分组发给"最近的接口"。

**4. 前缀与编址方案**

在IPv6中,为了方便选路和管理,采用地址的高阶位(前缀)来标识不同类型的IPv6地址,其中任播地址没有分配单独的前缀,其地址在单播地址空间中分配。常用IPv6地址类型的前缀及地址空间的分配见表1.4.1。

表1.4.1　IPv6常用地址前缀

| 地址类型 | 前缀(二进制) | IPv6表示法 | 说　　明 |
|---|---|---|---|
| Unspecified | 00...0(128bit) | ::/128 | 未指定地址,功能对应IPv4的全"0"地址 |
| Loopback | 00...1(128bit) | ::1/128 | 功能对应IPv4的127.0.0.1地址 |
| Global Unicast | 001 | 2000::/3 | 功能对应IPv4中的全局单播地址 |
| Link-local Unicast | 1111 1110 10 | FE80::/10 | 启动时节点的每个接口自动生成一个地址,功能对应IPv4的169.254.0.0/24地址,可用于本地链路上的主机间通信,不可路由 |
| Unique-local Unicast | 1111 110 1111 1101 | FC00::/7 FD00::/8 | IPv6定义的私网地址,功能对应IPv4中的192.168.0.0/24等 |
| Multicast | 1111 1111 | FF00::/8 | 功能对应IPv4中的224.0.0.0/4多播地址 |

单播地址是IPv6中最重要的一种类型,与IPv4地址支持无分类域间路由机制类似,IPv6单播地址也支持任意位长的前缀聚合以优化核心路由器的转发表。IPv6的单播地址主要有Global单播、Link-local单播和Unique-local单播三类。另外,Global单播还定义了几种特殊用途的子类型,如Loopback以及用于IPv6过渡技术的嵌入IPv4地址的IPv6地址等。

Global单播地址的格式如图1.4.3所示。前缀为001的Global单播地址为当前IANA已分配的可用单播地址。除了前缀为000的Global单播地址外,所有的Global单播地址中的Interface ID长度都为64bit,Interface ID遵循改进的EUI-64格式。Global Routing Prefix是分层次的,由具体的区域互联网注册管理机构(Regional Internet Registries,RIR)和ISP定义。Subnet ID则由子网所属的机构定义。Link-local单播地址是启动时IPv6节点的每个接口自动生成的一个地址,功能

Global单播地址

| 3bit | 45bit | 16bit | 64bit |
|---|---|---|---|
| 001 | Global Routing Prefix | Subnet ID | Interface ID |

Link-local单播地址

| 10bit | 54bit | 64bit |
|---|---|---|
| FE80 | 全0 | Interface ID |

Unique-local单播地址

| 7bit | 1bit | 40bit | 16bit | 64bit |
|---|---|---|---|---|
| FC00 | 1/0 | Global ID(随机数) | Subnet ID | Interface ID |

图1.4.3　三种常用单播地址的格式

对应于 IPv4 的 169.254.0.0/24 地址，可用于本地链路上的主机间通信。Unique-local 单播地址是 IPv6 定义的私网地址，功能对应 IPv4 中的 192.168.0.0/24 等保留用于私网的地址，这些地址不能在全球互联网上路由。

**5. 过渡技术**

由于互联网的规模巨大，而 IPv6 与 IPv4 并不兼容，将现有的 IPv4 完全升级到 IPv6 将是一个缓慢的过程。成功地向 IPv6 过渡的关键技术是让新部署的 IPv6 节点能够与规模庞大的现有 IPv4 节点通信。RFC4213 定义了两种过渡技术，以实现与现有 IPv4 节点的互操作，利用现有的 IPv4 基础设施传输 IPv6 分组。

- 双栈技术（Dual IP Layer）：该技术在一个 IPv6 节点中同时支持 IPv4 和 IPv6 的网络层。
- 隧道技术（Configured Tunneling of IPv6 over IPv4）：该技术通过将 IPv6 分组封装到一个 IPv4 分组的净负荷中来创建一个点到点的隧道，然后通过 IPv4 的基础设施来传输 IPv6 分组。

（1）双栈工作原理

实现 IPv6 节点与 IPv4 通信的最简单方式是在 IPv6 节点中提供完整的 IPv4 协议栈实现。具有双协议栈的节点称作"IPv6/v4 节点"，IPv6/v4 节点既可以收发 IPv4 分组，也可以收发 IPv6 分组。

IPv6/v4 节点需要同时配置 IPv6 和 IPv4 地址，其中 IPv4 地址通过 IPv4 的地址配置方式获取，IPv6 地址通过 IPv6 的地址配置方式获取。实际中，一个 IPv6/v4 节点的双栈可根据具体情况开启或关闭。双栈节点的另一个要解决的问题是如何确定对方是 IPv6 使能的还是仅支持 IPv4。目前，该问题采用 DNS 来解决，若要解析名字的节点是 IPv6 使能的，则 DNS 会返回一个 IPv6 地址，否则返回一个 IPv4 地址。在双栈方式中，如果有一个节点是 IPv4，则必须使用 IPv4 通信，如果两个节点都是 IPv6，则必须使用 IPv6 分组通信。图 1.4.4 所示是双栈路由器的协议栈。

双栈技术的缺点是，将一个 IPv6 分组映射到一个 IPv4 分组时，IPv6 的头部中的某些字段在 IPv4 的头部没有对应部分，映射过程会导致这些字段信息丢失。因此，即使能把一个 IPv6 分组传输到目的地，也并不能保证目的地接收到的 IPv6 分组与初始的 IPv6 分组完全一致。

（2）隧道工作原理

所谓 IP 隧道，是指将一个 IP 分组封装到另一个 IP 分组的净负荷字段中的技术。它可以解决双栈技术存在的问题。隧道的典型应用场合是两个 IPv6/v4 节点之间通过一个 IPv4 的网络连接起来。

1）隧道入口节点：负责创建并保存每个隧道的配置信息，例如分组的 MTU、隧道的源和目的节点的 IPv4 地址等信息；将 IPv6 分组封装入 IPv4 中，封装一个 IPv6 分组到 IPv4 分组中时，IPv4 分组的 protocol 字段值取 41。

2）隧道的出口节点：创建并保存与入口一致的隧道配置信息；根据需要解封装 IPv4 分组，并将提取出来的 IPv6 分组继续转发。

IPv6-IPv4 分组封装和解封装的示意如图 1.4.5 所示。发送时，将整个 IPv6 分组完整地封装到一个 IPv4 分组的净负荷中；接收时，再去掉 IPv4 的封装，还原 IPv6 分组。

图 1.4.4　主机/路由器双栈协议结构

图 1.4.5　IPv6-IPv4 分组封装和解封装示意

### 1.4.3 MPLS

#### 1. 概述

MPLS 是多协议标签交换（Multiprotocol Label Switching）的简称，其标准由 IETF 的 RFC3031（2001 年）定义。MPLS 是将虚电路的高效率与数据报的灵活性综合在一起的一种多层交换技术，主要应用于电信运营商的核心网。多协议是指 MPLS 可以承载多种网络层协议，IP 只是其中之一。与传统 IP 网络仅支持基于变长目的网络前缀的转发模式不同，MPLS 支持基于定长的标签，预先建立端到端的标签交换路径来实现高效、灵活的二层交换。图 1.4.6 描述了 MPLS 的多协议特性。

| IPv4 | IPv6 | IPX | 其他 | |
|------|------|-----|------|---|
| MPLS | | | | |
| ATM | FR | Ethernet | PPP | 其他 |

图 1.4.6 MPLS 的多协议特性

通过为 IP 核心网引入 MPLS，可以为运营商的 IP 网络提供流量工程、服务质量、VPN 等运营管理手段。目前 ISP 核心网主要采用 IP/MPLS 技术构建。

#### 2. MPLS 分组格式

根据数据链路层的不同，MPLS 分为帧模式和信元模式两种分组格式。目前，IP 网络中主流的数据链路层主要采用 Ethernet、PPP 等协议，使用帧模式的分组格式，如图 1.4.7 所示。

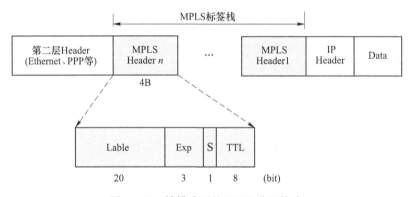

图 1.4.7 帧模式下的 MPLS 分组格式

帧模式的 MPLS 分组头部为 4B，位于第二层头部和第三层头部之间，当第二层的类型字段取值为 0x8848 时，表示帧中包含 MPLS 标签。MPLS Header 包含以下字段：

1）标签（Lable）字段：20bit 的 MPLS 标签。

2）实验（Exp）字段：3bit，用于实现 QoS，与 IP 中的 ToS 字段作用相同。

3）S 标志（Bottom of Stack）：MPLS 支持标签栈（多级标签）。S 位置 1 时，表示当前标签是栈中最后一个标签，MPLS 总是基于栈顶标签执行转发。例如，在 MPLS VPN 中，外层标签标识出口路由器，内层标签标识 VPN 自身，这样当分组到达出口路由器时，出口路由器就可以立即弹出外层标签，然后根据内层标签将分组转发到正确的接口。同样的原理，在 MPLS 隧道中，外层标签标识隧道的目的端，内层标签标识最终的目的地。

4）生存时间（TTL）字段：8bit，与 IP 分组中的 TTL 字段作用相同。

#### 3. 标签与转发等价类

在 MPLS 中，标签用于标识一个具有相同属性的分组集合。在 MPLS 网络中，路由器为相同标签的分组选择相同的转发路径，执行相同的转发处理策略。"相同的转发路径"在 MPLS 中被称为 LSP（Label Switched Path），其功能等效于一条虚电路。标签则是 LSP 的标识符，它局部有效，仅用来标识两个相邻 MPLS 交换设备之间的一跳。MPLS 中标签值的 0~15 保留，实际可分配为 16~1，048，575（$2^{20}-1$）。

"相同的转发处理策略"在 MPLS 中被称为 FEC（Forwarding Equivalence Class，转发等价类）。MPLS 通过 FEC 精确定义每条 LSP 上转发的分组集合的特征。在 MPLS 中，需为每条 LSP 指定一个 FEC。每个 FEC 包可以含多个 FEC 元素，每个 FEC 元素定义了需要映射到一条 LSP 上的分组属性特征。在 MPLS 中，FEC 元素可以是网络前缀、Mac 地址、端口号、QoS 类型、多播组、VPN 以及 MPLS TE 隧道等。这样，当把一个标签分配给一个特定的 LSP/FEC 后，MPLS 路由器基于该标签转发分组时，就不再是简单地基于目的地址转发分组了。

**4. 标签交换原理**

在传统 IP 网络中，路由选择和分组转发两项工作使用相同的网络前缀信息，而在 MPLS 中，则将选路和转发两个任务分离，并对数据平面和控制平面进行相应改进。其中，在数据平面，用定长标签取代变长的网络前缀，执行精确匹配查表转发；在控制平面，MPLS 路由器除了执行路由协议创建路由表外，还要执行标签分配协议交换 FEC/标签绑定信息，创建标签信息库，完成 LSP 的创建过程。

为优化网络性能，MPLS 明确区分边界网络和核心网络，位于网络边界的 MPLS 路由器称为 LER（Label Edge Router），位于网络核心的 MPLS 路由器称为 LSR（Label Switching Router）。位于边界的 LER 负责执行对分组的一次分类工作，核心网的 LSR 则仅简单根据分组的定长标签执行高速转发处理。

图 1.4.8 是 MPLS 标签交换原理示意图。

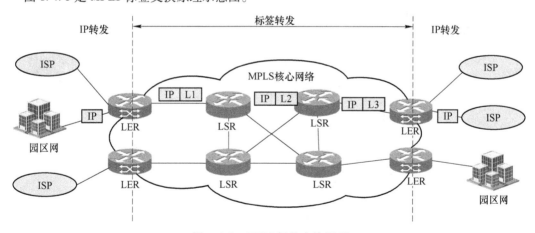

图 1.4.8　MPLS 标签交换原理

简单标签交换的过程如下：

1）初始时，MPLS 网络中的路由器先通过路由协议创建路由表，并根据路由表中的网络前缀或者管理平面手工预先配置 FEC，通过标签分配协议构建初始标签转发表，建立到相关目的网络的 LSP。

2）在 MPLS 网入口，入口 LER 收到一个 IP 分组后，为其划分 FEC，执行标签插入操作，然后执行标签交换，将其转发到对应的 LSP 上。

3）在 MPLS 核心网中，LSR 收到打标签的分组，执行标签查转发表，完成标签交换。

4）在 MPLS 出口，出口 LER 收到分组后，执行标签删除操作后，再根据目的 IP 地址前缀查表，将分组转发到目的网络。

**5. 标签分配协议**

MPLS 需要路由器通过标签的交换创建端到端的 LSP。在 MPLS 中，可以使用扩展后的现有路由协议执行标签分配、LSP 创建和管理功能，如 OSPF-TE、MP-BGP、RSVP 等，也可以使用专门的协议，如 LDP（Label Distribution Protocol，标签分配协议）、CR-LDP（Constraint-based Routing Label Distribution Protocol）完成上述功能。

在创建一条 LSP 时，相邻 LSR 必须对这条 LSP 承载流量所属的 FEC 以及标识 LSP 的标签进行协商。通过 FEC 标签绑定过程，把创建的每条 LSP 与一个 FEC 标签关联起来，FEC 标签对则规定了一条 LSP 上承载的流量类型和转发处理方式。

LSR 的每个接口在初始化期间，LSP 的创建可以配置成下游自主（Down-stream Unsolicited，DOU）或下游按需通告方式（Down-stream On Demand，DOD）之一。

在 DOU 方式中，下游 LSR 不需要上游 LSR 发送标签映射请求，可以自主决定向上游 LSR 发布标签映射，上游 LSR 收到并保存标签映射消息后，可以继续向自己的上游发布。该方式现网应用得最多。

在 DOD 方式中，下游 LSR 必须在收到上游 LSR 的标签映射请求后，根据请求的 FEC，从本地标签库中分配标签，然后向上游 LSR 发布标签映射通告消息，同时保存分配的标签映射。该方式目前较少使用。

**6. LSP 的建立**

在一个 MPLS 域内，一个 LSP 总是对应一个 FEC，并由标签路径上的 LSR 中维持的相关联的一组标签来标识。另外，LSP 是单向的，反向必须建立另一条 LSP。图 1.4.9 描述了采用下游自主通告方式创建一条 LSP 的过程。

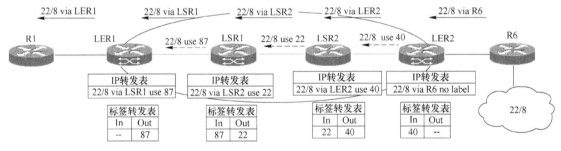

图 1.4.9　下游自主标签分配的 LSP 创建

1）R6 发现新的网络前缀 22.0.0.0/8，该前缀相当于一个 FEC，R6 通过路由协议向 LER2 发送路由更新消息。

2）LER2 收到关于 22.0.0.0/8 的路由更新消息后，顺次向上游的 LSR2 发送路由更新，为 22.0.0.0/8 分配标签 40，通过 LDP 向 LSR2 发送标签映射通告消息，更新自己的 IP 转发表和标签转发表。

3）步骤 2）会在沿途的 LSR2、LSR1 以及 LER1 上重复执行，直到整个 LSP 建立。

图 1.4.10 描述了 LSP 建立后，路由器对一个分组执行标签交换的过程。

1）在入口 LER1，收到一个无标签的分组，根据目的 IP 地址 22.0.0.2 查 IP 转发表，为其打上标签 87，然后转发。

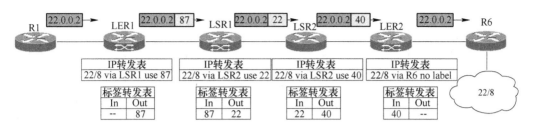

图 1.4.10　在 LSR 上的标签交换

2）在 MPLS 核心网内，LSR1 和 LSR2 则执行两层标签转发。

3）在出口 LER2，收到带标签 40 的分组后，先查标签转发表，发现没有对应的输出标签，然后查第三层的 IP 转发表，确定到 22.0.0.0/8 的下一跳为 R6，执行删除标签并转发。

## 本章小结

本章介绍了 Internet 的网络结构、互联的原理、网络层和传输层的核心协议，以及 Internet 演进过程中，为应对网络规模、性能和管理的挑战，推出的 IPv6、MPLS 和 SDN 几个重要的技术背景和工作原理，重点讨论了网络层的协议和工作原理，如 IP 编址方式、"逐跳转发"的工作原理等。

Internet 采用网络层叠加模型实现异构网络的互联。叠加模型的思想是在保持物理网络不变的基础上，引入一个新逻辑网络层，该层定义了全新的分组格式和全局逻辑地址，并使用路由协议交换网络之间的路由信息。因此，在叠加模型下，每个网络设备的接口都有两个地址：一个全局逻辑地址，即 IP 地址；另一个是物理网络地址，也称数据链路层地址。

编址方案是影响网络性能和可扩展性的一个重要因素。IP 地址采用结构化的编址方案，每个 IP 地址由网络前缀和主机号两部分组成，唯一地标识网络上的一个设备接口。在分类编址中，采用"首字节规则"划分网络前缀和主机号部分。定长子网编址在分类编址方案的基础上，允许将一个分类地址的主机号部分的部分位扩展为子网号，从而将一个两层的网络结构扩展为三层结构，增强了机构组网和地址规划的灵活性，节省了 IP 地址。无分类编址则在定长子网编址的基础上进一步扩展，允许对任意连续地址块进行进一步的子网划分，在无分类路由协议的配合下，可以很好地支持 VLSM 和 CIDR，进一步增强网络规划和地址分配的灵活性和合理性。

"逐跳转发"是 Internet 数据平面的工作方式，路由器采用数据报方式转发分组，对每个分组执行独立的选路转发过程，这样在控制面的协同下，可以自适应地应对网络的故障和拓扑变化，提高网络的生存性。

传输层从网络层分离出来，作为应用层和网络层之间的适配层存在，目的是弥补应用层需求与网络层服务不匹配的问题。这样的设计策略，既保持了网络简单性的优点，又提高了可以灵活扩展新业务支持的能力。

### 练习与思考题

1. 考虑题图 1.1 所示的 IP 网络结构，回答下述问题。

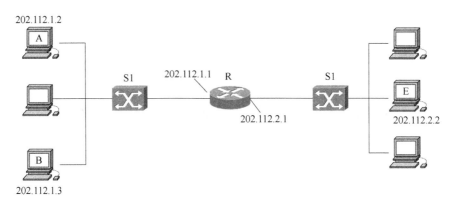

题图 1.1 习题 1 的 IP 网络结构图

1）按顺序描述数据从主机 A 的网络层到主机 B 的网络层的处理步骤和涉及的协议。

2）按顺序描述数据从主机 A 的网络层到主机 E 的网络层的处理步骤和涉及的协议。

2. 一个主机的 IP 地址是 202.112.14.156，子网掩码是 255.255.255.240。请计算这个主机所在网络的网络地址和广播地址。该子网可用的主机地址是多少？

3. 对于 IP 地址 192.168.168.0、192.168.169.0、192.168.170.0 和 192.168.171.0，将这四个 C 类地址聚集成一个超网（CIDR 型地址）后，计算超网的网络前缀。

4. 给定网络 30.0.0.0，子网掩码为 255.255.192.0。请计算子网的个数是多少？每个子网的地址范围和主机数是多少？

5. 某机构已经获得了网络前缀 194.1.1.0/24，现要进行进一步的子网划分，需求如下：划分 6 个子网，每个子网最多 28 台主机。请给出所有的子网地址和子网广播地址。

6. 某机构已获得网络前缀 202.120.1.0/24，其内部拥有 7 个子网，其中子网 1~5 最大支持 25 台主机，子网 6 最大支持 3 台主机，子网 7 最大支持 6 台主机。请使用 VLSM 进行子网地址规划，要求子网之间互联接口配置 30 位掩码 IP 地址。该机构的网络拓扑结构如题图 1.2 所示。

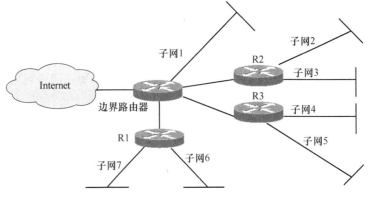

题图 1.2 习题 6 的网络拓扑结构

7. 简述路由器接收到一个分组的转发处理过程。

8. 某路由器的两个以太网接口 Eth0 和 Eth1 分别连接了两个网段：Eth0（IP 地址是 10.1.1.1，子网掩码是 255.255.255.0）连接的是网络 A，Eth1（IP 地址是 10.1.2.1，子网掩码是 255.255.255.0）连接的是网络 B。下面的哪些主机能够 ping 通网络 A 中的主机，分析原因？

1）处于网络 A 中的某主机，其 IP 地址为 10.1.1.12，子网掩码为 255.255.0.0。

2）处于网络 A 中的某主机，其 IP 地址为 10.1.2.16，子网掩码为 255.255.0.0。

3）处于网络 B 中的某主机，其 IP 地址为 10.1.2.14，子网掩码为 255.255.255.0。

4）处于网络 A 中的某主机，其 IP 地址为 10.1.1.8，子网掩码为 255.255.255.0。

9. 比较定长子网、变长子网、超网、CIDR 和自治系统几个概念之间的联系和区别。

10. 比较物理地址、逻辑地址、端口地址在 TCP/IP 体系结构中的层次和作用的差别。

11. 为实现异构互联，在 Internet 体系中，每个设备的接口都配置有两个地址：逻辑的 IP 地址和物理的接口地址（也称数据链路层地址）。其中 IP 地址的分配与接口的物理地址无关，为了通过物理网络把 IP 分组从一台计算机转发到另一台计算机，网络必须把 IP 地址映射成物理地址，并用这个地址完成成帧和传输，每一跳都必须做同样的工作。那么，IP 地址在这个逐跳转发的过程中扮演什么角色？

12. 比较 Internet 体系结构中，网络层交付和传输层交付的区别？逐跳的协议和端到端的协议有什么区别？

13. 分析 Internet 体系结构中，传输层实现的功能为什么要从网络层分离出来？为什么网络层仅实现尽力而为的不可靠服务？其优缺点是什么？

14. 当两台客户机通过 TCP 连接同时访问一台 FTP 服务器时，服务器端是如何区分不同客户机的连接的？相同的端口号同时用于 TCP 和 UDP 时，又如何区分不同的进程？

15. 设计一种简单过滤方案，可以阻断外网特定网段对内网的所有 TCP 访问。

# 第2章 网络基础实验

本章介绍 Internet 的常用接入方式、网络管理指令，以及网络分析测试的工具软件。2.1 节首先介绍互联网接入的方法和技术，然后结合实验介绍双绞线的制作、无线局域网的搭建以及网络资源共享的配置方法；2.2 节介绍 Windows 和 Linux 操作系统中常用网管命令的使用以及网络故障排查方法；2.3 和 2.4 节结合实验介绍网络协议分析软件 Wireshark 以及网络仿真器 GNS3 的使用方法，它们是后续网络实验开展的基础。

## 2.1 互联网的接入

### 2.1.1 互联网接入概述

第 1 章介绍了 Internet 是由许多不同规模和层级的 ISP 网络互联而成的，其中本地 ISP 最靠近终端用户，用户终端是通过本地 ISP 接入到 Internet 的。实现 Internet 的接入需要完成物理连接和逻辑连接两方面的基础工作。实现物理连接是指采用合适的传输介质、网络接口卡将用户终端与接入设备连接起来，接入设备再连接到本地 ISP 网络，从而实现到 Internet 的物理接入（如图 2.1.1 所示）；逻辑连接是指对终端进行 TCP/IP 的配置，包括主机 IP 地址、子网掩码、网关地址、DNS 服务器地址等信息的配置，这些信息都由本地 ISP 提供。因此，普通用户需要具有终端、网卡、传输介质等基础的硬件设备，并需完成 TCP/IP 配置才能接入 Internet。

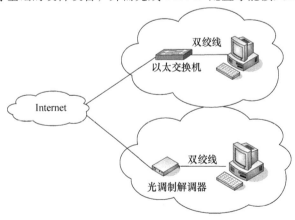

图 2.1.1　终端接入 Internet

**1. 接入设备**

（1）用户终端

通常将与 Internet 相连的计算机称为终端或主机。目前的终端种类已经不再局限于个人计算机等传统桌面形式的设备，笔记本计算机、掌上电脑、PDA、移动电话等都具备接入 Internet 的功能。

终端要接入 Internet，首先必须配备一块网络接口卡（Network Interface Card，NIC）。NIC 具有两方面的作用：一是将终端的数据封装为帧，再通过接口发送到网络上去；二是接收网络上其他设备传过来的帧，检测没有差错后，发送给所在的终端上层应用。NIC 实现了物理层和数据链路层的功能。

（2）传输介质

设备互联常用的传输介质分有线和无线两种。有线传输介质中较常使用的有光纤和双绞线，终端用户接入经常使用双绞线，交换机、路由器之间连接主要使用光纤。无线传输介质指的是自由空间中的电磁波，根据频谱可将其分为无线电波、微波、红外线、激光等。不同传输介质的特性不同，适用于不同的场合。

1）光纤。光纤是一种用玻璃、塑料或高纯度合成硅制成的可传送光信号的有线介质。它由纤芯、包层和外套三个同轴部分组成。利用光的全反射原理，光信号就可以在纤芯中传输。光纤的物理结构如图 2.1.2 所示。

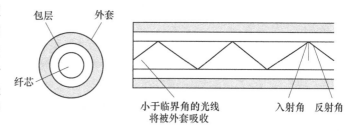

图 2.1.2　光纤的物理结构

与传统铜导线相比，光纤的传输距离更远，可达 70km；传输速度较快，光纤接入能够提供 100Mbit/s、1000Mbit/s 的高速带宽；光纤介质的制造纯度极高，损耗极低。

光纤分为多模光纤（MMF）和单模光纤（SMF）两种基本类型。多模光纤先于单模光纤商用化，它的纤芯直径较大，通常为 $50 \sim 62.5 \mu m$，包层外直径约为 $125 \mu m$。其允许多个光传导模式同时通过光纤，主要用于短距离低速传输，如接入网和局域网，一般传输距离小于 2km。

单模光纤的纤芯直径非常小，通常为 $4 \sim 10 \mu m$，包层外直径约为 $125 \mu m$。单模光纤只允许光信号以一种模式通过纤芯。与多模光纤相比，它可以提供非常出色的传输特性，为信号的传输提供更大的带宽、更远的距离。目前，远距离传输主要采用单模光纤。在 ITU-T 的最新建议 G.652、G.653、G.654、G.655 中对单模光纤进行了详细的定义和规范。

2）双绞线。双绞线是最常用的传输介质，其中包含不同数量的线对。双绞线分为屏蔽双绞线（STP）和非屏蔽双绞线（UTP）。非屏蔽双绞线没有屏蔽层，适用于网络流量不大的场合。屏蔽双绞线的外层由铝箔包裹着，对电磁干扰（EMI）具有较强的抵抗能力。较常见的 UTP 是 4 对 8 根线，每线对中的两根导线按一定扭矩绞合在一起以减少电磁干扰，每根线加绝缘层并有色标来标记。图 2.1.3 所示为 UTP 双绞线的结构示意。

3）无线传输介质。无线传输介质突破了有线传输介质的限制，利用空间中的电磁波进行站点之间的通信。它具有架设简单、成本低、适用于长距离传输的优点。常用的无线传输介质有无线电波、微波和红外线等。

无线电波是指射频频段的电磁波，频率范围为 10kHz ~ 30GHz。频率越低，传播损耗越小，覆盖距离越远，绕射能力也越强。但低频段的频率资源很紧张，系统容量有限，因此低频段的无线电波主要应用于广播、电视、寻呼等系统。高频段频率资源丰富，系统容量大。但是频率越高，传播损耗越大，覆盖距离越近，绕射能力越弱。特高频（UHF）在覆盖效果和容量之间折中得较好，被广泛应用于手机等终端移动通信领域。

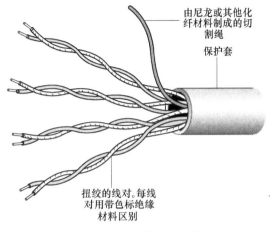

由尼龙或其他化纤材料制成的切割绳

保护套

扭绞的线对。每线对用带色标绝缘材料区别

微波是指频率为 300MHz ~ 300GHz，波长在 1m（不含 1m）~ 1mm 之间的电磁波总称，即分米波、厘米波、毫米波和亚毫米波的统称。微波频率比一般的无线电波频率高，通常也称为"超高频电磁波"。它适用于两点之间无障碍通信，具有容量大、质量好，传输距离远等优点。

图 2.1.3　双绞线示意图

红外线是频率介于微波与可见光之间的电磁波，其波长范围为 760nm ~ 1mm。红外线具有保密性强、抗干扰性强、体积小、重量轻等优点，但必须在直视距离内通信，且无法穿透墙体。

**2. TCP/IP 配置**

完成了设备的物理连接后，还需要进行 TCP/IP 配置才能实现用户对 Internet 的访问。进行 TCP/IP 配置需要告知主机以下基本信息。

1）主机 IP 地址。

2）子网掩码。子网掩码和 IP 地址相与后就能得到主机所在网络的网络号。如果两台主机的网络号相同，则可判断这两台主机属于同一个网络，同一个网络的主机在二层网络中可以互通。但处于不同网段的设备必须借助路由器等第三层的网络设备才能相通。

3）网关 IP 地址。网关实质上是主机接入 Internet 的第一跳路由器，它负责把主机所在的网络与 Internet 连接起来。通信过程中，网关执行间接交付，扮演的其实是一个 Internet 访问代理。

4）域名服务器 IP 地址。每一个本地 ISP 都有自己的 DNS 服务器来为本地用户提供域名服务。主机要想通过域名访问 Internet 资源，就要知道为它提供此项服务的 DNS 服务器的 IP 地址。

TCP/IP 配置有静态和动态两种方式。采用静态方式时，用户需要手工配置主机的上述网络信息。动态方式是通过自动获取得到的。采用动态方式时，必须在局端 ISP 做相应的 DHCP（动态主机配置协议）、DNS（域名服务器）等配置，并由局端自动分配后推送给用户。以 Windows 为例，TCP/IP 配置的方法和步骤如下。

1）单击"控制面板 \ 网络和 Internet"命令，打开"网络连接"窗口，从中选择需要配置的网卡，单击鼠标右键，选择菜单中的"属性"命令，将弹出如图 2.1.4 所示的"本地连接属性"对话框。

2）在"本地连接　属性"对话框中，选中"Internet 协议版本 4（TCP/IPv4）"或"Internet 协议版本 6（TCP/IPv6）"复选框进行 TCP/IP 配置。如图 2.1.5 所示，如果选中"自动获得 IP 地址"和"自动获得 DNS 服务器"单选按钮，本机能自动获取基于 IPv4 的 IP 地址和 DNS 服务器地址。如果选中"使用下面的 IP 地址"和"使用下面的 DNS 服务器地址"单选按钮，就必须手工输入"IP 地址""子网掩码""默认网关"和"首选 DNS 服务器"等参数。如图 2.1.6 所示是 IPv4 的静态 TCP/IP 配置示例。图 2.1.7 所示是 IPv6 静态 TCP/IP 配置示例。

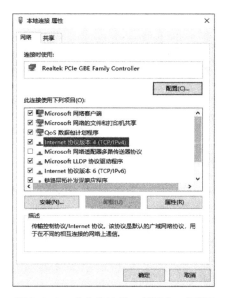

图 2.1.4　"本地连接　属性"对话框

图 2.1.5　IPv4 动态 TCP/IP 配置示例

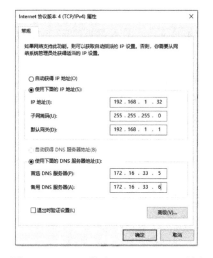

图 2.1.6　IPv4 静态 TCP/IP 配置示例

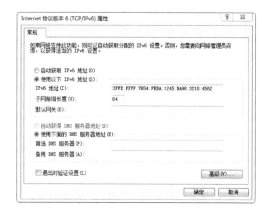

图 2.1.7　IPv6 静态 TCP/IP 配置示例

## 2.1.2　互联网接入方式

根据传输介质的不同,终端接入方式可分为有线和无线两种。在有线接入方式中,较早使用的有电话拨号接入(PSTN)和非对称数字用户线路接入(ADSL),而目前使用较广泛的有以太网接入、光纤接入等。在无线接入方式中,主要采用 WiFi 以及 4G、5G 等移动蜂窝接入技术。下面介绍几种普通用户接入互联网的方式。

**1. 以太网接入**

在如企业网、校园网等园区网中,以太网接入是最常用的技术。图 2.1.8 所示是一个典型的小区以太网接入结构。小区内部网络共分为三级:一级节点位于小区的中心机房,二级节点位于小区内各幢大楼的楼口处,三级节点位于大楼每一楼层的入口处。一级节点设置了 10Gbit/s 核心以太网交换机,其性能高、稳定性好、速率高,小区内部的网络通过这台核心交换机连至城域网；二级节点配置了1Gbit/s的以太网汇接交换机；三级节点配置了1000Mbit/s以太交换机，用于实现终端用户的接入。

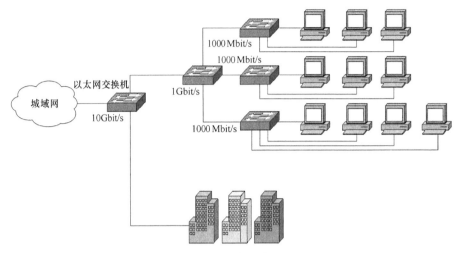

图2.1.8 以太网接入图

### 2. 光纤接入

目前，光纤接入已发展为主流的接入方式。在用户网络接口（UNI）与相关的业务节点接口（SNI）之间，全程采用光纤作为传输介质的接入网称为光纤接入网（ADN）。光纤接入网基本采用无源的光网络（Passive Optical Network，PON）。所谓的"无源"，指的是从局端到远端或用户之间的设备使用的是无源器件。PON网络系统具有单纤双向传输的功能，其上行数据流采用TDMA（时分多址）技术，传输速率可达1.25Gbit/s；下行数据采用广播技术，传输速率可达2.5Gbit/s。

如图2.1.9所示，PON网络系统由光线路终端（OLT，局端设备）、光分配网（ODN，包含光纤环路系统、分路器、光纤光缆及光缆分线盒、光纤交接箱等一系列无源器件）、光网络单元（ONU）或光网络用户终端设备（ONT）几部分组成。

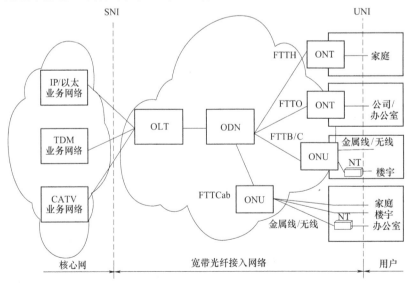

图2.1.9 PON网络系统的组成

根据 ONU 所处的位置不同，光纤接入网分为光纤到大楼（FTTB）、光纤到路边（FTTC）、光纤到用户（FTTH）、光纤到办公室（FTTO）和光纤到交换箱（FTTCab）等。FTTCab 将 ONU 设置在户外机柜（交换箱）内，光缆布放到机柜后，再通过金属线连至网络终端设备（NT），如 ADSL 等，为用户提供接入业务。目前，FTTCab 已很少使用。FTTH 是指 ONU/ONT 放置在用户住宅内，入户光纤直接连至 ONT，用户家庭内部设备采用双绞线连至 ONT。FTTH 是目前全业务、高带宽接入最好的模式，加快了"数字家庭"的产业进程和信息化进程。

**3. 无线接入**

无线接入是指从用户终端到业务节点之间部分或全部采用无线方式，以电磁波作为传输介质。目前，用户一般使用无线局域网和蜂窝移动通信技术接入 Internet。

（1）无线局域网接入

无线局域网（Wireless Local Area Network，WLAN）是 20 世纪 90 年代初无线射频通信技术与计算机技术结合的产物，目的是为了满足有限距离内固定的、便携式的和可移动节点之间的快速无线连接和通信要求。无线局域网的典型技术标准包括 IEEE 802.11x 系列标准和 HiperLAN 标准。其中 IEEE 802.11x 的 WLAN 标准也称为 WiFi（Wireless Fidelity），是一种主流的无线局域网技术，覆盖范围可达 100m 左右，工作在 2.4GHz 或 5GHz 频段。IEEE 802.11x 系列标准包括 IEEE 802.11/802.11b/802.11a/802.11g/802.11n/802.11ac 等，采用不同的频段、调制技术，可支持不同的传输速率。例如，IEEE802.11g 标准可支持 6Mbit/s、9Mbit/s、12Mbit/s、18Mbit/s、24Mbit/s、36Mbit/s、48Mbit/s、54Mbit/s 八种速率，并向下兼容 IEEE 802.11b 的速率；IEEE 802.11n 引入了 MIMO 技术，能支持更高的速率，最大速率可达 600Mbit/s。

无线局域网技术传输速度快、成本低，且组建非常方便。如图 2.1.10 所示，具备无线网卡的终端设备通过无线方式连接至无线接入点（Access Point，AP），AP 再通过交换机或路由器连接至 Internet，从而实现终端设备接入 Internet。具体的连接及配置过程见 2.1.4 节。

（2）蜂窝移动通信接入

蜂窝移动通信作为移动通信的一种，它将覆盖的区域划分成若干个类

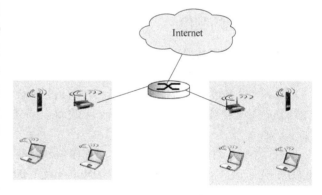

图 2.1.10　WiFi 接入

似蜂窝的小区，小区内设立基站为小区范围内的用户提供服务，并通过小区分裂进一步提高系统的容量。如图 2.1.11 所示，用户终端设备（如手机）采用无线方式与处于网络边缘的基站通信，基站通过有线方式与核心网相连，从而将用户终端连接到 Internet。

蜂窝移动通信技术经历了从第一代（1G）到第五代（5G）的演变，经历了从模拟通信到数字通信、从单一的语音业务到综合业务、从电路交换到全 IP 分组交换的变化，4G、5G 是目前主流的蜂窝移动通信技术。

4G 移动通信系统的正式名称是 IMT-Advanced，可提供高速的蜂窝移动通信，下行峰值速率可达 1Gbit/s，上行峰值速率可达 500Mbit/s。4G 根据双工方式不同，分为时分复用（Time Division Duplexing，TDD）和频分复用（Frequency Division Duplexing，FDD）。4G 通信系统以正交频分复用（OFDM）和多入多出（MIMO）技术为核心。其中，OFDM 技术采用相互正交的子载波传输信息，这样不但减小了子载波间的相互干扰，还大大提高了频谱利用率，能有效地抵抗

频率选择性衰落。MIMO 技术是在发送端和接收端使用多根天线实现多发多收，能在不需要增加频谱资源和天线发送功率的情况下，成倍地提高信道容量。其次，4G 的核心网是一个全 IP 的网络，可以实现不同网络之间的无缝互联。

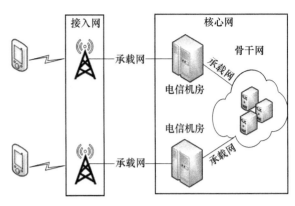

图 2.1.11 蜂窝移动通信接入

5G 移动通信系统的性能目标是高数据速率、减少延迟、节省能源、降低成本、提高系统容量和大规模设备连接。5G 通信系统使用了大规模多输入输出（mMIMO）、超密集组网（UDN）、非正交多址（NOMA）、软件定义网络（SDN）、网络功能虚拟化（NFV）等关键技术以提升系统性能。

ITU 为 5G 定义了 eMBB（增强移动宽带）、URLLC（低时延高可靠）、mMTC（海量大连接）等三大应用场景。eMBB 典型应用包括超高清视频、虚拟现实、增强现实等业务，关键的性能指标包括 100Mbit/s 用户体验速率（热点场景可达 1Gbit/s）、数十 Gbit/s 峰值速率、每平方千米数十 Tbit/s 的流量密度、每小时 500km 以上的移动性等。URLLC 典型应用包括工业控制、无人机控制、智能驾驶控制等，时延要求为毫秒级，可用性要求接近 100%。mMTC 典型应用包括智慧城市、智能家居等，对连接密度要求较高，同时呈现行业多样性和差异化。

## 2.1.3 双绞线的制作

### 1. 双绞线制作基本原理

（1）非屏蔽双绞线的分类

家庭和办公环境中，通常使用双绞线特别是非屏蔽双绞线（UTP）作为传输介质，其外层仅用绝缘胶皮而没有用铝箔包裹，成本低、带宽高且易安装。UTP 的类型有很多，目前较常见的有如下三种。

1）五类线（UTP Cat 5）。五类线增加了绕线密度，外套一种高质量的绝缘材料，带宽为 100MHz，用于语音传输和传输速率为 100Mbit/s 及 1000Mbit/s 的数据传输，主要应用在 100Base-TX 网络中。

2）超五类线（UTP Cat 5e）。超五类线具有衰减小、串扰少、时延小等特点。与普通的五类线相比，性能得到很大提高。超五类线主要用于千兆位以太网（1000Mbit/s）。

3）六类线（UTP Cat 6）。该类电缆的带宽为 250MHz，能提供两倍于超五类的带宽。六类线的传输性能远远高于超五类标准，适用于传输速率高于 1Gbit/s 的场合。表 2.1.1 给出了几种常用双绞线的性能对比。

表 2.1.1 几种常用双绞线性能对比

| 类型 | 主要应用 | 注释 |
| --- | --- | --- |
| UTP Cat 5 | 100Base-TX、1000Base-T、100MHz | ANSI/TIA/EIA |
| UTP Cat 5e | 100Base-TX、1000Base-T、100MHz | ANSI/TIA/EIA |
| UTP Cat 6 | 100Base-TX、1000Base-T、10GBase-T、250MHz | ANSI/TIA/EIA |

（2）接口与接线标准

1）RJ45 接口和接线标准。

目前接入段较常使用非屏蔽双绞线和 RJ45 连接器制作以太网线缆。RJ45 连接器包含插头和插座，如图 2.1.12 所示。其中，插座（模块）用于设备或墙面侧，插头（水晶头）用于线缆侧。

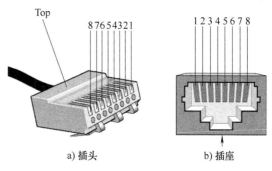

a) 插头　　　　b) 插座

图 2.1.12　RJ45 插头和插座

五类、六类 UTP 都由 4 对线组成，每对包含 2 根导线，扭在一起。不同的线对用不同的颜色进行区分，包括橙色/橙白对、绿色/绿白对、蓝色/蓝白对和棕色/棕白对。在百兆以太网中，仅使用其中的 2 对线，而千兆以太网则要求使用全部 4 对线。线序标准主要遵循 ANSI/TIA/EIA-568A（简称 T568A）和 ANSI/TIA/EIA-568B（简称 T568B）标准，T568B 标准使用较广泛。T568A 和 T568B 的线序见表 2.1.2。注意：两种线序之间不同的是绿白和橙白以及绿色和橙色两个线对进行了互换。

表 2.1.2　T568A 和 T568B 线序标准

| RJ45 引脚编号 | T568A 线色 | T568B 线色 | 百兆以太网引脚功能 | 千兆以太网引脚功能 |
|---|---|---|---|---|
| 1 | 绿白 | 橙白 | 发送 | 双向收发+ |
| 2 | 绿 | 橙 | 发送 | 双向收发- |
| 3 | 橙白 | 绿白 | 接收 | 双向收发+ |
| 4 | 蓝 | 蓝 | 未用 | 双向收发- |
| 5 | 蓝白 | 蓝白 | 未用 | 双向收发+ |
| 6 | 橙 | 绿 | 接收 | 双向收发- |
| 7 | 棕白 | 棕白 | 未用 | 双向收发+ |
| 8 | 棕 | 棕 | 未用 | 双向收发- |

2）平行线与交叉线。

以太网线缆有平行线和交叉线之分。平行线使用较广泛，通常线缆的两端都按照 T568B 的线序排列。交叉线则是一端采用 T568B、一端采用 T568A 的线序排列。在制作交叉线时，百兆以太网仅使用了 2 对线，只需将绿白和橙白、绿和橙色这两对线进行交叉；而千兆以太网使用了 4 对线，均需进行交叉。具体如图 2.1.13 所示。

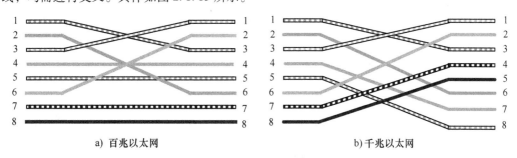

a) 百兆以太网　　　　　　　　　　b) 千兆以太网

图 2.1.13　交叉线制作原理图

使用线缆连接设备时，一般在同种设备之间互联使用交叉线，异构设备间互联使用平行线。例如，主机连接交换机使用平行线，两台路由器或两台交换机之间互联在理论上需要使用交叉线。通常现代交换机和个人计算机的以太网口都支持 MDI-X 特性，即根据线缆连线情况，网络设备内部自动翻转本端的发送和接收信号线配置。因此，连接交换机或个人计算机时使用平行线或交叉线都可以很好地工作。

**2. 双绞线制作实验**

（1）实验目的

理解并熟练掌握双绞线制作的基本原理和制作方法，能够使用工具制作并测试双绞线。

（2）参考实验设备及拓扑

如图 2.1.14 所示，准备五类或超五类双绞线、RJ45 连接器 4 个、RJ45 压线钳 1 把、以太网测线仪 1 部。

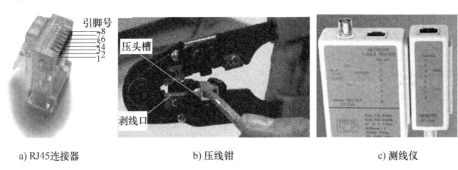

a) RJ45连接器          b) 压线钳          c) 测线仪

图 2.1.14　双绞线制作实验参考设备

（3）实验步骤

制作平行线时，严格按标准线序排线是关键，主要遵循 T568B 标准，以百兆以太网为例。

1）用压线钳的剥线口将五类线外保护套管划开（轻轻转动即可），拨去约 5cm 保护套即可。

2）反向展开线对，先按"橙绿蓝棕，白在前"的顺序将导线整理平直，再 4-6 交叉，交叉后的顺序是"橙白、橙、绿白、蓝、蓝白、绿、棕白、棕"。另一端的排线顺序一样。

3）将外露导线头剪齐，保护套外留有 1.3~2cm 即可。将线缆插入 RJ45 连接器，保证约 1cm 保护套也伸入连接器，轻轻用力将所有导线推入连接器，检查线序是否正确。

4）将插好线缆的 RJ45 水晶头放到压线钳的压头槽内，双手紧握压线钳的手柄，用力压紧。注意：完成这一步骤后，水晶头的 8 个针脚接触点就穿过导线的绝缘外侧，分别和 8 根导线紧紧地压接在了一起，平行线的一端也就制作好了。根据需要的长度剪断电缆。重复以上过程将平行线的另一端也制作好。

制作交叉线的步骤与平行线一致，仅两端导线的排序不同。

（4）实验验证

使用测线仪进行检测，如图 2.1.14c 所示，位于右边的是主测试端口，位于左边的是远程测试端口。将网线两端分别插入主测试端口和远程测试端口的 RJ45 端口中，并将开关拨到"ON"处，根据主测线端口和远程测线端口指示灯闪烁的顺序判断双绞线是否制作成功。

1）平行线制作成功时，主测试端的指示灯应该从 1~8 按序逐个闪亮，而远程测试端的指示灯也应该从 1~8 按序逐个闪亮。

2）交叉线制作成功时，主测试端的指示灯也应该从 1~8 逐个顺序闪亮，而远程测试端的指示灯应该是按着 3、6、1、4、5、2、7、8 的顺序逐个闪亮。

需要注意的是，做双绞线一定要按以上顺序排列制作，才能保证网络畅通、速度快，并且最长不要超过 100m。

## 2.1.4　无线局域网配置实验

无线局域网被广泛使用在办公室、家庭、校园、机场、大商场以及街头热点等地，已经成为最主要的 Internet 接入技术之一。

**1. 无线局域网概述**

（1）无线局域网标准

IEEE 802.11 标准是一个无线局域网协议族，它包含了 IEEE 802.11a、IEEE 802.11b、IEEE 802.11g、IEEE 802.11n 和 IEEE 802.11ac 等标准。虽然它们使用的频段、扩频技术和调制技术不同，但都遵循相同的 IEEE 802.11 帧结构和 IEEE 802.11CSMA/CA 媒体访问控制协议，都具有降低传输速率来延长传输距离的能力。表 2.1.3 对以上 IEEE 802.11 标准物理层特性做了小结。

表 2.1.3　IEEE 802.11 标准物理层特性

| 标准 | 发布年份 | 频段 | 最大传输速率 | 调制方式 |
|---|---|---|---|---|
| IEEE 802.11a | 1999 | 5GHz | 54Mbit/s | OFDM |
| IEEE 802.11b | 1999 | 2.4GHz | 11Mbit/s | CCK |
| IEEE 802.11g | 2003 | 2.4GHz | 54Mbit/s | OFDM |
| IEEE 802.11n | 2009 | 5GHz 或 2.4GHz | 600Mbit/s | MIMO/OFDM |
| IEEE 802.11ac | 2012 | 5GHz | 1Gbit/s | 多用户 MIMO/OFDM |

IEEE 802.11a 使用 5GHz 频段，采用正交频分复用（OFDM）技术，最高速率可达 54Mbit/s。其缺点是在相同的信号功率下高频信号的传输衰减大，距离短，且受多径传播的影响大。另外，在很多国家和地区 5GHz 频段是非开放频段，商业上使用是需要执照的，这也限制了该标准的广泛应用。

IEEE 802.11b 使用开放的 2.4GHz 频段，采用补码键控（CCK）技术，最大数据传输速率为 11Mbit/s，比 IEEE 802.11a 低很多。

IEEE 802.11g 是 IEEE 802.11b 的后继标准，它采用的信号频段与 IEEE 802.11b 相同，都是 2.4GHz 频段，但调制技术却与 IEEE 802.11a 相同。这样，IEEE 802.11g 获得了比 IEEE 802.11a 更远的传输距离、比 IEEE 802.11b 更高的传输速率。另外，由于使用与 IEEE 802.11b 相同的频段，支持 IEEE 802.11g 的设备很容易与 IEEE 802.11b 兼容。

IEEE 802.11n 将 MIMO（多入多出）与 OFDM 技术相结合，提高了无线传输的速率和覆盖范围。IEEE 802.11n 的传输速率可达 300M~600Mbit/s。在覆盖范围方面，IEEE 802.11n 采用智能天线技术，通过多组独立天线组成的天线阵列，可以动态调整波束，保证让 WLAN 用户接收到稳定的信号，并可以减少其他信号的干扰，因此其覆盖范围可以扩大到几百米，使 WLAN 移动性得到了极大提高。在兼容性方面，IEEE 802.11n 采用了一种软件无线电技术，它是一个完全可编程的硬件平台，使得不同系统的基站和终端都可以通过这一平台的不同软件实现互通和兼容，这使得 WLAN 的兼容性得到极大改善。IEEE 802.11n 的上述特性使得 WLAN 不但能实现 IEEE 802.11n 向前兼容，而且方便实现 WLAN 与无线广域网络的结合。

IEEE 802.11ac 工作在 5GHz 频带，是 IEEE 802.11n 的继承者。它采用并扩展了源自 IEEE 802.11n 的空中接口概念，RF（Radio Frequency Identification，射频）带宽最高可提升至 160MHz，支持多用户 MIMO（8 空间串流），以及高密度解调变（到达 256QAM）。IEEE 802.11ac 在 5GHz 频带向下兼容 IEEE 802.11a 和 IEEE 802.11n。

（2）无线局域网设备

组建一个小型无线局域网需要无线网卡、无线 AP、无线网关等硬件设备。

1）无线网卡。目前很多用户终端，如笔记本计算机、PAD 等都已内置了无线网卡。外置无线网卡（Wireless LAN Card）较常见的有 PCI 和 USB 两种，如图 2.1.15 所示。

• PCI 接口无线网卡仅适用于普通的台式计算机。

a）PCI接口无线网卡　　　　b）USB接口无线网卡

图 2.1.15　两种外置无线网卡

• USB 接口无线网卡适用于笔记本计算机和台式计算机，支持热插拔。

2）无线 AP。无线接入点（Access Point，AP）的作用类似于以太网的集线器，是无线信号的集中器，负责频段管理及漫游等指挥工作。无线 AP 同时也充当了有线局域网与无线局域网连接的桥梁，负责无线网络中 IEEE 802.11 格式的帧和以太网中如 IEEE 802.3 格式的帧之间的转换。因此，任何一台装有无线网卡的计算机均可透过无线 AP 去分享有线局域网络甚至广域网络的资源。

3）无线网关。无线网关也称为无线路由器，是无线 AP 与宽带路由器合二为一的扩展型产品。它具备单纯无线 AP 的所有功能，如支持 NAT、DHCP，支持 VPN、防火墙，支持 WEP 加密等。

（3）无线局域网的网络结构

一般来讲，WLAN 有两种组网类型：点对点（Ad-hoc）模式和基础结构（Infrastructure）模式。

1）点对点网络。

点对点网络是将多个无线客户端连接在一起的对等无线网络。在对等网络中没有 AP，所有客户端都是平等的。它们以相同的工作组名、密码等对等的方式相互直接连接，在 WLAN 的覆盖范围之内（此时网络覆盖的区域也称为独立基本服务集 IBSS，如图 2.1.16 所示）进行点对点与点对多点之间的通信。

2）基础结构网络。

点对点模式适用于小型网络。大型网络则需要一台 AP 来控制无线通信，这时，无线网络就被称为基础结构网络。它是家庭和企业环境中最常用的无线通信模式。在这种无线网络中，客户端计算机之间不能直接通信，而是由 AP 控制所有通信。单个 AP 覆盖的区域称为基本服务集（BSS），如图 2.1.17 所示。

（4）无线局域网的安全问题

对于无线局域网络来说，其数据传输是利用无线电波在空中以辐射的方式进行传播。因此，只要是在无线 AP 所覆盖的范围之内，所有的无线终端都可以接收到无线信号，恶意的攻击者也可以访问网络中的信息及其提供的资源，进而破坏文件或窃取个人和机密信息。鉴于这些漏洞，必须采用特殊的安全功能和实现方法来防止 WLAN 受到的攻击。常用的方法有如下几种。

1）设置服务集标识符。服务集标识符（Service Set ID，SSID）是用来标识一个网络的名称，最多可以有 32 个字符。不同的网络拥有不同的 SSID 号，无线终端必须提供与无线 AP 相同的 SSID 才能进入网络。如果出示的 SSID 与 AP 的 SSID 不同，那么 AP 将拒绝它通过本服务区上网。因此，可以认为 SSID 是一个简单的口令，通过提供口令认证机制，阻止非法用户的接入，保障无线局域网的安全。

图 2.1.16　点对点网络　　　　　图 2.1.17　基础结构网络

SSID 号通常由 AP 广播，通过操作系统自带的扫描功能，任何无线客户端都可以查找到当前区域内的 SSID，轻而易举地进入到网络中，这为网络带来了潜在的安全隐患。因此，可通过禁止 AP 广播其 SSID 号的方式来提高网络的安全性。不过这种方式也会导致客户端连接困难，从而降低无线网络的效率。

还需要注意的是，同一生产商推出的无线路由器或 AP 默认使用相同的 SSID。即使禁用了 SSID 广播，他人也可利用众所周知的默认 SSID 侵入网络。最好能在禁用 SSID 广播的同时，为自己网络的 SSID 重新设置一个较为特别的名字。

2）设置 MAC 地址过滤。由于每个无线工作站的网卡都有唯一的物理地址，可利用 MAC 地址来阻止未经授权的无线工作站接入无线网络。AP 设置了基于 MAC 地址的 Access Control（访问控制表）来实现物理地址过滤。一旦启用了 MAC 过滤，AP 将在该访问控制表中查找 MAC 地址，仅当设备的 MAC 地址已经记录在数据库中时，它才能连接到网络，确保只有经过注册的设备才能进入网络。但是，MAC 地址在理论上可以伪造，是较低级别的授权认证。

3）设置加密类型。在无线网络中常用的加密类型有以下两种。

①WEP（Wired Equivalent Privacy）。就是有线等效加密，是最基本的加密技术。在用 WEP 方式加密的无线局域网中，所有客户端和无线路由器都使用相同的密钥，密钥长度为 64bit 或 128bit，安全性较低。

②WPA（WiFi Protected Access）/WPA2。WPA 由 WEP 演化而来。不同的是 WPA 采用了 TKIP（Temporal Key Integrity Protocol，暂时密钥集成协议）加密技术，以更长的词组或字符串作为密钥，且密钥能不断变化，安全性优于 WEP。WPA2 是 WPA 的加强版，采用 AES（Advanced Encryption Standard，高级加密标准算法）取代了 WPA 的 TKIP 技术，比 WPA 更难被破解、更安全，是一种安全性较高的无线加密技术。

**2. 无线局域网配置实验**

（1）实验目的

通过本实验，掌握家庭无线局域网的组建以及无线宽带路由器的配置方法。

（2）参考实验设备及拓扑

本实验需要 1 台无线路由器、3 台计算机和 3 条交叉网线。网络拓扑结构如图 2.1.18 所示。

- PC1：Windows 7 操作系统，一块以太网卡。
- PC2：Windows 7 操作系统，装无线网卡（或选用内置无线网卡的计算机）。
- PC3：Windows 7 操作系统，装无线网卡（或选用内置无线网卡的计算机）。

在此拓扑中，无线路由器 WAN 口的公网地址是 222.24.15.103，网关地址是 222.24.15.1，DNS 服务器地址是 202.117.128.2，LAN 口所连接的设备以及通过无线方式所连接的设备动态地获取 IP 地址，地址范围是 192.168.1.100~192.168.1.254，无线局域网的 SSID 为 sm，密钥为 sm123。

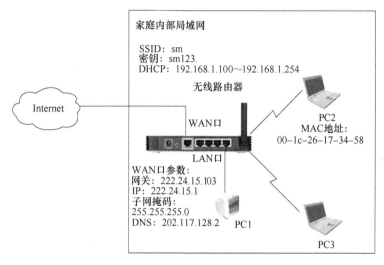

图 2.1.18　网络拓扑结构

（3）实验步骤

1）设备连接。

按照实验要求连接设备。将无线路由器的 WAN 口连至 ISP，无线路由器的 LAN 口和计算机连接起来。

2）配置无线宽带路由器。

①登录配置管理界面。查阅产品说明书获取无线 AP 的默认管理 IP 地址、用户名和密码。本实验使用的 AP 默认 IP 地址是 192.168.1.1，默认子网掩码是 255.255.255.0，用户名和密码均是 admin。将 PC1 的 IP 地址配置成与 AP 同一网段，在 PC1 的浏览器中输入 http://192.168.1.1，并在弹出的对话框中输入正确的用户名和密码后即可进入图 2.1.19 所示的"设置向导"界面。

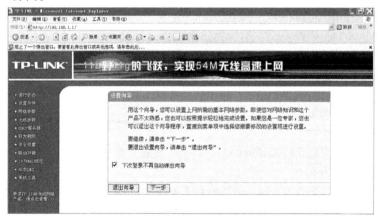

图 2.1.19　无线路由器配置向导

②选择上网方式。在"设置向导"界面中单击"下一步"按钮，即可进入上网方式选择界面，一般均显示三种上网方式，如图 2.1.20 所示。

本实验选用第三种方式（静态 IP 方式），单击"下一步"按钮，进入图 2.1.21 所示的界面，根据实验要求输入WAN 口的相关参数。

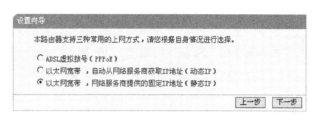

图 2.1.20　选择上网方式

③开启无线功能。按图 2.1.22 所示设置无线网络的基本参数。

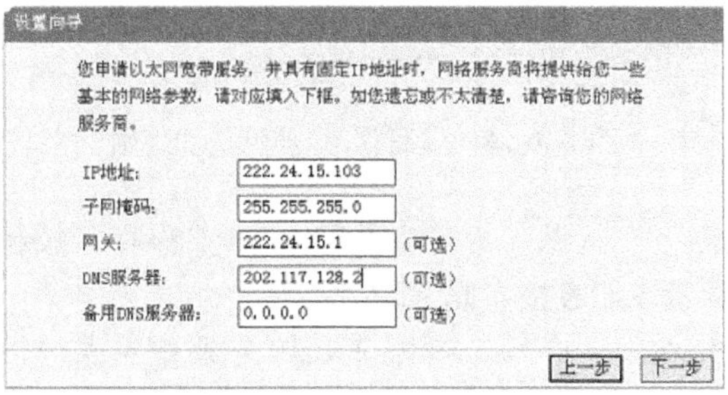

图 2.1.21　设置 WAN 口参数

图 2.1.22　开启无线功能，设置 SSID

④设置 DHCP 功能。在图 2.1.19 所示界面左侧的主菜单中选择"DHCP 服务器→DHCP 服务"命令，进入如图 2.1.23 所示的界面，选中"启用"单选按钮，填写 DHCP 地址池的相关信息。

⑤安全设置。开启了无线功能后还要进行必要的安全设置，如图 2.1.24 所示，不要选中"允许 SSID"复选框，以禁止 SSID 号的广播。选中"开启安全设置"复选框，将"安全类型"设为"WEP"，将"安全选项"设为"自动选择"，将"密钥格式选择"设为"ASCII 码"，填写密钥内容，这里为 sm123。

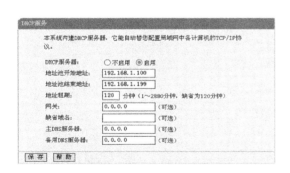

图 2.1.23　设置 DHCP

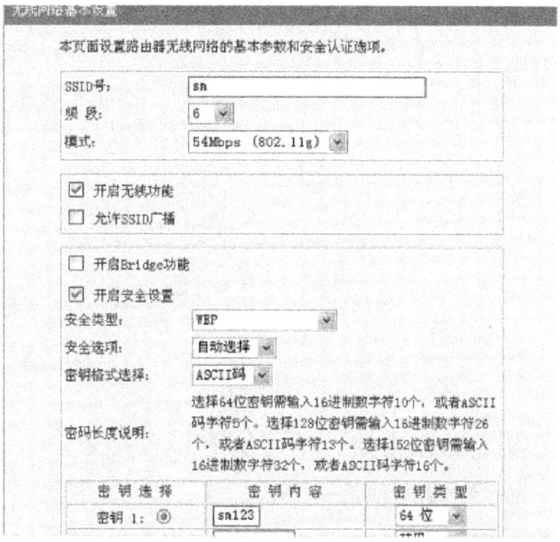

图 2.1.24　禁止 SSID 广播，设置密钥

⑥设置 MAC 地址过滤。在图 2.1.19 所示界面左侧的主菜单中选择"无线参数→MAC 地址过滤"命令，进入如图 2.1.25 所示的 MAC 地址过滤设置界面。

MAC 地址过滤功能默认是关闭的，单击"启用过滤"按钮开启此功能。选中"允许……"或"禁止……"单选按钮设置"过滤规则"，本实验选中"允许……"单选按钮。单击"添加新条目"按钮弹出图 2.1.26 所示界面，编写具体的过滤规则。

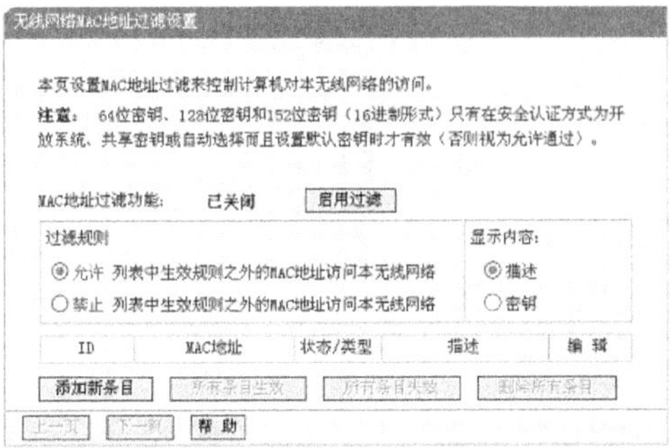

图 2.1.25　开启 MAC 地址过滤功能

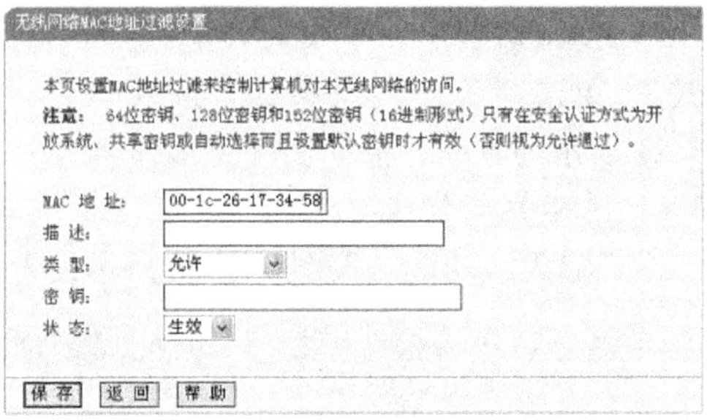

图 2.1.26　编写 MAC 地址过滤规则

填入具体的 MAC 地址，设置"类型"为"允许"，"状态"为"生效"，单击"保存"按钮后完成设置。这样，只有在表中的 MAC 地址无线网卡才能够接入此 WLAN 中。

⑦生效安全设置。要使得 MAC 地址过滤功能生效，还必须选择图 2.1.19 中左侧主菜单的"安全设置→防火墙设置"命令，在弹出的图 2.1.27 所示的界面中选中"开启防火墙"和"开启 MAC 地址过滤"复选框。在"防火墙设置"界面中能开启和关闭各个过滤功能。只有防火墙的总开关开启时，后续的"IP 地址过滤""域名过滤""MAC 地址过滤"以及"高级安全设置"才能生效，反之则失效。

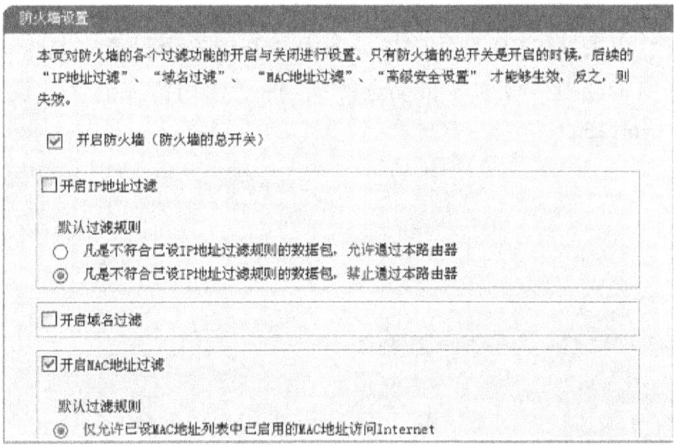

图 2.1.27　开启防火墙

⑧重启路由器，使得所有设置生效。

3）配置无线客户端。

无线客户端以内置了无线网卡的计算机为例，右击"网络"图标，选择"属性→更改适配器设置"命令，双击"WLAN"图标，在如图 2.1.28 所示的 WiFi 网络列表中选择已配置的"sm"网络，单击"连接"按钮后，在弹出的对话框中输入 sm 网络的密钥 sm123 进行连接。

右击"网络"图标，选择"属性"命令，在图 2.1.29 的网络属性界面中单击"WLAN（sm）"字样。可以弹出如图 2.1.30 所示的无线网络的连接状态以及统计信息。

图 2.1.28 选择 WLAN 网络

图 2.1.29 网络属性界面

图 2.1.30 WLAN 网络状态

（4）实验验证

完成所有配置后，进行验证。

1）在 PC1 的以太网卡上设置自动获取 IP 地址和 DNS，可以访问网页。

2）在 PC2 的无线网卡（MAC 地址是 00-1c-26-17-34-58）上设置 IP 地址和 DNS 为自动获取的方式，配置无线网络 SSID 号为 sm，访问密钥为 sm123，则可以访问网页。

3）在 PC3 的无线网卡上设置 IP 地址和 DNS 为自动获取的方式，配置无线网络 SSID 号为 sm，访问密钥为 sm123，仍无法访问网页。

## 2.1.5 网络资源共享

### 1. 操作系统的内置组

在互联网中，用户之间可以共享软/硬件以及数据资源。例如，在局域网中共享打印机，共享文件，使用 MSN、QQ、微信等应用程序实现信息的转发。本小节介绍打印机共享的设置方法。要掌握打印机共享的方法首先要了解操作系统中内置组的知识。

在操作系统中一个组就是具有相同权限用户的集合，使用组的优点是允许管理员通过组而不是针对每个用户来进行权限的管理。在 Windows 7 和 Windows 10 中有如下几种已经定义好的内置组。

1）管理员组（Administrators）。默认情况下，Administrators 组中的用户对计算机/域有不受限制的完全访问权。分配给该组的默认权限允许对整个系统进行完全控制。所以，只有受信任的用户才可成为该组的成员。

2）高级用户组（Power Users）。除了为 Administrators 组保留的任务外，Power Users 可以执行其他任何操作系统任务。在权限设置中，这个组的权限仅次于 Administrators 组。

3）普通用户组（Users）。这个组的用户不允许执行系统的配置删改，但可以运行经过验证的应用程序。Users 组是最安全的组，因为分配给该组的默认权限不允许成员修改操作系统的设置或用户资料。添加的本地用户账户都自动属于该组。

4）来宾组（Guests）。按默认值，Guests 跟普通 Users 的成员有同等访问权，但 Guests 账户的限制更多。

5）所有用户（Everyone）组。计算机上所有的用户都属于这个组。

6）系统（System）组。System 组拥有和 Administrators 一样，甚至更高的权限，但是这个组不允许任何用户加入。系统和系统级的服务正常运行所需要的权限都是靠它赋予的。

创建新用户时，需要根据实际情况将用户配置到以上不同的组中，赋予相应的权限。以 Windows 7 旗舰版为例，具体操作如下。

右击"我的电脑"图标，依次选择"管理→本地用户和组 →用户→新用户"命令，在图 2.1.31 所示的创建用户对话框中输入用户名、密码、确认密码，创建新用户 sm。

右击已创建好的 sm 用户，选择"属性"命令，在图 2.1.32 所示的属性对话框中，切换到"隶属于"选项卡，单击"添加"按钮。

图 2.1.31　创建新用户

图 2.1.32　用户属性

再依次单击"高级→查找名称"按钮，在图 2.1.33 所示的"搜索结果"列表框中选择本账户要隶属的组的名称，如为 sm 用户选择 Administrators 组。单击"确定"按钮后，具有 Administrators 权限的新用户 sm 就创建完成了。

了解以上知识后，在配置打印机共享时，应充分考虑用户隶属于哪个组这一因素。从而避免因组设置不正确而导致的打印机共享访问失败。

**2. 打印机共享实验**

（1）实验目的

打印机是日常工作中经常使用的一种办公设备。在局域网中共享打印机不仅能提高日常办公的效率，还能降低工作成本。通过该实验，可以掌握在 Windows 7 中配置打印机共享的方法。

（2）参考实验设备及拓扑

本实验需要 2 台计算机、1 台交换机。拓扑结构如图 2.1.34 所示。

PC1、PC2：Windows 7 操作系统，PC1 上连接打印机。

图 2.1.33　查找组对话框

（3）实验步骤

在 Windows 7 操作系统中，共享访问可分为简单共享和标准共享两种访问方式。简单共享访问是指用户以匿名的方式访问共享的资源，因此只需要开启共享资源所在计算机的 Guest 账户即可；而在标准共

图 2.1.34　实验拓扑图

享访问时，需要关闭共享资源所在计算机的 Guest 账户，还要访问者提供用户名和密码。

1）准备工作。

按照实验要求连接设备并配置为同一网段的 IP 地址。右击"我的电脑"图标，选择"属性→计算机名"命令，查看两台主机是否在同一工作组。如果不在，单击"更改"选项修改两台计算机的工作组为同一工作组，重启机器。

2）启动发现网络。

在 Windows 7 中进行打印机共享时，必须选中"启用网络发现"和"启用文件和打印机共享"单选按钮，以便其他用户可以通过网络访问共享打印机。具体操作方法是单击"网络→属性→更改高级共享设置"选项，在图 2.1.35 所示的对话框中根据实际情况设置不同网络的共享配置。选中"启用网络发现"和"启用文件和打印机共享"单选按钮，开启网络共享功能，并根据实际需求选择共享时是否进行密码保护。

3）查看权限。

① 简单共享访问（匿名）。

在 PC1 上依次选择"开始→控制面板→系统和安全→管理工具→本地安全策略→用户权限分配"选项，查看以下内容。

● 在"从网络访问此计算机"列表框中查看允许的组或用户是否包括 Everyone、Guest。如果没有，右击，选择"属性"命令添加用户或组。可以在"选择用户和组"下方的文本框中直接输入用户和组，也可以通过"高级"按钮进行查找，双击选中要添加的用户，单击"确定"按钮即可。

● 查看"拒绝本地登录"和"拒绝从网络访问这台计算机"中的 Guest 用户是否被禁止。如被禁止，则取消禁止。

单击"开始→控制面板→系统和安全→管理工具→计算机管理→本地用户和组→用户"选

图 2.1.35　高级共享设置

项，查看 Guest 用户是否被禁用。如被禁用，右击，选择"属性"命令，取消"账户已停用"前面的对号。

② 标准共享访问（需要用户名和密码）。

在 PC1 上单击"开始→控制面板→系统和安全→管理工具→计算机管理→本地用户和组→用户"选项，查看是否禁用 Guest 用户。添加新的用户并设置密码，如上述的 sm 用户。注意：两台计算机要设置不同的用户组。

4）设置打印机共享。

单击"开始→设备和打印机"选项，在图 2.1.36 所示的界面中选择要共享的打印机，例如选择"HP LaserJet P2015 Series PCL6"打印机。右击打印机图标，选择"打印机属性"命令，在打开的对话框中切换到"共享"选项卡，如图 2.1.37 所示，选中"共享这台打印机"复选框，共享名可以使用默认值也可自行修改。

图 2.1.36　共享设备　　　　　图 2.1.37　打印机共享设置

（4）实验验证

完成所有配置后，按如下操作进行验证。

1）在 PC2 上，双击"网络"图标选择主机名为 sd-20190703SLQD 的计算机（即 PC1），进入图 2.1.38 所示的共享界面，如果设置的是标准共享还需要输入用户名和密码才能进入到该界面。

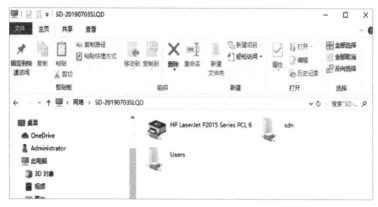

图 2.1.38　共享界面

2）右击共享界面中的 HP LaserJet P2015 Series PCL6 打印机，选择"连接"命令。连接成功后 PC2 便可使用该打印机进行打印。如图 2.1.39 所示，在 PC2 的打印机列表中可见到共享的 SD-20190703SLQD HP LaserJet P2015 Series PCL6 打印机。

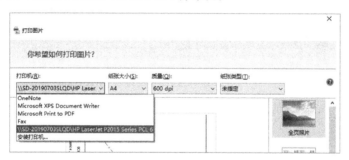

图 2.1.39　打印机共享成功

## 2.2　常用网络命令

Windows 操作系统和 Linux 操作系统都提供了强有力的网络命令来为用户服务。虽然二者网管命令的格式有所差异，但用户都可以借助这些命令查看网络相关信息，定位网络故障点，排除网络故障。下面分别对两个操作系统下常用的网络命令以及借助这些命令进行故障排除的方法做简单的介绍。

### 2.2.1　Windows 常用网络命令

#### 1. ipconfig 命令

在命令行界面执行 ipconfig 命令，可以显示本机当前的 TCP/IP 网络配置值。使用不带参数的 ipconfig 可以显示所有网卡的 IP 地址、子网掩码和默认网关。

命令的基本格式：ipconfig /[命令参数]，常用命令参数及功能如下。

1）/?：显示帮助信息，可显示所有的参数及参数的功能。

2）/all：显示所有适配器的完整 TCP/IP 配置信息。若没有该参数，ipconfig 命令只显示 IP 地址、子网掩码和各适配器的默认网关。适配器可以是物理网络接口或逻辑网络接口。

3）/renew[adapter]：更新所有适配器（若未指定适配器）或特定适配器（当增加了adapter 的参数）的 DHCP 配置。注意：该参数只有在网卡的配置方式是自动获取时才可用。

4）/release[adapter]：清除当前适配器的 DHCP 配置和 IP 地址。

5）/flushdns：清理并重设 DNS 客户解析器缓存的内容。

6）/displaydns：显示 DNS 客户解析器缓存的内容。

在命令行界面下执行 ipconfig/all 命令，显示结果如图 2.2.1 所示。

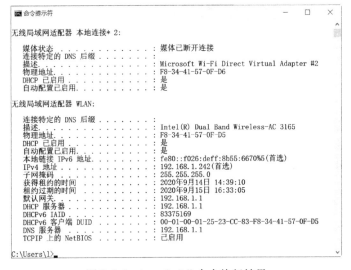

图 2.2.1　ipconfig/all 命令执行结果

不正确或不完整的信息都可能是导致网络无法通信的原因。例如，IP 地址不合法主机则无法通信；没有配置 DNS 服务器的 IP 地址，或 DNS 服务器的 IP 地址是错误的，主机则无法使用域名进行通信，但可以使用 IP 地址进行通信。

若 IP 地址是通过自动获取方式得到的，使用 ipconfig/release 命令释放当前配置信息后，则无法采用 ipconfig/renew 命令从 DHCP 服务器获得新的配置信息。原因可能是网络连接出了问题或者是 DHCP 服务器本身出现了故障。

**2. ping 命令**

ping 是用于检验网络连接性、可达性和名称解析等疑难问题的网管命令。执行 ping 命令后，源端主机会向目的端发送 ICMP（互联网控制报文协议）回显（ECHO）请求包，并将在源端主机报告 ICMP 回显应答的接收情况。根据结果可判断两台设备之间的连接情况。

命令的基本格式：ping[-命令参数]目的主机的域名或 IP 地址。常用 ping 命令参数及功能如下。

1）/?：在命令提示符状态下显示帮助信息。

2）-t：ping 命令不断地向目的主机发送 ICMP 回应请求报文，直到用户按〈Ctrl+Break〉组合键或〈Ctrl+C〉组合键中断。按〈Ctrl+Break〉组合键中断时，显示统计信息后将继续向目的主机发送 ICMP 回应请求报文，而使用〈Ctrl+C〉组合键中断时，则在显示统计信息后退出 ping 程序。

3）-a：对指定的目的 IP 地址进行反向解析。若成功，则显示相应的主机名。

4）-n count：由 count 指定要发送的回应请求报文的数目，默认值为 4。

执行 ping 命令后，如果在有限的时间内能得到目的主机正确的应答，则可认为本机和目的主机之间可达。并可以排除两者之间网卡、电缆以及路由器存在故障的可能性，从而减小故障排查的范围。

图 2.2.2 为网络运行正常情况下，主机执行 ping www.sina.com.cn 命令后的应答显示结果。结果包含 4 条应答（Echo Reply）响应以及一些统计信息（注意：执行 ping 命令后，主机发送回显请求的数目默认为 4 条，但也可通过上述提到的参数-n 对该数目进行修改）。

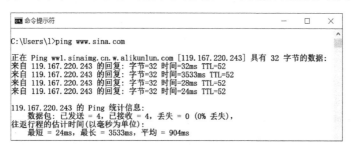

图 2.2.2　ping 命令执行结果

执行 ping 命令后，如果在有限的时间内没有得到目的主机正确的应答，说明网络存在故障。常见错误消息的原因见表 2.2.1。

表 2.2.1　ping 命令常见错误原因列表

| 错误消息 | 可能的问题 |
| --- | --- |
| Destination host unreachable | 通常是在源端到目的地之间的路由出现故障 |
| Unknow host hostname | 域名解析无法解析主机，或主机名写错 |
| Request timed out | 域名解析可以正确解析主机名，但远端主机没收到，或收到不响应 |

此外，使用 ping 命令进行网络故障定位时，一般会由近及远依次排查。先 ping 127.0.0.1，如果通畅就表明主机网卡工作正常；然后 ping 网关的 IP 地址，如果通畅，则说明经出口网关配置没有问题；接着继续 ping 链路上各节点的 IP 地址，一步步地定位故障发生的位置。不过也可能因为有些主机出于安全或性能的考虑，将主机设置为不响应对远端主机的 ping 操作。

**3. tracert 命令**

tracert 命令用来跟踪数据包从本地主机到目标主机所经过的路由。它能显示数据到达每个中间路由器的时间，实现网络路由状态的实时探测，有助于确定网络故障的位置。

命令的基本格式：tracert［-命令参数］目的主机的域名或 IP 地址。常用 tracert 命令参数及功能如下。

1）-d：防止 tracert 试图将中间路由器的 IP 地址解析为他们的名称。这样可加速显示 tracert 的结果。

2）-h MaximumHops：在搜索目标（目的）的路径中指定跳数的最大值。默认值为 30。执行 tracert www. sina. com. cn 命令，在网络正常的情况下，结果如图 2.2.3 所示。

图 2.2.3 中共输出 26 跳路由，证明从本机到新浪的服务器经过了 26 跳路由，路由信息响应时间较长的路由节点就是网络瓶颈所在。每一条记录对应一跳路由的信息。每一条记录中共有 5 列，其中第一列是跳数值，第五列是路由器端口的 IP 地址。

当网络出现故障时，路由记录就会在故障所在的地方停止，而无法显示出故障点到目的节点的路由，可根据这一点来定位故障的发生点。

图 2.2.3　tracert 命令执行结果

#### 4. netstat 命令

netstat 命令能够显示 TCP 连接、计算机监听的端口、以太网的统计信息、IP 路由表、IPv4 和 IPv6 统计信息。

命令的基本格式：netstat［-命令参数］。常用 netstat 命令参数及功能如下。

1）-a：显示含有有效连接信息的列表，包括已建立的连接（ESTABLISHED），也包括监听连接请求（LISTENING）的套接字。

2）-n：以点分十进制的形式列出 IP 地址。

3）-s：按照各个协议分别显示其统计数据。

4）-e：显示关于以太网的统计数据。其列出的项目包括传送的数据报的总字节数、错误数、删除数、数据报的数量和广播的数量。此统计数据既包括发送的数据量，也有接收的数据报数量。

5）-p protocol：显示所指定的协议的连接。protocol 可以是 tcp、udp 等。

执行 netstat - a 命令，结果如图 2.2.4 所示。

#### 5. arp 命令

arp 命令可以查看和修改本地计算机上的 ARP 高速缓存（IP-MAC 地址映射表）。

命令的基本格式：arp［-命令参数］。常用 arp 命令参数及功能如下。

1）-a：在"命令提示符"界面内，可显示本机 ARP 表中的内容。

2）-d：可主动清空 ARP 表中的内容。

3）-s：可手工设置 ARP 表表项。

执行 arp -a 命令，结果如图 2.2.5 所示。

#### 6. nslookup 命令

nslookup 命令用于 DNS 域名解析的查询。使用 nslookup 指令可以检测域名解析的正确性以及

查看资源记录的内容。nslookup
命令格式分非交互式和交互式两
种。非交互式在 nslookup 命令后
可以直接使用参数，交互式在
nslookup 命令后不带任何参数。

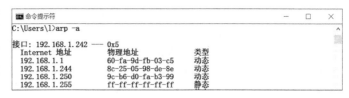

图 2.2.5　ARP 命令执行结果

非交互式 nslookup 命令的基
本格式：nslookup［-option ...］
［｛host｜［-nameserver］｝］

1）非交互式 nslookup 命令参数及功能如下。

①option：可选参数。值为 timeout 时指明等待请求答复的超时时间；值为 retry 时指明查询失
败时重试的次数；值为 qucrytype 时指明查询的资源记录类型，可以是 A、PTR、MX、NS 等。

②host：要查询的目标服务器的域名或 IP 地址。

③nameserver：指定要查询的 DNS 服务器。

2）交互式 nslookup 命令参数及功能如下。

在 cmd 中输入 nslookup 命令，按〈Enter〉键后可继续使用的参数如下：

①name：要查询的目标主机的域名。

②set option：设置 nslookup 的选项：
Domain = name 表示设置默认域名为
name，root = name 表示设置默认根域名
为 name，type = X 表示设置用于查询的
资源记录的类型。

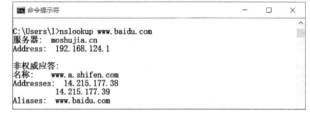

图 2.2.6　nslookup 命令执行结果

执行 nslookup www. baidu. com 命令，
结果如图 2.2.6 所示。

图 2.2.6 中 moshujia. cn 为本机所使
用的域名服务器的名称，该服务器对应的 IP 地址为 192.168.124.1。非权威应答内容包含：名称
www. a. shifen. com 是 www. baidu. com 所使用的域名服务器的名字；Addresses 14.215.177.39 和
14.215.177.38 是 www. a. shifen. com 对应的两个 IP 地址。Aliases 表明 www. biadu. com 是 DNS 记
录中的一个别名，方便记忆。

对于各种资源记录可通过设置不同的 type 参数来查看。

1）A（Address）记录：A 类型资源
记录说明的是域名和 IP 地址的对应关
系。进入 nslookup 命令，输入 set type =
a 命令，按〈Enter〉键，再输入 bilibi-
li. com 命令，结果如图 2.2.7 所示。其
中，Addresses 包含了 119.3.238.64 等 6
个 IP 地址，表明 bilibili. com 域名对应
了 6 个实体域名服务器。这 6 个服务器
将按照一定的规则轮询响应用户的请
求，实现域名解析的负载均衡。

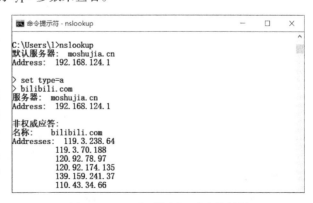

图 2.2.7　A 类型资源记录查询结果

2）NS（nameserver）记录：NS 类

型资源记录说明的是由哪个 DNS 服务器解析该域名。进入 nslookup 命令，输入 set type=ns 命令，按〈Enter〉键，再输入 bilibili.com 命令，结果如图 2.2.8 所示。bilibili.com 的 DNS 域名服务器有两个，分别为 ns3.dnsv5.com 和 ns4.dnsv5.com，这两个服务器分别对应了 10 个 IP 地址。

3）对于 MX（mail exchanger）邮件交换记录以及 Cname 别名记录的查看可以通过设置 type 分别对 MX 和 Cname 进行查看，这里不再累述。

图 2.2.8　NS 资源记录查询结果

## 2.2.2　Linux 常用网络命令

### 1. ifconfig 命令

与 Windows 操作系统类似，Linux 使用 ifconfig 命令配置和显示网络接口的参数。

命令的基本格式：ifconfig［网络接口］［命令参数］。常用 ifconfig 命令参数及功能如下。

1）add<地址>：设置网络设备的 IP 地址。

2）del<地址>：删除网络设备的 IP 地址。

3）［IP 地址］：指定网络设备的 IP 地址。

4）netmask<子网掩码>：设置网络设备的子网掩码。

5）down：关闭指定的网络设备。

6）up：启动指定的网络设备。

执行 ifconfig 命令，结果如图 2.2.9 所示。

图 2.2.9 中 lo 表示主机的回环地址，它是一个虚拟的地址，用作测试和管理。ens33 为第一块以太网卡，具体释义如下。

1）UP：表示接口已启用。

2）RUNNING：表示接口在工作中。

3）inet：表示网卡的 IP 地址为 192.168.43.129。

图 2.2.9　ifconfig 命令执行结果

4）netmask：表示掩码地址为 255.255.255.0。

5）broadcast：表示广播地址为 192.168.43.255。

6）inet6 地址：表示 IPv6 的地址为 fe80:ea32:4bdb:cbd9:5499。

7）ether：表示网卡的物理地址，即 MAC 地址为 00:0c:29:8b:6a:e4。

其他参数的使用实例如下：

1）启动/关闭网卡：ifconfig 网关名称 down/up。

2）配置网卡的 IP 地址和子网掩码：ifconfig 网关名称 192.168.1.56 netmask 255.255.255.0。

**2. ping 命令**

用法和功能与 Windows 操作系统的类似，这里不再赘述。

**3. tracepath 和 traceroute 命令**

traceroute 命令用于追踪数据包在网络上传输的路径，类似于 Windows 中的 tracert 命令。tracepath 命令和 traceroute 命令功能类似，但不需要 root 权限。

命令的基本格式：traceroute［-命令参数］目的主机的域名或 IP 地址。常用 traceroute 命令参数及功能如下。

1）-f<存活时间>：设置第一个检测数据包的存活数值 TTL 的大小。

2）-g<网关>：设置来源路由网关，最多可设置 8 个。

使用 traceroute 命令跟踪网络路由信息，执行 traceroute -m 5 -q 4 www. baidu. com 命令，设置只显示 5 跳路由信息，每一跳路由只发送 4 个数据包。结果如图 2.2.10 所示，其中 192. 168. 43. 2 为第一跳路由的 IP 地址。

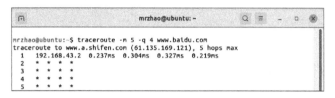

图 2.2.10　tracertroute 命令执行结果

**4. netstat 命令**

Linux 下 netstat 命令的作用和参数与 Windows 的基本类似，这里不再赘述。用于显示网络接口的统计信息，包括打开的套接字、路由表以及接口状态信息等。执行 netstat 命令，结果如图 2.2.11 所示。

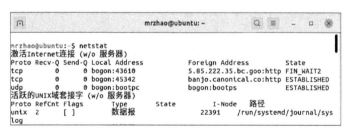

图 2.2.11　netstat 命令执行结果

图 2.2.11 中的结果由两部分组成：

1）活跃 Internet 连接（Active Internet Connection）：也称为有源 TCP 连接。其中 Proto 表示显示连接使用的协议，Local Address 和 Foreign Address 指的是连接的本地地址和外部地址，State 为连接状态，Recv-Q 和 Send-Q 指的是记录网络的接收队列和发送队列中数据包堆积的数量。

2）活跃的 UNIX 域套接字（Active UNIX Domain Socket）：也称为有源 UNIX 域套接字，类似于网络套接字，但只能用于本机通信。RefCnt 为连接到套接字的进程号，Type 为套接字的类型，State 为套接字当前的状态。

**5. host 命令**

host 命令是常用的域名查询分析工具，可以检测域名系统工作是否正常。

命令的基本格式：host［-命令参数］［域名/IP 地址］。

常用 host 命令参数及功能如下。

1) -a：显示详细的 DNS 信息。

2) -c<类型>：指定查询类型，默认值为"IN"。

3) -C：查询指定主机的完整 SOA 记录。

4) -4：使用 IPv4。

5) -6：使用 IPv6。

执行 host www.baidu.com 命令，结果如图 2.2.12 所示，说明 www.baidu.com 对应的 IP 地址名是 110.242.68.3，其 DNS 服务器为 www.shifen.com。

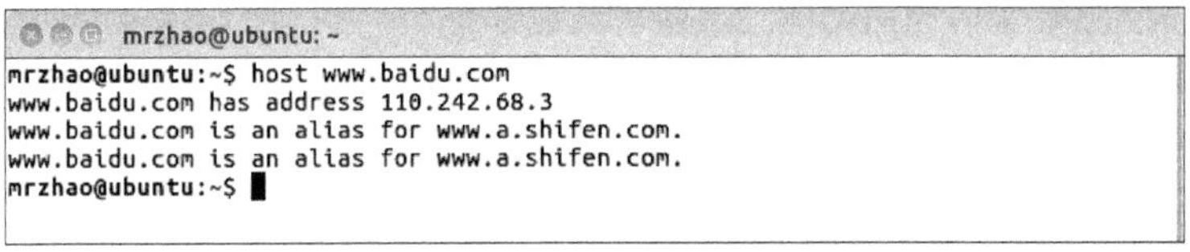

```
mrzhao@ubuntu: ~
mrzhao@ubuntu:~$ host www.baidu.com
www.baidu.com has address 110.242.68.3
www.baidu.com is an alias for www.a.shifen.com.
www.baidu.com is an alias for www.a.shifen.com.
mrzhao@ubuntu:~$
```

图 2.2.12　host 命令执行结果

# 2.3　Wireshark 的使用

## 2.3.1　Wireshark 简介

Wireshark 是当前流行的一种网络抓包软件，又称网络嗅探器（Sniffer），用于捕获和显示网络数据包的信息，是分析网络协议、查找网络问题的一个常用工具。其前身为 Ethereal，2006 年正式更名为 Wireshark。经过不断地完善和发展，Wireshark 可以运行在 UNIX、Linux、Windows 等操作系统平台上，支持五百多种协议的解析，并具有显示、分类、过滤、统计等功能。下面介绍 Wireshark 的安装和使用方法。

**1. 安装 Wireshark**

1）Wireshark 的软件包和源码都可以从 http：//www.wireshark.org/download.html 官网上免费下载。本书使用的是 Wireshark-win64-3.2.1.exe 安装文件。

2）安装包下载完成后，双击安装文件，选择软件的安装目录开始安装。安装过程中提示是否安装 WinPcap 时，必须选中，其余选项按默认设置。安装成功后在桌面会出现 Wireshark 快速启动图标。

**2. 使用 Wireshark**

（1）启动 Wireshark

双击 Wireshark 快速启动图标，将会出现图 2.3.1 所示的 Wireshark 启动界面。

菜单栏位于启动界面的最上端，下面介绍主要菜单命令。

1）文件（File）：该菜单命令包含打开文件、合并文件、保存/打印/导出整个或部分捕获文件、退出等子命令。

2）编辑（Edit）：该菜单命令包括查找包、时间参照、设置参数等子命令。

3）视图（View）：控制捕获数据包信息的显示方式。

4）跳转（Go）：实现转到一个特定数据包的功能（注意：不是查找）。

5）捕获（Capture）：实现开始和停止捕获数据包、编辑捕获过滤规则的功能。

6）分析（Analyze）：包含编辑、显示、过滤、协议解码器选择、配置用户指定的解码方法、

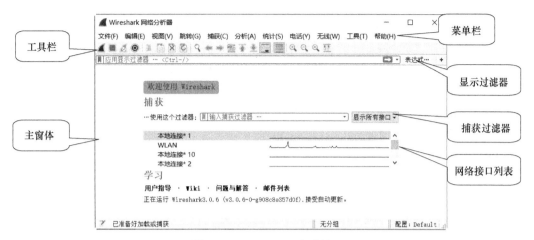

图 2.3.1　Wireshark 启动界面

追踪一个 TCP 流等子命令。

7）统计（Statistics）：提供统计功能，包括关于捕获包的摘要、协议层次统计等。

其中，做协议分析时，最常用的是捕获、分析和统计三个命令。

菜单栏之下分别是工具栏、显示过滤器和主窗体。工具栏提供了常用功能的快捷图标按钮，如开始抓包按钮 、停止抓包按钮 、重新开始抓包按钮 等。显示过滤器能从已捕获的数据包中快速地过滤出用户感兴趣的数据。主窗体包含捕获过滤器和网络接口列表。捕获过滤器用于定义要捕获的数据包的类型。网络接口列表显示了本机所有的可用网卡，通过该选项可选择需要捕获数据的特定网卡。

在图 2.3.1 所示的启动界面中，选中网络接口后便可开始数据包的捕获。停止抓包后，就可以看到捕获的数据信息，如图 2.3.2 所示。

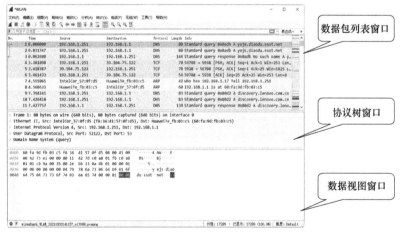

图 2.3.2　Wireshark 主界面

此时，Wireshark 界面被分成三个窗口。

1）数据包列表窗口：该窗口用表格的形式显示了捕获到的数据包摘要信息。一帧为一行，每行由编号（No.）、时间（Time）、源 IP 地址（Source）、目的 IP 地址（Destination）、协议类型（Protocol）、长度（Length）和附加信息（Info）等列组成。例如，图 2.3.2 中 2 号帧的捕获时间为 0.031747s，源 IP 地址是 192.168.1.251，目的地址是 192.168.1.1，使用的是 DNS 协议。

2）协议树窗口：该窗口显示了某一帧从数据链路层到应用层所使用协议的详细信息。只要在数据包列表窗口中选中特定数据帧，该帧各层协议的信息就会在协议树窗口中自动呈现出来。单击协议前的"+"号可查看该协议的详细信息。

3）数据视图窗口：该窗口显示了协议树窗口中各字段的十六进制值。

（2）捕获菜单

单击菜单栏里的"捕获"命令，选择"选项"子命令，弹出图 2.3.3 所示的捕获接口对话框。

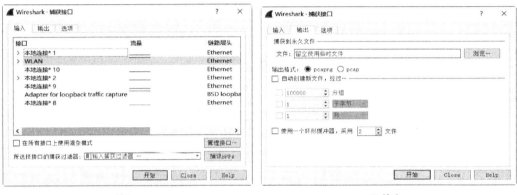

a）输入　　　　　　　　　　　　　b）输出

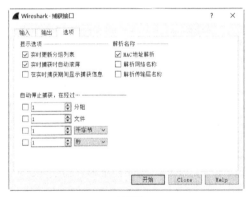

c）选项

图 2.3.3　捕获接口对话框

该对话框由输入、输出以及选项三个选项卡组成，每个选项卡包含的内容如下。

1）输入：显示本机所有的可用网络接口。选中网络接口，单击"开始"按钮，可使用默认参数捕获数据包。在该选项卡中还可设置捕获过滤器以及是否采用混杂模式捕获数据包。选中"在所有接口上使用混杂模式"复选框，可接收所在网络的所有数据包，否则仅捕获进出本接口的数据包。

2）输出：设置存储捕获数据包文件的位置、格式以及大小等参数。

3）选项：设置捕获数据包的显示方式、名称解析方式（MAC 地址、IP 地址、端口号）以及捕获结束的条件。

（3）分组过滤器

Wireshark 具有捕获和显示两种分组过滤器，下面分别进行介绍。

1）捕获过滤器（Capture Filter）：用于设置捕获数据包的类型。通过设置捕获规则可以控制捕获数据包的数量，从而避免产生过大的捕获文件。图 2.3.4 和图 2.3.5 分别展示了只捕获 TCP 数据包的规则表达式和捕获结果。

Wireshark 预设了一些捕获过滤规则，更为复杂的过滤规则可通过选择"捕获→捕获过滤器"命令进行添加。如图 2.3.6 所示，在捕获过滤规则列表框

图 2.3.4　只捕获 TCP 数据包的规则表达式

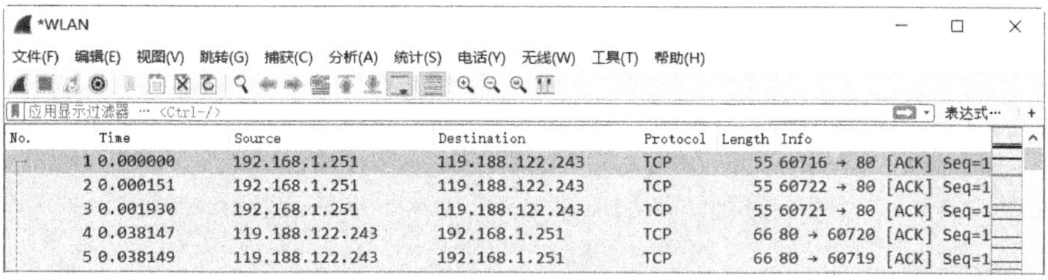

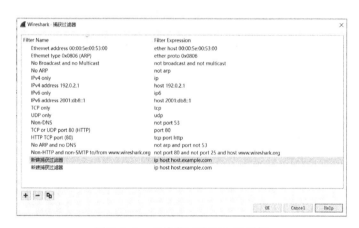

图 2.3.5　只捕获 TCP 数据包的结果

图 2.3.6　"捕获过滤器"对话框

中单击"+"号按钮，输入过滤规则的名称（Filter Name）和表达式（Filter Expression）即可添加。

捕获过滤规则表达式由逻辑符（Logical Operations）和原语（Primitive）组成，格式为：

［not］primitive［and｜or［not］primitive…

①原语：由 Protocol、Direction、Host 组成。Protocol（协议）可取值为 ether、ip、arp、rarp、sca、tcp and udp 等。Direction（方向）可设置为 src（源）或 dst（目的）。Host（主机）可对数据包的 net（网段）、port（端口）、host（IP 地址）、portrange（端口范围）等进行设置，默认使用 host 关键字。

②逻辑符：用于连接原语，可取值为 not（非）、and（与）、or（或）。

例如，表达式 tcp port 23 and host 10.0.0.5 表示只捕获进出特定主机的 Telnet 流，表达式 E-ther［src｜dst］host 00：d0：f8：00：00：03 表示捕获 MAC 地址为 00：d0：f8：00：00：03 的所有分组，表达式 host 192.168.10.1 and not tcp port 80 表示捕获 192.168.10.1 除了 HTTP 外的所有数据报文。

2）显示过滤器（Filter）。帮助用户在已捕获的结果中筛选出感兴趣的数据。类似捕获过滤器，可在图 2.3.7 所示的文本框中输入表达式进行分组的显示过滤。

图 2.3.7　显示过滤器

例如，要查询包含 IP 地址为 192.168.1.251 的数据包信息（无论源地址还是目的地址），只需要输入 ip.addr = = 192.168.1.251 的表达式即可。结果如图 2.3.8 所示，界面中只显示了源地址或目的地址为 192.168.1.251 的数据包。

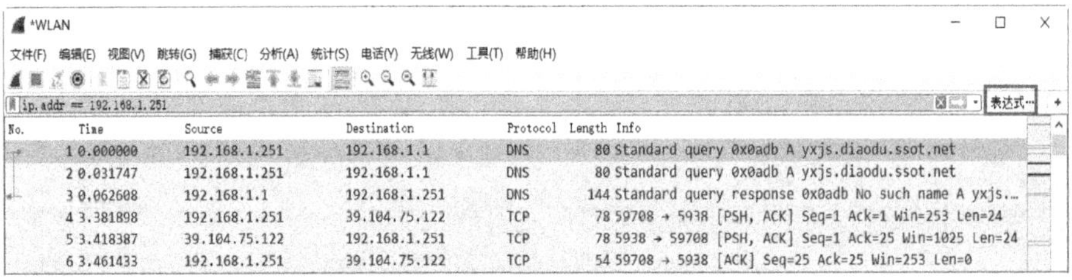

图 2.3.8　显示过滤执行结果

Wireshark 也预设了一些显示过滤规则，可单击图 2.3.8 中的"表达式"按钮直接使用。与捕获过滤器类似，显示过滤器的规则也可自定义，定义方法请参看 Wireshark 的用户手册。例如，只显示目的地址为 192.168.1.251 的数据包信息，表达式为 ip.dst = = 192.168.1.251；只显示 SNMP、DNS 或 ICMP 的数据包，表达式为 snmp ‖ dns ‖ icmp ；显示 192.168.10.1 除了 HTTP 以外的所有通信数据报文，表达式为 ip.addr = = 192.168.10.1 && tcp.port！= 80。

需要注意的是，如果过滤器表达式书写正确则文本框的背景呈绿色，否则呈红色，如图 2.3.9 所示。

a) 表达式正确　　　　　　　b) 表达式错误

图 2.3.9　过滤器表达式正确/错误显示

（4）统计（statistics）菜单

单击菜单栏里的"统计"命令，选择该命令下的不同子命令，可查看相应的数据包统计信息。

1）查看摘要信息。选择"捕获文件属性"子命令，可查看全局的统计信息。如图 2.3.10 所示，显示了保存捕获数据文件的属性，如捕获数据的时间、当前平台的软/硬件信息，以及接口捕获数据的统计信息。

2）查看协议层次和协议类型。选择"协议层次和类型"子命令，可按照 OSI 参考模型的协议分层分类查看统计数据信息。如图 2.3.11 所示，"协议"字段按协议层展示了各层所使用的协议名称，"按分组百分比"字段统计了每种协议的数据包占所有捕获数据包的比例，"分组"

图 2.3.10　全局统计信息

字段统计了每种协议的数据包数目，"按字节百分比"字段统计了含有该协议的字节数占所有捕获字节数的比例，"字节"字段统计了每种协议的字节数，"比特/秒"字段统计了每种协议的带宽。

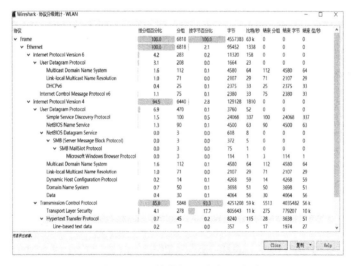

图 2.3.11　按协议层次类型统计

3）会话查看。选择"会话"子命令，可查看会话的统计信息。如图 2.3.12 所示，共捕捉到了 Ethernet、IPv4、IPv6、TCP、UDP 五种类型协议的会话。协议后的数字表示使用该协议的会话总数，如"Ethernet·18"说明共捕捉到 18 条 Ethernet 类型的会话。图中的每一行包含了一个会话的端点地址、端点发送或接收到的数据包的字节数。

4）查看协议工作原理图。选择"流量图"子命令，可以查看一段时间内的数据流，结果如图 2.3.13 所示。

| Address A | Address B | Packets | Bytes | Packets A→B | Bytes A→B | Packets B→A | Bytes B→A | Rel Start | Duration | Bits/s A→B | Bits/s B→A |
|---|---|---|---|---|---|---|---|---|---|---|---|
| 01:00:5e:00:00:01 | 78:44:fd:cf:49:1c | 5 | 230 | 0 | 0 | 5 | 230 | 11.039657 | 501.6825 | 0 | 3 |
| 01:00:5e:00:00:02 | 9c:b6:d0:fa:b3:99 | 17 | 782 | 0 | 0 | 17 | 782 | 10.415259 | 541.2740 | 0 | 11 |
| 01:00:5e:00:00:fb | 9c:b6:d0:fa:b3:99 | 126 | 9928 | 0 | 0 | 126 | 9928 | 10.429874 | 555.4458 | 0 | 142 |
| 01:00:5e:00:00:fc | 9c:b6:d0:fa:b3:99 | 103 | 6561 | 0 | 0 | 103 | 6561 | 10.428980 | 554.8612 | 0 | 94 |

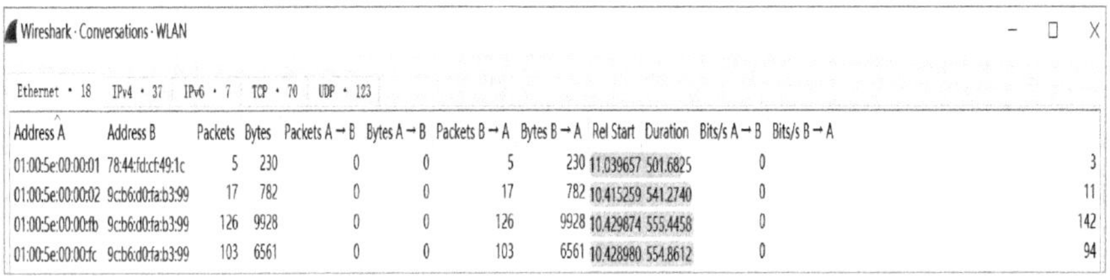

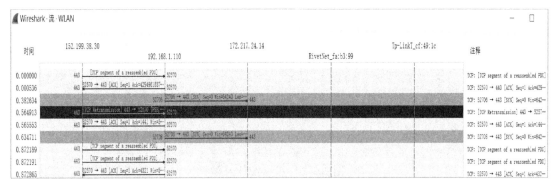

图 2.3.12　会话统计信息

图 2.3.13　TCP 数据流图

## 2.3.2　Wireshark 实验

### 1. 实验目的

通过本实验，掌握 Wireshark 的安装以及基本参数的设置方法，能使用 Wireshark 分析各种网络协议。

### 2. 参考实验设备及拓扑

本实验需要运行 Windows 7 操作系统的计算机 3 台，并安装 Wireshark 程序，交换机 1 台。计算机通过交换机与 Internet 相连。拓扑结构如图 2.3.14 所示。

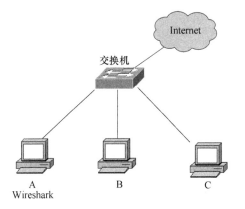

图 2.3.14　Wireshark 实验拓扑图

### 3. 实验步骤

1）参考图 2.3.14，自动获取 IP 地址，在各主机上利用 ipconfig 命令查看网络配置。

2）在主机 A 上启动 Wireshark，将被监听接口设为混杂模式，观察抓包。

3）在主机 A 上使用 ping 命令，探测主机 C 的可达性，利用 Wireshark 抓取 ping 包。

4）利用 Wireshark 抓取 ARP 包，并查看主机上的 ARP 缓存。

5）利用 tracert 命令探测 www. baidu. com 所经过的路由。

6）访问 www. baidu. com，分析 TCP 流图，并利用显示过滤器只显示 HTTP 的包。

7）使用 netstat 命令观察 www. baidu. com 统计信息。

### 4. 实验验证

1）使用 Wireshark 查看 ICMP、ARP 的内容。

2）查看并分析 ipconfig、ping、tracert、netstat 命令的结果。

## 2.4　GNS3 网络仿真器

### 2.4.1　GNS3 简介

GNS3（Graphical Network Simulator 3）是一款具有图形化界面，可运行在多个平台（包括 Windows、Linux 和 MacOS 等）上的开源网络仿真器。它提供了网络拓扑结构设计，路由、交换机以及 PIX 防火墙模拟配置的功能。GNS3 安装包整合了以下软件：

1）Dynamips：是一款可以让用户直接运行二进制镜像的 IOS 路由模拟器。GNS3 可以认为是 Dynamips 的图形化前端，使用起来更容易。

2）Dynagen：是 Dynamips 的前端控制系统，提供 CLI（Command Line Interface，命令行界面）管理方式，方便用户进行设备操作。

3）Pemu：支持对 PIX 防火墙等设备的模拟配置。

4）Winpcap：提供了数据包的捕获和分析功能。

**1. GNS3 的安装**

GNS3 软件及其 IOS 镜像文件均可从网上免费下载。下面介绍具体安装步骤。

1）下载 IOS 镜像文件。GNS3 运行需要导入 IOS 镜像文件，可以到 https：// protechgurus. com/download-gns3-ios-images/或其他网站上免费下载。

2）下载安装 GNS3 软件。GNS3 软件包可以从官网 https：//www. gns3. com/或国内其他正规网站上免费下载，本实验使用 GNS3-2. 2. 5-all-in-one-regular. exe 安装包。双击安装文件即开始安装。按照提示单击"下一步"按钮进入到图 2.4.1 所示的组件选择界面。默认选中各种组件，之后单击"next"按钮继续安装。在设置软件安装目录时，必须选择全英文的安装路径，安装路径中不要出现中文，否则会报错。

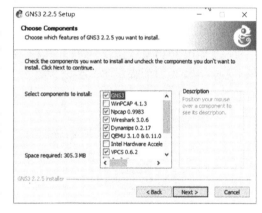

图 2.4.1　组件选择界面

3）设置安装向导。安装完成后会弹出安装向导，在图 2.4.2 所示的界面中选择本机安装的 GNS3 服务器，即第二个单选按钮。在图 2.4.3 所示的界面中配置 GNS3 服务器的位置、名称以及端口号，也可直接使用默认值。

图 2.4.2　选择本地服务器　　　　　图 2.4.3　设置服务器参数

**2. GNS3 的配置**

GNS3 安装完成后,大部分的配置均可使用默认参数。需要修改或查看配置参数时,可选择"Edit→Preferences"命令,在图 2.4.4 所示的对话框进行。下面仅对 Server 和 IOS 的加载进行介绍,其余内容请参阅 GNS3 的使用手册。

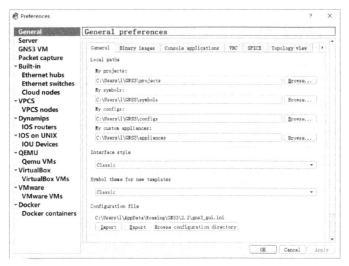

图 2.4.4　GNS3 属性配置界面

(1) Server 配置的修改

Server 使用 3080 默认端口,可能会遇到端口被占用而无法开启 GNS3 的问题。处理的方法是要么找到占用该端口的程序将其关闭,要么在图 2.4.5 所示的 Server 配置界面中更改端口号为其他。

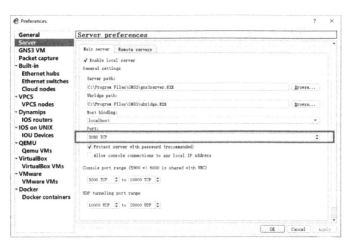

图 2.4.5　Server 配置界面

(2) 加载 IOS 镜像文件

在 GNS3 中,所有的路由交换设备都需要加载 IOS 镜像文件并配置端口才能使用。加载的方法是:在左侧列表中选择"IOS routers"选项,单击"New"按钮,进入图 2.4.6 所示的 IOS 镜像加载界面;在"IOS image"文本框中选择要加载设备的 IOS 镜像文件(如 3660 的路由器设备);

之后依次单击"Next"按钮进入图 2.4.7 所示的接口配置界面，其中 slot 代表一个插槽，需要为每一个插槽指定网络接口类型，如 NM-1FE_TX 代表的就是快速以太网络接口卡。

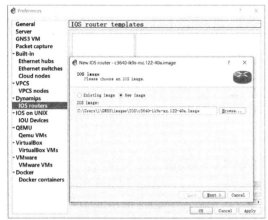

图 2.4.6　IOS 镜像加载

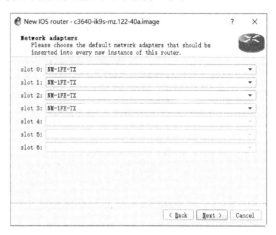

图 2.4.7　接口配置

如果要添加的设备是三层交换机，需要在图 2.4.8 所示的镜像文件添加过程中选中"This is an EtherSwitch router"复选框，并在图 2.4.9 所示的添加端口时，选用 NM-16ESW 类型的接口。

图 2.4.8　三层交换机 IOS 镜像加载

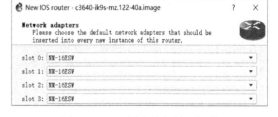

图 2.4.9　三层交换机端口加载

IOS 镜像添加完毕后，可在 IOS routers 里看到已添加设备的详细信息，如图 2.4.10 所示。

**3. GNS3 的使用**

（1）启动 GNS3 界面

双击 GNS3 图标，进入图 2.4.11 所示的启动界面，该界面由菜单栏、工具栏以及五个窗口组成。其中，各窗口的功能如下。

1）节点类型窗口：显示能使用的路由器、交换机、计算机等网络设备。

2）拓扑图工作区窗口：可将节点类型窗口中的设备拖到此窗口，构建网络拓扑。

3）控制台窗口：可输入 Dynagen 命令并显示执行的结果。

图 2.4.10　设备信息

4）拓扑汇总窗口：显示拓扑图中所有设备的信息以及设备端口之间的连线状态。

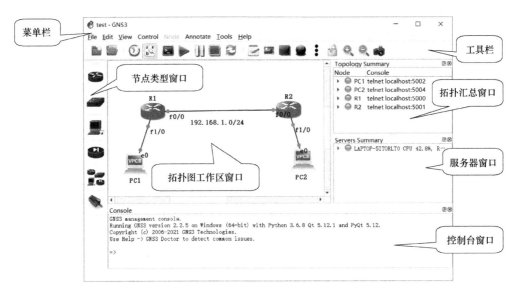

图 2.4.11　GNS3 的主界面

5）服务器窗口：显示当前 GNS3 所在服务器的运行状态。

（2）创建工程项目

选择"File→New blank Project"命令，在弹出的图 2.4.12 所示对话框中，输入工程名称和工程存放的路径即可建立工程项目。为了便于管理，GNS3 为每一个工程项目生成一个文件夹，并存放在 projects 目录下。例如，新建一个 test 工程，就会在 GNS3 的 projects 目录下生成一个 test 的文件夹，该文件夹用于存放网络的拓扑和设备配置信息。

（3）设计网络拓扑

工程建立后，可根据需求设计网络拓扑。从节点类型窗口中依次选择要使用的设备并拖至拓扑图工作窗口，单击 ◢ 按钮进行设备的连接。需要注意的是，在连接设备时，需要在图 2.4.13 所示的设备接口列表中选择要连接的具体接口。接口颜色为绿色，表明该接口已被占用，不能再被连接；接口颜色为红色表示未被使用，可以用于连接。如图 2.4.14 所示，两个路由器均使用 f0/0 接口进行相连。

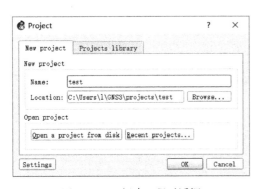

图 2.4.12　新建工程对话框

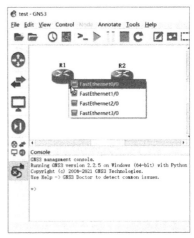

图 2.4.13　设备接口列表

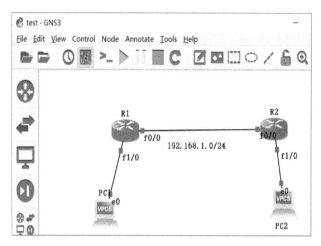

图 2.4.14　拓扑连接

（4）启动设备及终端配置界面

设备连接完成后，单击工具栏中的 ▶ 按钮启动设备。设备接口颜色变为绿色，表明已正常启动。再单击 ▣ 按钮，进入图 2.4.15 所示的终端配置界面。在该界面中可进行接口 IP 地址、OSPF 协议、静态路由等配置。所有配置完成后输入 write 命令保存配置信息。

图 2.4.15　设备启动及命令配置界面

（5）计算 Idle-PC

在设备开启的状态下，右击设备选择“Idle-PC”命令，系统会自动为设备计算 Idle-PC 值。计算完毕后在图 2.4.16 所示的对话框中，选择带 * 的值保存即可选择到合适的 Idle-PC 值。Idle-PC 的值非常关键，合适的值能有效地降低 CPU 的使用率，确保多台设备同时开启时也不会出现卡顿现象。

（6）Wireshark 抓包流程

在 GNS3 中使用 Wireshark 软件可对链路上的数据包进行抓取和分析。如图 2.4.17 所示，右击要捕获数据包的链路，选择“Start capture”命令进行抓包。后续的操作方法参考 2.3 节的内容，这里不再赘述。

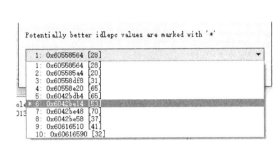

图 2.4.16　Idle-PC 的计算

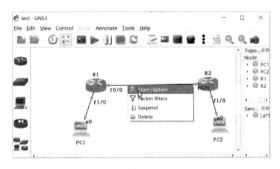

图 2.4.17　启动 Wireshark 抓包

## 2.4.2　GNS3 实验

### 1. 实验目的

通过本实验，掌握 GNS3 仿真软件的安装和基本参数的配置方法，能利用 GNS3 仿真软件进行复杂网络的规划设计与配置。

### 2. 参考实验设备及拓扑

运行 Windows 7 操作系统的计算机 1 台，在计算机上安装 GNS3 程序，并在 GNS3 中搭建如图 2.4.18 所示的网络拓扑。

### 3. 实验步骤

1）在 GNS3 中加载和配置相应的路由器和计算机，搭建如图 2.4.18 所示的实验拓扑，并为路由器配置 IP 地址，为主机配置网关地址和 IP 地址。

2）在 PC1 上执行 ping 命令，ping PC2 的 IP 地址，在 PC1 和 S1 之间以及 S1 和 PC2 之间开启 Wire-

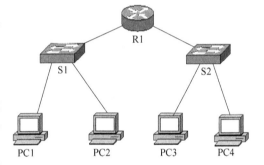

图 2.4.18　GNS3 实验拓扑图

shark 软件，捕获 IP 包，并观察 TCP 数据段、IP 数据包、MAC 帧的结构，验证各字段的含义。

3）在 PC1 上执行 ping 命令，ping PC4 的 IP 地址，开启 Wireshark 软件，分析 ICMP 报文的过程。

4）在 PC1 上执行 ping 命令，ping PC4 的 IP 地址，开启 Wireshark 软件，分析整个访问过程中 MAC 地址的变化，对比直接交付与间接交付的不同。

### 4. 实验验证

1）根据 TCP/IP 参考模型，查看数据包协议各字段的含义。

2）对比直接交付与间接交付，观察 PC1—PC2、PC1—PC4 各段链路中 IP 地址及 MAC 地址的变化。

## 本章小结

本章首先介绍了用户终端接入 Internet 的基本软、硬件条件以及基本的网络技能知识，实验部分重点讨论了使用 Windows 操作系统组件和小型无线/有线路由器，在家庭、办公环境内上网的配置方法。

用户接入 Internet 硬件上需要网卡、线缆、接入设备。网卡主要实现的是物理层和数据链路层的功能，常用的线缆包括同轴电缆、光纤和双绞线三种。在具备了硬件条件的基础上还必须进行 TCP/IP 配置，配置的内容包括 IP 地址、子网掩码、网关地址、DNS 服务器的 IP 地址等。这些内容告诉系统本机的 IP 地址、本机所属的 IP 子网、本机接入 Internet 的默认网关等信息。正确配置网络参数是实现正常通信的基础。

本章还介绍了常用的网络工具和基本技能包括 RJ45 双绞线的平行线、交叉线的制作方法，Wireshark 网络协议分析软件的使用方法，Windows 和 Linux 操作系统中常见的网络命令的使用方法，以及 GNS3 网络仿真模拟器的使用方法。掌握这些基本技能和工具，可为学习本书后续章节打下基础。

# 练习与思考题

1. 在没有测试仪的条件下，如何检测平行线和交叉线制作的是否正确？

2. 为什么计算机和路由器之间相连要使用交叉线而不能使用平行线？

3. 交换机和路由器相连要使用平行线还是交叉线？你还能罗列和总结出其他常见网络 设备之间互联使用的线缆是什么类型吗？

4. 当用户以管理员账户（Administrator）登录且密码为空时，会出现不需要用户名和密码的现象。利用网络协议分析软件分析其原因及工作流程。

5. 当管理员账户（Administrator）设置密码后，再进行访问就需要密码和账号。此时的流程又是怎样的？

6. 如果在无线路由器上采用不禁止 SSID 广播的方式，无线客户端计算机应该如何配置？

7. 请尝试通过设置 IP 地址过滤的方法来提高无线网络的安全性。

8. 请尝试通过设置域名过滤的方法来提高无线网络的安全性。

9. 当主机通过浏览器访问某服务器时，一切正常。但如果用 ping 命令时，却得不到任何响应。请分析可能的原因。

10. 在一天的不同时段内，用 traceroute 命令多次测量从固定主机到远程固定 IP 地址的主机的路由。试分析测量数据，观察该路由是否有变化？

11. 从一台主机向某个接收主机发送分组，查看分组的端到端时延，列出时延的组成成分，并分析这些时延中哪些是固定的，哪些是变化的。

12. ping 指定的主机，当回应信息分别为目的地不可达、超时、未知的主机名时，分析各自可能的故障原因。

13. 阅读 Wireshark 用户手册并查阅资料，分析 Wireshark 所支持的文件格式。

14. 若想以后对捕获的数据进行协议分析，如何对文件进行保存？

15. 如何判断捕获的数据包是本机发出的？

16. 阅读 Wireshark 用户手册，了解 Wireshark 软件还具有哪些丰富的功能。

17. 阅读 GNS3 用户手册并查阅资料，分析 GNS3 所支持的设备类型。

18. 若想以后对构建好的工程进行加载和导入，如何对现有工程进行保存？

19. 如何给终端配置 IP 地址、子网掩码、网关等信息？

20. 阅读 GNS3 用户手册，了解 GNS3 软件还具有哪些丰富的功能。

21. 在 GNS3 中，为一台设备设置 Idle-PC 参数，其作用是什么？

# 第**3**章 以太网原理与实验

以太网（Ethernet）是现代互联网中最常用的数据链路层技术之一，尤其在家庭、园区和城域网接入部分更是占据了统治地位。2000 年后，随着 10Gbit/s、100Gbit/s 以太网技术的应用，以太网技术的应用范围也扩展到了城域核心网和广域骨干网。

本章内容分为 5 节，3.1 节介绍以太网的原理，3.2 ~ 3.4 节介绍以太网组网技术及实验，3.5 节介绍二层网络的规划设计与综合组网实验。

## 3.1 以太网原理

按照所覆盖的地理范围，计算机网络可以分为广域网、城域网和局域网。局域网（Local Area Network，LAN）是指覆盖局部地理范围的计算机网络，一般范围在几百米到十几千米，如一个学校、公司等，现代局域网包括有线局域网和无线局域网。

在有线局域网发展的历史中，曾经存在以太网、令牌总线、令牌环等多种技术，但随着时间的推移和技术的发展，呈现出以太网一枝独秀的局面。现代的有线局域网产品几乎都是以太网产品，以太网也成了有线局域网的代名词。以太网之所以如此成功，源于它的简单性、可扩展性和对 IP 天然的适应性。

### 3.1.1 以太网概述

#### 1. 局域网的分层模型

以太网作为局域网的实现技术之一，其体系架构符合局域网的分层标准，即 IEEE 802 委员会负责制定的 IEEE 802 标准系列。如图 3.1.1 所示，局域网参考模型包括 OSI 参考模型的最低两层，即物理层和数据链路层。

物理层负责比特流的传输，定义了传输介质的规格、网络拓扑结构和传输介质接口的一些特性，包括机械特性、电气特性、功能特性、规程特性等。数据链路层则完成必需的同步、差错控制和流量控制，保证帧的可靠传输。在 IEEE 802 局域网中，数据链路层又分为两个子层：逻辑链路控制（Logical Link Control，LLC）子层和媒体访问控制（Medium Access Control，MAC）子层。

局域网的数据链路层分为两个子层，是因为在局域网发展过程中，以太网、令牌环、令牌总线等产品共存。为了使数据链路层标准能更好地适应多种局域网技术，IEEE 802 委员会将局域网的数据链路层分为 LLC 子层和 MAC 子层。MAC 子层负责所有与传输媒体有关的内容，例如以太技术的 IEEE 802.3、令牌总线技术的 IEEE 802.4、令牌环技术的 IEEE 802.5 等；而 LLC 子层

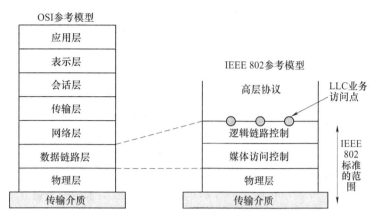

图 3.1.1　局域网参考模型

则与传输媒体无关，不管采用何种 MAC 协议，其 LLC 子层都是一样的，其标准为 IEEE 802.2。

**2. 以太网的起源与发展**

（1）以太网的起源

最早的以太网是由 Xerox 公司 Palo Alto 研究中心（Palo Alto Research Center，PARC）在 20 世纪 70 年代中期发明的。该中心的 Robert Metcalfe 博士被公认为以太网之父，他手绘的以太网原理如图 3.1.2 所示。

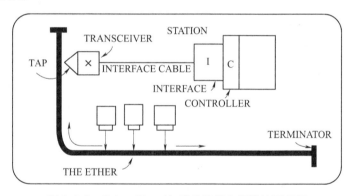

图 3.1.2　Robert Metcalfe 手绘的以太网设计原理图

从图 3.1.2 可以看出，最初的以太网采用总线结构，所有站点通过接口电缆（Interface Cable）连接到一个被称为以太（The Ether）的无源电缆上，通过该电缆来传送信号。这就是最初的以太网原型，当时的传输速率只有 2.94Mbit/s。

1979 年，Xerox、DEC、Intel 三家公司联合组成了 DEC-Intel-Xerox（DIX）并于次年发布了 10Mbit/s 的以太网规范，称为 DIX v1。1982 年，DIX 又发布了 DIX v2，成为世界上第一个局域网产品规范，称为 DIX Ethernet II，其中包含了物理层和数据链路层标准，其数据链路层仅包含局域网标准中的 MAC 子层，而没有 LLC 子层。

以 Ethernet II 为基础，IEEE 802 委员会于 1983 年制定了基于以太网技术的 MAC 层标准——IEEE802.3，该标准对 Ethernet II 的帧格式做了小的改动，但二者使用相同的技术，且基于两种标准的硬件能够在同一个局域网上互操作。

可以看到，以太网实际上存在两个标准：DIX Ethernet II 和 IEEE 802.3。严格来讲，以太网应该是指 Ethernet II，事实上目前使用的也主要是 Ethernet II。但由于历史原因，人们习惯上将采用 IEEE 802.3 标准的局域网也称为以太网，对二者不加区分。本书中除非特别说明，一般也不对二者进行区分。

（2）以太网的发展

以太网从最初的起源到现在，已经有了巨大的发展。传输介质从最初的同轴电缆发展到双绞线、光纤；传输速率从最初的 10Mbit/s 发展到 100Mbit/s、1Gbit/s、10Gbit/s、40Gbit/s、100Gbit/s；应用范围也从局域网扩展到城域网甚至广域网。根据物理层介质和速率的不同，形成了一系列以太网标准。对于物理层的实现方案，IEEE 802.3 制定了一个简明的表示法：

以 Mbit/s 为单位的传输速率+信号调制方式+以百米为单位的网段最大长度或传输介质

例如，10Base5 中的 10 表示传输速率为 10Mbit/s，Base 表示采用基带信号方式，5 表示一个网段的最大长度是 500m；1000Base-FX 表示传输速率为 1000Mbit/s，基带信号传输，采用光纤介质。

以下按照以太网物理层的发展过程，介绍以太网发展过程中出现的一系列标准。

1）第一阶段（1973 年—1982 年）：以太网产生与 DIX 联盟。如前所述，在 Xerox 公司的以太网大获成功之后，DIX 联盟于 1982 年发布了 Ethernet II 规范。

2）第二阶段（1982 年—1991 年）：10Mbit/s 以太网发展成熟。IEEE 802.3 的以太网采用电缆直径为 10mm 的同轴电缆（称为粗缆），总线结构，基带传输，速率达到 10Mbit/s，网段的最大距离为 500m，称为 10Base5。

10Base5 以太网使用的粗缆成本高，并且安装不便。为了克服这些缺点，1985 年，10Base2 问世了，它采用了更便宜的直径为 5mm 的细同轴电缆，仍采用物理总线结构，一个网段的最大距离为 185m。

由于 10Base2 的网络可靠性不高，并且确定故障点非常麻烦。同时，随着非屏蔽双绞线结构化布线系统的广泛使用，大多数以太网系统的基础结构发生了变化。IEEE 于 1990 年 9 月通过了使用双绞线介质的以太网标准 10Base-T，它引入了一种称为集线器的设备，形成了物理上采用星形结构的以太网。10Base-T 双绞线以太网的出现，为以太网在局域网中的统治地位奠定了牢固的基础。

如图 3.1.3 所示，10Base-T 的中心是集线器（Hub），站点通过 RJ45 连接器与集线器相连，每个站点的网卡都和集线器有一个直接的、点对点的连接，网卡和集线器之间的最大长度是 100m，因此任意两个站点之间的最大长度是 200m。需要注意的是，虽然 10Base-T 的物理拓扑是星形的，但由于集线器的工作原理实质上是模拟了总线的操作，因此其原理上，或者说逻辑上，仍然是总线形的。

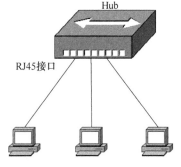

图 3.1.3　10Base-T 以太网

3）第三阶段（1992 年—1997 年）：快速以太网出现。1992 年 9 月，100Base-T 问世，其帧格式、软件接口、访问控制方法等均与 10Mbit/s 以太网相同，但传输速率达 100Mbit/s，故被称为快速以太网。1995 年，IEEE 定义了快速以太网标准 802.3u，除 100Base-T 之外，标准中还规定了三种新的快速以太网物理层标准，即 100Base-T4、100Base-TX 和 100Base-FX。其中，100Base-T4 中使用四对三类非屏蔽双绞线，100Base-TX 使用两对五类非屏蔽双绞线，而 100Base-FX 则使用光纤作为传输介质。其中，100Base-TX 和 100Base-FX 可支持全双工模式。

4）第四阶段（1997 年至今）：吉比特及更高速率以太网出现。

1996 年，传输速率可达 1000Mbit/s 的以太网问世，并于 1998 年成为正式标准，称为吉比特以太网（Gigabit Ethernet，GE）或千兆以太网。千兆以太网的物理层标准包括 IEEE 802.3z 和 IEEE 802.3ab，前者采用光纤作为传输介质，后者采用双绞线作为传输介质。

2002 年，10Gbit/s 以太网的标准 IEEE 802.3ae 发布，称为 10 吉比特以太网（10 Gigabit Ethernet，10GE）或万兆以太网。10GE 以太网可将 IEEE 802.3 协议扩展到 10Gbit/s 的传输速率，传输距离也从几百米扩展到几十千米。

2010 年，IEEE802.3ba 以太网标准发布，支持 40Gbit/s 和 100Gbit/s 的以太网，称为 40/100 吉比特以太网（40/100GE），前者主要面向服务器，而后者则面向网络汇聚和骨干网。采用单模光纤时，40/100GE 的传输距离可达 40km，可见以太网的应用范围可扩展到城域网甚至广域网。

2017 年 12 月，IEEE 802.3 以太网工作组正式批准了新的 IEEE 802.3bs 以太网标准，包括 200G 以太网、400G 以太网的 MAC 层、物理层规范，400Gbit/s 的光模块逐渐推出。

## 3.1.2　以太网帧结构

尽管以太网的标准系列很多，所使用的物理层有所不同，但它们都使用相同的帧结构，由数据链路层的 MAC 子层定义。从前文可知，以太网存在 IEEE 802.3 和 Ethernet II 两种帧格式，二者有细小的差别。如图 3.1.4 所示，IEEE 802.3 的帧包括 MAC 部分和 LLC 两部分，使用业务访问点（Service Access Point，SAP）区分上层协议，Ethernet II 帧只包含 MAC 部分，使用"类型"字段区分上层协议。目前的网络设备都可以兼容两种格式的帧，使用什么帧类型取决于高层协议。一般地，承载了某些特殊协议信息的以太帧才使用 IEEE 802.3 帧格式，绝大部分以太帧使用 Ethernet II 帧格式。例如，若高层协议是 IP，一般使用 Ethernet II 帧；若承载的是生成树协议（STP）数据，则使用 IEEE 802.3 帧格式。

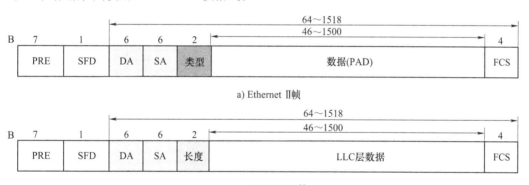

图 3.1.4　以太网的帧结构

**1. Ethernet II 帧结构**

Ethernet II 帧结构如图 3.1.4a 所示。

1）前导码（PRE）：由 7B 组成，每个字节都是 10101010。前导码用于"唤醒"接收端适配器，并确保发送端和接收端的位同步。

2）帧开始定界符（SFD）：由 1B 组成，为 10101011。前导码与帧开始定界符构成 62 位 101010…10 位（bit）序列和最后两位 11 位序列。最后的两位（第一次出现连续的两个 1）用于警告接收端适配器"重要的内容"就要到来。当接收端看到这两个连续的 1 时，它知道接下来的是目的地址了。

3）目的地址（DA）：指明接收端的地址，6B 的 MAC 地址。

4）源地址（SA）：帧的发送节点地址，6B 的 MAC 地址。

5）类型：由 2B 组成，用来标志上一层（即网络层）使用的协议，以便把收到的 MAC 帧数据部分上交给这个协议。例如，该字段为 0x0800 时，数据字段承载的是 IP 分组，0x0806 代表 ARP 分组。"类型"字段允许以太网"多路复用"网络层协议，即允许以太网支持多种网络层协议。这个字段的取值均大于 1518。

6）数据（PAD）：长度可变。数据字段用来携带高层的信息（如 IP 数据报）。数据的长度可变，在 46～1500B 之间。如果数据长度小于 46B，则需要加填充字节，补充到 46B。

7）帧校验（FCS）：4B。采用 32bit 的 CRC 校验。校验的范围是目的地址、源地址、类型、数据等部分。

**2. IEEE 802.3 帧结构**

图 3.1.4b 所示是 IEEE 802.3 帧结构。从图中可以看出，原本 Ethernet II 型帧中的"类型"字段变成了"长度"字段，它表示上层（即 LLC）的数据长度。

尽管有细小的不同，Ethernet II 和 IEEE 802.3 的帧仍然能够兼容，可以用长度/类型字段表示二者不同的地方。那么，当网卡收到一个帧时，如何判断它是 Ethernet II 的帧，还是 IEEE 802.3 的帧呢？很简单，由于以太网的帧中数据字段的最大长度为 1500B，而 Ethernet II 中上层协议的类型字段编码都是大于 1500 的，因此，当长度/类型字段大于 1500 时，它就表示类型，是 Ethernet II 的帧；反之，如果长度/类型字段小于 1500 时，它就表示长度，是 IEEE 802.3 的帧。

**3. MAC 地址**

每个网络接口，或者说每块网卡都具有自己的 MAC 地址，并且是在生产时由设备制造商写在硬件内部的，因此 MAC 地址又叫物理地址或硬件地址。无论将带有这个地址的硬件接入到网络的何处，它都有相同的 MAC 地址。

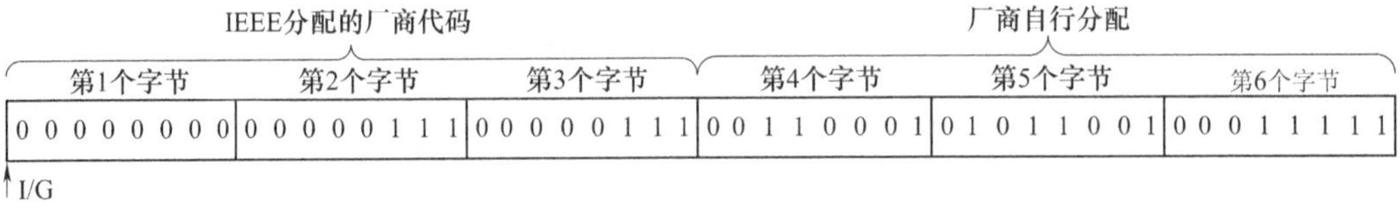

图 3.1.5　MAC 地址结构

如图 3.1.5 所示，MAC 地址的长度为 48bit（6B），通常表示为 12 个十六进制数，每 2 个十六进制数之间用"-"或"/"隔开。例如，00-D0-D0-8C-9A-F8，其中前 6 位十六进制数 00-D0-D0 代表网络硬件制造商的编号，由生产厂家向 IEEE 购买，而后 6 位十六进制数 8C-9A-F8 代表该制造商所制造的某个网络产品（如网卡）的系列号。当一个公司要生产网络适配器时，要向 IEEE 购买一个唯一的 24bit 的地址块，公司保证所生产的每一个网络产品的后 24bit 是唯一的。这样，全球每一个网络产品的 MAC 地址都是唯一的。

与 IP 地址不同，MAC 地址中不包含任何位置信息，当一个设备从一个网络移动到另一个网络时，其 MAC 地址无须改变，同时网管人员也无须配置 MAC 地址，减少了地址管理的开销。

MAC 地址分为三种类型：单播地址、多播地址、广播地址。MAC 地址的最高位 I/G 标识了地址的性质，该位为"0"代表单播地址，为"1"代表组地址，包括多播和广播。当地址取值为全"1"，即 FF-FF-FF-FF-FF-FF 时，代表这是一个广播地址。组播地址和广播地址只能作为目的地址出现，而不能作为源地址。

以太网是共享介质，支持广播方式的通信，当一个站点发送数据时，一个网段内的所有站点都会收到此信息，但只有发往本站的帧，网卡才进行处理，否则就丢弃。当一帧中的目的地址为单播地址时，只有自身地址等于目的地址的站点才接收该帧；当目的地址为多播地址时，该多播组中的所有站点都会接收该帧；而当目的地址为广播地址时，所有站点都会接收该帧。

**4. 用 Wireshark 抓包分析以太网的帧**

下面来看看用 Wireshark 捕获到的一些帧。这里重点关注帧的三个字段：目的地址、源地址和长度/类型字段。

图 3.1.6 是用 Wireshark 所捕获的帧。图 3.1.6a、b 都是 Ethernet Ⅱ 型帧，其中，图 3.1.6a 所示的帧的目的地址为 00：0a：eb：89：6b：ab，表明这是一个单播帧，类型字段为 0x0800，表示上层是 IP 数据报；图 3.1.6b 所示的帧的目的地址为 ff：ff：ff：ff：ff：ff，显然这是一个广播地址，类型字段为 0x0806，表示这是一个 ARP 包。图 3.1.6c 所示是一个 IEEE 802.3 的帧，可以看到包含 LLC 子层，同时 MAC 子层中包含长度字段，而非类型字段。

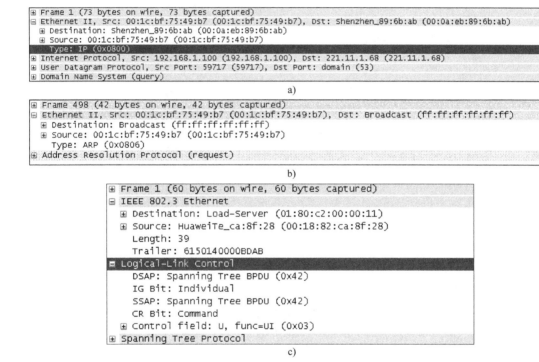

图 3.1.6　Wireshark 抓包分析以太网的帧

## 3.1.3　共享式以太网

### 1. CSMA/CD 协议

最初的以太网采用共享总线传递每个站点的信息，各站点共享总线的带宽，只要有一个站点在发送数据，总线的传输资源就被占用。因此，同一时间只能允许一个站点发送信息。那么，如何协调总线上各站点的工作？如何决定总线的使用权呢？以太网中对共享介质进行访问控制的协议是带有冲突检测的载波监听多路访问（Carrier Sense Multiple Access with Collision Detection，CSMA/CD）协议。

CSMA/CD 含有两方面的内容，即载波监听（CSMA）和冲突检测（CD）。CSMA/CD 的工作流程如图 3.1.7 所示。

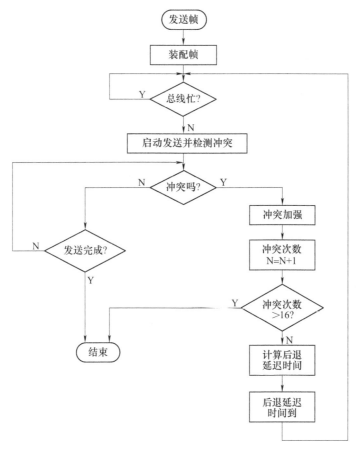

图 3.1.7　CSMA/CD 工作流程

下面对 CSMA/CD 工作流程分四步进行描述。

（1）侦听总线

每个站点在发送数据之前先要检测一下总线上是否有其他站点在发送数据。

查看信道上是否有信号是 CSMA 系统的首要问题，各个站点都有一个"侦听器"，用来测试总线上有无其他站点正在发送信息（也称为载波识别）。如果信道已被占用，则此站点等待一段时间后再争取发送权；如果侦听总线是空闲的，没有其他站点发送信息就可以抢占总线进行信息发送。

（2）冲突检测

"冲突检测"是指站点边发送数据边检测信道上的信号电压大小，以判断是否发生冲突。

当信道处于空闲时，某个瞬间，如果两个或两个以上想发送信息的站点同时检测到信道空闲，从而同时发送信息，就产生了冲突；另一种情况是某站点侦听到信道是空闲的，但这种空闲可能是较远站点已经发送了信息（由于在传输介质上信号传播的延时，信息还未传播到此站点的缘故），如果此站点又发送信息，则也将产生冲突，因此发送站点必须一边发送一边进行检测，判断是否发生冲突。

冲突检测的原理是，当几个站点同时在总线上发送数据时，总线上的信号电压摆动值将会增大（互相叠加）。当一个站点检测到的信号电压摆动值超过一定的门限值时，就认为总线上至少有两个站点同时在发送数据，表明产生了冲突。

一个站点发送数据后，最迟要经过多长时间才能知道自己发送的数据有没有和其他站点的数据碰撞呢？在最坏的情况下，这个时间是总线的端到端往返传播时延，这个时间称为争用期。换句话说，终端在发送数据之后，最多经过一个争用期就可知道所发送的帧是否发生冲突。

以太网取 51.2 μs 为争用期的时长。对于 10Mbit/s 以太网，在争用期内可发送 512bit，即 64B。因此，以太网在发送数据时，如果发生冲突，就一定是在发送的前 64B 之内，若前 64B 没有发生冲突，则后续的数据就不会再发生冲突。因此，以太网规定凡长度小于 64B 的帧都是由于冲突而异常中止的无效帧。这也是以太网规定最小帧长为 64B 的原因所在。

（3）冲突加强并停止发送

如果站点在发送数据帧过程中检测出冲突，要立即停止发送数据帧，并且进入发送"冲突加强信号"（Jamming Signal）阶段。冲突加强信号是一段人为的干扰信号，其目的是确保有足够的冲突持续时间，以使网中所有节点都能检测出冲突存在，废弃冲突帧，减少因冲突浪费的时间，提高信道利用率。

（4）随机延迟后重发

完成"冲突加强"过程后，节点进入重发状态。第一步是计算重发次数，IEEE 802.3 协议规定一个帧最大的重发次数为 16 次，如果超过 16 次，则认为线路故障，系统进入"冲突过多"导致的结束状态。如重发次数 $N \leqslant 16$，则允许节点随机延迟后再重发。

CSMA/CD 使用二进制指数退避算法来计算延迟时间。其基本思想是：发生碰撞的站点在停止发送数据后，要推迟（退避）一个随机时间才能再发送数据。其计算过程为，第 $i$ 次冲突之后，在 $0 \sim 2^i - 1$ 之间随机选择一个数 $n$，然后等待 $n$ 个争用期的时间；但若到达 10 次冲突之后，随机数的区间固定在 $0 \sim 1023$ 之间，不再增加；在 16 次冲突之后，则丢弃该帧，发送失败。该算法的设计思路是：假设发生连续冲突的次数越多，则可能参与争用信道的站点也较多，因此随机数的区间也不断增大，则等待的间隔也呈指数增加。这种做法的好处是，如果只有少量的站点发生冲突，它可以确保较低的延迟；当许多站点发生冲突时，它也可以保证在一个相对合理的时间间隔内解决冲突问题。

在等待后退延迟时间到之后，节点将重新判断总线忙、闲状态，重复发送流程。如果在发送数据帧过程中没有检测出冲突，在数据帧发送结束后，进入结束状态。

综上所述，CSMA/CD 的发送流程可简单地概括成四点：先听后发，边发边听，冲突停止，延迟重发。

**2. 共享式以太网的缺点**

从以 10Base-T 为代表的以太网原理可知，其采用 CSMA/CD 协议进行共享介质访问控制，当有两个及以上的站点同时发送数据时，必定会发生冲突。这样的共享介质型以太网称为共享式以太网。在这样的以太网中，可能发生冲突碰撞的区域称为冲突域。在一个冲突域中，同时只能有一个站点发送数据。显然，10Base-T 网中所有的站点都在同一个冲突域。

另外，当局域网上任意一个站点发送广播帧时，凡能收到广播帧的区域称为广播域，这一区域中的所有站点处于同一个广播域。显然，10Base-T 的所有站点也处于同一个广播域。

冲突的存在会导致共享式以太网信道利用率大大降低，其性能和网络规模均受到很大的限制。对于共享式以太网，所有的站点都在同一个冲突域、同一个广播域中，这导致了共享式以太网最大的缺点——当网络规模增大，用户数目增多时，发生冲突的可能性大大增加，导致数据传输时延会急剧上升，网络吞吐量急剧下降。

另外，所有共享式以太网都是半双工方式的，即信道在任何时候只能在一个方向上传输数据，要么发送数据，要么接收数据，不能二者兼有。以 10Base-T 网络为例，实际只有 30%~40% 的信道利用率，一个大的 10Base-T 网络通常最多只给出 3Mbit/s~4Mbit/s 的带宽。

# 3.2 以太网组网技术

## 3.2.1 交换式以太网

### 1. 以太网交换机工作原理

克服共享式以太网缺点的方法是采用网桥和以太网交换机进行互联。网桥、交换机的每一个端口连接一个网段，每个网段是一个独立的冲突域，不同网段间的通信相互不会影响，这在一定程度上可以解决冲突增加导致的性能下降问题。

网桥出现在 20 世纪 80 年代早期，是一种用于连接相同或相似类型局域网的双端口设备，之后出现的以太网交换机可以认为是多端口网桥。从工作原理上讲，以太网交换机与网桥基本相同，二者都遵循 IEEE 802.1d 透明网桥（Transparent Bridge）协议。目前网桥已被淘汰，本节只介绍以太网交换机，但为了与协议标准保持一致，仍使用"桥"或"网桥"的术语。

注意：以太网中的交换机和广域网中的交换机工作原理上有很大不同，需要加以区分。如不特殊说明，本书中的交换机均指以太网交换机。

（1）MAC 转发表

以太网交换机工作在 OSI/RM 的第二层（MAC 层），根据 MAC 帧中的目的地址实现帧的转发。转发是依据一个称为 MAC 转发表的数据库实现的，MAC 表中记录了站点的 MAC 地址和所连交换机端口的对应关系。

交换机遵循 IEEE 802.1d 透明网桥协议。所谓透明，有两个含义：一是交换机对所接收的帧仅根据目的地址转发，而不对帧做任何修改，互相通信的主机并不知道中间是否经过了交换机；第二，MAC 表本身是通过交换机自学习的过程形成的，即插即用，不需要网络管理员和用户的干预，实现"零配置"，对网管人员技术要求很低。

表 3.2.1 描述了一个 MAC 地址表的结构，该表中包含局域网上的部分但不一定是全部站点的表项。MAC 转发表的一个表项包含：站点的 MAC 地址、连接该站点的交换机端口、表项放置在表中的时间。简单来讲，每一个表项描述了"具有这样 MAC 地址的某站点连接在交换机的某个端口上"。

表 3.2.1　MAC 地址表示例

| MAC 地址 | 端口 | 时间 |
|---|---|---|
| 00-0A-E4-C8-9A-F9 | E0 | 9：15 |
| 00-1C-BF-75-49-B8 | E1 | 9：18 |
| … | … | … |

（2）交换机工作原理

交换机的转发工作是基于 MAC 转发表完成的，其工作原理可以描述为"基于源 MAC 学习，基于目的 MAC 转发"，主要包括基于源地址进行的自学习过程、基于目的地址进行的转发过程。

下面举例说明透明桥的工作过程。如图 3.2.1a 所示的网络，主机 A、B、C、D 分别连接到交换机的 E0、E1、E2、E3 端口。每个主机的 MAC 地址如图所示，当交换机刚刚加电时，其

MAC 转发表是空的。下面来分析 MAC 地址表的形成过程以及交换机的工作过程。（注：为了简单明了，图 3.2.1 中的 MAC 转发表中只给出了 MAC 地址和端口）。

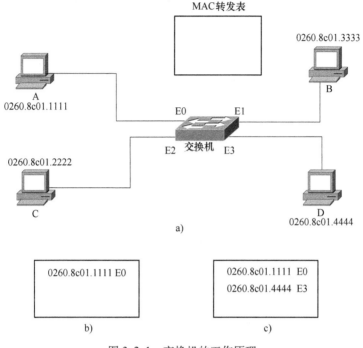

图 3.2.1　交换机的工作原理

1）假如主机 A 向主机 D 发送一个单播数据帧。交换机在 E0 端口上收到该帧，通过其中的源 MAC 地址了解到主机 A 经由端口 E0 接入，在转发表中为 A 创建一项，这一过程称为地址学习（Addressing）。所创建的表项如图 3.2.1b 所示。这个学习过程的意义在于，交换机知道 A 在 E0 端口上之后，随后以 A 为目的地的帧，交换机将知道该如何转发。如果 LAN 上的每个站点最终都发送了一帧，那么每个站点最终都将被记录在这个表中。

2）由于目的地址不在 MAC 转发表中，交换机不知道主机 D 的位置，它将向除端口 E0 之外的其他所有端口转发该帧，这个过程称为泛洪（Flooding）。

3）主机 D 收到帧并响应了主机 A，交换机在端口 E3 上收到此帧，重复刚才的学习过程，将源 MAC 地址放入 MAC 转发表中，如图 3.2.1c 所示。由于交换机已经知道主机 A 的位置，因此 D 到 A 的帧将基于目的地址转发，即仅向 E0 端口转发，而不是向所有端口转发，这一过程称为转发（Forwarding）。

4）之后，由于交换机已知 A、D 的位置了，因此 A、D 之间的帧将直接转发，它们之间的通信只有这两台设备会收到，主机 C 和 B 将不会收到。

另外，为了提高内存的使用效率，减少查表的时间，交换机每为一个站点在转发表中建立一项，就会为该项分配一个时间戳，该时间戳代表了该项的生命期，在规范中建议该值为 300s。一旦生命期为零，该项将被清除，此过程称为老化（Aging）。同时，该项对应的站点一旦有帧传递，生命期将被更新。

对于广播帧，交换机将如何处理呢？假设 B 送出一个广播帧，如果 MAC 表中没有关于 B 的记录，交换机将执行学习过程，将 B 的 MAC 地址写入 MAC 转发表，然后将该帧从除了入端口之外的所有端口送出；否则，直接将帧从除了入端口之外的所有端口送出。

通过以上的例子可以看到，交换机的 MAC 转发表是依据帧中的源 MAC 地址形成的。交换机会认为"既然我能从该端口收到来自某个主机的帧，那么它一定连接在那个端口上，我记下这个信息，待会儿如果有主机要发信息给这个主机，我应该从这个端口送出。"因此，交换机的 MAC 地址表是"基于源 MAC 进行学习"的。另外，交换机收到帧时，要根据目的 MAC 查询 MAC 转发表，决定将该帧从哪些端口送出，因此交换机是"基于目的 MAC 进行转发"的。

**2. 交换式以太网的冲突域与广播域**

采用以太网交换机组建的以太网称为交换式以太网。下面来分析交换式以太网的冲突域和广播域。

由于交换机存储转发的工作原理，它为连接到不同端口的主机保持分离的冲突域。图 3.2.1 中，假设交换机的 MAC 地址表已经形成，现在 A 要和 D 通信，C 要和 B 通信。对于 A—D 之间的通信，交换机通过目的地址（D 的 MAC 地址）查表，结果是只从端口 E3 送出；对于 C—B 之间的通信，交换机通过目的地址（B 的 MAC 地址）查表，结果是只从端口 E1 送出。显然，这两个通信过程互不干扰，它们可以同时进行通信。只要交换机的 MAC 表是完整的和准确的，交换机就可以隔离各端口的冲突域而允许多对端口之间同时通信。

但是，交换机连接的网络仍然处于同一个广播域中。由前面的工作原理可知，对于广播帧、未知目的地址的帧，交换机将对除了入端口之外的所有端口进行广播，这样，连在交换机端口上的所有主机都可以收到这样的帧。因此，交换机的所有端口都属于同一个广播域。

至此，可得出一个结论：交换机的每一个端口都是一个独立的冲突域，而所有端口都属于同一个广播域。独立的冲突域解决了共享式以太网冲突域过大的问题，保证了每个端口上的传输速率，使以太网可以覆盖更大的范围。

**3. 以太网交换机的基本操作**

以太网交换机是组建以太网的基本设备，为了适应不同的应用场合和需求，每个生产厂家都会有不同档次、不同型号的交换机，形成相应的产品系列。

（1）交换机的分类

现代的企业网、城域网组网时，均采用了分层的网络结构，典型的三层结构自上而下为核心层、汇聚层和接入层。按照在组网时所使用的层次，交换机相应地也可以分为核心层交换机、汇聚层交换机和接入层交换机。核心层交换机一般采用模块化设计，要求具有很高的背板容量和交换能力；汇聚层交换机可以是模块化交换机，也可以是固定配置的交换机，具有较高的接入能力和带宽，具有丰富的控制功能；接入层交换机常采用固定配置，端口密度较大，具有较高的接入能力。

按照交换机的工作原理可以分为二层交换机和三层交换机等。二层交换机工作在数据链路层，不提供路由功能，主要用于网络接入层和汇聚层。三层交换机则可工作在网络层，能基于 IP 地址进行 IP 包的转发，主要应用于网络的核心层和汇聚层。一般地，三层交换机都兼具二层和三层的功能，既可以在二层处理帧，也可以在三层处理 IP 包。大部分三层交换机的物理端口默认为二层端口，当创建了三层接口后，才能进行三层处理。

（2）交换机硬件介绍

不同厂家、不同型号的交换机的软/硬件会有所不同，但其最基本的功能是一致的。下面以高端三层交换机（也称为路由交换机）为例，介绍交换机的一般结构。高端路由交换机一般遵守系统模块化设计原则，按照系统功能划分，主要包括控制模块、交换模块、包处理及端口模块和电源模块等。

1）控制模块。控制模块由主处理器和一些外部功能芯片组成，实现系统对各种应用的处理。它对外提供各种操作端口，如串口、以太网口和指示灯等。管理终端可以通过串口线连接 Console 口对交换机进行操作与维护。而指示灯表示了交换机当前的运行情况，在使用交换机时，要注意观察这些指示灯的状态。

2）交换模块。交换模块具有多路高速的双向串行端口，可完成线路端口板之间的线速数据交换。

3）包处理及端口模块。端口模块是交换机的外部端口，可以提供一个或多个物理端口，不同的线路端口板可以实现不同速率、不同类型业务的接入。常见的线路端口板有千兆以太网端口板、百兆以太网端口板和万兆以太网端口板等。这些端口板可以是电端口，也可以是光端口。

4）电源模块。电源模块采用交流供电或直流供电，为系统内其他部分提供所需的电源。

（3）交换机端口介绍

下面以中兴通讯生产的 ZXR10 3928 为例介绍交换机的硬件部分、软件部分和配置方式，其他厂家或型号的交换机可以此为参考，具体的操作需要查询随机附带的用户手册。

ZXR10 3928 的正面视图和背面视图如图 3.2.2 所示，正面包括 24 个快速以太网电端口、Console 口、指示灯，背面包括电源、开关和两个扩展插槽。这两个扩展插槽可以配置 4 个千兆以太网电/光口，或者 4 个百兆以太网光口。

图 3.2.2　ZXR10 3928 的正/背面视图

表 3.2.2 是正面板各指示灯的含义。

表 3.2.2　ZXR10 3928 指示灯含义

| 指示灯 | 信号含义 |
| --- | --- |
| RUN | 灭，主控板有故障<br>闪烁，主控板正常工作 |
| PWR | 常亮，系统电源正常工作<br>灭，系统电源故障 |
| ACT/ LINK（每个端口右端） | 闪烁，该端口有数据收/发<br>亮，该端口链路已建立<br>灭，该端口没有与其他端口有任何连接 |
| DUP（每个端口左端） | 亮，该端口链路全双工<br>灭，该端口链路半双工 |

ZXR10 3928 提供快速以太网端口和千兆以太网端口。系统采用自动添加端口的方式，用户在相应槽位插入端口板，当端口板正常启动后，就可以看到该端口板的端口已经自动添加到系统端口列表中。

ZXR10 3928 按下列方式对端口进行命名（注意：不同厂商会有不同的端口命名方式）：

&lt;端口类型&gt;&lt;槽位号&gt;/&lt;端口号&gt;

1）&lt;端口类型&gt;包括以下几种：fei 表示快速以太网端口，gei 表示千兆以太网端口，xgei 表示万兆以太网端口。

2）&lt;槽位号&gt;：正面板上的百兆端口为 1 号插槽，背面有两个插槽，按从左到右依次编号分别为槽位 2 和 3。

3）&lt;端口号&gt;：端口板上端口的编号，从 1 开始。

例如，fei_1/8 表示 1 号槽位快速以太网端口板上的第 8 个端口；gei_2/1 表示 2 号槽位千兆以太网端口板上的第 1 个端口。

（4）交换机文件系统介绍

在交换机中，通常接触到的主要存储设备是主控板上的 Flash，Flash 相当于计算机的硬盘，交换机的软件版本文件和配置文件通常都存储在 Flash 中。软件版本升级、配置保存都需要对 Flash 进行操作。

ZXR10 3928 的 Flash 中默认包含三个目录，分别是 IMG、CFG、DATA。IMG 用于存放软件版本文件；CFG 用于存放配置文件，配置文件的名称为 startrun.dat；DATA 用于存放记录告警信息的 log.dat 文件。

（5）交换机的配置方式

现代的交换机一般都提供了多种配置方式，用户可以根据所连接的网络选用适当的配置方式。常用的配置方式包括 Console 口连接配置、Telnet 连接配置、SSH 连接配置、SNMP 连接配置等。在交换机首次进行配置时，只能采用 Console 口连接配置方式。

Console 口连接配置采用虚拟终端方式，下面以 Window s 操作系统提供的超级终端工具为例进行说明。

1）将串口线的一端与计算机相连，另一端与交换机的 Console 口相连，单击系统的"开始→程序→附件→通信→超级终端"命令，进行超级终端连接，如图 3.2.3 所示。

2）进入"新建连接"界面时，为新建的连接输入名称并为该连接选择图标，如图 3.2.4 所示。

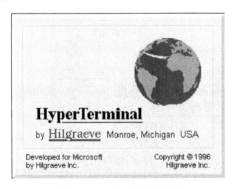

图 3.2.3　启动超级终端

图 3.2.4　新建连接

3）根据配置线所连接主机的串口，选择 COM1 或者 COM2，如图 3.2.5 所示。

4）端口属性的设置主要包括每秒位数"9600"、数据位"8"、奇偶校验"无"、停止位"1"、数据流控制"无"，如图 3.2.6 所示。

检查前面设定的各项参数正确无误后，如果交换机已经正常加电启动，完成了系统的初始化，就可以登录到交换机进行操作。

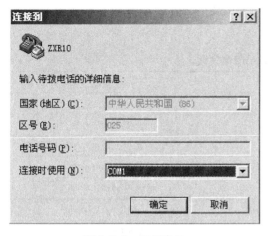

图 3.2.5　选择串口　　　　　　　　　　　图 3.2.6　端口属性设置

除了通过 Console 口连接配置以外，也可以在本地或远程通过其他方式对交换机进行配置。Telnet 是对交换机进行远程配置的主要方式之一。为了防止非法用户使用 Telnet 访问交换机，必须在交换机上设置 Telnet 访问的用户名和密码，只有使用正确的用户名和密码才能登录到交换机。对交换机进行 Telnet 配置的具体配置步骤如下。

1）给交换机配置管理 IP 地址，并设置 Telnet 登录的用户名和密码。

2）保证主机能够 ping 通交换机。

3）在主机上运行 Telnet 命令，输入交换机管理口的 IP 地址，如图 3.2.7 所示。

4）单击"确定"按钮，显示如图 3.2.8 所示的窗口。

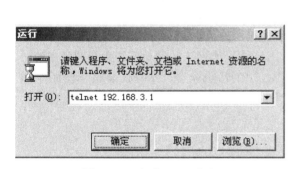

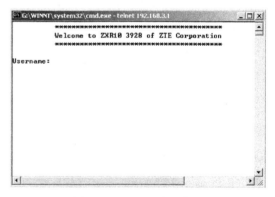

图 3.2.7　启动 Telnet 命令　　　　　　　　图 3.2.8　Telnet 配置窗口

5）根据提示输入正确的用户名和密码，即可进入交换机的配置状态。

（6）交换机的命令模式

目前，大部分的交换机、路由器都采用命令行（Command Line Interface，CLI）方式的用户界面，缺点是比较难学，但配置起来比较快。

为方便用户对交换机进行配置和管理，通常根据功能和权限将命令分配到不同的模式下，一条命令只有在特定的模式下才能执行。ZXR10 3928 的常用命令模式见表 3.2.3。

退出各种命令模式的方法如下：在特权模式下，使用 disable 命令返回用户模式；在用户模式和特权模式下，使用 exit 命令退出交换机；在其他命令模式下，使用 exit 命令返回上一模式；

在用户模式和特权模式以外的其他命令模式下，使用 end 命令或按〈Ctrl+Z〉组合键返回到特权模式。

表 3.2.3  交换机的命令模式

| 模式 | 提示符 | 功能 |
| --- | --- | --- |
| 用户模式 | ZXR10> | 查看简单信息 |
| 特权模式 | ZXR10# | 配置系统参数 |
| 全局配置模式 | ZXR10(config)# | 配置全局业务参数 |
| 端口配置模式 | ZXR10(config-if)# | 配置端口参数 |
| VLAN 数据库配置模式 | ZXR10(vlan)# | 批量创建或删除 VLAN |
| VLAN 配置模式 | ZXR10(config-vlan)# | 配置 VLAN 参数 |
| 路由 OSPF 配置模式 | ZXR10(config-router)# | 配置 OSPF 协议参数 |
| 路由 BGP 配置模式 | ZXR10(config-router)# | 配置 BGP 协议参数 |

（7）命令行的使用

采用命令行方式，需要网管人员记忆大量的配置命令，这是一项非常烦琐的事情。但是，几乎所有厂家的交换机、路由器都提供了一些方法，帮助网管人员方便地输入命令。

1）在线帮助。在任意命令模式下，只要在系统提示符后面输入问号，就会显示该命令模式下可用命令的列表。利用在线帮助功能，还可以得到命令的关键字和参数列表。在字符串后面按<Tab>键，如果以该字符串开头的命令或关键字是唯一的，则系统会将其补齐，并在后面加上一个空格。如果输入不正确的命令、关键字或参数，按〈Enter〉键后用户界面会用"^"符号提示错误。"^"符号出现在所输入的不正确的命令、关键字或参数的第一个字符的下方。

2）命令缩写。交换机允许把命令和关键字缩写成能够唯一标识该命令或关键字的字符或字符串，例如，可以把 show 命令缩写成 sh 或 sho。

3）历史命令。用户界面提供了对所输入命令的记录功能，最多可以记录 10 条历史命令。该功能对重新调用长的或复杂的命令特别有用。按〈Ctrl+P〉或〈↑〉键向前调用缓冲区中的历史命令；按〈Ctrl+N〉或〈↓〉键向后调用缓冲区中的历史命令；在特权模式下使用 show history 命令，可以列出该模式下最新输入的几条命令。

## 3.2.2  虚拟局域网原理

### 1. 扁平式二层网络的问题

交换式以太网解决了冲突域过大带来的问题，但在由纯交换机组成的二层网络中，所有的端口、站点仍然处于同一个广播域中，这样的网络称为扁平式网络。其优点是无须配置，加电即可工作。缺点是会引起以下一些问题。

（1）广播风暴问题

根据交换机的工作原理，它对于广播帧、组播帧、未知目的地的帧都采用泛洪的方式处理。随着网络规模的扩大，网络中的复制帧越来越多，这些帧占用大量的网络资源，严重影响网络性能，引起广播风暴。

（2）安全性问题

当所有的用户都接在一个广播域时，任何站点都可以将所有经过的流量复制下来，这会引起数据的安全问题。另外，有很多病毒是通过广播包的方式进行攻击的，病毒很容易扩散至全网。

以上问题可以在第三层通过路由器完成，但这需要引入专门的、昂贵的设备。另一种方法是在第二层通过虚拟局域网（Virtual Local Area Network，VLAN）来实现。

**2. VLAN 的引入**

VLAN 是按照一定的原则在二层划分逻辑广播域的技术。通过 VLAN，可以把一个物理的二层网络划分成多个小的逻辑网络，每个小的逻辑网络都是一个独立的广播域。属于同一 VLAN 的成员仍然可以在二层实现通信，而不同 VLAN 的成员则不能在二层直接通信。同时，广播帧、未知目的帧的泛洪都被限定在一个 VLAN 之内。

划分在同一 VLAN 中的成员并没有任何物理或地理上的限制，它们可以连接到二层网络中的一个交换机或者不同交换机上。可以根据功能、应用、部门等因素，将用户从逻辑上划分为一个个功能相对独立的工作组，每一个 VLAN 都可以对应一个逻辑单位。

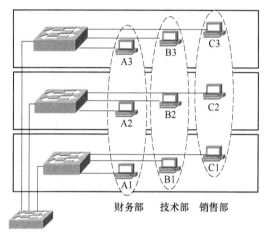

如图 3.2.9 所示，9 台主机由 3 个楼层交换机和 1 个中心交换机连接。在划分 VLAN 之前，所有的 9 台主机处于同一个广播域，任何一个主机送出的广播帧、未知目的帧，其他 8 台主机都能收到。现在划分为 3 个 VLAN，即财务部 VLAN、技术部 VLAN 和销售部 VLAN，形成了 3 个广播域，广播帧或未知目的帧的传播范围被限制到一个 VLAN 内。例如，当 A2 发送广播帧时，只有和它同处于财务部 VLAN 的 A1 和 A3 会收到该帧，而其他主机则不会收到，即使是和它连接在同一个交换机的 B2、C2 也不例外。

图 3.2.9　VLAN 划分示例

从这个例子可以看出，虽然这几个部门都使用一个中心交换机，但是各个部门属于不同的 VLAN，形成各自的广播域，帧不能跨越这些广播域在 VLAN 间传送，确保了一个 VLAN 中用户的信息不会被其他 VLAN 中的用户窃听，达到了隔离的效果。

**3. IEEE 802.1Q 协议**

IEEE 802.1Q 协议定义了 VLAN 标准。如图 3.2.10 所示，802.1Q 帧是在以太网的帧格式中插入了一个 4B 的标识符，称为 VLAN 标记，用来指明发送该帧的工作站所属的 VLAN。VLAN 标记插入在以太网的源地址和长度/类型字段之间。

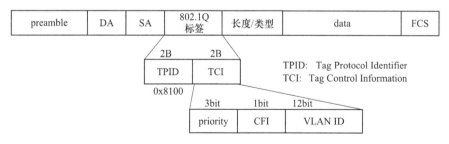

图 3.2.10　802.1Q 帧格式

这 4B 的 VLAN 标记包含 2B 的标签协议标识（Tag Protocol Identifier，TPID）和 2B 的标签控

制信息（Tag Control Information，TCI）。

TPID 的含义与原来以太网帧中长度/类型字段的含义相同，为一个固定的值 0x8100，表明这是一个增加了 VLAN 标记的帧。当接收节点 MAC 层检测到源地址之后的长度/类型字段值为 0x8100 时，就知道这是一个插入了 4B 的 VLAN 标记的帧。

TCI 包括三个字段。

1）用户优先级（User Priority，UP）。3bit，指明帧的优先级，最多可以有 8 种优先级。

2）规范格式指示符（Canonical Format Indicator，CFI）。1bit，表示 MAC 地址是否采用规范格式。对 Ethernet 而言，该值总是置为 0。

3）VLAN 标识符（VLAN Identifier，VLAN ID）。12bit，指明该帧属于哪一个 VLAN，取值范围是 0~4095，其中 0 和 4095 为保留取值，故可分配的 VLAN ID 为 1~4094。另外，大部分厂家的交换机初始情况下都设置有一个默认 VLAN，该 VLAN ID 为 1，默认包含交换机上所有端口。在实验中配置 VLAN 时，VLAN ID 要从 2 开始设置，当把某个端口加入一个 VLAN 时，它将自动从 VLAN1 中退出。

划分 VLAN 之后，交换式以太网中可能存在着两种格式的帧：有些帧是没有加标记的，称为未标记的帧（Untagged Frame），即原来的标准以太帧；有些帧加上了这 4B 的 VLAN 标记，称为带有标记的帧（Tagged Frame），即 802.1Q 帧。

**4. VLAN 的类型**

在交换机上实现 VLAN 时，应该如何划分 VLAN 呢？目前有很多种方式，包括基于端口划分、基于 MAC 地址划分、基于协议划分、基于 IP 子网划分等方式。

（1）基于端口划分 VLAN

这种方法是根据以太网交换机的端口来划分，它是将交换机的某些端口划分在一个 VLAN 中。这些端口可能属于单台交换机，也可能跨越多台交换机。这种方法的优点是定义 VLAN 成员时非常简单，只要将所有的端口都指定一下就可以了。缺点是如果 VLAN 的用户离开了原来的端口，到了一个新的端口，那么就必须重新定义。

（2）基于 MAC 地址划分 VLAN

这种方法是根据每个主机的 MAC 地址来划分的，即对所有主机都根据它的 MAC 地址划分其属于哪个 VLAN。这种方式的 VLAN 要求交换机对站点的 MAC 地址和交换机端口进行跟踪，在新站点入网时，根据需要将其划归至某一个 VLAN。交换机维护一张 VLAN 映射表，用于记录 MAC 地址和 VLAN 的对应关系。这种划分方法的优点是无论该站点在网络中怎样移动，由于其 MAC 地址保持不变，因此不需要重新划分 VLAN。缺点是初始化时，必须为所有用户分配 VLAN。在大型网络中，要求网络管理人员将每个用户一一划分到某一个 VLAN 中，是十分烦琐的。

（3）基于协议划分 VLAN

这种方法是根据以太帧中的协议类型字段来划分 VLAN 的，例如可分为 IPv4、IPv6、IPX 等 VLAN。这种类型的 VLAN 在实际中应用得很少。

（4）基于子网划分 VLAN

这种方式的 VLAN 根据报文中的 IP 地址决定报文属于哪个 VLAN，同一个 IP 子网的所有报文属于同一个 VLAN。这种方式可将同一个 IP 子网的用户划分在一个 VLAN 内。

基于端口划分是目前定义 VLAN 最常用的方法。本书中的 VLAN 均是指基于端口的 VLAN。

**5. VLAN 的链路与端口**

划分 VLAN 之后，数据帧在交换机上的转发都将与 VLAN 息息相关。交换机的端口将存在多种类型，不同类型的端口对数据帧的处理方式是不同的。VLAN 中定义了三种类型的端口：接入端口、中继端口和混合端口。各端口所连接的链路相应地被称为接入链路、中继链路和混合链路。本书介绍较常用的接入链路和中继链路。

（1）接入链路

接入链路（Access Link）用于连接主机和交换机。如图 3.2.11 所示，A1~A5、B1~B5 连接到交换机的链路都是接入链路，相应的交换机端口称为 Access 端口。Access 端口只能属于一个 VLAN。

通常情况下主机网卡仅能解析标准以太帧，因此添加和删除 VLAN 标记的操作均由交换机完成，对终端是透明的。这样做的好处是，引入 VLAN 之后，终端上的软/硬件无须改变，主机网卡发送和接收的帧仍然是标准以太帧（Untagged 帧）。当这样的帧到达连接主机的 Access 端口时，交换机将根据该端口所属的 VLAN，添加 VLAN 标记。对于送出的帧，交换机将剥离 VLAN 标记，还原成标准以太帧送出。因此这样的设计是非常有必要的。

（2）中继链路

中继链路（Trunk Link）主要用于交换机之间的互连。如图 3.2.11 所示，两个交换机之间的链路即为中继链路，用于交换机互连的端口则相应地称为 Trunk 端口。

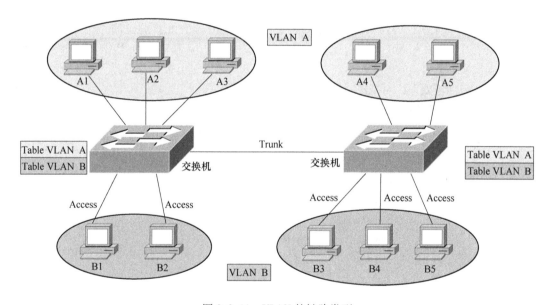

图 3.2.11　VLAN 的链路类型

可以看到，中继链路要传输多个 VLAN 的数据。因此，数据帧在中继链路上传输时，交换机必须用一种方法来识别该帧是属于哪个 VLAN 的，此时传输的帧就必须是打上标记的 IEEE 802.1Q 帧（Tagged 帧）。通过这些标记，交换机就可以确定帧属于哪个 VLAN。

对于 Trunk 端口，交换机会将打过标记的帧进行透明传输，既不打标记，也不剥离标记，允许打过标记的帧带着 VLAN 标记透明地通过 Trunk 端口。

（3）PVID

PVID（Port Vlan ID）又叫作端口的 Native VLAN，是指当交换机端口收到一个 Untagged 帧时，会认为该帧属于 PVID 所指定的 VLAN。例如，某端口的 PVID 如果为 10，则该端口会认为它收到的所有 Untagged 帧都属于 VLAN10。无论是 Access 端口还是 Trunk 端口，都应该配置一个

PVID。默认情况下，PVID 值为 1，但可以通过配置修改端口的 PVID。

Access 端口只属于一个 VLAN，所以它的 Native VLAN 就是它所在的 VLAN，不用单独设置。Trunk 端口属于多个 VLAN，需要设置 Native VLAN，即配置端口的 PVID。

（4）Access 端口对帧的处理

Access 端口的 PVID 就是端口所属的 VLAN ID，二者总是一致的。当 Access 端口收到一个 Untagged 帧时，会根据该端口的 PVID 值打上 VLAN 标记变成一个 Tagged 帧，之后将该 Tagged 帧转发到相应端口（如泛洪、转发或丢弃）。

当 Access 端口收到从本交换机其他端口发送过来的 Tagged 帧后，会检查此帧的 VLAN ID 是否与该端口的 PVID 相同。若相同，则将此帧的标记剥离，然后从端口发送出去；若不同，则将此帧丢弃。

（5）Trunk 端口对帧的处理

Trunk 端口所属的 VLAN ID 有多个，因此除了要配置 PVID 外，还需要配置允许通过的 VLAN ID 列表。

当 Untagged 帧进入 Trunk 端口时，交换机会根据端口的 PVID 为该帧打上相应的 Tag 标记；如果进入的是 Tagged 帧，交换机不会再增加标签。对这两类帧，交换机都将判断其 VLAN ID 是否在该 Trunk 端口允许通过的 VLAN ID 列表中，若在，则进行转发，否则丢弃该帧。

当 Tagged 帧从交换机的其他端口送达时，若其 VLAN ID 不在允许通过的 VLAN 列表中，则该帧直接被丢弃。若在列表中，则需要进一步区分帧的 VLAN ID 和端口的 PVID 是否相同。若二者相同，则交换机剥离该帧的 Tag 标记，还原成标准以太帧发送出去；若二者不同，则交换机不会对该帧做任何标记处理，而是透明传输出去。

表 3.2.4 总结了各种端口收/发帧时的处理过程。

表 3.2.4　各种端口收/发帧时的处理过程

| 端口类型 | 收发 | 处理过程 |
|---|---|---|
| Access | 接收 | 打上端口的 PVID（总是等于 VLAN ID），进行转发 |
| | 发送 | if( VLAN ID = =PVID)｛将 VLAN 标记剥离，发送出去｝；<br>　　else ｛丢弃该帧｝； |
| Trunk | 接收 | if（无 VLAN 标记）｛打上端口的 PVID｝；<br>if（Trunk 端口允许该 VLAN 通过）｛转发帧｝；<br>　　else｛丢弃帧｝； |
| | 发送 | if（Trunk 端口不允许该 VLAN 通过）｛丢弃帧｝；<br>else if（VLAN ID = =PVID）｛剥离标签，发送帧｝；<br>　　　else｛透明传输｝； |

**6. VLAN 通信过程**

划分 VLAN 之后，交换机会为每个 VLAN 建立一张 MAC 地址表，所有的转发、泛洪等操作都被限制在这个 VLAN 内。因此，只有属于同一 VLAN 的主机才能够在二层通信。

下面举例分析划分 VLAN 之后的通信过程。

（1）单交换机 VLAN 通信

如图 3.2.12a 所示，A、B、C、D、E、F 六台主机分别连接到交换机的 1、2、3、4、5、6 号端口。现在假设六个端口都是 Access 端口，其中端口 1、3、5 属于 VLAN10，端口 2、4、6 属于 VLAN20，当前 MAC 地址表如图 3.2.12 b 和 c 所示。

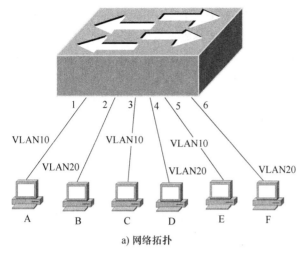

| MAC地址 | 端口 |
|---------|------|
| 0260.8c01.1111 | 1 |
| 0260.8c01.3333 | 3 |

b) VLAN10的MAC表

| MAC地址 | 端口 |
|---------|------|
| 0260.8c01.2222 | 2 |
| 0260.8c01.4444 | 4 |

c) VLAN20的MAC表

a) 网络拓扑

图 3.2.12　单交换机 VLAN 通信过程

分析主机 A 发信息给主机 C 的情形。主机 A 发出标准以太帧，到达交换机的 1 号端口后，交换机将根据入端口查询到其对应的 VLAN 为 VLAN10，因此给该帧打上 VLAN10 的标记。同时根据目的地址在 VLAN10 的 MAC 地址表中查询得到目的端口为 3，则将帧送至 3 号端口。当这样的 IEEE 802.1Q 帧到达 3 号端口后，由于该端口是一个 Access 端口，因此交换机会将该帧中的 VLAN 标记剥离，还原成标准的以太帧从 3 号端口送出至主机 C。

分析主机 A 发送广播帧的情形。交换机从 1 号端口收到该广播帧后，也会依据 1 号端口查询对应的 VLAN 为 VLAN10，打上 VLAN10 的标记。因为是广播帧，交换机将从所有属于 VLAN10 的端口，图中即为 3 号、5 号端口送出。同样地，由于这些端口是 Access 端口，交换机会将帧中的 VLAN 标记剥离，还原成标准以太帧送至主机 C、E。由此可见，采用 VLAN 之后，与 1 号端口不在同一个 VLAN 的 2、4、6 号端口是收不到广播帧的。

限于篇幅，未知目的地址帧的处理过程省略（如图中 A 发数据给 E 的情形），请读者自行分析。

（2）多交换机 VLAN 通信

VLAN 也可以跨越交换机实现。下面分析 VLAN 跨多个交换机时的通信过程。如图 3.2.13 所示，两台交换机互联，VLAN10 和 VLAN20 跨越了两台交换机，其中两台交换机的 1、2、3 号端口为 Access 端口，6 号端口为 Trunk 端口，其 PVID 为 1，允许通过 VLAN10 和 VLAN20。

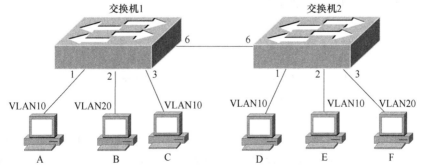

图 3.2.13　多交换机 VLAN 通信过程

分析主机 A 发送广播帧的情形。当广播帧到达交换机 1 的 1 号端口后，交换机 1 根据入端口查询 VLAN ID 为 VLAN10，因此为该帧打上 VLAN10 的标签，从所有属于 VLAN10 的端口送出，图中即为 3 号和 6 号端口。3 号端口是 Access 端口，因此剥离 VLAN 标记后送出，可知主机 C 可收到该帧；6 号端口是 Trunk 端口，且其 PVID 与该帧的 VLAN ID 不同，因此交换机将该帧从 6 号端口透明送出。当帧到达交换机 2 的 6 号端口时，由于 6 号端口是 Trunk 端口并允许 VLAN10 通过，因此交换机将该帧透明传输至所有属于 VLAN10 的端口，即端口 1、2，随后 Access 端口 1、2 剥离 VLAN 标记后将该帧送出。因此，本次通信过程中，主机 C、D、E 均收到该广播帧。

其他情形的处理过程请读者自行分析。

## 3.2.3 交换机与 VLAN 基础实验

本小节将介绍在实验室中如何实现搭建二层网络，以求理论联系实际，加深对基本原理的理解。

**1. 交换机基本操作实验**

（1）实验目的

通过本实验，了解交换机的基本结构，掌握通过串口操作配置交换机的基本方法和指令，能够对交换机进行基本的配置。

（2）实验设备和参考拓扑

本实验使用交换机 1 台、计算机 1 台，参考拓扑结构如图 3.2.14 所示。实验主要内容包括：通过串口线连接到交换机，配置交换机端口并查看配置信息，设置交换机 enable 密码以及 Telnet 的用户名和密码，查看日志等，熟悉各种命令模式下的操作。

交换机　　　　　　　　　　　　　　　　　计算机

图 3.2.14　交换机基本操作实验拓扑

（3）实验步骤

本实验采用 Console 口的配置方式，通过超级终端成功登录交换机后，可以看到"zxr10〉"的提示符，表示进入用户模式。该模式下只可以查看一些简单的信息，无法对交换机进行配置。配置时首先要进入特权模式，出于安全的考虑，进入特权模式需要输入密码，在用户模式下输入"enable"，可以看到提示要求输入密码。

```
zxr10〉enable
password:
```

此时输入密码，则可进入特权模式，该模式下可以进行各种系统参数的配置，也可进入其他命令模式，进行业务和端口等的配置。

1）系统参数设置。

① 设置主机名。组网时一般会将整个网络中的所有设备进行统一的命名，例如根据地域、部门、提供的服务等进行命名，以方便管理。为了区分不同的设备，通常需要修改主机名。在全局配置模式下执行 hostname XXX 命令可修改主机名。其中，hostname 是关键字，后面的参数是希望设置的主机名。例如，执行 ZXR10(config)#hostname Switch 命令即可将设备名改为 Switch，

之后的命令行提示符将变为 Switch(config)#。

② 设置特权模式密码。实际设备出厂时都会设有默认密码，为了安全起见，设备投入使用后通常要修改进入特权配置模式的密码。例如，在全局配置模式下执行 Switch(config)#enable secret xupt123 命令，即可将特权模式密码改为 xupt123。

③ 设置 Telnet 用户名和密码。在全局配置模式下可以设置 Telnet 用户名和密码，例如执行 Switch(config)#username user1 password pass1 命令，则在交换机上创建一个用户名为 user1，密码为 pass1 的用户。

执行 Switch #show username 命令可以查看配置的用户信息，可显示用户名及密码。要查看当前已登录用户，可以使用命令 Switch #who。

④ 设置系统时间。

```
Switch #clock set ⟨current-time⟩ ⟨month⟩ ⟨day⟩ ⟨year⟩
```

2）查看系统信息。

在交换机上，通常使用 show 命令来查看本地配置信息和运行状态，使用 debug 命令来跟踪设备之间信息的交互，这些命令是进行设备维护和故障排查时的常用手段。这里先介绍 show 命令，debug 命令在 4.2.2 节中介绍。

除用户模式外，其他模式下均可使用 show 命令查看配置信息。例如，使用 Switch#show version 命令可以显示系统软/硬件版本信息；使用 Switch#show running-config 命令可以查看系统当前运行的配置信息；使用 Switch #show logfile 命令可以查看交换机上的日志，日志中保存了网管人员对交换机所做的操作记录；使用 Switch #show logging alarm 命令可以查看系统的告警信息。

3）配置端口基本参数。

端口参数的配置在端口配置模式下进行，主要包括以下内容。

① 进入端口配置模式。

```
Switch(config)#interface fei_1/1
```

② 打开/关闭以太网端口。

```
Switch(config-if)#shutdown
Switch(config-if)#no shutdown
```

③ 打开/关闭以太网端口自动协商。

```
Switch(config-if)#negotiation auto
Switch(config-if)#no negotiation auto
```

④ 设置以太网端口双工模式（注意：设置双工模式时要先关闭自动协商）。

```
Switch(config-if)#duplex {half | full}
```

⑤ 设置以太网端口速率。

```
Switch(config-if)#speed {10 |100 |1000}
```

⑥ 设置端口别名。

```
Switch(config-if)#byname ⟨by-name⟩
```

4）显示端口信息。

与配置端口必须进入端口配置模式不同，查看端口信息不要求必须进入端口配置模式。

例如：

```
Switch #show interface fei_1/1    //可以查看端口 fei_1/1 的状态和统计信息
Switch #show interface            //可以查看所有端口的信息
Switch(config)#show running-config interface fei_2/4
//可以显示端口 fei_2/4 的配置信息
```

5）配置信息保存。

当使用命令修改交换机的配置时，这些信息存放在内存中，如果要使配置在下次开机仍然有效，需要用 Switch#write 命令将内存中的信息写入 Flash，保存在 startrun. dat 文件中。当需要清除交换机中的原有配置、重新配置数据时，可以使用 Switch#delete〈filename〉命令将 startrun. dat 文件删除，然后重新启动交换机。

（4）实验验证

1）退出超级终端，重新登录，验证 enable 密码是否正确。

2）通过 show 命令查看所做的其他配置是否生效。

**2. 单交换机 VLAN 实验**

（1）实验目的

本实验要求深入理解 VLAN 的基本原理及作用，掌握划分 VLAN 的基本操作，学会 VLAN 的配置方式。

（2）实验拓扑及关键指令

本实验使用交换机 1 台、计算机 4 台，参考拓扑如图 3.2.15 所示。

配置 VLAN 时主要包括三个步骤。

1）创建 VLAN。

可以单个创建 VLAN，例如，Switch(config)#vlan 20。

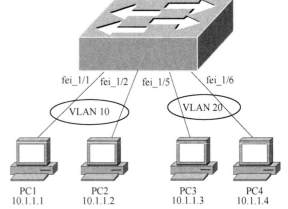

图 3.2.15　单交换机 VLAN 实验拓扑图

也可以批量创建 VLAN，例如，创建从 VLAN10 到 VLAN22 共 13 个 VLAN。

```
Switch(config)#vlan database
Switch(vlan-db)#vlan 10-22
```

2）指定端口类型。

Switch( config-if)# switchport mode access | trunk 指定交换机中的端口类型为 Access 或 Trunk。默认为 Access，因此 Access 端口可以不用再指明。

3）建立端口与 VLAN 的关联。可以采用两种方式。

方式 1：在端口模式下将该端口加入某个 VLAN，这样一次只可以添加一个端口。例如，在端口模式下执行 Switch(config-if)#switchport access | trunk vlan 10 命令，若 VLAN 已经存在，则将端口加入（Access 或 Trunk），如果 VLAN 不存在，则先创建 VLAN，再把该端口加入。

方式 2：先创建 VLAN，然后在 VLAN 模式下批量添加端口。例如，执行 Switch(config-vlan)# switchport pvid fei_1/5-6 命令将 fei_1/5、fei_1/6 加入当前 VLAN，并使其成为 PVID。

（3）实验步骤

本实验要完成对 VLAN 的基本配置，了解 VLAN 的基本配置方法，使得不同 VLAN 的主机之间不能在二层通信，而同一 VLAN 的主机之间则可以在二层直接通信。具体步骤如下。

1）按照实验拓扑连接实验设备。检查物理连接是否正确。

2）按照实验拓扑配置四台计算机的 IP 地址。

3）将 fei_1/1、fei_1/2 加入 VLAN10，将 fei_1/5、fei_1/6 加入 VLAN20。

（4）实验验证

1）利用 show vlan 命令来查看交换机上的 VLAN 配置。该命令也可以加参数，查看所有 VLAN、指定 ID 的 VLAN、指定名称的 VLAN 等。例如，本实验配置完成之后，执行 Switch#show vlan 命令可以看到如下信息。

```
VLANName  Status  Said    MTU   IfIndex  PvidPorts              UntagPorts TagPorts
VLAN0001  active  100001  1500  0        fei_1/3-4, fei_1/7-24
VLAN0010  active  100010  1500  0        fei_1/1-2
VLAN0020  active  100020  1500  0        fei_1/5-6
```

2）运行 ping 命令，查看主机之间的互通性。PC1、PC2 能互相 ping 通，PC3、PC4 能互相 ping 通，其他情况则 ping 不通。

### 3. 多交换机 VLAN 配置

（1）实验目的

通过本实验，进一步理解交换机划分 VLAN 之后的处理过程，掌握 Access 端口、Trunk 端口对帧的不同处理过程，完成跨越多个交换机的 VLAN 配置。

（2）实验拓扑及关键命令

本实验使用交换机 2 台、计算机 4 台，参考拓扑如图 3.2.16 所示。

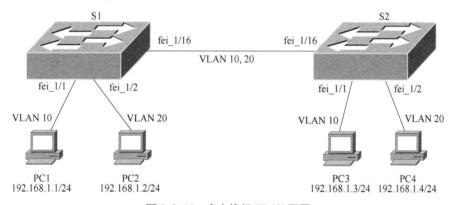

图 3.2.16　多交换机 VLAN 配置

配置 Trunk 端口时，必须首先明确指定端口类型，再将端口与 VLAN 相关联。例如：

```
Switch(config-if)#switchport mode trunk
Switch(config-if)#switchport trunk vlan 10
```

设置 Trunk 端口的 native VLAN：

```
Switch(config-if)#switchport trunk native vlan 10
```

（3）实验步骤

本实验主要内容是跨越多个交换机的 VLAN 配置，使得同一 VLAN 的主机之间在二层互通，不同 VLAN 的主机在二层不能直接通信。具体步骤如下。

1）按照实验拓扑连接实验设备，检查物理连接是否正确。

2）按照实验拓扑配置四台计算机的 IP 地址。

3）配置 S1、S2，分别将 Access 端口 fei_1/1、fei_1/2 加入 VLAN10 和 VLAN20，Trunk 端口 fei_1/16 允许 VLAN10、VLAN20 通过。

（4）实验验证

1）利用 show vlan 命令来查看交换机上的 VLAN 配置。例如，在 S1 上执行 S1#show vlan 命令，可以看到如下信息：

```
VLANName  Status  Said    MTU   IfIndex  PvidPorts  UntagPorts  TagPorts
VLAN0010  active  100010  1500  0        fei_1/1                fei_1/16
VLAN0020  active  100020  1500  0        fei_1/2                fei_1/16
```

可以看出，S1 中 VLAN10 包括两个端口，其中 fei_1/1 为 Access 端口，fei_1/16 为 Trunk 端口。S2 与此类似。

2）运行 ping 命令，查看网络的互通性。本实验中 PC1 和 PC3 能互相 ping 通，PC2 和 PC4 能互相 ping 通，其余情况则 ping 不通。

## 3.3 VLAN 高级应用

### 3.3.1 VLAN 间路由实验

不同 VLAN 的主机在二层不能直接通信，一定程度上保障了部门之间的信息安全。但隔离网络不是建网的目的，选择 VLAN 隔离只是为了优化网络，希望不同 VLAN 的主机只是在二层不通，仍然希望它们在高层能够进行通信。不同 VLAN 主机之间的通信需要配置三层设备。此时，VLAN 内部的通信是直接交付，仍然通过原来的二层网络进行，VLAN 间的通信流量，则需要通过三层设备进行间接交付。这样可以达到二层广播隔离，三层 VLAN 互通的目的。

实现 VLAN 间路由可以通过路由器或者三层交换机来实现。

注：本小节内容需要具备三层网络基本知识，若无相关基础知识，可以在学习第 4 章路由器原理之后再进行。

**1. 路由器实现 VLAN 间路由原理**

（1）路由器多链路方式

与交换机不同，路由器是三层设备，它的每个接口连接一个 IP 子网，默认处于不同的广播域，路由器的作用是在不同接口之间进行 IP 包的转发。因此，如果将一个 VLAN 连接在路由器的一个接口上，通过路由器就可以实现在不同接口间转发，从而实现不同 VLAN 主机之间的互通。多链路的方式就是指每一个需要进行互通的 VLAN 都要独占一个路由器接口。

如图 3.3.1 所示，交换机划分了三个 VLAN，分别通过 4、5、6 号 Access 端口连接到路由器的 1、2、3 号接口。此时，交

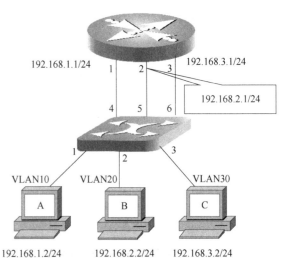

图 3.3.1　利用路由器多链路方式实现 VLAN 间路由

换机的所有端口都只有二层含义，而路由器的三个接口都是三层接口。对于每个 VLAN 中的主机来说，路由器对应接口的 IP 地址即为该主机的默认网关。

图 3.3.1 中交换机所有的端口都配置为 Access 端口，1、4 端口属于 VLAN10，2、5 端口属于 VLAN20，3、6 端口属于 VLAN30。路由器的路由表见表 3.3.1。假设主机 A 要发送信息给主机 C，A 首先判断目的地址 192.168.3.2，得知 C 与自己不在同一 IP 子网，因此要查找默认网关的 MAC 地址并进行二层封装，图中即为路由器 1 号接口的 MAC 地址。当帧到达交换机的 1 号端口时，交换机打上 VLAN10 的标签，从 4 号端口送出时，还原成标准帧。帧到达路由器后，路由器会进行三层处理，将帧中的 IP 包取出，按照 IP 包中的目的 IP 地址查找路由表，从而会将 IP 包封装成以太帧从接口 3 送出，帧到达交换机的 6 号端口时，会打上 VLAN30 的标记，从属于 VLAN30 的 3 号端口送出至主机 C。

表 3.3.1　路由器的路由表（简化表）

| 目的网络 | 掩码 | 出接口 |
| --- | --- | --- |
| 192.168.1.0 | 255.255.255.0 | 1 |
| 192.168.2.0 | 255.255.255.0 | 2 |
| 192.168.3.0 | 255.255.255.0 | 3 |

在这个过程中，由于路由器的参与，进行了三层处理，从而不同 VLAN 的主机之间才能够通信。可以看出，在这种方式下，路由器上的路由接口和物理接口是一一对应关系，路由器在进行 VLAN 间路由的时候要把报文从一个路由接口转发到另一个路由接口上，同时也是从一个物理接口转发到另外的物理接口上去。

这种方式的缺点是交换机每一个 VLAN 都需要路由器的一个物理接口，当划分的 VLAN 较多时，需要多个路由器物理接口，因此成本非常高。此外，VLAN 增减时，灵活性与可扩展性也较差。这种方式现在几乎不再使用，读者有所了解即可，不再安排实验单元。

（2）单臂路由方式

为了克服上述多链路的缺点，可以将路由器的一个物理接口分成多个逻辑子接口以实现 VLAN 间路由，这种方式称为单臂路由方式。此时，路由器只需将一个物理接口和交换机的一个端口相连。

如图 3.3.2 所示，路由器的 fei_1/1 接口与交换机的 fei_1/24 端口相连。显然，来自于三个 VLAN 的帧都要经过这个连接到达路由器，因此交换机的这个端口必须是 Trunk 端口，而相应的路由器的 fei_1/1 接口也必须能够接收打过标记的 IEEE 802.1Q 帧。

如图 3.3.2 所示，路由器的 fei_1/1 分成了三个逻辑子接口 fei_1/1.1、fei_1/1.2、fei_1/1.3，每个逻辑子接口与一个 VLAN 相关联。VLAN 中主机的默认网关为逻辑子接口的 IP 地址。下面以主机 A 到 C 的通信过程为例介绍单臂路由方式的原理。

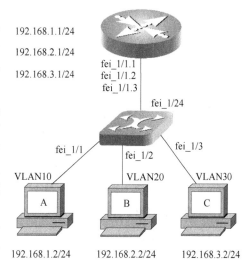

图 3.3.2　单臂路由方式

当 A 要发信息给 C 时，从 A 至路由器的过程与多链路方式的类似，所不同的是，从交换机到路由器的链路上传送的是打过 VLAN10 标记的帧。路由器取出 IP 包,查询路由表得知应该从 fei_1/1.3 送出。现在的问题是,路由器从 fei_1/1.3 送出 IP 包时要进行二层封装,此时如何进行 VLAN 标记? 解决的办法是,将路由器的子接口设置封装类型为 dot1Q,并指定子接口与哪个 VLAN 关联,其含义在于告诉路由器,从这个子接口送出帧时,将打上相关联 VLAN 的标记。在图 3.3.2 中,假如指定 fei_1/1.1 与 VLAN10 相关,fei_1/1.3 与 VLAN30 相关,当从 fei_1/1.3 送出帧时,要打上 VLAN30 的标记。这样的帧透明传输至交换机,从属于 VLAN30 的 Access 端口 fei_1/3 剥离标记送出,到达主机 C。

在这种配置方式下,路由器上的路由接口和物理接口是多对一的关系,路由器进行 VLAN 间路由时把报文从一个子接口上转发到另一个子接口上,而物理接口则是同一个,但 VLAN 标记被替换为目的网络的标记。

显然,采用这种方式时,只需要路由器的一个物理接口就可以给多个 VLAN 提供路由,大大节省了路由器的接口,交换机 VLAN 的扩充也非常方便。需要注意的是,这种方式要求路由器的接口能够支持 IEEE 802.1Q 封装。

**2. 单臂路由实现 VLAN 间路由实验**

(1) 实验目的

通过本实验,掌握用路由器实现 VLAN 间路由的原理和配置方法,进行单臂路由方式的 VLAN 路由配置。

(2) 实验拓扑及关键指令

本实验使用路由器 1 台、二层交换机 1 台、计算机 2 台,参考拓扑如图 3.3.3 所示。

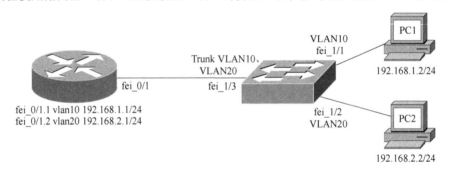

图 3.3.3 单臂路由实验拓扑图

本实验用到的关键命令如下:

1) 在路由器的物理接口上创建多个子接口。例如:

```
Router(config)#interface fei_0/1.1
```

表示在 fei_0/1 上创建了第一个子接口,并进入该子接口配置模式。

2) 在路由器的子接口上进行 IEEE 802.1Q 封装,为子接口封装 VLAN ID 号,例如:

```
Router(config-subif)#encapsulation dot1q 20
```

表示将该子接口与 VLAN20 关联起来,即给从该子接口送出的帧打上 VLAN20 标记。

(3) 实验步骤

1) 按图 3.3.3 所示连好网络拓扑。

2) 在交换机上配置 VLAN,分别将 fei_1/1、fei_1/2 划分在 VLAN10、VLAN20 内,并将 fei_1/3

设置为 Trunk 类型，并允许 VLAN10、VLAN20 的帧通过。

3）在路由器上配置子接口，开启 IEEE 802.1Q 封装，实现 VLAN 之间通信。以子接口 1 为例，执行如下命令。

```
Router(config)#interface fei_0/1.1
Router(config-subif)#ip address 192.168.1.1 255.255.255.0
Router(config-subif)#encapsulation dot1q 10
```

（4）实验验证

1）按图 3.3.3 给 PC1、PC2 分配 IP 地址和网关地址，在配置 VLAN 路由之前，PC1 与 PC2 互相 ping 不通。

2）配置 VLAN 路由后，PC1 与 PC2 之间可以相互 ping 通。

**3. 三层交换机工作原理**

（1）三层交换机出现的背景

为了隔离广播域，VLAN 技术在网络中得到了大量的应用，不同 VLAN 间的通信要经过三层设备完成转发，传统的方式是使用路由器。但随着 VLAN 间互访的不断增加，单纯使用路由器在实际应用中暴露出一些问题，如端口数量有限、转发速度较慢等，随着数据流量的不断增长，路由器成为网络发展的瓶颈。基于这种情况，由二层交换技术和三层路由技术有机结合而成的三层交换机便应运而生。

三层交换机是将路由器和二层交换机功能相结合的一种设备，既具有二层的交换功能，又具有三层的路由功能。三层交换机内既有 MAC 地址表，用于二层转发，又有 IP 路由表，用于三层转发。

（2）三层交换机实现 VLAN 间路由的原理

三层交换机上可见的物理接口是具有二层功能的端口（Port），其三层接口（Interface）可以通过配置创建。当交换机划分 VLAN 后，每个 VLAN 是一个广播域，每个 VLAN 对应一个 IP 子网，因此可以基于 VLAN 创建三层接口，这个接口是此 VLAN 所有成员可直接访问到的一个逻辑接口。

可以用 interface vlan 命令来激活 VLAN 的三层接口。对于这个 VLAN 所连接的主机而言，这个三层接口的 IP 地址是它们的默认网关地址。而对于三层交换机而言，本交换机上基于 VLAN 创建的这些三层接口都被视为直连路由。

对于三层交换机来说，当它收到一个帧时，该进行二层处理还是三层处理呢？下面举例说明。（注意：以下的介绍只是原理性的介绍，不同厂家在硬件、软件具体实现时各有不同。）

如图 3.3.4 所示，假设主机 A 与 B 之间要进行通信，A 首先判断目的主机与自己在同一子网内，因此通过 ARP 获得 B 的 MAC 地址，并以其为目的 MAC 进行二层封装成帧。交换机收到该帧时，发现目的 MAC 地址不是交换机本身的 MAC 地址（图中为 MAC4 或 MAC5），说明收发双方在相同子网，因此交换机进行二层转发即可。二层交换模块查找 MAC 地址表，确定将数据包发往目的端口 fei_1/2，送达主机 B。

假设主机 A 与 C 之间要进行通信，A 判断目的主机 192.168.2.2 与自己不在同一子网，因此首先向其"默认网关"发出 ARP 请求报文，而"默认网关"的 IP 地址其实就是三层交换机上站点 A 所属 VLAN10 的 IP 地址 192.168.1.1/24。交换机收到 ARP 请求后，向主机 A 回送 ARP 响应报文，告诉 A 此 VLAN10 的 MAC 地址（图中为 MAC4），同时可以通过软件把主机 A 的 IP 地址 MAC 地址，以及与交换机相连的端口号（fei_1/1）等信息设置到交换芯片的三层硬件表

**111**

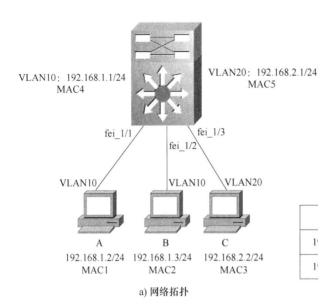

| 网络 | 掩码 | 接口 |
|---|---|---|
| 192.168.1.0 | 255.255.255.0 | VLAN10 |
| 192.168.2.0 | 255.255.255.0 | VLAN20 |

a) 网络拓扑          b) 三层交换机的路由表

图 3.3.4　三层交换机工作原理

项中。

　　主机 A 收到这个 ARP 响应报文之后，以 MAC4 为目的 MAC 地址进行二层封装成帧。交换机收到该帧时，发现目的 MAC 地址是自身的 MAC 地址，说明收发双方不在相同子网，需要交换机进行路由，因此交换机就会把报文送到交换芯片的三层引擎处理。

　　若交换机中没有主机 C 的 MAC 地址，则交换机送出 ARP 请求，获得目的 IP 地址 192.168.2.2 所对应的 MAC 地址（MAC3）和端口（fei_1/3），同时将 C 的 IP 地址、MAC 地址、端口号（fei_1/3）等信息设置到交换芯片的三层硬件表项中。据此，交换机可以形成类似于表 3.3.2 的硬件路由表。

表 3.3.2　硬件路由表

| IP | 端口 | MAC 地址 |
|---|---|---|
| 192.168.2.2 | fei_1/3 | MAC3 |
| 192.168.1.2 | fei_1/1 | MAC1 |

　　芯片内部的三层引擎中保存了主机 A、C 的路由信息后，以后 A 与 C 之间进行通信或其他主机要与 A、C 进行通信时，交换芯片会直接把包从三层硬件表项中指定的接口 fei_1/1、fei_1/3 转发出去，而不必再把包交给 CPU 处理。这种"一次路由，多次交换"的方式，大大提高了转发速度。

　　**4. 三层交换机实现 VLAN 间路由实验**

　　（1）实验目的

　　通过本实验，进一步掌握 VLAN 间路由的原理，掌握使用三层交换机实现 VLAN 间路由的配置方法。

　　（2）实验拓扑及关键命令

　　本实验使用交换机 1 台、计算机 2 台，参考拓扑如图 3.3.5 所示。

　　交换机的物理端口默认均为二层，要启动三层功能，需要首先创建 VLAN 接口，可以给

VLAN 接口配置 IP 地址。例如：

```
Switch(config)#interface vlan 20
```

该命令创建了一个 VLAN 接口 VLAN20，并进入 VLAN 接口配置模式进行配置。

```
Switch ( config-if ) # ip address
10.40.50.1  255.255.255.192
```

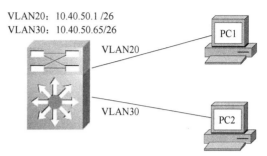

VLAN20: 10.40.50.1 /26
VLAN30: 10.40.50.65/26

图 3.3.5　三层交换机实现 VLAN 路由

（3）实验步骤

1）按图 3.3.5 所示连好网络拓扑。

2）在交换机上划分 VLAN20、VLAN30，将两台计算机所连接口分别加入 VLAN20、VLAN30。

3）创建 VLAN 接口，配置 IP 地址。

（4）实验验证

1）按图 3.3.5 所示给 PC1、PC2 分配 IP 地址和网关地址，在配置 VLAN 路由之前，PC1 与 PC2 互相 ping 不通。

2）配置 VLAN 路由后，PC1 与 PC2 之间可以相互 ping 通。

### 3.3.2　SuperVLAN 应用实验

**1. SuperVLAN 原理**

划分 VLAN 之后，每个 VLAN 是一个独立的 IP 子网，这样就有至少三个 IP 地址被占用，分别作为子网的网络号、广播地址和默认网关，造成 IP 地址的浪费。利用 SuperVLAN 可以解决这个问题。

（1）SuperVLAN 与 SubVLAN

SuperVLAN 又称为 VLAN 聚合，RFC3069 描述其是一种优化 IP 地址的管理技术，是指在一个物理网络内，用 VLAN 隔离广播域，而这些 VLAN 中的主机 IP 地址处于同一个网段，共用一个默认网关。换句话说，它把多个 VLAN（称为 SubVLAN）聚合成一个 SuperVLAN，这些 SubV-LAN 使用同一个 IP 子网和默认网关。

每个 SubVLAN 是一个广播域，不同 SubVLAN 之间二层相互隔离。一个 SuperVLAN 包含一个或多个 SubVLAN。如图 3.3.6 所示，交换机中定义了 VLAN2、VLAN3 和 VLAN4，它们均作为 SuperVLAN1 的 SubVLAN。

SubVLAN 是纯二层的概念，它包含物理端口，但不能建立三层接口；SuperVLAN 则正好相反，不包含物理端口，只建立三层接口，并且通常作为 SubVLAN 内用户的默认网关地址。SubV-LAN 没有单独的子网网段，它们共用 SuperVLAN 的网段。同一个 SuperVLAN 中，无论主机属于哪一个 SubVLAN，其 IP 地址都在 SuperVLAN 对应的子网网段内。如图 3.3.6 所示，所有主机都使用 SuperVLAN 的网段 1.1.1.0/24 的地址，并且使用 SuperVLAN 的地址 1.1.1.1/24 作为其网关地址。这样，多个 SubVLAN 共用一个 IP 网段，从而节省了 IP 地址资源。

各 SubVLAN 在二层进行隔离，各主机不能在二层进行互通。那么，主机之间更高层次的通信需求如何实现呢？为了实现不同 SubVLAN 间的三层互通及 SubVLAN 与其他网络的互通，需要利用 ARP 代理功能。

（2）SuperVLAN 中各 SubVLAN 之间的互通

SuperVLAN 内的通信是通过 ARP 代理实现的。当处于一个 SubVLAN 内的主机向另一

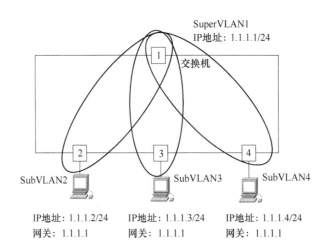

图 3.3.6　SuperVLAN 原理图

SubVLAN 内的主机发 ARP 请求时，与源主机直连的网关用自己接口的 MAC 地址代替目的主机回送 ARP 响应，这个过程称为 ARP 代理。

　　如图 3.3.7 所示，SubVLAN20 和 SubVLAN30 都属于 SuperVLAN10，并使用 192.168.1.0/24 网段，假设交换机和计算机中当前的 ARP 表为空，下面分析 PC1 和 PC2 之间的通信过程。（注意：这里只进行原理的分析，每个厂家设备的实现会有所不同。）

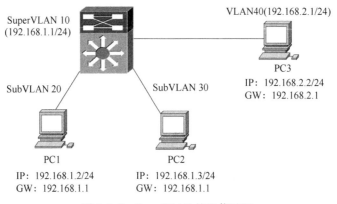

图 3.3.7　SuperVLAN 的通信过程

　　1）当 PC1 要和 PC2 通信时，首先判断对方与自己在同一个网段，但 ARP 缓存中没有对方的 MAC 地址，因此发出 ARP 请求。

　　2）由于 PC2 不在 SubVLAN 20 的广播域，因此无法接收到该 ARP 请求，此时 ARP 代理所做的是，当它收到该 ARP 请求广播后，网关开始在路由表查找，发现下一跳为直连路由接口，则在 SubVLAN30 内发送新的 ARP 广播。

　　3）PC2 收到 ARP 请求后，回送 ARP 应答，此应答中包括 PC2 的 MAC 地址。

　　4）收到 PC2 的应答后，SuperVLAN10 就把自己接口的 MAC 地址当作 PC2 的 MAC 地址在 SubVLAN20 内返回给 PC1。

　　5）之后，主机 PC1 发给 PC2 的报文都通过 SuperVLAN10 进行正常的三层转发。

　　（3）SubVLAN 与普通 VLAN 间的互通

如果在图 3.3.7 中，PC1 要和 PC3 通信，过程又如何呢？这里仍然假设交换机和计算机中当前的 ARP 表为空。下面分析具体通信过程。

1）当 PC1 要和 PC3 通信时，首先判断对方与自己不在同一个网段，所以 PC1 在 SubVLAN20 中发送 ARP 请求广播，以获取网关的 MAC 地址。

2）交换机收到该 ARP 请求后，查找 SubVLAN 与 SuperVLAN 的对应关系，以 SuperVLAN10 的 MAC 进行 ARP 响应，并在 SubVLAN 20 中发送。

3）PC1 收到 ARP 响应后，发送目的 MAC 为 SuperVLAN10、目的 IP 为 PC3 的 IP 报文。

4）交换机收到 IP 报文后，查找路由表，发现下一跳地址为 192.168.2.1，输出接口为 VLAN40，查找 APR 表，没有发现对应的 MAC 地址，于是在 VLAN 40 中广播 ARP 请求。

5）PC3 收到交换机发出的 ARP 请求后，给出应答，包含 PC3 的 MAC 地址。交换机收到应答后，就可以将 PC1 的 IP 报文发送给 PC3 了。

（4）SuperVLAN 的优点

利用 SuperVLAN 技术，只需为 SuperVLAN 分配一个 IP 子网，所有 SubVLAN 可以灵活分配 SuperVLAN 子网中的 IP 地址，使用 SuperVLAN 的默认网关。每个 SubVLAN 都是一个独立的广播域，保证不同 VLAN 之间的隔离，SubVLAN 之间的通信通过 SuperVLAN 进行路由。

这种机制可以使同一个物理交换设备中分属不同虚拟广播域的主机处在相同子网中，而且使用同一个默认网关，这样就可以消除原有的在一个 VLAN 中必须专用一个 IP 子网的限制。使用这种机制可以明显减少 VLAN 中对 IP 地址空间的消耗，提高了地址的使用效率。另外，这样做也降低了网络中 IP 地址管理的难度。

**2. SuperVLAN 实验**

（1）实验目的

本实验要求能够理解 SuperVLAN 的含义，掌握配置 SuperVLAN 的命令和操作步骤。

（2）实验拓扑及关键指令

本实验需要交换机 1 台、计算机 2 台，参考拓扑如图 3.3.8 所示。

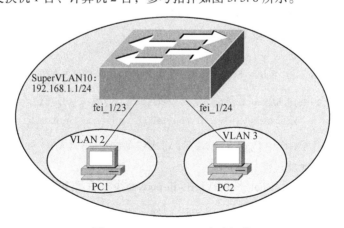

图 3.3.8　SuperVLAN 实验拓扑

1）打开/关闭 SubVLAN 之间的路由功能：

```
Switch(config-if)#inter-SubVLAN-routing {enable|disable}
```

该命令在 SuperVLAN 接口模式下使用。SubVLAN 之间的路由功能在默认情况下是打开的，关闭路由功能后，各 SubVLAN 之间失去通信能力，但仍和 SuperVLAN 保持通信。

2）给 VLAN 绑定 IP 地址：

```
Switch(config-vlan)# ip SuperVLAN pool ⟨IP address⟩ ⟨IP address⟩
```

该命令在 VLAN 模式下使用，用来绑定一段 IP 地址到某个 VLAN 上。为了简化管理，防止各子 VLAN 之间分配 IP 地址时的地址冲突，可以用该命令将一段地址与某个子 VLAN 绑定起来。这样，不同子 VLAN 使用互相不重复的一段 IP 地址。例如在图 3.3.7 中，可以将 192.168.1.2~192.168.1.10 分配给 SubVLAN20，而将 192.168.1.11~192.168.1.20 分配给 SubVLAN30。

3）打开/关闭 SuperVLAN 的 IP 地址池过滤功能：

```
Switch(config-if)# ip-pool-filter {enable |disable}
```

该命令在 SuperVLAN 接口模式下使用，用来打开或关闭 SuperVLAN 的 IP 地址池过滤功能。该命令打开时，若配置了 ip SuperVLAN pool 地址段，会丢弃不符合该地址段的报文。

4）创建 SuperVLAN：

```
Switch(config)#interface SuperVLAN ⟨SuperVLAN-id⟩
```

该命令用于创建 SuperVLAN 并进入 SuperVLAN 配置模式。

5）创建 SubVLAN：

```
Switch(config-if)#SubVLAN ⟨vlan-id⟩
```

该命令在 SuperVLAN 接口模式下使用，用来创建 SubVLAN，并将该其绑定到当前 SuperVLAN。

（3）实验步骤

1）按图 3.3.8 所示连好网络拓扑。

2）创建 VLAN2 和 VLAN3。

3）创建 SuperVLAN10 并定义 IP 地址。

4）创建 SubVLAN2 和 SubVLAN3，并将 SubVLAN 绑定到 SuperVLAN10。

5）给每个 SubVLAN 绑定一段 IP 地址。

（4）实验验证

1）使用 Switch（config）#show SuperVLAN 命令查看 SuperVLAN 的配置：

```
SuperVLAN  Inter-SubVLAN-routing  Arp-broadcast  Ip-pool-filter  SubVLAN
   10           enable              enable          enable        2-3
```

可以看到，SuperVLAN10 中包含 VLAN2 和 VLAN3 两个 SubVLAN，SubVLAN 间路由是打开的，ARP 代理打开，IP 地址过滤打开。

2）使用 Switch（config）#show SuperVLAN ip-pool 命令查看每个 SubVLAN 的地址池：

```
Session-no  Address-begin  Address-end  SubVLANId  SuperVLANNum
    1       192.168.1.2    192.168.1.12     2          10
    2       192.168.1.14   192.168.1.20     3          10
```

可以看到，VLAN2 使用 192.168.1.2~192.168.1.12 的地址段，VLAN3 使用 192.168.1.14~192.168.1.20 的地址段。

3）给 PC1 和 PC2 分配相应地址池的 IP 地址，并改变 inter-SubVLAN-routing 的状态，观察 SuperVLAN10 的信息。可以看到，当 inter-SubVLAN-routing 的状态为 disable 时，PC1 和 PC2 不能

互访，但是它们均可以 ping 通 192.168.1.1/24；若 inter-SubVLAN-routing 的状态为 enable 时，PC1 和 PC2 之间以及它们与 192.168.1.1/24 都可以 ping 通。

# 3.4  链路聚合实验

## 3.4.1  链路聚合原理

在组网中，经常会有将交换机进行互连的情况，假设它们的端口全部为 100Mbit/s，则交换机之间的 100Mbit/s 链路会成为带宽瓶颈。一种解决办法是将 100Mbit/s 链路替换为 1000Mbit/s 链路，这需要更换设备或购买支持高带宽的业务板，会增加费用。另一种办法是在两个交换机之间使用多个 100Mbit/s 链路，为了防止环路，交换机将保留一条链路而阻塞其余链路，仍然不能充分利用设备的端口处理能力与物理链路。本小节介绍的链路聚合可以解决这个问题。

**1. 链路聚合的概念**

链路聚合（Link Aggregation）也称为端口捆绑、端口聚集，是指将具有相同传输介质类型、相同传输速率的链路"捆绑"在一起形成一个聚合组，在逻辑上看起来是一条链路，业务负荷在各成员端口中进行分担。如图 3.4.1 所示，将四条 100Mbit/s 链路捆绑连接在一起形成一条 400Mbit/s 的链

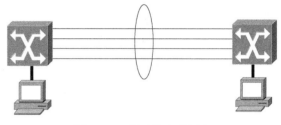

图 3.4.1  链路聚合的概念

路。对于使用链路层的上层实体（如 IP）而言，把同一聚合组内多条物理链路视为一条逻辑链路。

除了带宽增加，链路聚合还可以提高网络连接的可靠性。链路聚合使用负载分担机制均衡使用多条平行的物理链路，彼此之间动态备份，避免了单点故障，即当有一条链路出现故障时，流量会自动在其余链路间重新分配。这个过程非常快，所用的时间是毫秒级的，可以保证网络无间断地继续正常工作。

需要注意的是，进行聚合时，链路两端的物理参数必须保持一致，要求端口的介质、链路数目、速率、双工方式等都必须一致。聚合链路两端的逻辑参数也必须保持一致，同一个汇聚组中端口的 STP、QoS、VLAN 等相关配置必须保持一致。

**2. 链路聚合的方式**

聚合可以采用静态聚合和动态聚合两种方式。

静态聚合是指手动将端口加入聚合组的方式，交换机之间没有协议报文的交互，不允许系统自动添加或删除静态聚合端口。静态聚合组必须至少包含一个端口，当聚合组只有一个端口时，只能通过删除聚合组的方式将该端口从聚合组中删除。

动态聚合是指交换机之间通过链路聚合控制协议（Link Aggregation Control Protocol，LACP）的交互将端口聚合的方式。采用动态聚合后，LACP 会判断端口是否应该加入聚合组。只有速率和双工属性相同、连接到同一个设备、有相同基本配置的端口才能被动态汇聚在一起。

**3. LACP**

IEEE802.3ad 标准中定义的 LACP 是一种实现链路动态聚合的协议。LACP 通过链路聚合控制协议数据单元（Link Aggregation Control Protocol Data Unit，LACPDU）与对端交互信息。LACP 为链路两端提供一种标准的协商方式，供系统根据自身配置自动形成聚合链路并启动聚合链路

收/发数据。聚合链路形成后，负责维护链路状态，在聚合条件发生变化时，自动调整或解散链路聚合。

使能某端口的 LACP 后，该端口将通过发送 LACPDU 向对端通告自己的系统优先级、MAC 地址、端口优先级、端口号等信息。对端接收到这些信息后，将这些信息与其他端口所保存的信息比较以选择能够汇聚的端口，从而双方可以对端口加入或退出某个动态汇聚组达成一致。

## 3.4.2　链路聚合应用实验

**1. 实验目的**

本实验要求掌握链路聚合原理，掌握交换机链路聚合的配置和使用方法。

**2. 实验拓扑及关键命令**

本实验需要交换机 2 台、计算机 4 台，参考拓扑如图 3.4.2 所示。

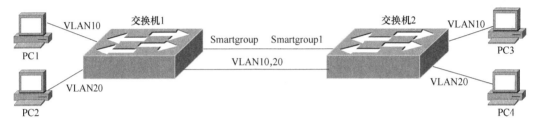

图 3.4.2　链路聚合实验拓扑

下面介绍链路聚合组（Smartgroup）配置时的关键命令。

1）创建链路聚合组：

```
Switch(config)#interface ⟨smartgroup-name⟩
```

聚合链路可以被认为是一种逻辑上的端口，使用该命令可以创建聚合端口。

2）添加端口到链路聚合组，并设置端口的链路聚合模式：

```
Switch(config-if)# smartgroup ⟨smartgroup-id⟩ mode {passive |active |on}
```

聚合模式有 active、passive 和 on 三种参数。设置为 on 时，端口运行静态聚合，参与聚合的两端都设置为 on 模式；聚合模式设置为 active 或 passive 时，端口运行动态聚合 LACP，active 指端口为主动协商模式，passive 指端口为被动协商模式。配置动态链路聚合时，应当将一端设置为 active，另一端设置为 passive，或者两端都设置为 active。

需要注意的是，若划分了 VLAN，成员端口的 VLAN 配置必须和 Smartgroup 的 VLAN 配置一致，否则不允许加入 Smartgroup。可以在端口加入聚合组后修改 Smartgroup 的 VLAN 属性，成员端口将自动修改 VLAN 属性，和 Smartgroup 保持一致。

**3. 实验步骤**

交换机 1 和交换机 2 通过聚合端口相连，由两个物理端口聚合而成。本实验主要内容包括静态聚合、动态聚合的配置。下面给出静态聚合的步骤，动态聚合请读者自己设计实现方案。以 S1 的配置为例，S2 的配置与此类似。

1）按图 3.4.2 所示连好网络拓扑，设置交换机连接主机的端口为 Access，并配置相应的 VLAN。

2）创建链路聚合组：

```
S1(config)#interface smartgroup1
```

3）添加端口到 Smartgroup1，并设置端口的链路聚合模式为 on。例如，使用如下命令将 fei_1/23 加入链路聚合组：

```
S1(config)#interface fei_1/23
S1(config-if)#smartgroup 1 mode on
```

4）设置 Smartgroup1 的 VLAN 链路类型为 Trunk：

```
S1(config)# interface smartgroup1
S1(config-if)#switchport mode trunk
```

5）设置 Smartgroup 的 VLAN 属性：

```
S1(config-if)#switchport trunk vlan 10
S1(config-if)#switchport trunk vlan 20
```

**4. 实验验证**

1）配置完成后，PC1 与 PC3 可以 ping 通，PC2 与 PC4 可以 ping 通，其他情形 ping 不通。

2）配置完静态聚合后，使用 Switch（config）#show interface smartgroup1 命令查看聚合端口状态。可以看到：

```
smartgroup1 is up,  line protocol is up
   Description is none
   Keepalive set:10 sec
VLAN mode is trunk, pvid 1          BW 200000 Kbits
```

Smartgroup1 的状态为 Up，带宽为 200Mbit/s，表示聚合成功。

3）配置完动态聚合后，使用 S1（config）#show lacp internal 命令查看聚合端口状态，可以看到：

```
Smartgroup:1
Actor     Agg       LACPDUs   Port     Oper   Port    RX       Mux
Port      State     Interval  Priority Key    State   Machine  Machine
------------------------------------------------------------
fei_1/23  selected  30        32768    0x102  0x3d    current  distributing
fei_1/24  selected  30        32768    0x102  0x3d    current  distributing
```

上述信息表明，Smartgroup1 中 fei_1/23、fei_1/24 的聚合状态为 selected，表示聚合成功。

4）在一开始配置的时候可能会出现鼠标不能动也不能输入命令的类似死机的情况，这是由于在两个交换机的端口之间形成了回环。配置时，可以先连接一条线，然后对两个交换机分别做配置，完成配置后再连接第二根线，这样可以解决回环的问题。

# 3.5　二层组网综合实验

## 3.5.1　二层网络规划设计

包括交换式以太网、VLAN 技术及其高级应用在内的二层网络技术主要应用于局域网或园区网，用于组建公司或园区内部的网络。一个典型例子如下：某公司要组建一个内部局域网，其中公司内部有 $x$ 个部门，为了安全等考虑，要求各部门之间不能在二层通信，部门内部可实现计算机文件和打印机共享、多媒体通信等服务，部门之间的通信可以通过三层网络实现，各部门主机均能够与 Internet 互联。网络规划设计人员需要根据这些要求，进行项目需求分析、网络设备选型、网络拓扑设计、IP 地址设计以及 VLAN 设计等。

**1. 园区网的概念**

园区网通常是指学校、政府机构、公司等的内部网，网络建设、维护、路由规划等完全由该机构来管理，地理范围介于局域网和广域网之间。园区网覆盖整个机构的地理范围，由多个局域网互联而成。园区网中，楼宇之间互联主要使用与局域网相同类型的硬件和网络技术，网络的建设与运行维护也由网络的拥有者自身负责。

从提供的业务看，园区网可分为两类：接入型园区网和互联型园区网。接入型园区网的典型例子是信息化小区系统，它的业务以 Internet 接入为主。互联型园区网的典型例子是企业网和校园网，业务以用户间的互通为主，同时给园区网内的用户提供接入 Internet 的服务。

图 3.5.1 是一个典型园区网的例子，包括用户模块、核心模块、服务器群、远程连接模块、安全模块等。用户模块提供园区内的用户接入，使得园区内的用户可以访问园区提供的服务，或者将用户连接至 Internet。根据园区的大小、地理位置的不同，园区内可能存在一个或多个用户模块。服务器群给园区网内的用户提供各种服务，如 HTTP、DNS、FTP 等业务。远程连接模块负责将园区网连接至 Internet。安全模块完成防火墙、入侵检测等安全功能，保证整个园区网的网络安全和信息安全。核心模块的功能则是在这些模块之间进行高速互联。

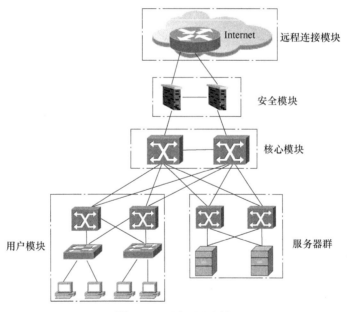

图 3.5.1　园区网示例

**2. 园区网的层次结构**

从层次结构上看，园区网通常分为三层：核心层、汇聚层、接入层。如图 3.5.2 所示。

接入层是终端用户到网络的接入点，负责将用户连接至网络，通常由低端交换机实现。接入层交换机通常具有密集的端口，成本较低。接入层使用二层技术和设备，能够进行 VLAN 划分，

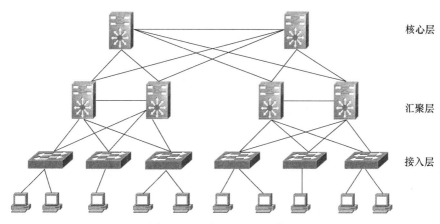

图 3.5.2 园区网的三层模型

避免二层环路，实现如 MAC 过滤等丰富的业务特性。

汇聚层是多台接入层交换机的汇聚点，负责将部门或工作组连接到主干网，将本地数据流量在本地的汇聚交换机上交换，并提供到核心层的上行链路。汇聚层是核心层和接入层的分界，通常由三层交换机构成，用来完成地址和路由表的汇聚。同时，汇聚层要实现丰富的业务特性，主要功能包括分组过滤、路由汇总、路由过滤、实现 VLAN 间路由等。汇聚层再上联就是核心层，所以汇聚层要保护核心层，为了防止广播域过大对核心层造成影响，VLAN 终结一般在汇聚层进行。

汇聚层是网络中二、三层技术的分界点。它和接入层之间采用二层技术，而和核心层之间通常要启用三层技术。汇聚层的目的是为了减少核心的负担，使核心层只处理到本地区域外的数据交换。与接入层交换机相比，汇聚层交换机需要更高的性能、更少的接口和更高的交换速率。

网络的主干部分称为核心层。核心层的作用是实现汇聚层设备之间高速的数据流量转发，提供优化、可靠的骨干传输结构。因此，核心层交换机应拥有更高的可靠性和吞吐量。核心层通常由高端路由器和交换机组成，不但转发速度快，而且需要具备高稳定性。核心层作为网络骨干，连接了园区网中各个区域，因此该层设备通常不进行一些复杂的处理，主要负责快速转发。该层的设备追求的是性能和稳定，复杂度不用很高，关键是快。

需要说明的是，以上给出的是一个通用的模型，实际网络设计中具体的层次与网络规模、性能需求等因素有关。在小型的网络中，很可能将核心层和汇聚层合二为一，形成一个两层的网络结构。而在一些大型网络中，层次可能划分得更细，例如，增加边缘接入层、骨干核心层等。

**3. VLAN 规划**

网络设计一般采用层次化模型，将复杂的网络分成几个层次，每个层次着重于某些特定的功能，这样就能够将一个复杂的大问题分解为小的模块，易于进行设计。根据上述的三层模型进行网络设计，可以改善网络性能、提高网络的可靠性和稳定性。同一汇聚区内的流量在该区内转发，不会经过核心层，只有跨汇聚区时才需要核心层参与；另外，VLAN 终结在汇聚层，这样可以很好地控制广播域的大小，减少病毒传播，保护核心层设备，也便于维护管理和故障排查。

在规划设计园区网时，最主要的工作是依据部门和业务的要求划分 VLAN。通常允许部门内的用户在二层直接通信，不同部门则要进行二层隔离。一般在接入层交换机上划分 VLAN，同时不同 VLAN 通过 Trunk 链路连接至汇聚层交换机，在汇聚层进行 VLAN 的终结。

### 3.5.2 综合实验

**1. 二层组网综合实验 1**

（1）实验目的

搭建一个由接入层和汇聚层构成的小型园区网并进行 VLAN 规划，使得所有用户共享一个 IP 网段，不同 VLAN 的用户之间二层隔离，并且可以访问服务器群。能利用常用网管命令对该网络进行维护管理，并利用 Wireshark 进行相关数据流的跟踪分析。

（2）实验设备及拓扑结构

本实验参考拓扑如图 3.5.3 所示，使用 4 台交换机，其中 S1、S2、S3 为接入层，由二层交换机实现，Switch 为汇聚层，由三层交换机实现，各主机及端口的 IP 地址范围如图所示。实验的具体要求是：每个 VLAN 下的主机可以二层互通，所有主机均可访问服务器（Server），不同 VLAN 的主机可以通过 Switch 设置允许或不允许其通信。

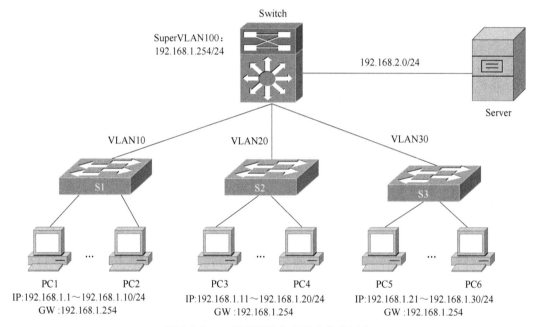

图 3.5.3　二层组网综合实验 1 参考拓扑

汇聚层交换机作为 VLAN 的终结点，设置为 SuperVLAN，并成为其下面所带主机的网关；每个二层交换机形成一个 VLAN，并作为 Switch 的 SubVLAN，使用所分配的 IP 地址范围。

（3）实验步骤

下面给出本实验的操作步骤，具体配置命令不再给出，请读者根据前面的内容自行配置。

1）按图 3.5.3 所示构建拓扑，检查连线的正确性。

2）为计算机、服务器配置正确的 IP 地址、子网掩码、网关，为设备设置如图所示的设备名（S1、S2、S3、Switch）。

3）在交换机 S1、S2、S3 上划分 VLAN10、VLAN20、VLAN 30 并添加相应的端口，应注意交换机连接主机的端口为 Access 端口，与 Switch 的上联端口为 Trunk 端口。

4）将 Switch 的相关端口加入 VLAN10、VLAN20、VLAN 30（注意：这里应为 Trunk 类型）。

5）在 Switch 上创建 SuperVLAN100，配置 IP 地址，将 VLAN10、VLAN20、VLAN 30 指定为

其 SubVLAN。

6）在 Switch 的右端口上创建 VLAN，激活三层接口，并配置 192.168.2.0/24 网段的地址作为服务器的网关。

7）在 S1-Switch、Switch-Server 之间的链路上启动 Wireshark，分析通信时所使用的协议，分析该两条链路上二层帧结构的异同。

（4）实验验证

完成第 3）步配置时，同一 VLAN 下的主机（PC1-PC2、PC3-PC4、PC5-PC6）能够互相 ping 通，其他情况均无法 ping 通。

完成第 6）步配置时，所有主机均可与 Server 互相 ping 通。

打开 SubVLAN 间路由，所有主机均可 ping 通，关闭 SubVLAN 间路由，不同 VLAN 的主机之间 ping 不通。

利用 Wireshark 分别进行 ARP 包、ICMP 包显示过滤，可以发现二者协议类型字段等的不同；对于二层帧而言，S1-Switch 链路发送的是 Tagged 帧，而 Switch-server 链路上发送的是 Untagged 的标准以太帧。

**2. 二层组网综合实验 2**

（1）实验目的

园区网中引入 VLAN，为园区网用户实现同一部门或不同部门之间的隔离和互通提供了灵活的组网方式。在本实验中，将进行二三层综合组网，加深对园区网技术细节的理解，尤其是 VLAN 在园区网的使用情况。

（2）实验设备、拓扑及关键命令

本实验采用 4 台交换机、4 台计算机，参考拓扑如图 3.5.4 所示。

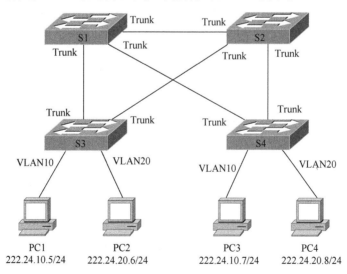

图 3.5.4 二层组网综合实验 2 参考拓扑

图 3.5.4 所示是一个小型园区网，由四台交换机组成，其中 S1、S2 为三层交换机，S3、S4 为二层交换机。园区网采用简化的三层结构，核心层和汇聚层合二为一，S1、S2 形成双核心的拓扑结构，接入层交换机 S3、S4 双归属方式接入核心/汇聚层。假如园区网内的两个部门分别被划分到 VLAN10 和 VLAN20，以这两个部门为例分析其工作过程。

1）若每个部门的规模很小，并且在地理位置上可以接入同一个接入层交换机，则根据每个部门对端口的需求，将每个部门所拥有的端口划到不同的VLAN，并分配一个网段的IP地址，这样可以实现部门间业务数据的完全隔离，如S3和S4中的VLAN10和VLAN20之间的数据隔离。

2）当部门的规模逐渐扩大后，由于地理位置分布的原因，某些部门需要跨越不同的交换机，VLAN10和VLAN20均是如此。此时，通过核心/汇聚层交换机S1、S2提供的VLAN Trunk功能，仍然可以实现同一部门VLAN内用户的通信，不同VLAN的数据则被隔离。

3）对于不同部门之间的互通需求，可以通过三层的方式，即VLAN间路由来解决。图中S1、S2为三层交换机，因此只需为每个VLAN配置网关地址，就可实现VLAN间路由。

通过VLAN的引入和设备的合理配置，可以使得同一VLAN之间在二层直接互通，而不同VLAN的二层通信被隔离，需要在三层互通。

（3）实验步骤

1）按图3.5.4所示构建拓扑。

2）在交换机S1、S2、S3、S4上定义VLAN10、VLAN20，端口类型如图所示，请读者根据前面的内容自行设计所需命令。此处需要注意的是，由于拓扑中有冗余链路，存在二层环路，因此需要开启防路由环路的生成树协议，具体命令为S3（config）#spanning-tree enable。

四台交换机做完如上的配置后，合理配置四台主机的IP地址，每个VLAN使用一个IP子网，如222.24.10.0/24网段和222.24.20.0/24网段。此时，由于四台交换机划分了两个VLAN，即两个广播域，因此同一VLAN的主机之间可以ping通，而不同VLAN的主机之间则ping不通，这样限制了广播。

3）要使得不同VLAN的主机之间能够ping通，需要实现VLAN间路由。由于S1、S2是三层交换机，因此只需激活VLAN10、VLAN20两个三层接口即可，在S1或S2上配置均可。此时，给主机配置合理的网关地址，不同VLAN的主机之间可以ping通。

（4）实验验证

最终，四台计算机之间可以互相ping通，而不同VLAN之间的广播则被隔离。

# 本章小结

本章介绍了在局域网和园区网中使用最为广泛的数据链路层技术Ethernet及相关的实验。

Ethernet经历40余年的发展后，从半双工10Mbit/s发展到全双工40/100GE，技术上已经没有了主机数量和通信距离的限制，应用上也早已不再局限于局域网。在IP协议可以运行在不同物理网络之上的今天，千兆、10G、40/100GE的Ethernet已经成为城域骨干和广域网组网时数据链路层最主要的技术之一。反映在组网思想上，现代局域网、城域网已经不再使用共享介质方式的传统以太网，"点到点，全双工"的交换式以太网成为主流，在这种组网模式下，每个网段都是无冲突的，在无冲突网段上，网卡发送数据帧时，不再执行CSMA/CD算法。高速以太网中，除了保持帧结构、最大/最小帧长度限制不变外，干脆彻底放弃CSMA/CD，转而采用同步传输技术。

与交换式以太网组网有关的技术主要有三个：透明桥、生成树和VLAN。核心设备是交换机。

以太网交换机是工作在二层的网络设备，在不做任何配置的默认情况下，所有的交换机端口都处于同一个广播域，交换机基于透明桥算法自动构造转发表，转发分组。透明桥使用一种自学习的方法解决了二层网络的选路转发问题，但不支持冗余路由的存在，不能解决环路带来的一系列问题。为了解决透明桥算法潜在的环路问题，在之前的交换机中引入了 STP 算法，但由于 STP 需要大量的计算，严重耗费内存、CPU 资源等问题，一般不再使用，而由单端口环路检测、以太环网等技术替代。由于交换机的所有端口都处于同一个广播域中，过大的广播域会带来广播风暴、帧的复制、MAC 表漂移等问题，而这些问题在交换机进行级联的园区网中会更严重，从而导致整个网络效率及安全性降低，因此需要使用 VLAN 技术。使用 VLAN 技术后，相同 VLAN 的主机可以在二层直接通信，而不同 VLAN 的主机则无法在二层通信，若要在 VLAN 之间进行通信，则需要在三层实现，这可以通过路由器单臂路由或者三层交换机实现。

在实际组建二层网络时，还可以利用 SuperVLAN 技术和链路聚合技术等。SuperVLAN 解决了 IP 地址浪费的问题，链路聚合则既增加了链路带宽，又进行了链路冗余。

## 练习与思考题

1. 采用 CSMA/CD 技术的以太网，若两台主机同时发送数据产生碰撞时，主机会做何处理？

2. 以太网帧中的前同步码和帧开始定界符的作用是什么？

3. 二进制退避算法提供了什么样的功能？为什么不让每一个节点仅仅从 0~1023 中随机选择一个数字？

4. 查阅资料，分析什么是全双工以太网。它比传统的半双工以太网有哪些优点？

5. 二层广播域过大，会带来哪些问题？解决的办法有哪些？

6. 交换机有几种命令模式？每种模式下可以使用哪些命令？使用交换机的帮助系统，考察这些命令都可提供哪些功能。

7. 思考 Telnet 配置方式是否能够完全取代 Console 方式。

8. 查阅资料，分析在组网中选择交换机时，应该考虑哪些技术指标。

9. 比较三种不同类型的交换机：工作组级、接入级、骨干级。

10. 创建 VLAN 有几种方法？把一个端口加入 VLAN 又有几种方法？

11. 如题图 3.1 所示拓扑，PC1 能不能 ping 通 PC2？为什么？如果想要 ping 通，应该如何修改配置？

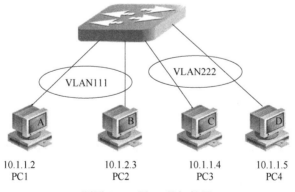

题图 3.1 题 11 的拓扑图

12. 要查看指定 VLAN 的状态信息，应该使用什么命令？

13. 要完全删除交换机上的 VLAN 配置，应该执行哪些操作？

14. 如题图 3.2 所示，交换机 1 的两个端口属于 VLAN2，交换机 2 的两个端口属于 VLAN3。分析两台计算机之间是否能互通，并说明理由。如果中间的链路换成 Access 链路，又将如何？

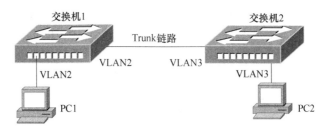

题图 3.2　题 14 的拓扑图

15. 捕获图 3.2.16 中 Trunk 链路上的 IEEE 802.1Q 帧，并分析 VLAN 标记的位置。

16. Access 端口和 Trunk 端口的区别是什么？说明交换机在这些端口上的工作流程。

17. 上网查找资料，考察 VLAN 在实际网络中的应用，了解 VLAN 在 ADSL 系统中的应用。

18. 思考单臂路由和三层交换两种实现 VLAN 间路由方式的应用场合，以及各自的优缺点。

19. 针对图 3.3.5，在计算机上用 Wireshark 软件抓包，分析三层交换机的工作过程。

20. 如果要删除三层交换机上的 VLAN 信息，应该如何操作？

21. 从 VLAN 间路由的角度分析二层交换机的发展背景。

22. 讨论：假如某企业的局域网规模较大，采用典型的分层网络（核心层、汇聚层、接入层），VLAN 间路由功能在哪一层实现较好。

23. 分析 3.3.2 小节中 SuperVLAN 实验中实验验证第 3）步中 PC1 和 PC2 ping 不通的原因。

24. 在实验中给 PC1、PC2 分配不在地址池中的地址，观察现象并解释原因。

25. SuperVLAN 实现 SubVLAN 间路由与正常的 VLAN 间路由有什么不同？

26. 自己设计方案，完成动态聚合的配置，并查看聚合端口的状态。

27. Trunk 链路与链路聚合初看起来比较相似，试比较一下它们的不同之处。

28. 静态聚合和动态聚合的区别是什么？与静态聚合相比，动态聚合有什么优势？

29. 在动态聚合时，若将两端的聚合模式均设为 passive，则无法聚合。查找资料分析其原因，进一步理解 LACP 的原理。

30. 查阅资料，分析园区网三层模型的设计思路和优点。

31. 在三层模型中，一般在哪一层实现 VLAN 终结？为什么？

32. 园区网的设计和规划中要考虑哪些因素？

33. 针对图 3.5.4 的实验参考拓扑回答以下问题：

1）实验中是如何防止网络中的单点故障的？查阅资料，分析园区网中如何实现冗余备份。

2）如果不启动交换机的 STP，观察会出现什么现象。

34. 题图 3.3 为某企业网的拓扑，接入层采用二层交换机 S3，汇聚/核心层使用三层交换机。网络边缘采用一台路由器连接到外部网络。为了实现链路的冗余备份，S3 与 S1 之间使用两条链路相连，S3 上所连计算机处于 VLAN100 中。S2 上连接一台 FTP 服务器和一台共享打印机，处于 VLAN200 中。为了实现网络资源共享，要求计算机能够访问内部网络中的 FTP 服务器和打印服务，能够通过网络连接到外部的 Web 服务器，并能够进行 Web 网页的浏览。请根据此拓扑结构设计实验方案完成配置。

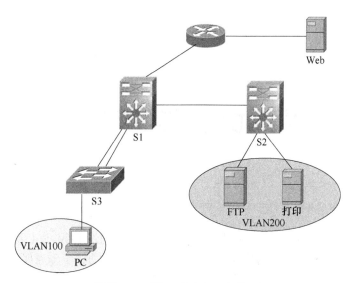

题图 3.3　题 34 的企业网拓扑图

# 第4章 路由协议与实验

在 Internet 中，路由协议负责实现网络层的选路功能，是控制面的核心协议。本章首先介绍路由的概念和路由表的结构、路由协议的分类、链路状态路由协议工作原理，以及基于 AS 的 Internet 选路体系，然后介绍 OSPF 协议和 BGP 协议，实验部分则重点放在 OSPF 及 BGP 协议的配置和应用。

## 4.1 互联网的路由协议

### 4.1.1 路由协议

在第 1 章中介绍了路由器是 Internet 的核心设备，它完成网络层的两个基本功能：选路和转发。选路过程负责创建和维护每台路由器上的路由表；转发过程则在路由表中信息的指导下，执行转发分组到目的地。选路指导转发，是转发过程正确执行的基础。

**1. 路由表的构建**

路由表是保存在路由器内存中的一个数据库文件，它存储了本地直连网络和已知的远端网络相关的路由信息，这些路由信息指导路由器通过正确的本地接口将分组转发到目的地。

直连网络指与路由器的本地接口直接相连的网络，远端网络指与本路由器不直接相连，但通过其他路由器可达的网络。

路由表中描述直连网络的路由项称为直连路由，当路由器正确配置了接口的 IP 地址和网络掩码后，由接口的网络前缀、掩码、接口类型、编号等信息构成的直连网络的路由项也自动由路由器写入路由表。

每个远端网络的路由信息则必须通过静态和动态两种方式之一添加到路由表中。

1）静态方式：指由网络管理员为远端网络手动配置静态路由，静态路由项不随网络拓扑结构的改变而改变。

2）动态方式：指路由器之间通过路由协议交换路由信息来建立和更新路由表中远端网络的路由项。使用路由协议的好处是，一旦网络的拓扑结构发生变化，路由器就会相互交换路由信息，自动更新相应的路由项。

图 4.1.1 是某路由器路由表的例子，路由项中 Owner 字段指明了每个路由项的来源。例如，Owner 为 direct，代表该路由是数据链路层产生的直连路由；若 Owner 为 static，代表该路由是管理员手动添加的静态路由；若 Owner 为 ospf 或 rip，则表明该路由是由相应的路由协议产生的动态路由。pri 字段描述路由来源的可信度，从图 4.1.1 中可以看到，直连路由的 pri 等于 0，静态

路由的 pri 等于 1，而动态路由的 pri，ospf 的等于 110，rip 的等于 120，均不相同。一般对于到同一目的网络的、不同来源的路由，路由器优先选择 pri 值较小者进入路由表。路由项中的 metric 字段是指该路径的链路权值之和，即路径所经过各个链路的代价总和。对于同一来源产生的到相同目的网络的路由，则根据 metric 字段的值进行选择，一般是 metric 值较小的优先进入路由表。每种路由协议都使用 metric 描述从当前路由器到目的网络发送一个分组的路径成本。

| Dest | Mask | Gw | Interface | Owner | pri | metric |
|---|---|---|---|---|---|---|
| 1.0.0.0 | 255.0.0.0 | 1.1.1.1 | fei_0/1.1 | direct | 0 | 0 |
| 1.1.1.1 | 255.255.255.255 | 1.1.1.1 | fei_0/1.1 | address | 0 | 0 |
| 2.0.0.0 | 255.0.0.0 | 2.1.1.1 | fei_0/1.2 | direct | 0 | 0 |
| 2.1.1.1 | 255.255.255.255 | 2.1.1.1 | fei_0/1.2 | address | 0 | 0 |
| 3.0.0.0 | 255.0.0.0 | 3.1.1.1 | fei_0/1.3 | direct | 0 | 0 |
| 3.1.1.1 | 255.255.255.255 | 3.1.1.1 | fei_0/1.3 | address | 0 | 0 |
| 10.0.0.0 | 255.0.0.0 | 1.1.1.1 | fei_0/1.1 | ospf | 110 | 10 |
| 10.1.0.0 | 255.255.0.0 | 2.1.1.1 | fei_0/1.2 | static | 1 | 0 |
| 10.1.1.0 | 255.255.255.0 | 3.1.1.1 | fei_0/1.3 | rip | 120 | 5 |
| 0.0.0.0 | 0.0.0.0 | 1.1.1.1 | fei_0/1.1 | static | 0 | 0 |

图 4.1.1　路由表示例

路由表中还可能有一个很特殊的路由项，其目的网络地址和子网掩码均为 0.0.0.0，习惯称为"默认路由"。由于该项掩码为 0.0.0.0，意味着任何 IP 地址与该掩码进行按位"与"的运算，结果都会等于 0.0.0.0，均与该路由项匹配，都能根据该条路由信息转发数据报。由于默认路由的目的网络前缀长度为 0，而路由表中其他能与目的网段匹配的路由项其网络前缀都大于 0，因此按照"最长前缀匹配"原则，会优先使用其他的路由项转发数据报，即默认路由的优先级最低。

对于简单型网络，手动配置静态路由是可行的，但对于涉及复杂网络拓扑的大中型网络，主要通过运行路由协议来创建和维护路由表，而静态路由仅作为一种辅助手段来使用。与静态路由相比，使用路由协议可以显著减少网络维护与管理的成本。

**2. 路由协议的主要功能**

路由协议是一个运行在路由器之间的、用于动态交换路由信息的分布式算法。虽然协议的类型很多，但都要完成以下几个主要功能。

1）自动发现远端网络的信息。

2）计算到每个远端网络的最佳路径，将计算所得的路由信息添加到路由表。

3）监视网络的拓扑变化，更新和维护路由表的内容。

值得注意的是，使用路由协议使得路由器之间交换路由信息需要占用部分带宽，维护路由表也需要占用部分的 CPU 时间。

**3. 路由协议的分类**

通常可以用以下典型的特征来比较和描述路由协议。

1）协议的使用区域，如自治系统内的或自治系统间的路由协议。

2）计算最优路径的方式，包括算法和度量方式（如跳数、带宽、时延等）。

3）防止路由环路形成和消除环路的方式。

4）路由收敛的时间。收敛指路由器发现网络拓扑结构发生变化后，路由信息同步的过程。而整个同步过程共花费的时间称为收敛时间，或者说是某个路由信息变化后反映到所有路由器中所需要的时间。

5）可扩展性，指当网络规模扩大时，路由协议控制开销的能力，如控制路由表的大小、控制路由器之间信息交互数量的能力。

根据路由器搜集网络拓扑信息、分析和计算最优路径的方式，路由协议可分为两类。

1）距离矢量路由协议。指一个路由域中的路由器通过以距离和方向构成的矢量来通告路由信息的一种路由协议。其中，到目的网络的距离可用跳数来度量，方向则用到目的网络的下一跳或本地转发接口表示，路由表使用 Bellman-Ford 算法计算生成。典型的代表有 RIP、RIPv2、IGRP、EIGRP 等协议。

2）链路状态路由协议。指一个路由域中的路由器通过相互交换链路状态信息，获取整个路由域完整的"网络地图"和每条链路的精确开销，然后使用 Dijkstra 算法计算生成路由表的一类路由协议。OSPF 和 IS-IS 属于此类协议。

根据路由协议是在路由域之间还是路由域内部使用进行分类，可分为两类。

1）内部网关协议（Interior Gateway Protocol，IGP）。IGP 用于在单个路由域内交换路由信息。现代基于 ISP 的网络中，一个给定的自治系统经常包含多个路由域，每个路由域则可以运行不同的 IGP。RIP、OSPF、IGRP、EIGRP、IS-IS 均属于 IGP。

2）外部网关协议（Exterior Gateway Protocol，EGP）。EGP 用于在不同路由域间进行交换路由信息。BGPv4 是目前 Internet 上使用的唯一的 EGP。

由表 4.1.1 可以看到，几乎每种路由协议的传送方式都是不一样的，除了 IS-IS 协议运行在链路层，其他协议都运行在 IP 之上。例如，BGP 运行在 TCP 之上，RIP 则运行在 UDP 之上，而 OSPF 则直接在 IP 上传送。需要注意的是，即使一个路由协议运行在特定的传输层协议之上，也不意味着路由协议就是一个应用层的协议，根据 Internet 路由框架，路由协议不管采用的传送机制是什么，都是网络层的控制协议，都属于网络层。

表 4.1.1　Internet 使用的常见路由协议

| 路由协议 | 复杂度 | 网络规模 | 收敛时间 | 可靠性 | 协议开销 | 传送方式 |
| --- | --- | --- | --- | --- | --- | --- |
| RIP | 非常简单 | 16 跳 | 慢（min） | 不能完全避免环路 | 高 | UDP，520 端口 |
| RIPv2 | 非常简单 | 16 跳 | 慢（min） | 不能完全避免环路 | 高 | UDP，520 端口 |
| IGRP | 简单 | × | 慢（min） | 中 | 高 | IP，协议号 9 |
| EIGRP | 复杂 | × | 快（s） | 高 | 中 | 专用 RTP |
| OSPF | 非常复杂 | 上千路由器 | 快（s） | 高 | 低 | IP，协议号 89 |
| IS-IS | 复杂 | 上千路由器 | 快（s） | 高 | 低 | 数据链路层承载 |
| BGPv4 | 非常复杂 | 超过 10 万网络 | 中等 | 非常等 | 低 | TCP，179 端口 |

## 4.1.2　分层与自治系统

在规模不大、节点数量不多的网络中，可以选择一个互联网服务提供商（Internet Service Provider，ISP）和一种内部路由协议来实现选路功能。随着网络规模越来越大，如 Internet 这样大规模的网络，考虑到开销、收敛速度等因素，则必须引入分层次的选路体系。一方面是因为让每个路由器了解所有的网络信息，并在本地路由表中进行存储，在技术上是不可行的；另一方面是因为 Internet 本身是由不同机构和 ISP 的网络构成的，每个机构和 ISP 都希望独立地运行和管理自己的网络。例如，根据自己网络的情况选择合适的内部路由协议，根据与客户和其他 ISP 之间的商业合同制定路由策略、控制业务量的进出等。

**1. 自治系统概念**

为满足管理、性能、可扩展等方面的需求，Internet 中引入了自治系统的概念。自治系统（Autonomous System，AS）最初是指由同一个技术管理机构管理、使用内部路由策略的一些路由器的集合。每个自治系统都有唯一的自治系统编号，编号是由 Internet 授权的管理机构分配的。自治系统的编号范围是 1~65535，其中，1~65411 是注册的因特网编号，65412~65535 是专用网络编号。自治系统的基本思想就是通过不同的编号来区分不同的自治系统。通过采用路由协议和自治系统编号，路由器就可以确定彼此间的路径和路由信息的交换方法。

管理 AS 的实体通常是一个 ISP，或一个独立的机构。随着在一个 AS 内部使用多个 IGP（即一个 AS 内有多个路由域），甚至多个度量方式的情况变得很普遍，RFC1930 将 AS 的定义修正为：在 Internet 中，一个 AS 是一个或多个 IP 前缀构成的集合，该集合属于一个或多个 ISP，AS 对外表现为一个统一的、明确的路由策略。现在对 AS 的定义是强调下面的事实：尽管一个 AS 使用了多种内部路由选择协议和度量，但重要的是一个 AS 对其他 AS 表现出的是一个单一的和一致的路由选择策略，AS 通过一个或多个连接与其他 AS 相连，整个 AS 服从统一的、定义明确的转发和路由策略。AS 之间的选路则使用 BGP 这样标准的 EGP。该定义可以很好地满足 RFC1771 中有关 BGPv4 域间选路的要求。

引入 AS 后，从路由的角度看，Internet 逻辑上就变成了两层结构的网络，AS 构成一个层次，AS 内部网络构成另外一个层次。在 AS 之间使用外部网关协议（EGP）进行选路，负责在 AS 之间交换网络可达性信息，目前 BGPv4 是唯一可使用的协议；在 AS 内部使用内部网关协议（IGP），但允许使用多个 IGP，多个 IGP 之间可以采用路由重分发，使得路由可达。另外，像 OSPF、IS-IS 这样的内部网关协议都支持在自己的路由域内进一步分区，因此实际的路由层次都是多于两层的。图 4.1.2 描述了 AS、IGP 和 EGP 的概念。

为了区分不同的 AS，要求每个使用 BGP 执行域间选路的 AS 必须拥有一个唯一的 AS 号。和网络获得一个 IP 地址前缀一样，一个 AS 也必须从 IANA 或相关的 Internet 区域管理机构获得一个唯一的 AS 号。2007 年之前分配的 AS 号均为 16 位，之后为 32 位（注：RFC4893 中说明了 32 位 AS 号在 BGP 中的使用方法）。以 16 位 AS 号为例，具体分配规定（http：//www.iana.org/as-signments/as-numbers/）如下。

- 0：保留用于标识一个不可路由的网络。
- 1~55295：由区域 Internet 机构负责分配，如 ARIN、APNIC、AfriNIC 等。
- 55296~64495：IANA 保留。
- 64496~64511：保留用于文档和样本代码使用。
- 64512~65534：IANA 指定的私有 AS 号。
- 65535：保留不用于可路由环境。

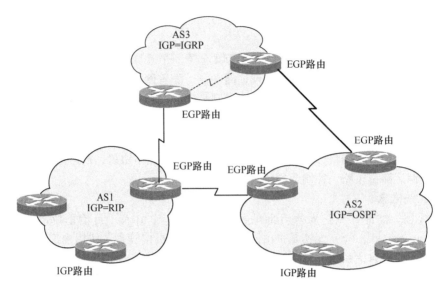

图 4.1.2 AS、IGP 和 EGP 的概念

定义私有 AS 号的目的是让 ISP 可以更灵活地组织和管理 AS，例如，多个独立的机构通过一个 ISP 接入 Internet，每个机构的网络都独立自治，但作为 ISP 的客户，它们使用私有 AS 号，并运行 BGP 与 ISP 网络互联，这种情况非常普遍。甚至 ISP 网络本身也采用多 AS 的组网方式，但整个 ISP 对外仍然呈现统一的路由策略。唯一的要求是 ISP 必须至少从诸如 IANA 这样的权威机构获得一个正式注册的全局 AS 号。这样，BGP 路由在出 ISP 网络边界的时候，将私有 AS 号转换成整个 ISP 的公有全局 AS 号。

基于 AS 的分层选路体系，一方面允许 Internet 各部分保持独立自治，另一方面允许管理者以 AS 为基本单元根据实际情况将网络分割成更小的、更易管理的路由单元，每个单元拥有自己的路由规则和策略集，然后通过 BGP 与同级的其他 AS 交换路由信息。可以看到，每个 AS 既是一个独立的管理域，也是一个独立的路由域。

**2. AS 的功能和类型**

每个 AS 至少要指定一台位于其边界的 BGP 的路由器，由该路由器代表整个 AS，并负责以下功能。

1）选路。为内部网络之间提供路由，确保内部网络之间的通信不使用 AS 之外的路由。至少提供一个运行 BGP 的边界路由器参与 AS 之间的路由交换，边界路由器负责向外部通告 AS 内部网络的可达性信息，并将外部路由向内部通告。

2）管理。AS 的管理者可执行的功能包括：对其他 AS 隐藏特定的网络；限制目的为其他 AS 的转发流量，一个典型的例子是，一个企业 AS 不想扮演转发 AS 的角色，则执行 AS 层的路由过滤，限制转发流量经过自己；执行路由策略，例如，指定自己的流量不经过特定的 AS（通常是自己的一个邻居 AS）。

3）编址和地址汇聚。AS 应尽可能执行地址汇聚，执行基于 ISP 的地址策略。

根据连接方式和运营策略的不同，AS 可以分为三种类型。

（1）末端 AS

末端自治系统（Stub AS）是仅通过一个边界路由器用单一连接与其他自治系统相连的自治系统。如果该 AS 的路由策略与其上游的 AS 完全相同，则该 AS 可以不使用公开的 AS 号。

（2）多归属非转发 AS

多归属非转发自治系统（Multi-homed Non-transit AS）指有多个连接与其他自治系统相连的自治系统。一旦连接中的某一个完全失效，该自治系统也仍然能保持和 Internet 的联系。但是，这类自治系统不允许与它相连的自治系统穿越它访问另一个自治系统。

（3）多归属转发 AS

多归属转发自治系统（Multi-homed Transit AS）指有多个连接与其他自治系统相连，并通过自己来为其他自治系统提供连通服务的一个自治系统。所有的电信运营商网络都属于多归属转发自治系统，因为提供连通服务就是它们的基本服务之一。而末端 AS 和多归属非转发 AS 多属于独立的、非运营的机构，以及小型地区 ISP。

图 4.1.3 描述了一种形式的末端 AS。AS-65210 是一个末端 AS，属于某机构，AS-65210 与某 ISP 的 AS-25 相连，是 ISP 的客户。AS-65210 独立自治，在内部执行自己的 IGP。AS-65210 与 AS-25 之间可以通过静态、默认、BGP 或 IGP 四种方式之一实现互联。由于 AS-65210 仅通过一

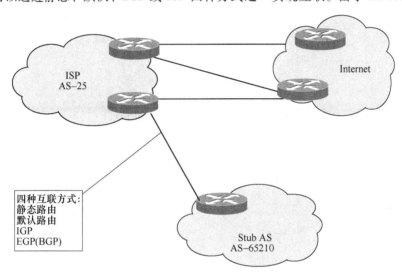

图 4.1.3 末端 AS 接入互联网的路由方式

个 ISP 接入 Internet，通常没有使用 BGP 的必要，实际中更多的是使用默认和静态路由的方式接入，例如，AS-65210 上行配置默认路由，而 AS25 到 AS-65210 下行配置静态路由即可。同时，末端 AS 可以使用私有 AS 号，因为 AS-65210 在 AS 的层次上从属于 AS-25，AS-65210 在 AS-25 内部可见，AS-25 向外通告路由时，会删除 AS-65210 的信息，即私有 AS 号对 Internet 上的其他公共 AS 是不可见的。

图 4.1.4 描述了多归属非转发 AS 的工作原理。很多大机构的网络常采用这种结构提供冗余连接，增强网络的可靠性。AS-x 是一个多归属非转发 AS，它分别与两个 ISP 的 AS-z 和 AS-y 互联。nx 代表属于某个 AS 的网络前缀。注意：AS-x 会向 AS-z 和 AS-y 通告自己的可达性信息（n1，n2），但 AS-x 不会向 AS-z 通告到（n3，n4）的可达性信息，以阻止 AS-z 经由 AS-x 向 AS-y 转发信息。同样，AS-x 也不会向 AS-y 通告到（n5，n6）的可达性信息，以阻止 AS-y 通过 AS-x 向 AS-z 转发信息。通过在运行 BGP 的 AS 边界路由器上配置路由策略，即可方便地实现上述功能。对多归属非转发 AS 通常建议使用 BGP 与 ISP 互联，并采用公用 AS 号和独立于 ISP 的 IP 地址空间。

图 4.1.5 描述了多归属转发 AS 的工作原理。AS-x 是一个多归属转发 AS，它分别与两个 ISP

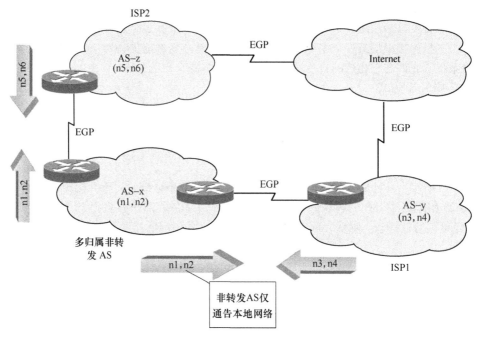

图 4.1.4　多归属非转发 AS 的路由通告

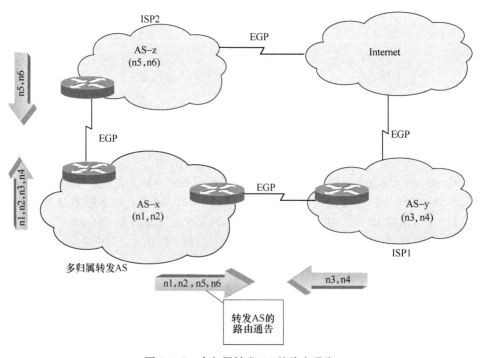

图 4.1.5　多归属转发 AS 的路由通告

的 AS-z 和 AS-y 互联。可以看到，AS-x 会向 AS-z 通告（n1，n2，n3，n4）的可达信息，即允许 AS-z 经由 AS-x 访问 AS-y；同时，AS-x 也会向 AS-y 通告（n1，n2，n5，n6）的可达信息，即允许 AS-y 经由 AS-x 访问 AS-z。

### 3. 分层选路

下面以图 4.1.6 为例说明 Internet 分层选路的工作原理。基于 AS 互联，Internet 中的路由器分为两个层次：A3、B2、C1、C2 为 AS 边界路由器，每个 AS 至少有一个边界路由器运行 BGP，执行 AS 之间的选路；其他为 AS 内部路由器，运行各自的内部网关协议，执行 AS 内部的选路。

执行 AS 间的选路时，每个 AS 边界路由器要完成两项任务：学习其他 AS 的网络可达性信息，以及将这些信息通告给内部路由器。这两个任务都是 BGP 来完成的。注意：AS 之间仅交换经由自己那些网络可达的信息，并不相互共享 AS 内部网络拓扑结构的信息。

在图 4.1.6 中，主机 H1 位于自治系统 AS3 中，H2 位于自治系统 AS2 中。假设 H1 要和 H2 通信，并且 AS3 通过域间路由 BGP 已经学到经由 AS2 可达 H2 所在的网络。当 C3 收到发往 H2 的分组时，选择边界路由器 C2 转发分组。

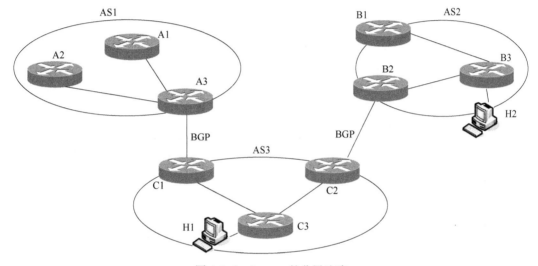

图 4.1.6  Internet 的分层选路

当分组从 AS3 的边界路由器 C2 发出后，就代表分组离开了 AS3；当分组发送到 AS2 的边界路由器 B2 时，就代表分组到达了 AS2。分组到达 B2 后，由于目的网络在 AS2 中，于是 B2 执行域内网关协议选择从 B2 到目的主机 H2 所在网络的最佳路径，发送分组。最终，分组会发送到 H2。

这个过程很像城际之间的旅行，每个 AS 就像一个城市，而城市的飞机场、火车站和长途汽车站就像边界路由器，这些边界路由器就是一个城市的代表，通常都会用最醒目的标志写上该城市的名字。同域间选路一样，城际这样的长途旅行，选择何种方式往往不是由单一的时间、距离或价格因素决定的。但无论采用何种方式，只要到达了目的城市的飞机场、火车站和长途汽车站的任意一个，就代表到达了目的城市。显然没有人去一个城市旅行的目的就是为了看一下飞机场或火车站，他总是需要导游或城市地图来指导在城市内的旅游。在这个过程中，用于城际旅行的长途交通图和城市地图的作用截然不同，一个类似于域间路由，一个类似于域内路由。

## 4.1.3  域内与域间路由原理

### 1. 域内路由协议

域内路由协议（Interior Gateway Protocol，IGP）是负责一个路由域（在一个管理域内运行同一种路由协议的域，称为一个路由域）内路由的路由协议。域内路由协议一般包括距离矢量路由协议和链路状态路由协议。本书主要介绍链路状态路由协议。

链路状态路由协议是从网络或者网络的限定区域内的所有其他路由器处收集信息，最终每个链路状态路由器上都有一个相同的有关网络的信息，并且每台路由器都可以独立地计算各自的最优路径。链路状态路由协议是层次式的，网络中的路由器并不向邻居传递"路由项"，而是通告给邻居一些链路状态。链路状态协议也支持对大型网络进行分区，多个区域可以形成分层的网络结构，这有利于路由的汇聚，也便于将路由的变化隔离在一个区域之内，提高了协议的稳定性和收敛速度，减小了路由表的大小。链路状态路由协议是目前主流的 Internet 域内网关路由。

链路状态路由协议的工作原理：网络中的每个路由器通过相互交换链路状态信息创建一个网络结构图，该图描述了整个网络中路由器之间的连接关系，然后每个路由器根据该图计算从它到每一个目的网络的最佳下一跳，最后用最佳下一跳的集合创建路由表。链路状态路由协议的典型代表有 OSPF（Open Shortest Path First，开放式最短路径优先）、IS-IS（Intermediate System-to-Intermediate System，中间系统到中间系统）等。

在链路状态路由协议中，链路指路由器的接口。一条链路状态主要由以下信息组成：

接口 IP 地址,掩码,链路类型,链路 cost,邻居 ID

在链路状态路由协议中，一个路由域中的所有路由器总是先相互交换链路状态信息，创建反映当前网络拓扑结构的链路状态数据库，然后基于该数据库使用最短路径优先算法（SPF，习惯称为 Dijkstra 算法），计算生成一个以自己为根的最小生成树，据此再创建每台路由器上的路由表，因此无路由环路的问题。另一方面，在链路状态路由协议中，每台路由器仅向所有的邻居路由器发送本地接口的链路状态信息，收到信息的邻居对该信息不做修改，立即把该信息向自己的邻居转发，直到传播到整个网络。链路状态路由协议的特点可以用一句话来刻画："每台路由器仅告诉世界它的邻居有谁"。邻居是通过 Hello 报文来选择的，Hello 报文使用 IP 多播方式在每个端口定期发送。邻居关系（Neighbor）形成后，路由器之间就会进行邻接关系（Adjacency）的形成。成为邻接关系的路由器之间，不仅仅是进行简单的 Hello 报文的交换，而是进行数据库的交换，这样做是为了减少特定网段上的交换信息。

图 4.1.7 描述了执行链路状态路由协议的每个路由器完成路由表的创建和更新都要执行的步骤。

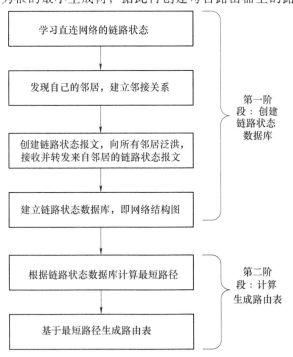

图 4.1.7　链路状态路由协议的执行步骤

下面以图 4.1.8 描述的网络为例，介绍没有分区情况下的链路状态路由协议工作过程，此时每个路由器都要拥有整个网络的链路状态信息。（分区的路由情况则放在具体的 OSPF 协议实验部分讨论。）

1）学习自身的链路状态，即直连网络的接口信息。

这里以路由器 R1 为例。路由器初始化时，该过程通过检查本地接口的工作状态和配置信息即可完成直连网络接口信息的获取。实际上，不管使用何种路由协议，直连网络信息都自动成为路由表的一部分。

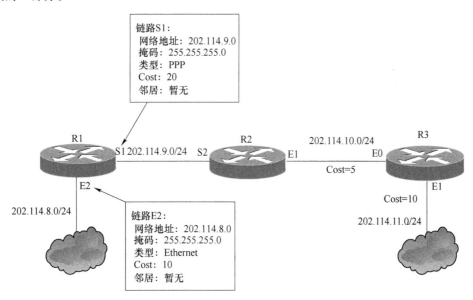

图 4.1.8 学习本地接口的链路状态

2）发现邻居，建立邻接关系。

在链路状态路由协议中，一条链路的状态是由链路两端的两台路由器共同决定的。如图 4.1.9 所示，协议初始化时，路由器 R1 会向所有运行链路状态路由协议的直连路由器发送 Hello 报文。Hello 报文很小，其中包含路由器目前发现的邻居列表。R2 收到 Hello 报文，假如也运行链路状态路由协议，并且在参数上达成一致，则回送一个 Hello 报文作为应答，这样 R1 与 R2 就建立了邻接关系。假如 R1 没有在规定的时间内收到 Hello 报文，则它将停止在 S1 接口上执行后续的链路状态路由过程。

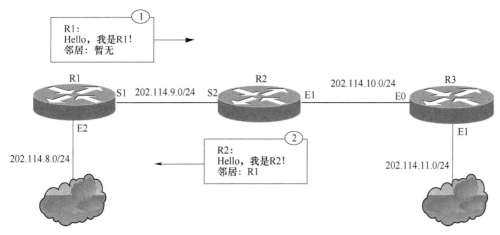

图 4.1.9 发现邻居，建立邻接关系

形成邻接关系后，两路由器通过定期交换 Hello 报文，保持邻接关系。

3）洪泛链路状态报文。

如图 4.1.10 所示，建立邻接关系后，每台路由器创建一个链路状态报文，然后向所有的邻居发送该报文，报文中包含该路由器直连的每一条链路的状态信息。收到报文的邻居会将相应的链路状态存进自己的链路状态数据库中，并将该报文转发给除发送者外的所有邻居。经过一段时间，链路状态报文会传播到整个网络，这个过程称为洪泛。由于采用洪泛，而不是定期交换路由信息的方式，链路状态路由协议的收敛很快。另外，洪泛过程很可靠，可以确保一条链路状态报文被所有路由器收到，因此每台路由器最终都会获得一致的链路状态数据库。

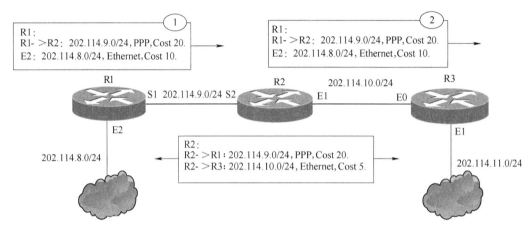

图 4.1.10　洪泛链路状态报文

4）创建链路状态数据库。

通过链路状态的洪泛，最终路由域中的每台路由器都会拥有一致的链路状态数据库（见表 4.1.2），该库记录了网络的完整拓扑结构。

每当链路状态发生变化时，链路状态广播（LSA）就会以触发更新的方式向全网洪泛。因此，在链路状态路由协议中，路由更新实质上是链路状态的更新。表 4.1.2 是一个简化的模型，实际的链路状态协议如 OSPF，路由域分区后通常使用多种类型的 LSA，详细的讨论将在 OSPF 实验部分展开。

5）计算 SPF 树，创建路由表。

路由器 R1 通过洪泛获得表 4.1.2 所示的完整的链路状态数据库后，就可以采用 SPF 算法计算出到每个目的网络的最短路径，并进而确定去往每个目的网络的最短路径上的下一跳。根据确定的下一跳路由器的集合，创建自己的路由表，如图 4.1.11 所示。

表 4.1.2　简化的 R1 链路状态数据库

| 路由器 R1 的链路状态数据库 | |
| --- | --- |
| R1 的链路状态 | R1-> R2，所在网络 202.114.9.0/24，开销 20 |
| | E2，202.114.8.0/24，开销 10 |
| 来自 R2 的链路状态 | R2-> R1，所在网络 202.114.9.0/24，开销 20 |
| | R2-> R3，所在网络 202.114.10.0/24，开销 5 |
| 来自 R3 的链路状态 | R3-> R2，所在网络 202.114.10.0/24，开销 5 |
| | E1，202.114.11.0/24，开销 10 |

在这个例子中我们使用了很简单的拓扑结构，重点描述链路状态路由算法中涉及的主要步骤和关键数据结构之间的关系，有关 SPF 算法的细节本书不做详细讨论。

路由器R1的SPF树

| 目的网络 | 最短路径 | 开销 |
|---|---|---|
| 202.114.8.0/24 | 直连网络，本地接口E2 | 10 |
| 202.114.9.0/24 | 直连网络，本地接口S1 | 20 |
| 202.114.10.0/24 | R1->R2，本地接口S1 | 25 |
| 202.114.11.0/24 | R1->R2->R3，本地接口S1 | 35 |

路由器R1的路由表

| 目的网络 | 下一跳 | 转发接口 | 开销 |
|---|---|---|---|
| 202.114.8.0/24 | 直连网络 | E2 | 10 |
| 202.114.9.0/24 | 直连网络 | S1 | 20 |
| 202.114.10.0/24 | R2 | S1 | 25 |
| 202.114.11.0/24 | R2 | S1 | 35 |

图 4.1.11　从链路状态数据库计算生成路由表

**2. 域间路由协议**

在规模不大、由一个机构管理的网络中，可以使用前面描述的链路状态路由协议来实现选路功能，网络中的每个路由器都会了解所有的目的网络，同时在自己的路由表中存储所有网络的路由信息。由于网络不大，路由信息不会导致过大的带宽开销，协议的收敛速度也不会影响选路功能的正常执行。另外，由于网络属于一个机构的自治系统，依赖跳数、带宽、时延等技术参数进行选路决策就足够了。如 4.1.2 小节所述，自治系统被定义之后，自治系统之间的路由信息交换采用域间路由协议（Exterior Gateway Protocol，EGP），目前唯一的域间路由协议是 BGP。

BGP（Border Gateway Protocol，边界网关协议）是一种增强的距离矢量路由协议，属于外部路由协议。从功能上讲，它是一种自治系统间的动态路由协议。它通过维护 IP 路由表或"前缀"表来实现 AS 之间的可达性，使用基于路径、网络策略或规则集来决定路由。它的基本功能是在 AS 间自动交换无环路的路由信息，通过交换带有 AS 号序列属性的网络可达信息，来构造 AS 拓扑图，从而消除路由环路，并使得基于 AS 级别的策略控制得以实施。

BGP 从 1989 年以来就已经开始使用。它最早发布的三个版本分别是 RFC1105（BGPv1）、RFC1163（BGPv2）和 RFC1267（BGPv3），目前使用的是 RFC4271（BGPv4）。

BGP 支持无类别域间选路（Classless Interdomain Routing，CIDR），可以有效地减少日益增大的路由表。

如图 4.1.12 所示，在一个有多种 IGP 工作的网络拓扑中，在合适的位置配置 BGP，使得全

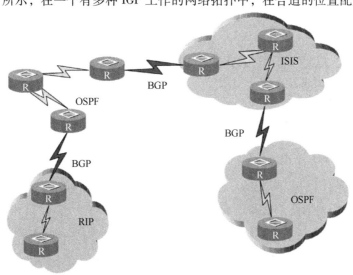

图 4.1.12　BGP 工作的网络拓扑示意

网连通。一般情况下，一条路由是从自治系统内部产生的，它由某种内部路由协议发现和计算，传递到自治系统的边界，由自治系统边界路由器（ASBR）通过 AS 外部会话建立连接传播到其他自治系统中。路由在传播过程中可能会经过若干个自治系统，这些自治系统称为过渡自治系统。若这个自治系统有多个边界路由器，这些路由器之间运行 AS 内部会话建立来交换路由信息。这时，内部的路由器并不需要知道这些外部路由，它们只需要在边界路由器之间维护 IP 连通性即可。路由到达自治系统边界后，若内部路由器需要知道这些外部路由，ASBR 可以将路由引入内部路由协议。外部路由的数量是很大的，通常会超出内部路由器的处理能力，因此引入外部路由时一般需要过滤或聚合，以减少路由的数量，极端的情况是使用默认路由。

## 4.1.4 静态路由

路由器是进行异构网络互联时的基本设备，不同厂家、不同型号的路由器的软/硬件会有所不同，但其基本功能是一致的。

图 4.1.13 所示是一款中兴通讯生产的多业务集成接入级路由器 ZSR1822。它采用紧凑的系统结构，接口和指示都在设备的前面板，包括 1 个 Console 口、1 个 AUX 口、2 个 10/100Base-TX 口、2 个 USB2.0 口。由于路由器的面板设置、配置方式等与交换机类似，这里不再详细介绍。

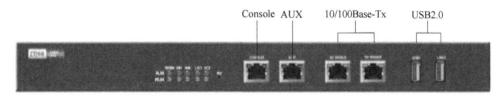

图 4.1.13　中兴通讯 ZSR1822 前面板视图

路由器是典型的三层网络设备，默认情况下，每个接口是一个物理广播域，路由器不会自动为接口配置接口地址。换句话说，不进行基本的配置，路由器是无法正常工作的。本小节主要介绍静态路由的基本配置。

**1. 路由器的基本操作**

路由器上的接口可以分为两大类：物理接口和逻辑接口。与交换机相比，路由器经常包含丰富的物理接口类型，如以太网接口、POS 接口、ATM 接口、E1 接口等；逻辑接口需要通过配置来创建，是虚拟接口，如 Loopback 接口、E1 的子接口等。

路由器的接口是三层接口，常用的配置包括以下内容。

1) 进入接口配置模式：

```
Router(config)#interface 〈interface-name〉
```

示例：

```
Router(config)#interface fei_0/1
```

2) 设置 IP 地址：

```
Router(config-if)#ip address 〈ip-addr〉〈net-mask〉
```

示例：

```
Router(config-if)# ip address 192.168.10.254  255.255.255.0
```

3) 查看接口信息：

```
Router(config)#show ip interface
```

该命令可以有四种方式的用法：

```
Router(config)#show ip interface                          //显示所有的接口信息
Router(config)#show ip interface〈interface-name〉         //显示指定的接口信息
Router(config)#show ip interface brief                    //显示所有接口的简短信息
Router(config)#show ip interface brief〈interface-name〉   //显示指定接口的简短信息
```

**2. 静态路由与默认路由简介**

静态路由是指网络管理员手工设置的路由，它不随网络拓扑结构的改变而改变。其优点是不占用网络和系统资源；其缺点是需网络管理员手工逐条配置，不能自动对网络状态变化做出相应的调整。

在简单的拓扑环境中，可以使用静态路由以减少系统资源的占用，尤其在一个无冗余连接的网络中，静态路由可能是最佳选择。但是在有多个路由器、多条路径的路由环境中，配置静态路由将会变得很复杂，因此使用动态路由将是更好的选择。

默认路由是一种特殊的路由，当路由表中所有其他路由都不能匹配时，将使用默认路由。默认路由可以是管理员设定的静态路由，也可能是某些动态路由协议自动产生的结果。默认路由可以极大地减少路由表条目，但不正确的配置可能会导致路由环路，所以在配置时要慎重。

**3. 静态路由实验**

（1）实验目的

本实验要求掌握静态路由、默认路由的基本原理，了解路由器中路由表的结构，掌握路由器静态路由的配置方法及默认路由的配置方法。

（2）实验设备及关键命令

本实验所需设备及参考拓扑如图 4.1.14 所示。

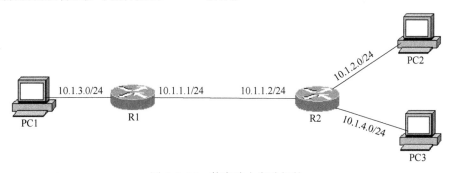

图 4.1.14  静态路由实验拓扑

本实验所需的关键命令如下：

1）静态路由的基本配置：

```
Router(config)#ip route〈prefix〉〈net-mask〉〈forwarding-router's-address〉
```

其中，prefix 表示目的网络前缀，net-mask 表示目的网络掩码，forwarding-router's-address 表示下一跳地址。例如，使用命令 Router（config）#ip route 10.0.0.0 255.0.0.0 172.16.2.2 可以配置到达 10.0.0.0/8，且下一跳地址为 172.16.2.2。

需要注意的是，静态路由是否出现在路由表中取决于下一跳是否可达，只有下一跳可达时该命令才会生效。

2）默认路由的配置。配置默认路由的命令与配置静态路由的相同，但其目的网络前缀和掩码均使用 0.0.0.0。例如。

```
Router(config)#ip route 0.0.0.0 0.0.0.0 172.16.2.2
```

3）查看路由表。配置路由协议后，可以使用 show ip route 命令查看路由表。该命令也可以加参数使用，常用的命令包括：

```
show ip route                      //显示所有的路由
show ip route〈ip-address〉[〈net-mask〉]    //显示指定的路由
show ip route〈protocol〉           //显示指定协议或关键字的路由
```

例如，在某路由器上使用命令 show ip route，看到以下结果。

```
IPv4 Routing Table:
Dest           Mask              GW             Interface   Owner     pri   metric
192.168.1.0    255.255.255.0     192.168.1.2    fei_1/1     direct    0     0
192.168.1.2    255.255.255.255   192.168.1.2    fei_1/1     address   0     0
192.168.2.0    255.255.255.0     192.168.1.1    fei_1/1     rip       120   2
192.168.3.0    255.255.255.0     192.168.3.1    fei_0/1     direct    0     0
192.168.3.1    255.255.255.255   192.168.3.1    fei_0/1     address   0     0
```

显示结果表明，这是一个 IPv4 的路由表，列出了每条路由表项的目的地址、掩码、网关、接口、路由来源、优先级和度量值。

（3）实验步骤

按照图 4.1.14 所示连接好设备，R2 模拟一个末端网络的出口路由器，R1 模拟一个 ISP 的路由器。具体配置步骤如下。

1）R1 的配置。

① 配置 R1 各端口的 IP 地址。

② 配置静态路由：

```
R1(config)#ip route 10.1.2.0 255.255.255.0 10.1.1.2
R1(config)#ip route 10.1.4.0 255.255.255.0 10.1.1.2
```

配置静态路由，使得访问 10.1.2.0/24 网段和 10.1.4.0/24 网段的下一跳地址为 10.1.1.2。需要注意的是，如果在网络中仅使用静态路由，路由器所有的非直连网段都要指定静态路由。

2）R2 的配置。

① 配置 R2 各端口的 IP 地址。

② 配置默认路由：

```
R2(config)#ip route 0.0.0.0 0.0.0.0 10.1.1.1
```

R2 所连的是一个根状网络，它访问所有的非直达网段时都要通过 R1 的接口地址 10.1.1.1，因此可以配置一条默认路由，使得访问所有网络地址的下一跳均为 10.1.1.1。

（4）实验验证

1）查看建立的路由条目，其中 static 表示静态路由。例如：

```
R2#show ip route
```

```
IPv4 Routing Table:
Dest          Mask              GW            Interface    Owner     pri   metric
0.0.0.0       0.0.0.0           10.1.1.1      fei_0/1      static    1     0
10.1.1.0      255.255.255.0     10.1.1.2      fei_0/1      direct    0     0
10.1.1.2      255.255.255.255   10.1.1.2      fei_0/1      address   0     0
10.1.2.0      255.255.255.0     10.1.2.1      fei_1/1      direct    0     0
10.1.2.1      255.255.255.255   10.1.2.1      fei_1/1      address   0     0
10.1.4.0      255.255.255.0     10.1.4.1      fei_2/1      direct    0     0
10.1.4.1      255.255.255.255   10.1.4.1      fei_2/1      address   0     0
```

2）PC1、PC2、PC3 互相均能 ping 通。

# 4.2　OSPF 协议与实验

开放式最短路径优先（Open Shortest Path First，OSPF）协议是一个基于链路状态的自治系统内部路由协议，用于在 AS 内部选择路由。它是目前 IP 网中最流行、使用最广泛的域内路由协议之一。开放是指该协议不是某机构或公司专有的，而最短路径优先是指该协议使用 Dijkstra 最短路径算法以找到去往目的网络的最佳路径。本节将介绍 OSPF 的基本概念、工作原理以及实验操作。

## 4.2.1　OSPF 协议的基本原理

OSPF 由 IETF 在 20 世纪 80 年代末开发，最初的 OSPF 规范（OSPFv1）在 RFC1131 中定义，但很快进行了重大改进，并形成了 OSPFv2，在 RFC1247 中定义。之后，RFC1583/2178/2328 又对 OSPFv2 做了很多更新，目前最新的规范是 RFC2328。

OSPF 是采用链路状态算法的动态路由协议，每台运行 OSPF 的路由器都将形成自己的链路状态信息，OSPF 将这样的状态信息称为链路状态通告（Link State Advertisement，LSA）。路由器通过洪泛机制将这些状态信息传送给 AS 中其他的路由器。

通过 LSA 的洪泛，每台路由器都维持着一个数据库，这个数据库被称为链路状态数据库（Link State Database，LSDB）。它实质上是一个网络地图，用来描述整个 OSPF 网络的拓扑结构。利用这样的网络拓扑数据库，每个路由器都能利用生成树算法（Shortest Path First，SPF）独立地计算去往目的网络的最短路径。每台路由器实质上构建了一棵以自身为树根的最短路径树，表示到达 AS 中各个目的网络的最短路径。计算出最短路径后，路由器会根据此信息生成路由表。

为了支持大规模网络应用，优化路由表，OSPF 采取了区域划分的概念，允许将自治系统内的子网划分成区域（Area）来管理，区域间的路由信息被进一步抽象，从而减少了占用的网络带宽。进行分区后，区域内采用上述的链路状态算法计算路由，但区域间传送的则是距离矢量信息，因此 OSPF 要求区域间拓扑要形成星形结构，以防止环路的产生。

为了帮助大家理解 OSPF 协议的工作原理，以下先介绍 OSPF 中的基本术语。

**1. OSPF 协议中的基本术语**

（1）路由器 ID（RouterID）

RouterID 用于识别每台运行 OSPF 协议的路由器，在一个自治系统内，每台路由器的 RouterID 必须是唯一的。RouterID 采用 32bit 的无符号整数表示，与 IP 地址类似。

RouterID 可以手工配置，或将其配置为该路由器某个接口的 IP 地址。由于 IP 地址是唯一的，这样就很容易保证 RouterID 的唯一性。在没有手工配置 RouterID 的情况下，一些厂家的路由器会选择一个环回接口（Loopback）地址作为其 RouterID，若路由器没有配置 Loopback 地址，则从当前物理接口中选择 IP 地址最大的作为其 RouterID。建议最好手工配置 RouterID 或 Loopback 地址，尽量避免使用物理接口地址作为 RouterID。

（2）接口（Interface）与链路（Link）

接口是指路由器和它所连网络之间的连接，每个接口都有状态信息，可以通过底层协议或者路由协议获得，接口有时也称为链路。当使用 network 命令将路由器的一个接口加入到 OSPF 的路由域时，该接口就成为一个 OSPF 的链路。每条链路都有其相应的状态信息，主要包括接口 IP 地址、掩码、链路类型、链路的花费值（Cost）等。

OSPF 选路时主要依据每条链路的 Cost，OSPF 中链路的 Cost 值与带宽有关，具体计算公式为 $10^8$/链路带宽。例如，对于百兆链路，Cost 值默认为 1。但是，这个值可以由网管人员手动修改。

（3）邻居路由器（Neighboring Routers）

同一个 IP 子网上的两台或多台路由器称为邻居路由器。例如，连接在一个点到点链路上的两台路由器可以互为邻居，而连接到一个以太网上的多台路由器也可以互为邻居。如图 4.2.1 中的 R2、R3 互为邻居关系。邻居关系是由 OSPF 的 Hello 消息来维持，并通常依靠 Hello 消息来动态发现的。

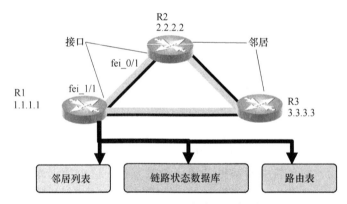

图 4.2.1　OSPF 基本术语示意图

（4）邻居表（Neighbor Database）

每个运行 OSPF 的路由器都会有一个邻居关系数据库，记录了所有与它建立了联系的邻居路由器。

（5）链路状态数据库（Link State Database，LSDB，又称拓扑表）

LSDB 包含了网络中的链路状态，它描述了整个网络的拓扑结构。每个 OSPF 路由器中都会有一个链路状态数据库，在不分区域（Area）的情况下，自治域内所有路由器的链路状态数据库都是相同的，如果划分了区域，那么同一区域内路由器的链路状态数据库是相同的。

（6）路由表（Routing Table）

每个路由器在链路状态数据库的基础上，利用 SPF 算法计算一棵以自己为根的最短路径树，得到去往每一个目的网络的路由，即为路由表。

总之，每个运行 OSPF 协议的路由器上会存在三个数据库：邻居数据库、链路状态数据库和路由表。

OSPF 协议计算路由是以本路由器周边网络的拓扑结构为基础的。每台路由器将自己本地的网络拓扑描述出来，传递给其他所有的路由器。OSPF 将不同的网络拓扑抽象为点到点网络、广播型网络、非广播型网络。其中，非广播型又可以分为非广播多点可达、点到多点两种网络类型。

**2. OSPF 协议交互过程**

OSPF 协议中定义了五种报文用于邻居路由器之间的信息交互，分别为：Hello 报文、数据库描述（DBD）报文、链路状态请求（LSR）报文、链路状态更新（LSU）报文以及链路状态确认（LSAck）报文。初始化时，OSPF 路由器之间的交互过程包括两大部分：邻居关系的建立过程和链路状态数据库的同步过程。初始化结束之后，OSPF 还将每隔 30min 周期性地同步链路状态数据库。

（1）邻居发现

Hello 报文用于建立和维护相邻的两个 OSPF 路由器的关系。OSPF 进程启动时，路由器将通过运行 OSPF 的接口向直连的路由器发送 Hello 消息，该消息是通过多播地址 224.0.0.5 发送的。如图 4.2.2 所示，OSPF 启动时，两个直连的路由器互相发送 Hello 消息，互相"认识"。OSPF 邻居关系的建立过程涉及图 4.2.2 中的三个状态：Down 状态、Init 状态和 2-way 状态。下面以直连的路由器 A、B 为例介绍具体步骤。假设 A、B 之间通过以太网相连，并且 OSPF 进程刚刚启动。

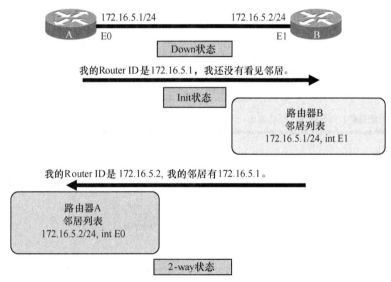

图 4.2.2　OSPF 邻居关系的建立过程

1）OSPF 进程刚启动时，路由器 A 处于 Down 状态，它开始向加入 OSPF 进程的接口发送 Hello 报文，该 Hello 报文的目的地址是多播地址 224.0.0.5。Hello 报文中包括路由器的 ID（RouterID）、区域 ID、邻居列表等信息。

2）与 A 直连的路由器 B 收到 A 的 Hello 报文后，把路由器 A 的 RouterID 添加到自己的邻居列表中，这个状态是 Init 状态。该状态表示已经收到了邻居的 Hello 报文，但对方并没有收到自己发的 Hello 报文。

3）路由器 B 向路由器 A 发送回应 Hello 报文，该 Hello 报文中包含 B 知道的所有邻居路由器的 RouterID，当然也包括路由器 A 的 RouterID。

4）A 收到该 Hello 报文后，发现 B 所发的 Hello 报文中包含自己的 RouterID，将路由器 B 添加到自己的邻居列表中。这个状态是 2-way 状态。该状态表示双方互相收到了对端发送的 Hello 报文，双方建立了邻居关系。

双方路由器进入 2-way 状态，标志着双方的邻居关系成功建立，两个路由器中建立起邻居列表数据库。之后，路由器 A、B 还将周期性地在网络中交换 Hello 数据包。

（2）链路状态数据库的同步过程

邻居关系建立后，两台路由器之间就可以发送链路状态信息了。这里要用到 OSPF 中定义的其他四种报文：数据库描述（DBD）报文、链路状态请求（LSR）报文、链路状态更新（LSU）报文以及链路状态确认（LSAck）报文，将涉及 ExStart 状态、Exchange 状态、Loading 状态和 Full 状态。图 4.2.3 描述了两个路由器之间链路状态数据库的同步过程。

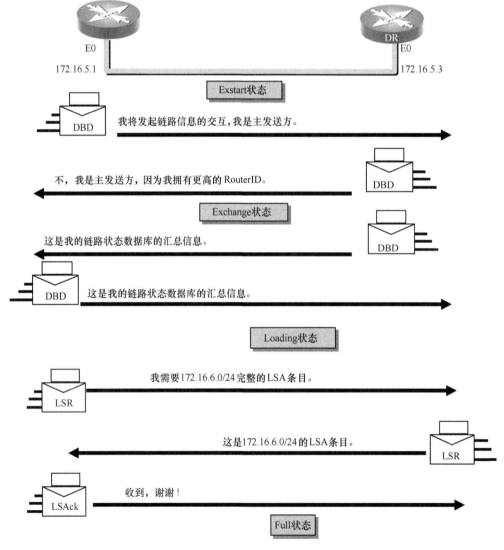

图 4.2.3　路由器之间链路状态数据库的同步过程

1）路由器与它的邻居路由器之间通过发送空的 DBD 报文确定主从关系。OSPF 规定拥有高 RouterID 的路由器成为主路由器。建立主从关系主要是为了保证在后续的 DBD 报文交换中能够有序地发送。此时，路由器处于 ExStart 状态。

2）主从路由器间交换 DBD 报文，路由器进入 Exchange 状态。两台路由器进行数据库同步时，用 DBD 报文来描述自己的链路状态数据库（LSDB），内容包括 LSDB 中每一条 LSA 的摘要，摘要是指 LSA 的头部信息，通过该信息可以唯一地标识一条 LSA。每一个 LSA 条目的头部包括链路类型、通告该信息的路由器地址、链路的开销以及 LSA 的序列号等信息。根据 DBD 报文，两端的路由器可以判断出哪些 LSA 是自己已经有的，哪些 LSA 不存在。因为 LSA 的头部信息只占一条 LSA 的整个数据量的小部分，因此采用 DBD 报文可以减少路由器之间所传递的信息量。

3）两台路由器互相交换过 DBD 报文之后，通过检查 DBD 中 LSA 的头部序列号，将它接收到的信息和它拥有的信息做比较，可知对端的路由器有哪些 LSA 是本地的 LSDB 所缺少的或是对端更新的 LSA，之后路由器将向另一个路由器发送链路状态请求（LSR）报文。此时，路由器处于 Loading 状态。

4）另一台路由器将使用链路状态更新（LSU）报文回应请求，并在其中包含所请求条目的完整信息。当路由器收到一个 LSU 时，它将发送 LSAck 报文回应。路由器添加新的链路状态条目到它的链路状态数据库中。

5）当路由器的所有 LSR 都得到了满意的答复时，邻居路由器就被认为达到了同步并进入 Full 状态。在此状态下，邻居路由器的 LSDB 中所有的 LSA 都记录在本路由器的数据库中了。

路由器达到 Full 状态后，相邻的路由器之间的数据库就同步了，这意味着这两个路由器拥有完全相同的 LSDB，对网络拓扑有着一致的认识，此时，称为两个路由器之间建立了邻接（Adjacency）关系。

图 4.2.4 是 OSPF 的邻居状态转移图。

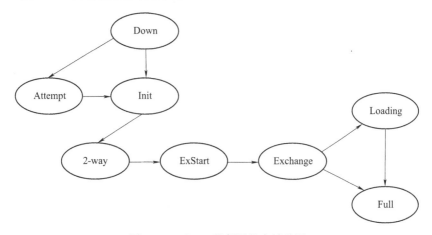

图 4.2.4　OSPF 的邻居状态转移图

对于点到点和点到多点的网络拓扑，如果 OSPF 运行正常的情况下，两个邻居路由器之间都会建立起邻接关系。但是对于广播型网络，情形会有所不同，具体见下面第 3 点介绍。

（3）周期性同步过程

在网络稳定之后，OSPF 会通过周期性的 LSA 洪泛来保证每个 OSPF 路由器有最新的网络信息，每隔 30min 整个链路状态数据库会被传送一遍。每个链路状态条目都有自己的计时器用来确定什么时候必须要发送 LSA 刷新数据包，每个链路状态条目还有一个 60min 的最大老化时间。假如一个链路状态条目在 60min 内没有被刷新，那么它将会被认为故障而从链路状态数据库中被删除。

如果 LSA 的计时器到时，最先产生这条 LSA 的路由器（即与这条 LSA 描述的链路直连的路由器）将会产生一个有关这条链路的链路状态更新包，以告诉其他路由器这条链路的目前状态还是正常工作状态。图 4.2.5 描述了当 OSPF 路由器收到 LSU 后的动作。

1）如果链路状态数据库里还没有这条 LSA 存在，则路由器把 LSA 添加到链路状态数据库里，并发回链路状态确认报文，然后把这个 LSA 转发给其他路由器，同时运行 SPF，计算最佳路径更新路由表。

2）如果这个 LSA 已经存在并且信息相同，则路由器忽略这条 LSA。

3）如果这条 LSA 已经存在但包含有新的信息，则路由器把 LSA 添加到链路状态数据库里，并发回链路状态确认报文，然后把这个 LSA 转发给其他路由器，同时运行 SPF，计算最佳路径更新路由表。

4）如果这条 LSA 已经存在但包含有旧的信息，则这个路由器会向源路由器发送最新的信息。

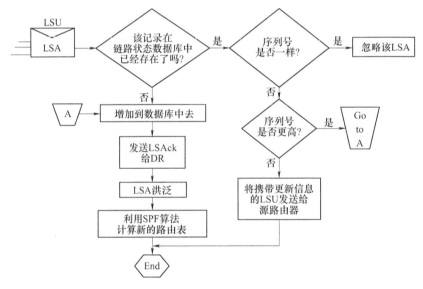

图 4.2.5　LSA 的更新过程

### 3. DR 和 BDR

OSPF 协议计算路由是以本路由器周边网络的拓扑结构为基础的。每台路由器将自己本地的网络拓扑描述出来，传递给其他所有的路由器。OSPF 将不同的网络拓扑抽象为点到点网络、广播型网络和非广播型网络，其中非广播型又可以分为非广播多点可达、点到多点两种网络类型。

1）路由器通过点到点的链路与另一台路由器相连，称为点到点网络（Point-to-point），典型例子是两台路由器之间通过光纤相连。

2）路由器通过广播网络与多台路由器相连，称为广播型网络（Broadcast）。所谓广播型网络，是指二层网络采用广播机制工作，其典型例子是以太网。

3）路由器通过非广播多点可达网络（Non Broadcast Multi Access，NBMA）与多台路由器相连，称为 NBMA 网络。NBMA 是指二层网络不采用广播机制工作，但多台路由器之间仍然可以互通。常见的方式是将多个路由器用一个分组交换网互联起来。注意：NBMA 网络要求必须是一个全连通的非广播多点可达网络，即要求路由器两两之间都是逻辑上直连的，不需要经过转发。如果链路层是 ATM、帧中继等类型，则 OSPF 会默认该接口的网络类型是 NBMA。但问题是链路层无法判断网络是否满足全连通，因此在配置时要注意这一点。那么，如果不满足全连通时如何处理呢？这就要用到以下的点到多点网络类型了。

4）路由器通过点到多点的网络与多台路由器相连，称为点到多点网络（Point-to-multipoint）。这一类的网络也不支持广播机制。它与 NBMA 网络的区别是，不要求路由器之间全连通，因此可以将非全连通的 NBMA 改为点到多点。需要注意的是，没有哪种链路层协议会被认为是点到多点，点到多点必须是由其他的网络类型强制更改的。

（1）$N^2$ 问题

OSPF 要求邻居路由器之间必须两两建立邻接关系才能够传递链路状态信息，在一个有 $N$ 台路由器的广播和 NBMA 类型的网络上，则需要建立 $N \times (N-1)/2$ 个邻接关系。如图 4.2.6 所示，5 台路由器接在同一个网段中，它们两两之间形成邻接关系，共形成 10 对邻接关系。同时，网络中任何一台路由器的路由变化，都需要在网段中进行 $N \times (N-1)/2$ 次的传递。显然这是没有必要的，也浪费了宝贵的带宽资源。

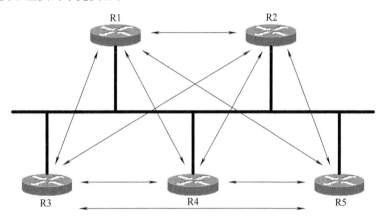

图 4.2.6　广播型网络上邻接关系的 $N^2$ 问题

（2）DR 和 BDR 的概念

为了解决上述问题，OSPF 协议定义了 DR 和 BDR 的概念。DR（Designated Router）是指定路由器，负责在一个网段中传递链路状态信息。网段内所有的路由器都只将链路状态信息发送给 DR，再由 DR 将链路状态信息发送给本网段内的其他路由器。一个网段内的邻接关系只在 DR 和其他路由器之间建立，两台不是 DR 的路由器（称为 DROther）之间仅仅建立邻居关系，而不再建立邻接关系。换句话说，DROther 之间只互相建立邻居关系，而不进行链路状态数据库的同步过程。这样，在同一网段内的路由器之间只需建立 $N-1$ 个邻接关系，每次路由变化只需进行 $2(N-1)$ 次传递即可，如图 4.2.7 所示。

BDR 是（Backup Designated Router）备用指定路由器，它是在 DR 失效时接替 DR 工作的路由器。BDR 也和本网段内的所有路由器建立邻接关系并交换路由信息。当 DR 失效后，BDR 会立即成为 DR。

设立 DR/BDR 的目的是减少网络中路由信息的交互流量。DR 会维护一个完整的网络链路状态数据库，并通过多播将更新消息传给其他路由器。一个区域中的所有路由器将仅和 DR/BDR

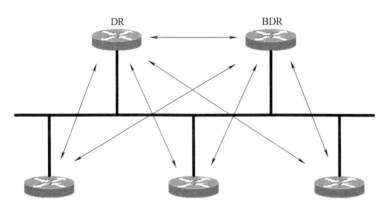

图 4.2.7　DR/BDR 的概念

形成邻接关系。每次当路由器发送更新包时，它通过多播地址 224.0.0.6 将更新包发给 DR/BDR，DR/BDR 再将更新包通过多播地址 224.0.0.5 发给区域内的其他路由器。用这种方式，所有的路由器不需要通过彼此的通信实现更新，它们仅需跟 DR/BDR 通信就可完成所有的路由更新。

在广播型和 NBMA 的网络上需要选举 DR/BDR，在点到点和点到多点的链路上不进行选举。需要注意的是，DR 和 BDR 的概念仅仅影响路由信息的交互，也就是说，路由信息只在 DR/BDR 和其他路由器之间传递；但它并不影响实际的 IP 分组的转发路径，IP 分组的转发可在任意路由器之间进行，其依据是路由表。

（3）DR/BDR 的选举过程

一个广播型网络和 NBMA 型网络中，DR 和 BDR 不是手工指定的，而是由路由器通过发送 Hello 报文进行选举的。

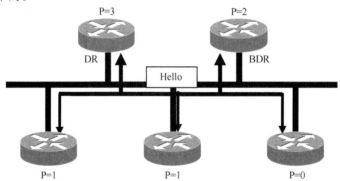

图 4.2.8　DR/BDR 的选举过程

如图 4.2.8 所示，网段内所有运行 OSPF 的路由器都会参与 DR/BDR 的选举。参与 OSPF 的路由器每个接口上都有一个优先级（Priority）参数，该参数值在 0~254 之间，默认值是 1，也可以手工配置。本网段内所有优先级大于 0 的 OSPF 路由器都有可能成为 DR/BDR。OSPF 进程启动时，每台路由器都将自己选出的 DR 写入 Hello 报文中，发给网段上的每台路由器。通过 Hello 报文的交互，优先级最大的当选 DR，拥有次高优先级的路由器成为 BDR。若两台路由器的优先级相等，则选 RouterID 最大的当选 DR。

由于网段中的每台路由器和 DR 建立邻接关系，如果 DR 频繁地更换，则每次都要引起本网段内的所有路由器与新的 DR 建立邻接关系，这样会导致在短时间内网段中有大量的 OSPF 协议报文在传输，降低网络的可用带宽。所以，协议中规定应该尽量减少 DR 的变化。具体的处理方法是，每一台新加入的路由器并不急于参加选举，而是先考察一下本网段中是否已有 DR 的存在。如果目前网段中已经存在 DR，即使本路由器的 Priority 比现有的 DR 还高，也不会再声称自己是 DR 了，而是承认现有的 DR。

假如当前 DR 故障，无须重新选举，当前 BDR 即刻变成新的 DR，由于邻接关系事先已建立，所以这个过程是非常短暂的。此时，还要进行一个选举新 BDR 的过程。

**4. LSA 的触发更新**

OSPF 链路状态数据库同步之后，当网络的状态发生变化时，OSPF 是如何及时地进行更新的呢？OSPF 采用了触发更新方式，即当网络拓扑发生变化时，要立即发送信息，保证网络内的所有路由器都能及时知道网络的任何变化。当链路状态发生改变的时候，路由器使用洪泛方式通知网络中其他路由器这一变化。

如图 4.2.9 所示，与路由器 A 直连的网段 X 发生故障，路由器 A 通过链路层协议发现这个链路的状态变化，A 将 LSU 报文通过多播地址 224.0.0.6 发送给 DR。DR 对接收到的变化进行确认，并且通过多播地址 224.0.0.5 将这个 LSU 洪泛到子网中的其他路由器 B 和 C。路由器 B 和 C 接收到 LSU 以后，发送 LSAck 给 DR 作为回应。为了确保洪泛过程的可靠性，每一个 LSA 都需要进行确认。路由器 B 收到该 LSU 后，由于它还连接到另一个子网上，它还要将该 LSU 洪泛到其他网络中去。依此类推，这个 LSU 将洪泛到整个网络。

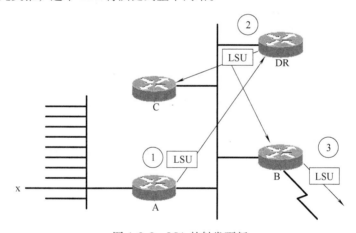

图 4.2.9 LSA 的触发更新

收到更新 LSA 的每个路由器将更新自己的链路状态数据库，并运用 SPF 算法重新计算，生成新的路由表。

**5. 区域划分**

（1）单区域带来的问题

随着网络规模日益扩大，路由器数量不断增加，每台运行 OSPF 路由协议的路由器都保留着整个网络中所有的 LSA，这会导致 LSDB 非常庞大，占用大量的存储空间；利用这样庞大的数据库计算路由时，会增加 SPF 算法的复杂度，导致 CPU 负担很重。另外，网络规模增大之后，拓扑结构发生变化的概率也增大，为了同步这种变化，网络中会有大量的 OSPF 协议报文在传递，降低了网络的带宽利用率。更糟糕的是，每一次变化都会导致网络中所有的路由器重新进行路由计算，这会带来网络不稳定的问题。

（2）划分区域

为了解决上述问题，OSPF 协议实行分级管理的方式，将 AS 划分成不同的区域（Area）。区域是指在逻辑上将整个 OSPF 自治域（包括路由器和链路）划分为不同的组。划分区域后，链路状态数据库的链路状态信息交互限定在每个区域内部，不再向 AS 内的其他区域传播；每个路由器维持自己所在区域内的链路状态数据库即可，不需要了解其他区域的链路状态数据库。因此，当拓扑变化时，使用 SPF 算法重新计算路由也在区域内部进行。区域间的路由信息由处在两个区域边界的路由器负责传递。

OSPF 协议规定，每个区域有一个 32bit 的区域标识符（Area ID），其形式与 IP 地址类似。一个 OSPF 路由域至少包含一个区域 0，称为骨干区域，它构成 OSPF 的核心。所有其他的非骨干区域都必须通过骨干区相连。如图 4.2.10 所示，一个 OSPF 域被分成了三个区域，骨干区 Area 0 处于核心，非骨干区 Area1、Area2 都与骨干区相连，区域之间的分界线是路由器，一个路由器的多个接口可能处于不同的区域。

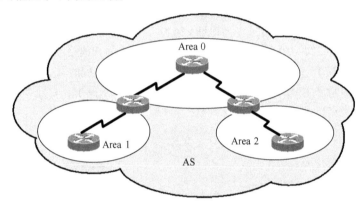

图 4.2.10　OSPF 区域划分

（3）OSPF 的路由器种类

划分区域后，根据路由器在 OSPF 网中所处的位置不同，路由器可以划分为四种类型，如图 4.2.11 所示。

1）区域内路由器（Internal Area Router，IAR）是指该路由器的所有接口都属于同一个 OSPF 区域。IAR 只需要维护它所在的 Area 的链路状态数据库即可。如图 4.2.11 中的路由器 R1、R2、R3、R5 和 R8 就是 IAR。

2）区域边界路由器（Area Border Router，ABR）同时属于两个以上的区域，同时维护它所在的多个区域的链路状态数据库。不同的区域之间通过 ABR 来传递路由信息。如图 4.2.11 中的路由器 R4 和 R7 就是 ABR。

3）骨干路由器（BackBone Router，BBR）是指该路由器属于骨干区域。显然，骨干区域内所有的 IAR 也属于 BBR。如图 4.2.11 中的路由器 R4、R5、R6、R7 就是 BBR。

4）自治系统边界路由器（AS Boundary Router，ASBR）。作为一个 IGP，OSPF 同样需要了解自治系统外部的路由信息，这些信息是通过 ASBR 获得的。ASBR 是那些将其他路由协议（如静态路由、接口的直连路由、RIP 等）发现的路由引入到 OSPF 中的路由器。如图 4.2.11 中的路由器 R6 就是 ASBR。需要注意的是，ASBR 并不一定真的位于 AS 的边界，而是可以在 AS 中的任何位置。

（4）路由计算方法

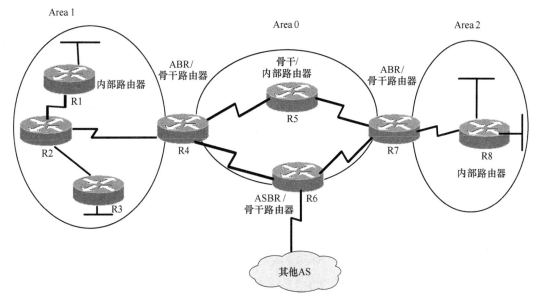

图 4.2.11 OSPF 中的路由器类型

OSPF 将自治系统划分为不同的区域后，路由计算方法也发生了变化。划分区域后，只有同一个区域内的路由器之间会保持 LSDB 的同步，不同区域不再进行数据库同步。网络拓扑结构的变化首先在区域内更新，因此根据 SPF 算法计算路由只在一个区域内进行，区域之间的路由计算是通过 ABR 来完成的。ABR 首先完成一个区域内的路由计算，然后将所连接的非骨干区域内的链路状态信息抽象成路由信息，生成一条路由型的 LSA（不是链路状态信息，而是路由信息），内容主要包括该条路由的目的地址、掩码、花费等信息。之后，ABR 将该路由信息发布到骨干区域中，由骨干区域再进一步发布到其他非骨干区域中。其他区域中的路由器根据每一条这样的路由型 LSA 生成一条路由。由于这些路由信息都是由 ABR 发布的，所以这些路由的下一跳都指向该 ABR 即可。

如图 4.2.12 所示，一个 OSPF 域分成三个区域，以 Area 1 为例。区域内的 IAR 路由器 R1 只和同一区域内的路由器 R2 交互链路状态信息，R1 生成关于网络 N1 的链路状态信息并洪泛到 ABR 路由器 R2，R2 生成关于 N1 的抽象路由信息并在骨干区域内洪泛，R3 再将接收到的抽象路由信息洪泛到其他区域路由器 R4。这样，全网所有的路由器都得到了关于 N1 的路由信息。

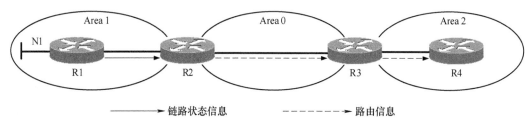

图 4.2.12 区域间路由计算

划分区域后，ABR 是根据本区域内的路由生成 LSA 的，因此可以根据 IP 地址的规律先将这些路由进行聚合后再生成 LSA，这样做可以大大减少自治系统中 LSA 的数量。划分区域之后，网络拓扑的变化首先在区域内进行同步，如果该变化影响到聚合之后的路由，才会由 ABR 将该变化通知到其他区域。大部分的拓扑结构变化都会被屏蔽在区域之内了。

（5）划分区域后的 LSA

划分区域后，OSPF 的路由信息分为三类：区域内路由、区域间路由、外部路由（是指去往 AS 之外的路由）。OSPF 是基于链路状态算法的路由协议，所有对路由信息的描述都是封装在 LSA 中发送出去的。LSA 根据不同的用途分为不同的种类。目前使用较多的是以下几种 LSA。

1）Router LSA（Type 1）是最基本的 LSA 类型，所有运行 OSPF 的路由器都会生成这种 LSA，主要用于描述本路由器运行 OSPF 的接口的链路状态信息。对于 ABR，跨接多个区域，它会为每个区域生成 Router LSA，这种类型的 LSA 仅在它所属的区域内传播。

2）Network LSA（Type 2）。本类型的 LSA 由 DR 生成，DR 利用 Network LSA 来描述本网段中所有已经与它建立了邻接关系的路由器，分别列出它们的 RouterID，DR Other 和 BDR 的 Router LSA 中只描述到 DR 的连接。这种类型的 LSA 仅在它所属的区域内传播。

3）Network Summary LSA（Type 3）。本类型的 LSA 由 ABR 生成，默认情况下，ABR 会为本区域内的每个网络前缀生成一条 Network Summary LSA 发送到区域外。该类 LSA 中描述了某条路由的目的地址、掩码、花费值等信息。可以看到，这一类的信息已经不再是链路状态信息，而变成了路由信息。这种类型的 LSA 传递的范围是除了该 LSA 生成区域之外的其他区域。

4）ASBR Summary LSA（Type 4）。本类型的 LSA 同样是由 ABR 生成，内容主要是描述到达本区域内的 ASBR 的路由。这种 LSA 与 Type3 类型的 LSA 内容基本一样，只是 Type4 的 LSA 描述的目的地址是 ASBR，是主机路由，所以掩码为 0.0.0.0。这种类型的 LSA 传递的范围与 Type3 的 LSA 相同。

5）AS External LSA（Type 5）。本类型的 LSA 由 ASBR 生成，主要描述了到自治系统外部路由的信息。该类 LSA 中包含某条路由的目的地址、掩码、花费值等信息。本类型的 LSA 是唯一一种与区域无关的 LSA 类型，它并不与某一个特定的区域相关。这种类型的 LSA 传递的范围是整个自治系统（STUB 区域除外，见后续实验单元中介绍）。

6）NSSA external LSA（Type 7）。本类型的 LSA 被应用在非完全末节区域（NSSA）中，后续实验单元中将详细介绍。

不同类型的路由器将产生不同的 LSA。例如，IAR 只生成 Router LSA；ABR 将为每一个所属的区域生成 Router LSA，并根据需要生成 Network Summary LSA 和 ASBR Summary LSA；而 ASBR 将生成 AS External LSA。

如图 4.2.13 所示网络，OSPF 域分为四个区域，描述了五类 LSA 的传播范围。以 Area 2 为例，区域内路由器产生的 LSA1、LSA2 将在区域内传播，同时 Area 2 的 ABR 将区域内的信息汇总成 LSA3 向 Area 0 传播，再通过 Area 0 向 Area 1 和 Area 3 内传播，全网的路由器都将收到这些信息。还可以看到，Area 3 内有一个 ASBR，它产生的 LSA5 除了在 Area 3 内传播之外，由 Area 3 的 ABR 向骨干区 Area 0 传播，同时产生一条关于该 ASBR 路由器的 LSA4，Area 0 再将该 LSA5、LSA4 向 Area 1 和 Area 2 内传播，全网的路由器都可以了解这些自治域外的信息。

（6）自治系统外部路由

自治系统外部的路由信息是通过 ASBR 引入的。ASBR 为每一条引入的路由生成一条 Type5 类型的 LSA，主要内容包括该条路由的目的地址、掩码和花费值等信息。

（7）骨干区域的作用

在 OSPF 中为什么需要骨干区域？并且要求所有非骨干区域要与骨干区相连，从而形成一个星形的网络呢？由于划分区域之后，区域之间是通过 ABR 将一个区域内的已计算出的路由封装成 Type3 的 LSA 发送到另一个区域之中来传递路由信息。需要注意的是，此时的 LSA 中包含的

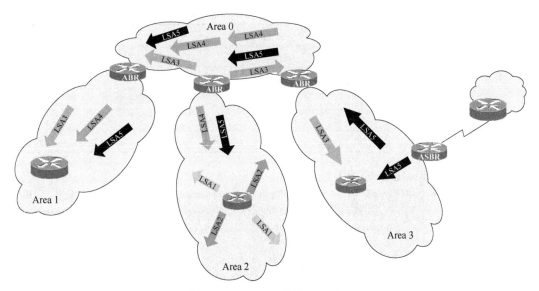

图 4.2.13　OSPF 中的 LSA 类型

已不再是链路状态信息，而是纯粹的距离向量信息了。这就涉及一个很重要的问题——路由自环，因为距离向量算法无法保证消除路由自环。

如图 4.2.14 所示，非骨干区域 Area 3 没有和骨干区直接相连，假如 Area 2 直接将信息通告给 Area 3，Area 3 再通过 Area 1、Area 0 到达 Area 2，则在区域间形成了环路。

OSPF 中解决的方法是，不提供破环的方法，但要求网络拓扑不存在环路，即 OSPF 的所有区域要形成一个星形拓扑，这个星形拓扑的中心就是骨干区 Area0。所有 ABR 将本区域内的路由信息封装成 LSA 后，统一发送给骨干区，再由骨干区将这些信息转发给其他区域。由于所有的非骨干区都不直接相连，因此区域之间不会形成路由环路。

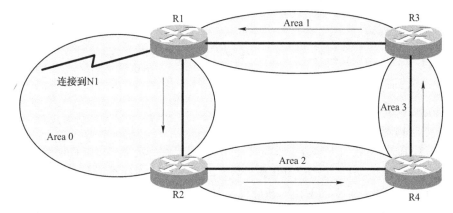

图 4.2.14　区域间环路问题

### 6. OSPF 协议报文

如第 1 章介绍的那样，OSPF 作为控制面的协议，其工作在网络层，但是 OSPF 协议报文本身又依赖于 IP 承载。OSPF 协议采用 IP 报文直接封装协议报文，协议号是 89。OSPF 的报文格式见表 4.2.1。

表 4.2.1　OSPF 协议报文格式

| 版本 | 类型 | 数据包长度 |
|---|---|---|
| 路由器 ID | | |
| 区域 ID | | |
| 校验和 | 认证类型 | |
| 认证 | | |
| 数据 | | |

1）版本号：标识所使用的 OSPF 版本。

2）类型：OSPF 数据包的类型，分为五种数据报文：Hello 报文、数据库描述报文（DBD）、链路状态请求报文（LSR）、链路状态更新报文（LSU）、链路状态确认报文（LSAck）。

3）数据包长度：以字节为单位的数据包的长度，包括 OSPF 包头。

4）路由器 ID：标识数据包发送者的 RouterID。

5）区域 ID：标识该数据包所属的区域。所有 OSPF 数据包都与一个区域相关联。

6）校验和：校验整个数据包的内容，以发现传输中可能的错误。

7）认证类型：类型 0 表示不进行认证，类型 1 表示采用明文方式进行认证，类型 2 表示采用 MD5 算法进行认证。

8）认证：包含认证信息。

9）数据：封装实际的路由信息。

## 4.2.2　OSPF 基础实验

本小节主要介绍进行 OSPF 配置时所需要的基本命令和步骤，以及 OSPF 的路由引入。OSPF 的配置可以很简单，也可以很复杂。大部分厂家的路由器都支持 OSPF 的很多复杂选项，以适应各种网络的需要。这里只介绍最基本的配置。

### 1. OSPF 基本配置命令

（1）启动 OSPF 进程

使用 OSPF 协议首先要启动 OSPF 进程，使用如下命令：

```
Router(config)#router ospf〈process-id〉
```

其中，process-id 是进程号，范围为 1~65535。

（2）定义 OSPF 进程包含的本地接口及所在区域

所有属于 OSPF 路由域的本地接口都需要使用 network 命令定义，接口由网络前缀和通配符掩码（Wildcard-mask）表示。通配符由 0 和 1 组成，共 32bit，通配符掩码与 IP 地址配合使用，用于确定 IP 地址中哪些位需要匹配，哪些位可以忽略。0 代表对应的 IP 位需要匹配，1 代表任意。通配符掩码初看起来像是将网络掩码的 0、1 反转，因此有时也称它为反掩码。但与掩码不同的是，它的 0、1 不要求连续。每一个接口都要指明它所属的区域，假如 OSPF 域只有一个区域，则接口必须属于 Area 0。该命令在路由模式下使用，命令格式为：

```
Router(config-router)#network〈ip-address〉〈wildcard-mask〉area〈area-id〉
```

该命令定义了路由器哪些接口属于 OSPF 的路由域，在这些接口上要形成链路状态信息 LSA，路由器要通过该接口向它的邻居路由器通告其链路状态数据库。命令示例：

```
Router(config-router)#network 192.168.1.00.0.0.255 area 0
```

（3）配置接口开销

OSPF 中，接口上的花费值（cost）默认使用 $10^8$ 链路带宽，不足 1 时赋 cost 为 1。当需要改变接口上的花费值时，可以在接口配置模式下使用以下命令：

```
Router(config-if)#ip ospf cost <cost>
```

（4）配置邻居路由器

对于 NBMA 型的非广播网络，必须在路由配置模式下手动指定邻居路由器：

```
Router(config-router)#neighbor <ip-address>
```

**2. OSPF 的维护与诊断**

OSPF 的维护与诊断过程中常用 show 命令和 debug 命令，通过这些命令可以查看、跟踪 OSPF 的各种信息，从而可以判断网络中的故障所在。

（1）通过 show 命令查看 OSPF 进程的信息

1）显示 OSPF 协议的概要信息以及各个 OSPF 区域的概要信息：

```
Router#show ip ospf
```

通过该命令可以查看路由器的 RouterID、邻居、区域数目等信息。

2）查看 OSPF 接口的配置和状态：

```
Router#show ip ospf interface
```

该命令可以查看 OSPF 所有接口的信息。如果指定接口，可以查看特定接口的信息。

3）查看 OSPF 邻居的信息：

```
Router#show ip ospf neighbor
```

当两个路由器之间无法交换路由信息时，可能是由于没有形成邻接关系。查看两台 OSPF 路由器之间的邻居关系状态是否为 Full。Full 状态是 OSPF 协议之间正常运行的标志。

4）查看链路状态数据库的信息：

```
Router#show ip ospf database
```

该命令可以显示路由器 OSPF 数据库的相关信息。使用该命令时，有多种形式，不同形式显示不同集合的链路状态通告。

（2）通过 debug 命令对 OSPF 协议进行调试，跟踪相关信息

1）打开回送 OSPF 邻接事件调试信息的开关：

```
Router#dubug ip ospf adj
```

该命令可以查看邻居事件和状态迁移，Hello 报文的接收、处理和发送，链路状态请求报文的接收、处理和发送等。

2）打开回送 OSPF 收发包事件调试信息的开关：

```
Router#debug ip ospf packet
```

该命令可以监听所有 OSPF 报文的接收和发送。

3）打开回送 OSPF 重要事件调试信息的开关：

```
Router#debug ip ospf events
```

跟踪的事件主要包括：链路状态数据库描述包的接收、处理和发送，OSPF 接口状态的迁移等。

**3. OSPF 单区域配置实验**

（1）实验目的

通过本实验掌握在路由器上配置 OSPF 所需的基本命令，理解 OSPF 邻居和邻接关系的建立。

（2）实验设备及参考拓扑

本实验所需设备以及实验拓扑如图 4.2.15 所示。

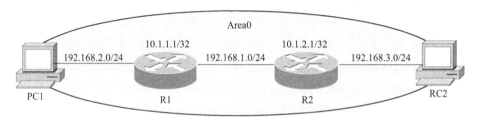

图 4.2.15　OSPF 单区域配置实验拓扑

（3）实验主要步骤

按照图 4.2.15 连接好设备，配置路由器 R1 和 R2。

1）R1 的配置。

① 配置 R1 各接口 IP 地址。

② 配置 Loopback 地址，以便在 OSPF 进程启动时自动选取 RouterID。

从 4.2.1 节可知，运行 OSPF 的路由器都需要一个 RouterID，在实际配置中可以使用 Loopback 地址作为其 RouterID，因此一般要给路由器配置 Loopback 地址，命令如下：

```
R1(config)#interface loopback1
R1(config-if)#ip address 10.1.1.1 255.255.255.255
R1(config-if)#exit
```

③ 配置 OSPF 协议：

```
R1(config)#router ospf 10
R1(config-router)#network 192.168.1.00.0.0.255 area 0
R1(config-router)#network 192.168.2.00.0.0.255 area 0
R1(config-router)#exit
```

2）R2 的配置。

与 R1 的配置类似，配置各接口 IP 地址，并配置 R2 的 Loopback1 地址为 10.1.2.1/32，启动 OSPF 协议，并通告相应网段。

（4）实验验证

1）查看 OSPF 的邻居信息。例如，使用命令 R1#show ip ospf neighbor 可以看到以下信息。

```
OSPF Router with ID(10.1.1.1)(Process ID 10)
Neighbor 10.1.2.1
In the area 0.0.0.0
via interface fei_1/1 192.168.1.2
```

```
Neighbor is BDR
State FULL, priority 1, Cost 1
Queue count : Retransmit 0, DD 0, LS Req 0
Dead time : 00:00:37 Options : 0x42
In Full State for 00:03:10
```

可以看到，R1 的 OSPF 邻居为 10.1.2.1，邻居状态为 Full，说明该路由器与邻居路由器之间已经成功建立起邻接关系，此时用 R1#show ip ospf database 命令可以看到，双方路由器拥有相同的链路状态数据库。

2）查看 R1 和 R2 上的路由表。例如，在 R1 上使用命令 R1#show ip route 可以看到如下信息：

```
IPv4 Routing Table:
Dest            Mask                GW              Interface   Owner     pri   metric
10.1.1.1        255.255.255.255     10.1.1.1        loopback1   address   0     0
192.168.1.0     255.255.255.0       192.168.1.1     fei_1/1     direct    0     0
192.168.1.1     255.255.255.255     192.168.1.1     fei_1/1     address   0     0
192.168.2.0     255.255.255.0       192.168.2.1     fei_0/1     direct    0     0
192.168.2.1     255.255.255.255     192.168.2.1     fei_0/1     address   0     0
192.168.3.0     255.255.255.0       192.168.1.2     fei_1/1     ospf      110   2
```

通过路由表可以看到，R1 通过 OSPF 协议学习到了 192.168.3.0/24 网段的信息，其 pri 为 110，metric 为 2。

3）PC1 和 PC2 正确配置 IP 地址和网关地址后，可以互相 ping 通。

4）使用 debug 命令跟踪调试 OSPF 信息的交互。

**4. OSPF 多区域配置实验**

（1）实验目的

本实验要求掌握路由器上配置 OSPF 多区域所需的基本命令，理解和巩固 OSPF 的基本原理，以及 OSPF 跨域学习路由。

（2）实验设备及参考拓扑

本实验所需设备及实验拓扑如图 4.2.16 所示。

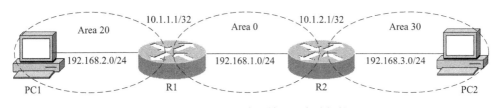

图 4.2.16　OSPF 多区域配置实验拓扑

（3）实验主要步骤

1）R1 的配置。

① 配置 Loopback 地址：

```
R1(config)#interface loopback1
R1(config-if)#ip address 10.1.1.1 255.255.255.255
R1(config-if)#exit
```

② 配置各接口 IP 地址。

③ 配置 OSPF 协议：

```
R1（config）#router ospf 10
R1（config-router）#network 192.168.1.0 0.0.0.255 area 0
R1（config-router）#network 192.168.2.0 0.0.0.255 area 20
R1（config-router）#exit
```

2）R2 的配置和 R1 的配置类似，这里不再给出具体命令。

（4）实验验证

1）PC1 和 PC2 正确配置 IP 地址和网关地址后，可以互相 ping 通。

2）查看 R1 和 R2 上的路由表。例如，在 R1 上使用命令 R1#show ip route 可以看到如下信息：

```
IPv4 Routing Table:
Dest           Mask             GW             Interface    Owner     pri    metric
10.1.1.1       255.255.255.255  10.1.1.1       loopback1    address 0        0
192.168.1.0    255.255.255.0    192.168.1.1    fei_1/1      direct  0        0
192.168.1.1    255.255.255.255  192.168.1.1    fei_1/1      address 0        0
192.168.2.0    255.255.255.0    192.168.2.1    fei_0/1      direct  0        0
192.168.2.1    255.255.255.255  192.168.2.1    fei_0/1      address 0        0
192.168.3.0    255.255.255.0    192.168.1.2    fei_1/1      ospf    110      2
```

通过路由表可以看到，路由器 R1 通过 OSPF 协议学习到了 192.168.3.0/24 网段的信息。

3）查看 R1 和 R2 上的 OSPF 数据库。例如，在 R1 上使用命令 R1#show ip ospf database 可以看到如下信息：

```
OSPF Router with ID(10.1.1.1)(Process ID 10)
            Router Link States(Area 0 )
Link ID      ADV Router      Age     Seq#        Checksum    Link count
10.1.1.1     10.1.1.1        95      0x80000006  0xa2b5      1
10.1.2.1     10.1.2.1        76      0x80000006  0xa6b4      1
            Net Link States(Area 0 )
Link ID      ADV Router      Age     Seq#        Checksum
192.168.1.1  10.1.1.1        95      0x80000001  0x586e
            Summary Net Link States(Area 0)
Link ID      ADV Router      Age     Seq#        Checksum
192.168.2.0  10.1.1.1        245     0x80000001  0x5c89
192.168.3.0  10.1.2.1        90      0x80000001  0x4a99
            Router Link States(Area 20)
Link ID      ADV Router      Age     Seq#        Checksum    Link count
10.1.1.1     10.1.1.1        248     0x80000002  0x6763      1
            Summary Net Link States(Area 20)
Link ID      ADV Router      Age     Seq#        Checksum
192.168.1.0  10.1.1.1        471     0x80000001  0x677f
```

```
192.168.3.0  10.1.1.1          315      0x80000001 0x5b88
```

可以看出，作为 Area 0 和 Area 20 的 ABR，R1 有两个区域的链路状态信息。

OSPF 协议收敛之后，OSPF 各个区域内的路由器知道到达各个区域内所有目的网络的路由信息。但是如果要访问的目的网络不在 OSPF 的各个区域内，那么路由器如何获知外部的路由信息呢？

不同的路由协议可以通过路由重分布实现路由信息的共享，OSPF 也不例外。在 OSPF 中，其他路由协议的路由信息属于自治系统外部路由信息。自治系统外部路由信息只有被重分布到 OSPF 协议中后，才能通过 OSPF 的 LSA 扩散到整个 OSPF 网络中。直连路由、静态路由、其他 IGP 路由、BGP 路由都可以重分布进 OSPF 域。

由 4.2.1 小节中的区域划分可知，自治系统外部的路由信息是通过 ASBR 获得的，ASBR 将其他路由协议发现的路由引入到 OSPF 中，再通过 OSPF 的 LSA 扩散到整个网络。

**5. OSPF 路由引入实验**

如图 4.2.17 所示的网络，启动 OSPF 进程后，在两个路由器上使用 network 命令将 192.168.1.0/24 进行宣告，这两个路由器互相形成邻接关系，交换链路状态信息。本例中交换的链路状态信息只有关于 192.168.1.0/24 的，由于 192.168.2.0/24 和 192.168.3.0/24 并不在 OSPF 域中，并没有进行宣告，路由器不会形成关于这两个网段的链路状态信息，因此 R1 上学习不到 192.168.3.0/24 的路由信息，R2 上也学不到 192.168.2.0/24 的路由信息。

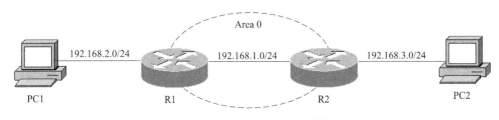

图 4.2.17　OSPF 路由引入的例子

要解决以上问题，可以采用路由引入的方式，将其他路由协议产生的路由信息引入到 OSPF 域中。例如，可以在 R1 上将直连路由 192.168.2.0/24 引入到 OSPF 域中，在 R1 上产生关于该网段的 Type5 类型的 LSA，扩散到 OSPF 域中。同样地，R2 也可以将直连路由 192.168.3.0/24 引入到 OSPF 域中。显然，此时 R1、R2 都成为 ASBR，会产生 Type5 类型的 LSA。

划分多个区域后，OSPF 内部既有区域内路由，也有区域间路由，这两类路由都是自治系统内部路由。除此之外，OSPF 将引入的自治系统外部路由分成两类：第一类是 IGP 路由（如 RIP、静态、直连等）；第二类是外部路由，如 BGP 路由。这样，OSPF 共将路由分为四级，按优先级从高到低为：区域内路由、区域间路由、自治系统外一类路由、自治系统外二类路由。

（1）实验目的

通过本实验掌握路由器上 OSPF 路由引入的基本命令，在路由器上通过重分布的方式将静态、直连和其他协议的路由引入 OSPF。

（2）实验拓扑及关键命令

本实验所需设备及实验拓扑如图 4.2.18 所示。

在路由配置模式下，使用 redistribute 命令实现路由引入。具体命令格式为：

```
Router(config-router)#redistribute <protocol>
```

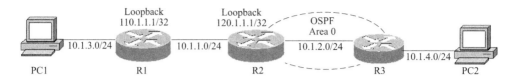

图 4.2.18　路由引入实验拓扑

可以引入的路由协议参数有 connected、static、rip、bgp-ext、bgp-int、isis-1、isis-1-2、isis-2 等。例如，使用命令 Router（config-router）#redistribute static 可以将路由器的静态路由引入 OSPF 域中。注意：不同厂家的设备在这个命令参数上略有区别，例如，某厂家的静态路由和直连路由的重分布命令分别为：

```
R2(config-router)#redistribute static subnets
R2(config-router)#redistribute connected subnets
```

（3）实验主要步骤

在 R1 和 R2 之间配置静态路由，R2 和 R3 之间配置 OSPF 协议，属于 Area 0，同时在 R2 上重分布直连和静态路由，R3 通过 OSPF 能够学习到上述路由。

以下主要配置引入静态和直连路由，引入 ISIS、RIP、BGP 路由的原理与此相同。

1）R1 的配置。

① 配置接口的 IP 地址和 Loopback 地址 110.1.1.1。

② 配置默认路由（与 R1 相连的 R2 的接口地址为 10.1.1.2）：

```
R1(config)#ip route 0.0.0.0 0.0.0.0 10.1.1.2
R1(config)#exit
```

2）R2 的配置。

① 配置接口的 IP 地址和 Loopback 地址 120.1.1.1。

② 配置静态路由（与 R2 相连的 R1 的接口地址为 10.1.1.1）：

```
R2(config)#ip route 110.1.1.1 255.255.255.255 10.1.1.1
R2(config)# ip route 10.1.3.0 255.255.255.0 10.1.1.1
R2(config)#exit
```

③ 配置 OSPF 协议，并引入静态和直连路由：

```
R2(config)#router ospf 10
R2(config-router)#network 10.1.2.0 0.0.0.255 area 0
R2(config-router)#redistribute static
R2(config-router)#redistribute connected
R2(config)#exit
```

注意：此处的重分布命令依据设备厂家不同也可能是 redistribute static subnets 或者 redistribute connected subnets。

3）R3 的配置。

① 配置接口的 IP 地址。

② 配置 OSPF 协议：

```
R3(config)#router ospf 10
```

```
R3(config-router)#network 10.1.2.0 0.0.0.255 area 0
R3(config-router)# redistribute connected
R3(config)#exit
```

（4）实验验证

1）在给 PC1、PC2 配置适当的 IP 地址和网关，路由引入后，PC1 可以 ping 通 PC2。

2）在 R2 上执行 show ip route 命令，可以看到，R2 上除了直连网段 10.1.1.0/24、10.1.2.0/24、120.1.1.1/32，还有静态路由 110.1.1.1/32 和 10.1.3.0/24，以及通过 OSPF 学习到的路由 10.1.4.0/24。

3）在 R3 上执行 show ip route 命令，可以看到，R3 的直连网段 10.1.2.0/24、10.1.4.0/24，经过路由引入后，R3 通过 OSPF 学习到了 110.1.1.1/32、120.1.1.1/32、10.1.1.0/24、10.1.3.0/24 的路由。

## 4.2.3　OSPF 进阶实验

### 1. Stub 区的基本原理

引入外部路由后，OSPF 会产生 Type5、Type4 类型的 LSA，Type5 的 LSA 会洪泛到所有的 OSPF 区域中，Type4 类型的 LSA 会洪泛到除本区域以外的所有区域中，区域中的路由器要存储大量的链路状态信息。存储与计算路由信息会占用路由器的大量资源，影响路由器的性能。为了解决上述问题，可以采用设置 Stub 区域的办法来实现。

Stub 区又称为末节区域，是指 ABR 不会将 Type5、Type4 类型的 LSA 向 Stub 区域内路由器（IAR）发送。同时，Stub 区内不允许包含 ASBR，这意味着该区域也不会产生 Type 5 类型的 LSA。

Stub 区中所有的 OSPF 路由器，包括 ABR 和内部路由器，在 OSPF 配置时都必须明确地声明为处于 Stub 区中。需要注意的是，Stub 区不能是骨干区域 Area 0。

由于 Stub 区内的路由器不接收来自 AS 外部的 LSA，那么 Stub 区内的 IAR 如何计算到达外部网络的路由呢？为了弥补学不到 AS 外部 LSA 的信息，Stub 区的 ABR 路由器会自动产生一条默认的 LSA 下发到 Stub 区内的各路由器，即默认的 0.0.0.0 路由。这样的信息是以 Type3 的形式下发的。该默认路由的下一跳地址即为 ABR 自身，这意味着，区域内的 IAR 如果需要将 IP 报文发送给域外的网络，只需通过 ABR 转发即可。

如图 4.2.19 所示的网络，Area 1 是 Stub 区，R2 是 Area 1 的 ABR。R5 是一个 ASBR，它将

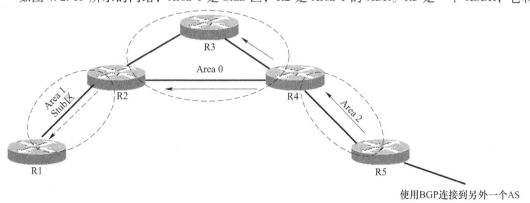

图 4.2.19　Stub 区内的路由计算

AS 外部的路由信息通过 Type5 类型的 LSA 向 AS 内部洪泛。但是该信息到达 R2 时，R2 只通过一条 Type3 类型的 LSA 向 Area 1 内通告一条默认路由 0.0.0.0，而不洪泛任何 Type5、Type4 类型的 LSA。

可以看出，配置 Stub 区后，那些采用 distribute 命令重分布进 OSPF 区域的外部网络路由信息不允许在 Stub 区中传播，区域内路由器的路由条目大大减少，从而降低了对内部路由器处理能力和内存的需求。

完全 Stub 区（Totally Stub）是指区域内的路由器既不接收来自自治系统外的 Type 5 和 Type4 类型的 LSA，也不接收来自 AS 内部其他区域的 Type3 类型的 LSA。同样地，完全 Stub 区也不能包含 ASBR，它也不产生 Type5 类型的 LSA。

对于完全 Stub 区内的路由器而言，它只接收本区域内的链路状态信息（Type1、Type2 类型的 LSA），不接收 Type3、Type4、Type5 类型的路由信息，因此它们只了解本区域内的拓扑信息，可以计算去往本区域内的路由，而对于 AS 外部和其他区域的路由一无所知，所以完全 Stub 区的 ABR 同样会产生默认路由 0.0.0.0，下发给区域内的各路由器。当它需要发送数据到 AS 外部网络或者其他区域，使用默认的路由 0.0.0.0 发送数据包。

当配置了完全 Stub 区域后，更进一步减少了路由表中的路由信息数量。完全 Stub 区的 IAR 路由器除了区域内的路由条目外，只有一条到达 ABR 的默认路由，不会学习其他区域的路由条目，到外部和其他区域的数据包通过 ABR 转发。

完全 Stub 区域一方面最小化了路由信息，另一方面把路由的变化限制在了一个区域内，其余区域的网络拓扑变化不会影响到区域内的路由器，这增加了整个 OSPF 网络的可靠性和可用性。

**2. Stub 区实验**

（1）实验目的

通过本实验理解和巩固 Type3、Type4、Type5 类型的 LSA 的作用，理解 Stub 区和完全 Stub 区的特点，掌握在 Stub 区、完全 Stub 区路由器的配置方法和配置要求。

（2）实验拓扑及关键指令

本实验使用的设备和参考拓扑如图 4.2.20 所示。

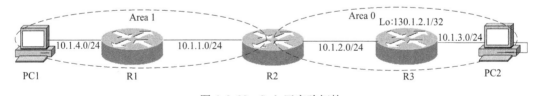

图 4.2.20 Stub 区实验拓扑

配置 Stub 区时，需要将 Stub 区内所有的路由器设置为 Stub 区，在路由模式下使用命令：

```
Router(config-router)#area <area-id> stub
```

将某个区域设为 Stub 区。例如，Router（config-router）#area 0.0.0.1 stub 命令用来将 Area 1 设置为 Stub 区。注意：所有在 Stub 区域中的路由器都要进行配置。如果路由器不是都配置了 Stub 区，那么它们不会建立邻接关系。

配置完全 Stub 区时，需要在上述命令的基础上增加参数 no-summary，其含义为禁止 ABR 将汇总的路由信息发送到该 Stub 区域。这样，该区域内的路由器不会接收到来自其他区域的路由信息。例如，Router（config-router）#area 0.0.0.1 stub no-summary 命令用来将 Area 1 设置为完全

Stub 区。

（3）实验主要步骤

1）按图 4.2.20 所示配置各路由器的 Loopback 地址和物理接口地址，保证各直连接口能够互相 ping 通。

2）各路由器启动 OSPF 进程，将 Area1 配置为普通区域。

① R3 的配置：

```
R3(config)#router ospf 1
R3(config-router)#network 10.1.2.0 0.0.0.255 area 0.0.0.0
R3(config-router)#network 10.1.3.0 0.0.0.255 area 0.0.0.0
R3(config-router)#redistribute connected subnets
```

② R2 的配置：

```
R2(config)#router ospf 1
R2(config-router)#network 10.1.2.0 0.0.0.255 area 0
R2(config-router)#network 10.1.1.0 0.0.0.255 area 1
```

③ R1 的配置：

```
R1(config)#router ospf 1
R1(config-router)#network 10.1.1.0 0.0.0.255 area 0.0.0.1
R1(config-router)#network 10.1.4.0 0.0.0.255 area 0.0.0.1
```

3）配置 Area1 为 Stub 区。R3 的配置不变，需改变 R1 和 R2 的配置。

① R2 的配置：

```
R2(config)#router ospf 1
R2(config-router)#area 0.0.0.1 stub
```

② R1 的配置：

```
R1(config)#router ospf 1
R1(config-router)#area 0.0.0.1 stub
```

4）将 Area1 配置为完全 Stub 区。

① R2 的配置：

```
R2(config)#router ospf 1
R2(config-router)#area 0.0.0.1 stub no-summary
```

② R1 的配置：

```
R1(config)#router ospf 1
R1(config-router)#area 0.0.0.1 stub no-summary
```

（4）实验验证

1）配置 PC1、PC2 的地址和网关后，PC1 可以 ping 通 PC2。

2）将 Area1 配成普通区域后，在 R1 上查看路由表和链路状态数据库，可以发现，路由表中有 AS 外部路由 130.1.2.0/24、区域间路由 10.1.2.0/24 和 10.1.3.0/24。

```
R1#show ip route
```

```
Dest            Mask                GW            Interface     Owner       pri     metric
10.1.1.0        255.255.255.0       10.1.1.1      fei_1/1       direct      0       0
10.1.1.1        255.255.255.255     10.1.1.1      fei_1/1       address     0       0
10.1.2.0        255.255.255.0       10.1.1.2      fei_1/1       ospf        110     2
10.1.3.0        255.255.255.0       10.1.1.2      fei_1/1       ospf        110     3
130.1.2.0       255.255.255.0       10.1.1.2      fei_1/1       ospf        110     20
10.1.4.0        255.255.255.0       10.1.4.1      fei_0/1       direct      0       0
10.1.4.1        255.255.255.255     10.1.4.1      fei_0/1       address     0       0
```

3）此时，查看 OSPF 数据库，可以看到五类 LSA。

```
R1#show ip ospf data
  OSPF Router with ID(10.1.4.1)(Process ID 1)
            Router Link States(Area 0.0.0.1)
Link ID       ADV Router      Age     Seq#            Checksum     Link count
10.1.2.1      10.1.2.1        72      0x80000003      0xad6f       1
10.1.4.1      10.1.4.1        81      0x80000002      0xb069       1
```

这是 Type 1 类型的 LSA，只在本区域内扩散，每台路由器都会发送这样的 LSA，Link ID 为发送者的 RouterID，描述了连接到区域的链路状态。

```
            Net Link States(Area 0.0.0.1)
Link ID       ADV Router      Age     Seq#            Checksum
10.1.1.1      10.1.4.1        72      0x80000002      0x8f96
```

这是 Type 2 类型的 LSA，只在本区域内扩散，由 DR 发出，Link ID 是 DR 的 IP 接口地址，描述了本广播域内的路由器列表。

```
            Summary Net Link States(Area 0.0.0.1)
Link ID       ADV Router      Age     Seq#            Checksum
10.1.2.0      10.1.2.1        89      0x80000001      0x78ca
10.1.3.0      10.1.2.1        85      0x80000001      0x78ca
```

这是 Type 3 类型的 LSA，由 ABR 产生，通告另一区域内的某一子网的路由信息，OSPF 默认情况下不自动汇总，所以如果没有手工汇总的话，会看到另一个区域内的所有具体网络，Link ID 为目标网络的网络前缀。

```
            Summary ASB Link States(Area 0.0.0.1)
Link ID       ADV Router      Age     Seq#            Checksum
10.1.3.1      10.1.2.1        85      0x80000001      0x4385
```

这是 Type 4 类型的 LSA，由 ABR 产生，描述到 ASBR 的路由信息，Link ID 是 ASBR 的 Router ID。

```
            Type-5 AS External Link States
Link ID       ADV Router      Age     Seq#            Checksum     Tag
130.1.2.1     10.1.3.1        41      0x80000001      0x9f54       3221225472
```

这是 Type 5 类型的 LSA，是由 ASBR 发出的，描述了前往外部 AS 的路由，Link ID 是外部

AS 目的网络的网络前缀。

4）将 Area1 配置成 Stub 区后，在 R1 上查看路由表，可以发现，路由表中仍然包含区域间路由 10.2.1.0/24 和 10.3.1.0/24，但没有了 AS 外部路由 130.1.2.0/24，同时产生默认路由 0.0.0.0。可以看出，Stub 区中的 ABR 能够过滤掉 Type 5 类型的 LSA，以防止它们被发布到 Stub 区中。同时，ABR 会产生一个 Type 3 类型的 LSA，以通告一条到达 AS 外部目的地址的默认路由。

```
R1#show ip route
Dest          Mask               GW           Interface    Owner     pri    metric
0.0.0.0       0.0.0.0            10.1.1.2     fei_1/1      ospf      110    2
10.1.1.0      255.255.255.0      10.1.1.1     fei_1/1      direct    0      0
10.1.1.1      255.255.255.255    10.1.1.1     fei_1/1      address   0      0
10.2.1.0      255.255.255.0      10.1.1.2     fei_1/1      ospf      110    2
10.3.1.0      255.255.255.0      10.1.1.2     fei_1/1      ospf      110    3
10.4.1.0      255.255.255.0      10.1.4.1     fei_0/1      direct    0      0
10.4.1.1      255.255.255.255    10.1.4.1     fei_0/1      address   0      0
```

5）查看 OSPF 数据库，发现没有了 Type5 类型的 LSA，同时增加了 Type3 类型的 LSA，即默认路由 0.0.0.0。

```
R1#show ip osp database
OSPF Router with ID(10.1.4.1)(Process ID 1)
                Router Link States(Area 0.0.0.1)
Link ID      ADV Router      Age      Seq#          Checksum      Link count
10.1.2.1     10.1.2.1        75       0x80000002    0xd747        1
10.1.4.1     10.1.4.1        123      0x80000002    0xd842        1
                Net Link States(Area 0.0.0.1)
Link ID      ADV Router      Age      Seq#          Checksum
10.1.1.1     10.1.4.1        53       0x80000001    0x7da7
                Summary Net Link States(Area 0.0.0.1)
Link ID      ADV Router      Age      Seq#          Checksum
0.0.0.0      10.1.2.1        164      0x80000001    0x1e32
10.1.2.0     10.1.2.1        75       0x80000001    0x78ca
10.1.3.0     10.1.2.1        164      0x80000001    0x78ca
```

6）将 Area1 配置成完全 Stub 区后，在 R1 上查看路由表，可以发现，区域间路由 10.1.2.0/24 和 10.1.3.0/24 也没有了，R1 上只有直连路由和默认路由 0.0.0.0。

```
R1#show ip route
IPv4 Routing Table:
Dest          Mask               GW           Interface    Owner     pri    metric
0.0.0.0       0.0.0.0            10.1.1.2     fei_1/1      ospf      110    2
10.1.1.0      255.255.255.0      10.1.1.1     fei_1/1      direct    0      0
10.1.1.1      255.255.255.255    10.1.1.1     fei_1/1      address   0      0
10.1.4.0      255.255.255.0      10.1.4.1     fei_0/1      direct    0      0
10.1.4.1      255.255.255.255    10.1.4.1     fei_0/1      address   0      0
```

7）查看 OSPF 数据库，发现其他的 Type3 类型的 LSA 都没有了，只有 ABR 下发的 0.0.0.0。

```
R1#show ip ospf database
OSPF Router with ID(10.1.4.1)(Process ID 1)
                Router Link States(Area 0.0.0.1)
Link ID     ADV Router      Age     Seq#         Checksum    Link count
10.1.2.1    10.1.2.1        367     0x80000005   0xc755      1
10.1.4.1    10.1.4.1        371     0x80000004   0xca4f      1
                Net Link States(Area 0.0.0.1)
Link ID     ADV Router      Age     Seq#         Checksum
10.1.1.1    10.1.4.1        313     0x80000002   0x8f96
                Summary Net Link States(Area 0.0.0.1)
Link ID     ADV Router      Age     Seq#         Checksum
0.0.0.0     10.1.2.1        135     0x80000001   0x1e32
```

可以看出，完全 Stub 区将 Type3 类型的 LSA 也过滤掉了，并通告一条到达区域外部目的地址的默认路由。

**3. 非完全末节区域（NSSA）的基本原理**

利用 Stub 区和完全 Stub 区虽然可以大大减少区域内路由器的路由表项，但在实际网络中，不可能每台路由器、每个接口都运行 OSPF 路由协议，有时需要将直连路由、静态路由、其他动态路由协议的路由引入，这时就会存在 ASBR 路由器，就无法设置为 Stub 区。此外，很多末端的网络设备本身没有 OSPF 协议，只能静态引入。为此，OSPF 定义了非完全末节区域（Not-so-stub Area，NSSA），并且作为 OSPF 协议的一种扩展属性单独在 RFC 1587 中描述。这是一个公有的对已存在的 Stub 区域特性的扩展，它允许外部路由在末节区域内进行有限的洪泛。

NSSA 是指一个 Stub 区中包含有 ASBR，这个区域中的路由器可以从该区域的 ASBR 处接收 AS 外部路由，但是不接收其他的外部路由信息。AS 外部路由不可以进入到 NSSA 区域中，但是 NSSA 区域内的 ASBR 引入的外部路由可以在 NSSA 区中传播并发送到区域之外。换句话说，NSSA 区外的 AS 外部路由进不来，而区域里的 AS 外部路由能出去。

如图 4.2.21 所示的网络，在 R3 上配置一条到达 10.4.1.0/24 的静态路由，下一跳为 10.3.1.2，将静态路由引入到 OSPF 中，则 R3 成为 ASBR。R3 将洪泛一条 Type 7 类型的 NSSA-LSA 到 Area 1 中，该 LSA 用于描述该外部路由。R2 再将该 NSSA-LSA 转换成一条 Type 5 类型的 LSA，在 AS 内的其他区域内洪泛。

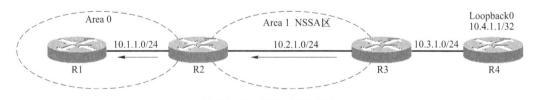

图 4.2.21　NSSA 区的概念

NSSA 作为 OSPF 标准协议的一种扩展属性，应尽量减少与不支持该属性的路由器协调工作时的冲突和兼容性问题。为了解决自治系统外部路由传递的问题，NSSA 中定义了一种新的 LSA——Type 7 类型的 LSA，作为区域内的路由器引入外部路由时使用。该类型的 LSA 除了类型标识与 Type 5 不相同之外，其他内容基本一样。这样，区域内的路由器就可以通过 LSA 的类型来判断是否该路由来自本区域内。但由于 Type 7 类型的 LSA 是新定义的，对于不支持 NSSA 属性的路由器无法识别，所以协议规定，在 NSSA 的 ABR 上将 NSSA 内部产生的 Type 7 类型的 LSA 转化为 Type 5 类型的 LSA 再发布出去，并同时更改 LSA 的发布者为 ABR 自己。这样，NSSA 区域外的路由器就可以完全不用支持该属性。对于 NSSA 区而言，区域内的所有 IAR 和 ABR 都必须支持该属性，而自治系统中的其他路由器则不需要。

**4. NSSA 实验**

（1）实验目的

掌握 Type7 类型的 LSA 的作用，掌握 NSSA 的特点，掌握在路由器上配置 NSSA 区的方法。

（2）实验拓扑及关键命令

本实验所需设备和参考拓扑如图 4.2.22 所示。

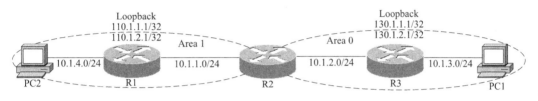

图 4.2.22　NSSA 实验拓扑

NSSA 区的配置与 Stub 区类似，需要将 NSSA 区内所有的路由器设置为 NSSA，在路由模式下使用命令：

```
Router(config-router)#area〈area-id〉nssa
```

将某个 Area 设为 NSSA 区。例如，R2（config-router）#area 0.0.0.1 nssa 命令用来将 Area 1 设置为 NSSA 区。与配置 Stub 区相同，注意要将所有在 NSSA 区域中的路由器都配置了 NSSA，否则它们不会建立邻接关系。

与 Stub 区中的完全 Stub 类似，NSSA 区中也有完全 NSSA 区，该区域不接收来自其他区域的 Type3 类型的 LSA。配置完全 NSSA 区时，需要在上述命令的基础上增加参数 no-summary。

（3）实验步骤

1）按图 4.2.22 所示连接拓扑，配置各路由器接口地址和 Loopback 地址，保证各直连接口能够 ping 通。

2）各路由器启动 OSPF 进程，将 Area1 配置为普通区域，此处的配置方法与前面 Stub 区域实验时骨干区域和普通区域配置一样，这里不再详述。

3）配置 Area 1 为 NSSA 区，R3 的配置不变，仅在 R1、R2 上做配置。

① R2 的配置：

```
R2(config)#router ospf 1
R2(config-router)#area 0.0.0.1 nssa default-information-originate
```

② R1 的配置：

```
R1(config)#router ospf 1
R1(config-router)# area 0.0.0.1 nssa
```

（4）实验验证

① 配置 PC1、PC2 的地址和网关后，PC1 可以 ping 通 PC2。

② 将 Area1 配置成普通区域后，在各路由器上用 show ip route 命令查看路由表，可以发现 R1 上有外部路由 130.1.1.1/32 和 130.1.2.1/32，R2 上有外部路由 110.1.1.1/32、110.1.2.1/32、130.1.1.1/32 和 130.1.2.1/32，R3 上有外部路由 110.1.1.1/32 和 110.1.2.1/32。

③ 将 Area1 配置成 NSSA 区域，查看路由表，可以发现 R1 无外部路由但是多了一条默认路由，R2 出现了 Type7 即 NSSA 路由 110.1.1.1/32 和 110.1.2.1/32，以及 Type5 路由 130.1.1.1/32 和 130.1.2.1/32，R3 有 Type5 路由 110.1.1.1/32 和 110.1.2.1/32。可以看出，ABR 路由器 R2 将 Type5 路由转化为 Type7 路由，屏蔽其他区域的 Type5 路由。

```
R1#show ip route
IPv4 Routing Table:
Dest          Mask              GW            Interface    Owner      pri    metric
0.0.0.0       0.0.0.0           10.1.1.2      fei_0/1      ospf       110    1
10.1.1.0      255.255.255.0     10.1.1.1      fei_0/1      direct     0      0
10.1.1.1      255.255.255.255   10.1.1.1      fei_0/1      address    0      0
10.1.2.0      255.255.255.0     10.1.1.2      fei_0/1      ospf       110    2
10.1.3.0      255.255.255.0     10.1.1.2      fei_0/1      ospf       110    3
10.1.4.0      255.255.255.0     10.1.4.1      fei_1/1      direct     0      0
10.1.4.1      255.255.255.255   10.1.4.1      fei_1/1      address    0      0
110.1.1.1     255.255.255.255   110.1.1.1     loopback1    address    0      0
110.1.2.1     255.255.255.255   110.1.2.1     loopback2    address    0      0
R2#show ip route
IPv4 Routing Table:
Dest          Mask              GW            Interface    Owner      pri    metric
10.1.1.0      255.255.255.0     10.1.1.2      fei_0/1      direct     0      0
10.1.1.2      255.255.255.255   10.1.1.2      fei_0/1      address    0      0
10.1.2.0      255.255.255.0     10.1.2.2      fei_1/1      direct     0      0
10.1.2.2      255.255.255.255   10.1.2.2      fei_1/1      address    0      0
10.1.3.0      255.255.255.0     10.1.2.2      fei_1/1      ospf       110    2
10.1.4.0      255.255.255.0     10.1.1.1      fei_0/1      ospf       110    2
110.1.1.1     255.255.255.255   10.1.1.1      fei_0/1      ospf       110    20
110.1.2.1     255.255.255.255   10.1.1.1      fei_0/1      ospf       110    20
130.1.1.1     255.255.255.255   10.1.2.2      fei_1/1      ospf       110    20
130.1.2.1     255.255.255.255   10.1.2.2      fei_1/1      ospf       110    20
R3#sh ip route
IPv4 Routing Table:
Dest          Mask              Gw            Interface    Owner      pri    metric
10.1.1.0      255.255.255.0     10.1.2.1      fei_1/1      ospf       110    2
10.1.2.0      255.255.255.0     10.1.2.2      fei_1/1      direct     0      0
10.1.2.2      255.255.255.0     10.1.2.2      fei_1/1      direct     0      0
10.1.3.0      255.255.255.0     10.1.3.1      fei_0/1      direct     0      0
10.1.3.1      255.255.255.255   10.1.3.1      fei_0/1      address    0      0
10.1.4.0      255.255.255.0     10.1.2.1      fei_1/1      ospf       110    2
110.1.1.1     255.255.255.255   10.1.2.1      fei_1/1      ospf       110    20
110.1.2.1     255.255.255.255   10.1.2.1      fei_1/1      ospf       110    20
```

| | | | | | | | |
|---|---|---|---|---|---|---|---|
| 130.1.1.1 | 255.255.255.255 | 130.1.1.1 | loopback2 | address | 0 | 0 |
| 130.1.2.1 | 255.255.255.255 | 130.1.2.1 | loopback1 | address | 0 | 0 |

④ 查看 OSPF 数据库，观察 LSA。

```
R2#show ip ospf database
OSPF Router with ID(10.1.2.1)(Process ID 1)
            Router Link States(Area 0.0.0.0)
Link ID           ADV Router Age      Seq#        Checksum   Link count
130.1.2.1         130.1.2.1    1030   0x80000007 0x839a      1
130.1.1.1         130.1.1.1    1518   0x8000000f 0xc442      2
10.1.2.1          10.1.2.1     1525   0x80000003 0x28ab      3
            Net Link States(Area 0.0.0.0)
Link ID           ADV Router Age      Seq#        Checksum
10.1.2.2          130.1.2.1    1025   0x80000004 0x7cb1
            Summary Net Link States(Area 0.0.0.0)
Link ID           ADV Router Age      Seq#        Checksum
10.1.1.0          10.1.2.1     1260   0x8000000c 0x6eca
10.1.4.0          10.1.2.1     1260   0x8000000c 0x6eca
            Router Link States(Area 0.0.0.1)
Link ID           ADV Router Age      Seq#        Checksum   Link count
10.1.2.1          10.1.2.1     1321   0x80000002 0x65af      1
10.1.4.1          10.1.4.1     1460   0x80000002 0x66aa      1
            Net Link States(Area 0.0.0.1)
Link ID           ADV Router Age      Seq#        Checksum
10.1.1.1          10.1.2.1     1389   0x80000001 0x7da7
            Summary Net Link States(Area 0.0.0.1)
Link ID           ADV Router Age      Seq#        Checksum
10.1.2.0          10.1.2.1     1522   0x80000001 0x78ca
10.1.3.0          10.1.2.1     1522   0x80000001 0x78ca
            Type-7 AS External Link States(Area 0.0.0.1)
Link ID           ADV Router Age      Seq#        Checksum Tag
0.0.0.0           10.1.2.1     1397   0x80000001 0x794a      0
110.1.1.1         10.1.4.1     1506   0x80000001 0xf377      0
110.1.2.1         10.1.4.1     1506   0x80000001 0xe881      0
            Type-5 AS External Link States
Link ID           ADV Router Age      Seq#        Checksum Tag
110.1.1.1         10.1.2.1     1447   0x80000001 0x82f1      0
130.1.1.1         130.1.2.1    237    0x80000002 0xa84b      0
110.1.2.1         10.1.2.1     1447   0x80000001 0x77fb      0
130.1.2.1         130.1.2.1    237    0x80000003 0x9b56      0
```

可以看出，在一个 NSSA 中，ASBR 生成 Type7 类型的 LSA 而不是 Type5 类型的 LSA。ABR 不能将 Type7 类型的 LSA 传入其他的 OSPF 区域，它一方面在区域边缘阻断外部路由到达 NSSA 区域，另一方面将 Type7 类型的 LSA 转换成 Type5 类型的 LSA。

**5. OSPF 路由聚合的基本原理**

如前所述，配置 Stub 区和 NSSA 区可以减少该区域内路由表项，节约路由器的资源，但它对骨干区并无帮助。当大量的路由信息涌入骨干区时，骨干区内路由器的表项将非常庞大。如果能将一个区域内的路由信息汇总之后再送入骨干区，那么就可以减少骨干区内路由信息，从而减少整个 OSPF 域内的路由信息。

从 IP 地址的原理可知，如果一个区域内的 IP 地址的分配是连续的，就可以将这些路由进行汇总，以一条汇总过的路由替代多个连续的单独路由。这就是路由聚合的概念。路由聚合可以节约骨干区域的资源，通过公告一组网络地址为一个聚合地址来实现。

路由聚合可以发生在区域间，也可以发生在自治系统间。区域间的路由聚合由 ABR 实现，而自治系统间的路由聚合则由 ASBR 实现。如图 4.2.23 所示。

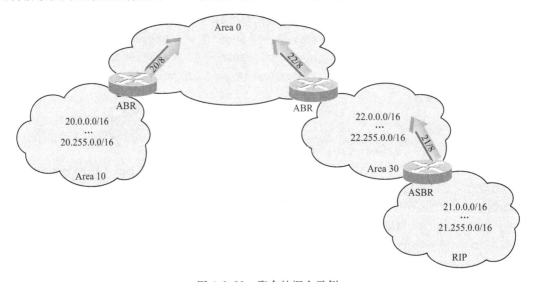

图 4.2.23　聚合的概念示例

ABR 在计算出一个区域的区域内路由之后，查询路由表，将其中每一条 OSPF 路由封装成一条 Type3 类型的 LSA 发送到区域之外。例如，图 4.2.23 中，Area 10 内有 20.0.0.0/16 ～ 20.255.0.0/16 共 254 条区域内路由，因此 Area 10 的 ABR 会将这 254 条路由生成 254 条 Type3 类型的 LSA，如果将这 254 条 Type3 类型的 LSA 全部输入骨干区，骨干区内路由器将不堪重负。由于地址连续，因此可以进行路由聚合，即将这 254 条路由聚合成 20.0.0.0/8 的一条 Type3 类型的 LSA 通告骨干区，大大减少了骨干区的路由信息。

当其他路由协议的路由重分布到 OSPF 中之后，每条单独的路由作为一个外部的 Type5 类型的 LSA 被 ASBR 通告。如果地址连续，ASBR 就可以通过聚合将这些外部路由作为一条单独的 Type5 类型的路由进行通告，这将大大减小 OSPF 的链路状态数据库的大小。如图 4.2.23 中，AS 内有 21.0.0.0/16 ～ 21.255.0.0/16 共 254 条外部路由，ASBR 会将这 254 条路由生成 254 条 Type5 类型的 LSA。ASBR 可以将这些路由进行聚合，将这 254 条路由聚合成 21.0.0.0/8 的一条 Type5 类型的 LSA 洪泛。

使用路由聚合后，一方面可以减少 LSA 的数量，节省 CPU 资源，减小路由表的大小；另一方面还可以将拓扑变化的影响限制在本地，保持骨干网的稳定性。

**6. OSPF 路由聚合实验**

（1）实验目的

通过本实验掌握路由器上配置 OSPF ABR 聚合、ASBR 聚合所需的基本命令，理解和巩固 OSPF 的基本原理。

（2）实验设备及关键指令

本实验所需设备与参考拓扑如图 4.2.24 所示。

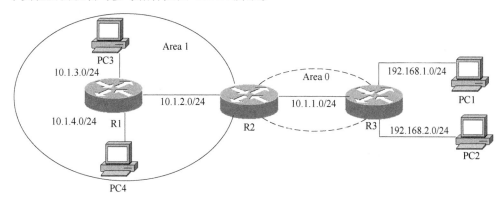

图 4.2.24  路由聚合实验拓扑

配置聚合的关键命令。

1）区域间的路由汇总。由 ABR 实现，在路由配置模式下使用以下命令：

```
Router(config-router)# area <area-id> range <ip-address> <net-mask>
```

例如，命令 Router（config-router）# area 0.0.0.1 range 10.1.0.0 255.255.0.0 用来将 Area 1 内的路由信息进行汇总。

2）AS 间的路由汇总，在路由配置模式下使用以下命令：

```
Router(config-router)#summary-address <ip-address> <net-mask>
```

（3）实验步骤

1）按图 4.2.24 所示连接拓扑，并配置各路由器和主机的接口地址，保证各直连接口能相互 ping 通。

2）各路由器启动 OSPF 进程。

① R1 的配置：

```
R1(config)#router ospf 100
R1(config-router)#network 10.1.2.0 0.0.0.255 area 0.0.0.1
R1(config-router)#network 10.1.3.0 0.0.0.255 area 0.0.0.1
R1(config-router)#network 10.1.4.0 0.0.0.255 area 0.0.0.1
```

② R2 的关键配置：

```
R2(config-router)#router ospf 100
R2(config-router)#network 10.1.2.0 0.0.0.255 area 0.0.0.1
R2(config-router)#network 10.1.1.0 0.0.0.255 area 0.0.0.0
```

③ R3 的关键配置：

```
R3(config)#router ospf 1
R3(config-router)#network 10.1.1.0 0.0.0.255 area 0.0.0.0
```

R3(config-router)#redistribute connected

注意：此时，在 R3 上配置 192.168.1.0/24 和 192.168.2.0/24 使用 redistribute connected 命令，重分布直连网段使得各主机之间可以互通，因此 R3 成为 ASBR。

3）在 ABR 或 ASBR 上进行路由聚合配置

① 在 ABR 路由器 R2 上配置聚合。

R2(config)#router ospf 100

R2(config-router)#area 0.0.0.1 range 10.1.0.0 255.255.0.0

② 在 ASBR 路由器 R3 上配置聚合。

注意：此时，在 R3 上配置跟第 2）步给出的命令不同，不使用 network 通告，而要使用 redistribute connected 命令重分布直连网段，使 R3 成为 ASBR。

R3(config)#router ospf 100

R3(config-router)#summary-address 192.168.0.0 255.255.0.0

（4）实验验证

1）聚合前，查看 R1、R2、R3 的 OSPF 协议相关的路由表：

```
R1#sh ip route ospf
IPv4 Routing Table:
Dest          Mask            GW          Interface   Owner   pri   metric
10.1.1.0      255.255.255.0   10.1.2.2    fei_1/1     ospf    110   2
192.168.1.0   255.255.255.0   10.1.2.2    fei_1/1     ospf    110   20
192.168.2.0   255.255.255.0   10.1.2.2    fei_1/1     ospf    110   20


R2#sh ip route ospf
IPv4 Routing Table:
Dest          Mask            GW          Interface   Owner   pri   metric
10.1.3.0      255.255.255.0   10.1.2.1    fei_1/1     ospf    110   11
10.1.4.0      255.255.255.0   10.1.2.1    fei_1/1     ospf    110   11
192.168.1.0   255.255.255.0   10.1.1.1    fei_1/0     ospf    110   20
192.168.2.0   255.255.255.0   10.1.1.1    fei_1/0     ospf    110   20


R3#sh ip route ospf
IPv4 Routing Table:
Dest          Mask            GW          Interface   Owner   pri   metric
10.1.2.0      255.255.255.0   10.1.1.2    fei_1/1     ospf    110   2
10.1.3.0      255.255.255.0   10.1.1.2    fei_1/1     ospf    110   12
10.1.4.0      255.255.255.0   10.1.1.2    fei_1/1     ospf    110   12
```

2）配置 ASBR（即 R3），观察 R1、R2 上的路由表，聚合后的信息如下：

```
R1#sh ip route ospf
IPv4 Routing Table:
Dest          Mask            GW          Interface   Owner   pri   metric
10.1.1.0      255.255.255.0   10.1.2.2    fei_1/1     ospf    110   2
```

```
192.168.0.0   255.255.0.0   10.1.2.2   fei_1/1   ospf   110   20
```

```
R2#sh ip route ospf
IPv4 Routing Table:
Dest         Mask            GW         Interface  Owner  pri metric
10.1.3.0     255.255.255.0   10.1.2.1   fei_1/1    ospf   110 11
10.1.4.0     255.255.255.0   10.1.2.1   fei_1/1    ospf   110 11
192.168.0.0  255.255.255.0   10.1.1.1   fei_1/0    ospf   110 20
```

3）配置 ABR（即 R2）聚合后，观察 R3 上的 OSPF 路由表：

```
R3#sh ip route ospf
IPv4 Routing Table:
Dest         Mask            GW         Interface  Owner  pri metric
10.1.0.0     255.255.0.0     10.1.1.2   fei_1/1    ospf   110 2
```

## 4.2.4　OSPF 路由优化综合实验

### 1. 实验目的

通过本次综合实验，掌握 OSPF 的配置，包括区域划分、路由引入、配置 Stub 区、配置 NSSA 区及路由聚合等，优化骨干区的路由表项。

### 2. 实验拓扑及要求

本综合实验的参考拓扑如图 4.2.25 所示，实验的基本要求如下。

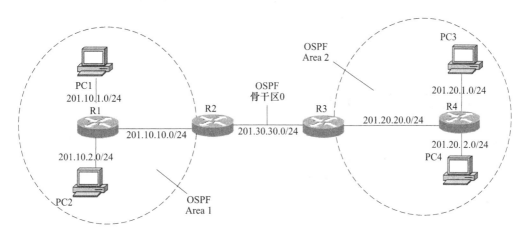

图 4.2.25　OSPF 路由优化综合实验拓扑

1）网络运行 OSPF，区域划分如图 4.2.25 所示。

2）非骨干区的路由控制优化：比较 Area 1 从一般的非骨干区修改为 Stub 区，完全 Stub 区、NSSA 区后，R1 与 R4 路由表及 LSDB 的差异。

3）骨干区的路由控制优化：利用路由聚合，优化控制骨干区的路由表项，外部路由可自主设计引入。

**3. 实验主要步骤**

本综合实验按照前面三小节的关键命令进行配置，主要参考步骤如下。

1）按照拓扑连接设备，配置各设备的 IP 地址。

2）路由器上划分配置 OSPF 区域，骨干区及非骨干区。

3）主机之间相互 ping 通，查看 R1 和 R4 的路由表并记录。注意：应当由合理的路由引入，使得 R1、R4 中具有 Type5 类型的 AS 外部路由。

4）修改 Area 1 的属性，将其从非骨干区改变设置为 Stub 区，观察 R1 与 R4 的路由表及 LSDB 并记录进行比较。

5）修改 Area 2 的属性，将其从非骨干区改变设置为 NSSA 区，观察 R1 与 R4 的路由表及 LSDB 并记录进行比较。

6）观察各 IP 网段，进行合理的路由聚合，再次观察路由表并记录。

**4. 实验验证**

本实验过程中的验证，可逐步验证，以便排查。

1）连好拓扑配置完成 IP 后，各直连段应当可以 ping 通。

2）R2、R3 路由器配置 OSPF 进程及骨干区域，查看其路由表及 OSPF 数据库。

3）各路由器配置 Area1 和 Area2，查看 R1~R4 的路由表并记录，其中设置合理的路由引入，使得 R1、R4 中具有 Type5 类型的 LSA。各主机之间可相互 ping 通。

4）修改 Area1 为 Stub 区，R1 的路由表中应当没有了 AS 外部路由，产生默认路由，查看 OSPF 数据库，没有了 AS 外部路由，增加了默认的 Type3 类型的 LSA。各主机之间可相互 ping 通。

5）修改 Area2 为 NSSA 区，查看 R4 的路由表中没有了 AS 外部路由，查看 R3 的 OSPF 数据库中有了 Type7 路由，并屏蔽了其他区域的 Type5 路由。各主机之间可相互 ping 通。

6）对 Area1 和 Area2 中主机连接的网络进行合理的路由聚合，观察并记录聚合前后路由表项的变化。各主机之间可相互 ping 通。

# 4.3 域间路由协议 BGP 与实验

BGP 是一个域间路由协议，用于自治系统之间的路由选择。对于普通用户，甚至中小型网络的管理员而言，他们作为某个 ISP 自治系统网络的用户，无须了解所属的 ISP 是如何与其他 ISP 网络互连的，因此也不需要了解 BGP。但对于 AS 的管理者而言，掌握 BGP 的工作原理和常用配置是基本的要求。

## 4.3.1 BGP 概述

边界网关协议（Border Gateway Protocol，BGP）是 Internet 实际上唯一使用的自治系统间的路由协议。为适应 Internet 网络结构和核心协议的发展变化，BGP 从 1989 年的版本 1（RFC1105）开始，经历了 4 次主要的版本升级，当前使用的是版本 4，定义在 RFC4271 中。版本 4 中主要的扩展是对 CIDR 和路由汇总的支持，以控制和减小核心路由器中路由表的大小。

在执行自治系统之间的选路时，BGP 面对的问题与 IGP 有很大不同。IGP 执行相同 AS 内不同网络主机之间的路由选择，选路根据带宽、跳数等技术参数进行即可；当在属于不同国家和 ISP 的自治系统之间选路时，能够根据政治和商业策略执行域间选路成为 BGP 的主要要求。例如，A 国法律规定源地址是本国的任何流量都不能经由邻国 B 转发，则在 A 国的任何一个出口点上转发分组时，包含有经过 B 国网络的任何路径都不能选择。

为了支持基于策略的选路，BGP 的路由更新报文包含了网络可达性信息和路径属性两部分内容。网络可达性信息包含经由自身可达的目的网络前缀，路径属性部分则描述了目的网络所经过路径的属性，例如 AS 列表、路由来源、下一跳等属性信息，同时也包含了 ISP 定义的域间选路策略。

图 4.3.1 描述了在 AS 之间传递 BGP 路由更新报文的原理。AS1 通过边界路由器向 AS2 通告一条路由信息"12.34.56.0/24：path(1)"，含义是经由路径 AS1 可达 12.34.56.0/24。同样，如果策略允许，AS2 会向 AS3 通告一条路由信息"12.34.56.0/24：path(2,1)"，含义是经由路径 AS2—AS1 可达 12.34.56.0/24。每个 AS 在发布路由信息时都会将自己的 AS 号按序附加在路径属性中的 AS 号列表内。

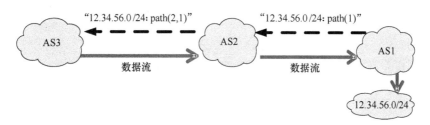

图 4.3.1　AS 之间通过 BGP 传递路由更新信息

路由器使用这些信息可以构造一个 AS 互联的拓扑图，一方面可以避免路由环路，另一方面可以根据路径信息在 AS 级别上实施策略决策。

通过 BGP，不同的 AS 系统之间实现了路由信息的共享。这样，不管一台主机的位置在哪儿，互联网上的路由器都能发现一条到达它的有效路由，任意两个用户之间的通信就成为可能。简单来说，BGP 的作用就像一个黏合剂，把构成 Internet 的各个独立自治的 AS 粘合成一个有机的整体。

下面对域内和域间路由协议扮演的角色做一个简单比较。一个 AS 可以看成网络的集合，而 Internet 则是 AS 的集合。域内路由协议负责在一个 AS 内部的各网络之间交换路由信息，确定到每个网络的最佳路由。在 AS 内部，总是假设各网络均是可信的，网络之间选路通常不考虑商业因素，最佳路由通过 metric 这样的技术参数确定即可，相对简单，协议复杂度则取决于 AS 中网络的数目。域间路由协议执行不同 AS 之间的路由选择，由于 AS 通常属于不同的机构和 ISP，因此在 AS 层次选路时，策略、花费、安全等因素的优先级通常是高于路径长短的，选择过程比域内路由协议复杂。BGP 的复杂度仅取决于 Internet 包含的 AS 数目，这是保证 BGP 可扩展性的关键。通过上面的比较分析，可以得出结论，域间路由和域内路由协议并不能互相代替。

**1. eBGP 与 iBGP**

一个执行 BGP 的路由器称为 BGP 发言人（BGP Speaker）。BGP 是通过 TCP 承载的，两个 BGP 发言人之间必须先通过 TCP 端口号 179 建立一个 BGP 会话，形成邻居或对等方关系后才能交换 BGP 更新报文。

如图 4.3.2 所示，当形成邻居关系的两个 BGP 发言人位于不同的 AS 中，则双方建立 eBGP（External BGP）会话交换信息；当两个 BGP 发言人位于同一个 AS 中，则双方建立 iBGP（Internal BGP）会话交换信息。这样，BGP 发言人之间就存在两种邻居关系，iBGP 邻居和 eBGP 邻居。注意：iBGP 与 eBGP 的报文格式和协议状态机完全一样，不同的仅是路由的通告策略。

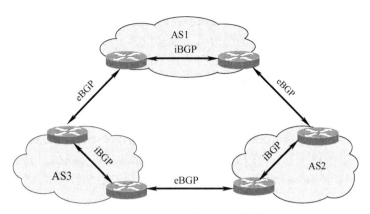

图 4.3.2　eBGP 与 iBGP 会话

图 4.3.3 描述了在 BGP 中引入 iBGP 会话的主要原因。图中 AS-64513 是一个转发 AS，有两个 BGP 边界路由器 A 和 B，按照 AS 的要求，两个边界路由器必须有一致的外部网络信息，执行一致的策略。例如，到某目的网络的一个分组在路由器 A 根据策略拒绝向外转发，则在路由器 B 也应该拒绝转发。同样，路由器 A 知道的外部网络的路由信息，路由器 B 也同样应该知道。

假如不使用 iBGP，如何保持一个 AS 中所有边界路由器路由和策略的一致性？首先，如果不采用静态配置，边界路由器 A 和 B 只能使用重分布的方式将各自通过 eBGP 会话学到的外部路由注入 IGP 中，然后通过 IGP 在边界路由器之间交换外部路由信息。这样做的缺点是，外部路由信息量通常很大，会对 IGP 的稳定性产生很大的冲击，同时 IGP 与 BGP 相互独立的原则也被破坏，因为外部路由的每次变化，都会导致 IGP 路由的重新计算。而实际上，IGP 路由器访问外部网络，并不需要知道完整的外部路由信息。通过 IGP 传送外部路由信息的另一个缺点是，无法传递 BGP 的路径属性信息，保持边界路由器策略的一致性就变得很困难。

如图 4.3.3 所示，使用 iBGP 后，一方面，外部路由通过 iBGP 会话在 iBGP 邻居之间传送，对 IGP 路由器没有影响，外部路由的变化不会对 IGP 产生影响；另一方面，策略信息可以通过 iBGP 会话在边界路由器之间传递，这个特性对 ISP 网络的运营是很关键的。

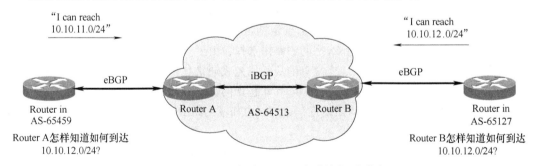

图 4.3.3　BGP 中引入 iBGP 会话的主要原因

在 BGP 支持的三类 AS 中，对于存在多个边界路由器的转发 AS 和多归属 AS，都需要 iBGP 配置；如果是一个末端 AS，通常仅需要在边界路由器上运行 eBGP 即可，无须 iBGP，然后由边界路由器向 IGP 下发一条指向边界路由器的默认路由即可。

注意：在 Cisco 等主要厂商的 BGP 实现中，iBGP 路由的管理距离默认为 200，优先级既小于 eBGP，也小于其他 IGP 协议。

**2. 路径矢量算法**

根据所使用的路由算法，BGP 被称为路径矢量协议。路径矢量协议与距离矢量协议相似的地方是，每个 AS 会向邻居通告经由自己可达哪些网络，收到这些信息的邻居据此推知"既然那些 AS 可达这些网络，则我通过它也一定可达这些网络"。

与距离矢量协议不同的地方是，为了能够在 AS 构成的任意拓扑结构中计算有效且没有环路的路由，BGP 并不是简单地用目的网络和 metric 的形式来通告路由，而是以目的网络和相应的路径属性集的形式通告路由信息。路径属性集中的 AS_PATH 属性会携带到达目的网络所经过的所有 AS 的列表，而相应的 metric 则用 AS_PATH 属性中的 AS 数目隐含地给出。图 4.3.4 描述了 BGP 路径矢量算法的工作原理。AS1 中的 R1 与 AS2 中的 R2 之间通过 eBGP 会话交换更新报文，每次总是把自己的 AS 号写入 AS_PATH 属性中 AS 列表的头部，这样每个 AS 都可以知道到达指定的目的网络需要经过哪些 AS。由于路由信息中包含了拓扑信息，因此在 AS 这个层次上没有环路和计数到无穷大的问题。例如，一个 AS 收到 BGP 路由更新报文，其中的 AS_PATH 包含了本 AS，则拒绝该更新，避免环路。

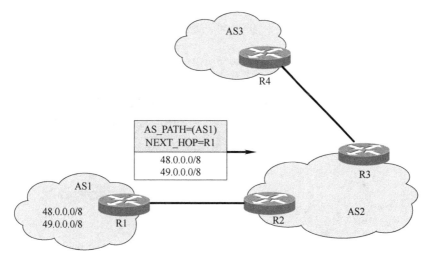

图 4.3.4　eBGP 邻居间通告路径矢量

在图 4.3.5 中，R2 与 R3 位于同一个 AS 中，它们之间则通过 iBGP 会话交换更新报文。

注意：R3 收到的 BGP 更新报文中，NEXT_HOP 属性仍然为 R1。BGP 更新报文中的 NEXT_HOP 属性通常是发送该更新报文的最后一个 eBGP 对等方的 IP 地址，这一点与 IGP 不同。

在图 4.3.6 中，R3 通过 eBGP 与 R4 交换更新报文时，注意 AS_PATH 与 NEXT_HOP 两个属性的变化。AS_PATH 中 R3 将自己所在的 AS 号加到 AS 列表头部，NEXT_HOP 则修改为 R3。

**3. 报文类型**

BGP 报文包含四种类型：OPEN、UPDATE、NOTIFICATION 和 KEEPALIVE。四种报文的头部格式都是一样的，如图 4.3.7 所示，长度为 19B。

其中，Marker 字段包含接收端可识别的认证信息，Length 字段指明以字节为单位的报文总长度，Type 字段指明该报文的类型。下面简要介绍四种 BGP 报文的格式和作用。

（1）OPEN 报文

该报文用于初始化时两个 BGP 发言人之间建立邻居关系。每个 OPEN 报文包含如图 4.3.8 所示的主要字段，图中描述了 OPEN 报文的数据部分格式。

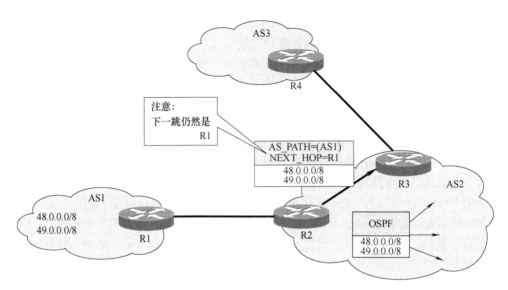

图 4.3.5 iBGP 邻居间通告路径矢量

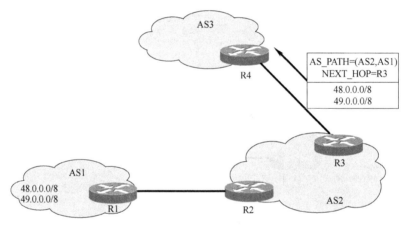

图 4.3.6 路径属性跨域传输时的变化

图 4.3.7 BGP 报文头部格式

1）Version：BGP 版本号，取值为 4 代表 BGP 版本 4。

2）My AS 号：自己所在的 AS 号。

3）BGP Identifier：一个 4B 的无符号整型数，用于标识 BGP 报文的发送者。BGP 标识符由 BGP 发言人在系统启动时确定，一般会使用 BGP 发言人的所有 IP 地址中最高的一个，包括 Loopback 地址。

4）Hold Time：是以秒为单位的 KEEPALIVE 或 UPDATE 报文的最大发送时间间隔。两个

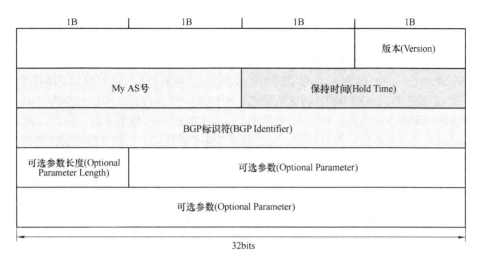

图 4.3.8  OPEN 报文的数据部分格式

BGP 邻居协商时通常选择较小的数值。当 Hold Time 等于 0 时意味着 BGP 邻居之间不发送 KEEP-ALIVE 报文。假如发送报文的间隔超过了 Hold Time 规定的值，则认为邻居已经无效了。

图 4.3.9 是一个使用 Wireshark 捕获的 BGP OPEN 报文的例子。由图可以看出，该报文的发送者是 AS-65100 中的 BGP 路由器 10.10.3.1。

```
No. .    Time          Source          Destination     Protocol   Info
     1 0.000000        1.1.1.1         2.2.2.2         TCP        46612 > bgp [SYN] Seq=0 Win=1638
     2 2.016208        2.2.2.2         1.1.1.1         TCP        bgp > 46612 [SYN, ACK] Seq=0 Ack
     3 2.024158        1.1.1.1         2.2.2.2         TCP        46612 > bgp [ACK] Seq=1 Ack=1 W
     4 2.032159        1.1.1.1         2.2.2.2         BGP        OPEN Message
     5 2.040180        2.2.2.2         1.1.1.1         BGP        OPEN Message, KEEPALIVE Message
     6 2.048158        1.1.1.1         2.2.2.2         BGP        KEEPALIVE Message

⊞ Frame 4 (99 bytes on wire, 99 bytes captured)
⊞ Ethernet II, Src: c2:00:1e:8c:00:00 (c2:00:1e:8c:00:00), Dst: c2:01:1e:8c:00:00 (c2:01:1e:8c:00:00)
⊞ Internet Protocol, Src: 1.1.1.1 (1.1.1.1), Dst: 2.2.2.2 (2.2.2.2)
⊞ Transmission Control Protocol, Src Port: 46612 (46612), Dst Port: bgp (179), Seq: 1, Ack: 1, Len: 45
⊟ Border Gateway Protocol
   ⊟ OPEN Message
       Marker: 16 bytes
       Length: 45 bytes
       Type: OPEN Message (1)
       version: 4
       My AS: 65100
       Hold time: 180
       BGP identifier: 10.10.3.1
       Optional parameters length: 16 bytes
   ⊞ Optional parameters
```

图 4.3.9  使用 Wireshark 捕获的 BGP OPEN 报文

（2）UPDATE 报文

该报文用于在 BGP 邻居之间通告网络可达性信息（Network Layer Reachability Information，NLRI）和路径属性，以及撤销不可用的路由。在 BGP 中，将（NLRI，属性）构成的二元组，称为一条 BGP 路由。UPDATE 报文中包含的主要字段含义如下。

1）NLRI：该字段包含一条或多条网络信息，每条网络信息由二元组（length，prefix）表示，支持 CIDR。

2）路径属性：提供与一条 NLRI 有关的属性信息，如 AS_Path 属性、下一跳属性等。属性信息主要用于 BGP 路由过滤、选路决策等处理过程。

简单来说，一条 BGP 路由包括 NLRI（IP 前缀+掩码）和路径属性（下一跳,AS_Path,路由来源,其他可选属性,…）构成。与一条典型的 IGP 路由相比，BGP 路由主要扩展的是路径属性部分。

图 4.3.10 描述了一个 UPDATE 报文数据部分的格式。可以看到，其信息分为三部分。第一部分是通告不可用路由的信息，包含不可用路由长度和撤销路由两个字段。假如没有不可用路由要撤销，则不可用路由长度部分置零。第二部分是路径属性部分，包含路径属性总长度和路径属性两个字段，该部分描述了报文中 NLRI 部分对应的路径属性集。最后一部分是可变长度的 NLRI 字段，其中的每条 NLRI 用长度/前缀对形式表示。图 4.3.11 所示是使用 Wireshark 捕获的 BGP UPDATE 报文实例。

| 不可用路由长度( Unfeasible Routes Length)<br>(2B) |
| --- |
| 撤销的路由( Withdrawn Routes)<br>(可变长) |
| 路径属性总长度 (2B) |
| 路径属性( Path Attribute)<br>(可变长) |
| NLRI (Network Layer Reachability Information )<br>(可变长) |

图 4.3.10　UPDATE 报文数据部分的格式

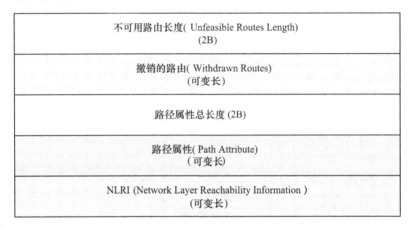

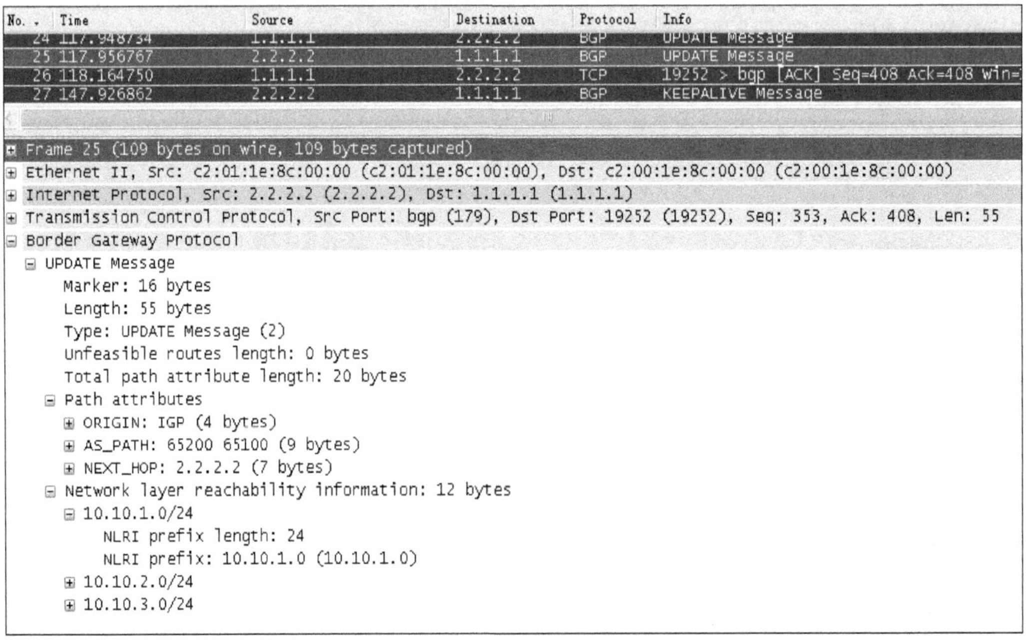

图 4.3.11　使用 Wireshark 捕获的 BGP UPDATE 报文

图 4.3.11 中的 UPDATE 报文没有不可用路由信息，AS_PATH 属性包含两个自治系统号
65200 和 65100，代表 NLRI 中包含的可达性信息是经由 AS_65200 和 AS_65100 可达。这里另一个
需要注意的是，一条 UPDATE 报文中可以携带多条 NLRI，并且全部的 NLRI 共享一个相同的路
径属性集，即报文中第二部分定义的路径属性适用于第三部分全部的 NLRI。假如可达性信息的
路径属性值不同，则必须通过不同的 UPDATE 报文传送。图 4.3.12 所示是使用 Wireshark 捕获的
包含撤销路由信息的 UPDATE 报文。

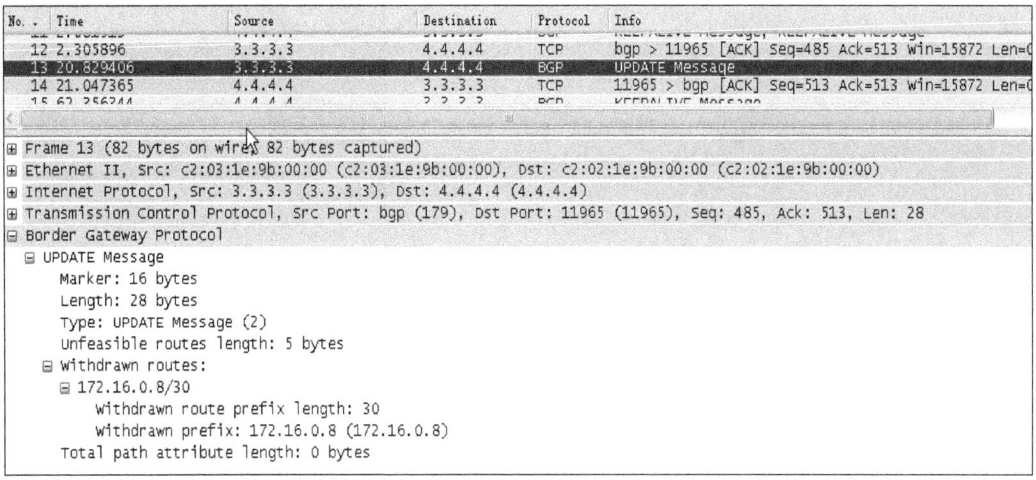

图 4.3.12　使用 Wireshark 捕获的包含撤销路由的 BGP UPDATE 报文

（3）NOTIFICATION 报文

该报文用于向 BGP 邻居报告错误。NOTIFICATION 报文发送完后，将关闭 BGP 会话，终止
邻居关系。

（4）KEEPALIVE 报文

该报文用于定期地检测 BGP 邻居的可达性。KEEPALIVE 报文没有数据字段，仅包含一个
19B 的 BGP 头部信息，默认的发送周期是 60s。图 4.3.13 所示是使用 Wireshark 捕获的 BGP KEE-
PALIVE 报文的例子。

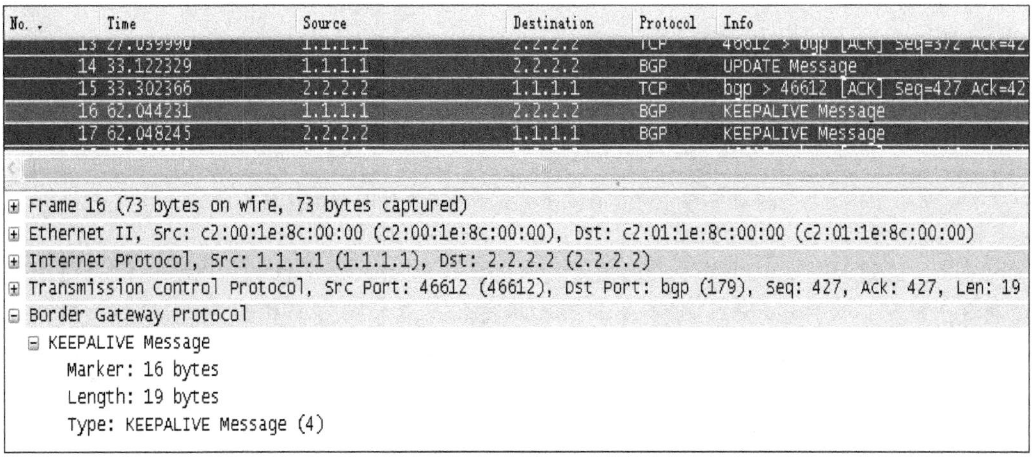

图 4.3.13　使用 Wireshark 捕获的 BGP KEEPALIVE 报文

**4. 基本工作过程**

第一步：BGP 发言人首先使用 TCP 的 179 端口建立到另一个 BGP 发言人的连接，然后在该连接上发送 OPEN 报文协商建立邻接关系。收到 OPEN 报文的路由器则用 KEEPALIVE 报文进行确认，表示接受建立邻接关系。如图 4.3.14 所示。

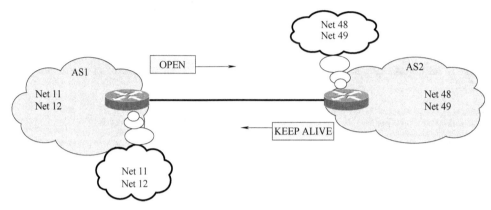

图 4.3.14　创建 BGP 会话，形成邻接关系

第二步：两个 BGP 发言人首次形成邻接关系后，无论 iBGP 还是 eBGP 邻居之间，都将根据定义的策略使用 UPDATE 报文交换所有已知的路由信息。如图 4.3.15 所示，每条 UPDATE 报文会包含一条或多条 BGP 路由。

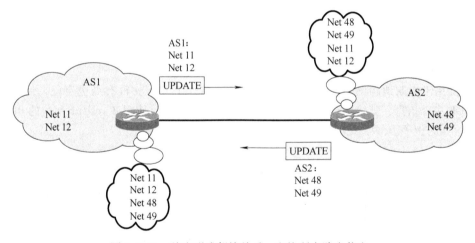

图 4.3.15　首次形成邻接关系，交换所有路由信息

第三步：经过 OPEN/UPDATE 报文交换过程后，BGP 进入稳定状态。BGP 中没有路由信息的定期更新机制，状态稳定后，除了在邻居之间定期发送长度为 19B 的 KEEPALIVE 报文维持 BGP 会话外，BGP 几乎处于静默状态。如图 4.3.16 所示

第四步：当网络拓扑或路由属性发生变化时，BGP 仅发送与变化相关的路由信息。如图 4.3.17 所示，当 Net48 变为不可达时，AS2 通过 UPDATE 报文中的 Withdraw 信息告知 AS1，Net48 不可达，AS1 收到 Withdraw 信息后，修改 BGP 路由表，删除关于 Net48 的路由信息。

图 4.3.18 总结了 BGP 的简化工作过程。

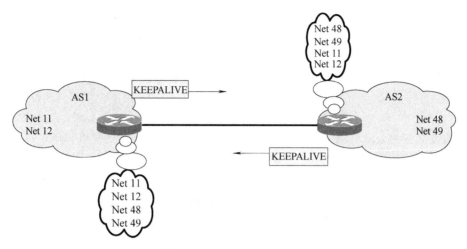

图 4.3.16　定期发送 KEEPALIVE 报文维持邻接关系

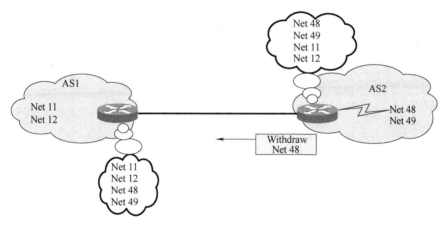

图 4.3.17　触发更新，撤销路由

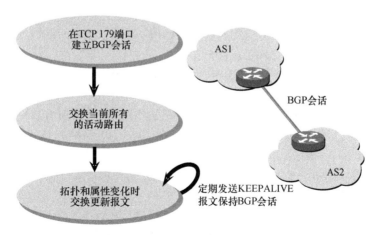

图 4.3.18　BGP 的简化工作过程

**5. 路径属性与策略**

（1）路径属性

每条 BGP UPDATE 报文都会携带一条或多条 NLRI，以及与其关联的一个路径属性集，这是 BGP 与 IGP 路由信息之间的主要区别。使用 BGP 更新报文携带的各类路径属性信息，AS 可以执行基于策略的选路。BGP 路径属性见表 4.3.1，路径属性分为公认（Well-known）和可选属性两类。所有 BGP 发言人都必须能够识别和理解的称为公认属性。其他的路径属性都称为可选（Optional）属性，它们不要求 BGP 必须能够理解和处理，通常标准文档不会对可选属性进行明确的定义。

公认属性又分为公认必遵（Well-known Mandatory）和公认自选（Well-known Discretionary）两种类型。公认必遵属性指每个 BGP 更新报文中都必须包含的路径属性。目前公认必遵属性仅有 ORIGIN、AS_PATH 和 NEXT_HOP 三个。公认自选属性仅出现在部分类型的 BGP 报文中。

表 4.3.1　BGP 路径属性

| 属性和类型码 | 公认必遵 | 公认自选 | 可选转发 | 可选非转发 |
|---|---|---|---|---|
| ORIGIN(1) | √ | | | |
| AS_PATH(2) | √ | | | |
| NEXT_HOP(3) | √ | | | |
| LOCAL_PREF(4) | | √ | | |
| ATOMIC_AGGR(5) | | √ | | |
| AGGREGATOR(6) | | | √ | |
| COMMUNITY(7) | | | √ | |
| MED(8) | | | | √ |
| ORIGINATOR_ID(9) | | | | √ |
| CLUSTER_LIST(10) | | | | √ |

可选属性分为可选转发（Optional Transitive）和可选非转发（Optional Non-transitive）两类。可选转发属性指即使路由器不支持该属性，也需要转发给其他 BGP 邻居的属性。而可选非转发属性指路由器收到但不支持该选项时可以忽略，而无须转发到下一个对等体的属性。假如一个 BGP 发言人不支持一个可选路径属性，则它简单地转发或忽略它。

图 4.3.19 所示为使用 Wireshark 捕获的更新报文中路径属性的一个例子。

下面来简单介绍路径属性中常用的属性含义。

1）ORIGIN：该属性描述了一个 IP 前缀在源 AS 中被 BGP 学习到的方式，其值可以是 IGP 或 EGP 等。假如是静态路由则其值为"incomplete."。

2）AS_PATH：由一个 AS 号的列表组成，描述了到 NLRI 经过的所有 AS，其值在每次穿越 AS 边界时都会被修改。该属性用来避免 AS 之间的路由环路，以及路由的选择。

3）NEXT_HOP（下一跳）：指 BGP 的下一跳也叫"协议下一跳"。它不同于 IGP 中的下一跳属性。在 IGP 中，与路由关联的下一跳通常用下一跳路由器物理接口的 IP 地址，但 BGP 中的下一跳却是通告更新报文的 eBGP 路由器的 IP 地址。

4）LOCAL_PREF（本地参考）：用于 BGP 路由选择过程。但本地参考属性仅在一个 AS 内的 iBGP 邻居之间传递，因此 eBGP 不使用该属性。当使用 iBGP 通告路由时，流量会流向通告本地参考值高的 AS 边界路由器。它通常用于创建一条到其他 AS 的优先级更高的外部路由。

5）MULTI_EXIT_DISC（MED）：常用于 BGP 路由选择过程。当两个相邻的 AS 之间存在多条链路时，通过修改 MED 值，一个 AS 可以告诉另一个 AS 到指定的目的地应该优先选择哪一条

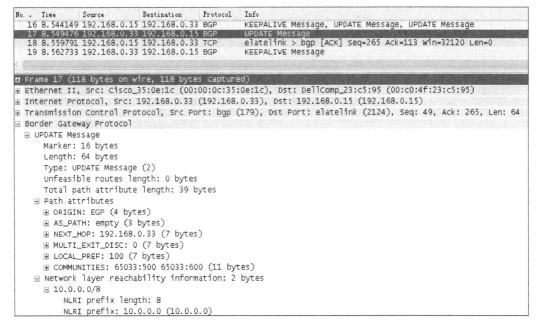

```
No. ▾  Time       Source         Destination    Protocol  Info
    16 8.544149  192.168.0.15   192.168.0.33   BGP       KEEPALIVE Message, UPDATE Message, UPDATE Message
    17 8.549476  192.168.0.33   192.168.0.15   BGP       UPDATE Message
    18 8.559791  192.168.0.15   192.168.0.33   TCP       elatelink > bgp [ACK] Seq=265 Ack=113 win=32120 Len=0
    19 8.562733  192.168.0.33   192.168.0.15   BGP       KEEPALIVE Message

⊞ Frame 17 (118 bytes on wire, 118 bytes captured)
⊞ Ethernet II, Src: Cisco_35:0e:1c (00:00:0c:35:0e:1c), Dst: DellComp_23:c5:95 (00:c0:4f:23:c5:95)
⊞ Internet Protocol, Src: 192.168.0.33 (192.168.0.33), Dst: 192.168.0.15 (192.168.0.15)
⊞ Transmission Control Protocol, Src Port: bgp (179), Dst Port: elatelink (2124), Seq: 49, Ack: 265, Len: 64
⊟ Border Gateway Protocol
  ⊟ UPDATE Message
      Marker: 16 bytes
      Length: 64 bytes
      Type: UPDATE Message (2)
      Unfeasible routes length: 0 bytes
      Total path attribute length: 39 bytes
    ⊟ Path attributes
      ⊞ ORIGIN: EGP (4 bytes)
      ⊞ AS_PATH: empty (3 bytes)
      ⊞ NEXT_HOP: 192.168.0.33 (7 bytes)
      ⊞ MULTI_EXIT_DISC: 0 (7 bytes)
      ⊞ LOCAL_PREF: 100 (7 bytes)
      ⊞ COMMUNITIES: 65033:500 65033:600 (11 bytes)
    ⊟ Network layer reachability information: 2 bytes
      ⊟ 10.0.0.0/8
          NLRI prefix length: 8
          NLRI prefix: 10.0.0.0 (10.0.0.0)
```

图 4.3.19　使用 Wireshark 捕获的更新报文中路径属性实例

链路。此时，MED 的作用很像 IGP 中使用的 metric 值。

6）COMMUNITIES（团体属性）：定义了拥有相同策略的路由的集合。任何 BGP 路由器都可以对输入、输出或重分布的路由加上团体属性值，然后根据团体属性进行路由过滤和路由的选择。使用团体属性可以方便地将一个规则应用到拥有相同团体属性的一个路由集合上。例如，将一个 ISP 的客户分配相同的团体属性值，然后在一个设置 Local Pref 或 MED 的策略中就不需要列出每一个客户的 IP 地址，只要它们有相同的团体属性值即可。目前，团体属性值经常被一个 ISP 用于向对等的 ISP 通告在源 AS 内部的一条路由的 LOCAL_PREF 值。该属性最初是 Cisco 专有属性，已在 RFC1997 中标准化了。使用团体属性，路由器可以很容易发现与一个特定 VPN 相关的所有 NLRI。

当存在到同一目的网络的多条路由时，BGP 一样需要一种方法来选择最优路径。在域内路由协议中，仅根据 metric 来执行选路；而在 BGP 中，通常是根据路径属性值来执行选路的，灵活但相对复杂。图 4.3.20 所示是 BGP 在存在多路径的情况下，根据路径属性等执行选路决策的流程。

（2）策略选路

通过 BGP 可以很容易实现基于策略的选路，相应的策略在 UPDATE 报文的路径属性中携带。例如，BGP 可以定义策略来决定一个 AS。

1）接收哪些路由。

2）通告哪些路由。

3）优先使用哪条路由。

通过控制 AS 之间路由信息的交换，方便地实现路由过滤功能，并最终影响路由选择和网络可达性。例如，使用 BGP 可以实现对单个子网的过滤，而不是整个 AS 的前缀。另外，由于每条通告的 BGP 路由都携带路径属性，这样 BGP 可以实现更加灵活的选路。例如，基于 AS 号、MED 或本地参考等选择路由。而域内路由协议，通常不提供路由过滤功能，仅支持根据 metric

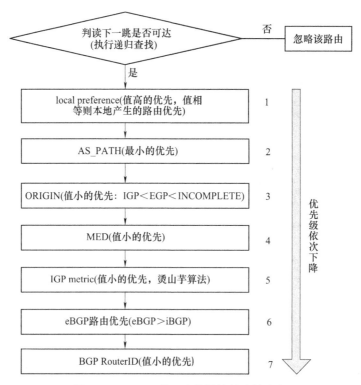

图 4.3.20  BGP 基于路径属性的决策流程

选路的能力，很难满足 ISP 之间商业互联的需求。图 4.3.21 所示是一个常见的 BGP 路由通告策略的例子。

在图 4.3.21 中，客户网络 AS300 是一个多归属非中转网络，分别与 ISP1、ISP2 连接，由于 AS300 是两个 ISP 的商业客户，它们会正常地发送和接收来自 AS300 的流量，但 AS300 却不希望转发任何非本地流量，即 AS300 不允许 ISP1 或 ISP2 利用自己中转流量。利用 BGP 的地址过滤，在相应的网络执行路由通告策略过滤，即可实现该功能。

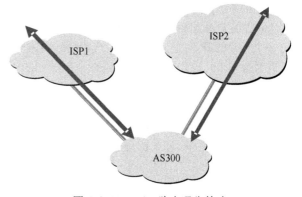

图 4.3.21  BGP 路由通告策略

（3）路由信息库 RIB

BGP 路由信息都存储在 RIB（Routing Information Base）中。在具体的实现中 RIB 通常由 Adj-RIB-In、Adj-RIB-Out 和 Local RIB 三个部分组成。图 4.3.22 描述了 RIB 的结构和 BGP 的路由决策过程。

从图 4.3.22 中可以看到，Adj-RIB-In 保存本地 BGP 发言人收到的未经处理的所有可用路由信息。BGP 路由决策过程如下：

1）对 Adj-RIB-In 中的可用路由执行输入策略，即根据应用在属性上的策略过滤路由。

2）根据路径属性中的属性值选择最佳路由，并将最佳路由存储到 Local RIB 中。Local RIB

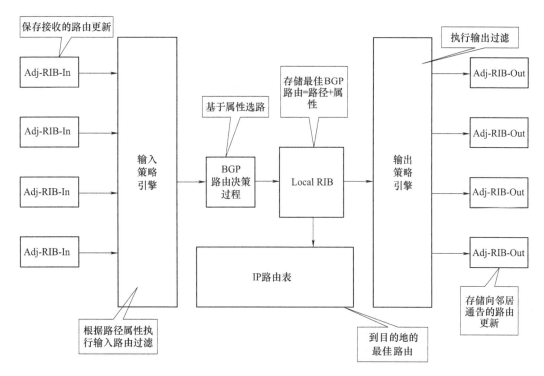

图 4.3.22　RIB 的结构和 BGP 决策过程

中仅保存由路由决策过程选择的最佳路由。

3）Local RIB 中的路由信息会被加入到本地路由表中。需要注意的是，Local RIB 中存储的路由信息是目的地+属性的 BGP 路由形式，与路由表中的路由项有所不同。

4）向邻居通告路由时，先根据输出策略对 Local RIB 中的路由执行过滤，Adj-RIB-Out 保存符合条件的输出路由，然后通过 UPDATE 报文通告给指定 BGP 邻居。

下面对 BGP 与 OSPF 做进一步的比较。作为域间互联协议，BGP 允许 AS 之间以任意拓扑互联，组成网状结构的 Internet。换句话说，BGP 中没有类似 OSPF 中骨干区的概念，不要求网络必须是一个星形拓扑，AS 之间互联以对等关系为主。这种设计符合构建 Internet 的实际要求。另一方面，BGP 是目前唯一使用 TCP 承载报文的路由协议。由于 TCP 是可靠传输协议，发送者不用担心接收者收不到报文，因此 BGP 的协议设计可以不考虑报文的可靠传输问题。例如，OSPF 中使用的路由定期更新、报文确认、洪泛等机制保证可靠性，在 BGP 中就不再需要了。

但由于 TCP 本身是一个点对点的协议，对工作于控制面的 BGP 也带来一些问题。例如，当一个更新报文需要传递给 N 个接收者时，就需要建立 N 个 TCP 会话，分别发送 N 个更新报文，这导致很大的带宽和 CPU 开销。反之，OSPF 直接采用 IP 来承载，就可以使用广播或多播机制来发送多个接收者的更新报文，开销很小。

作为域间路由协议，BGP 的主要限制有两个。

1）不支持基于源地址的策略。BGP 仅支持基于目的地的分组转发模式，这反映在 BGP 的策略集上，BGP 仅支持那些服从基于目的地的转发模式的策略。

2）逐跳的路由策略。由于 IP 逐跳选路的无连接"天性"，导致 BGP 也仅能在 AS 层面实施逐跳选路的策略，即每个 BGP 路由器都无法预知下一跳路由器如何处理路由。不过在 BGP 中这种缺点可以通过团体属性的定义和签订 AS 对等互联合同来部分解决。

以上对 BGP 的基本原理做了一个简单的讨论，关于具体的路由配置和工作原理的细节将在后续的实验单元做进一步介绍。

## 4.3.2 BGP 基础实验

BGP 是通过 TCP 承载的，两个 BGP 发言人之间要交换路由信息，必须先建立 BGP 会话。创建 eBGP 会话时，默认情况下要求 BGP 邻居之间必须通过物理接口直连，并使用 BGP 邻居的物理接口 IP 地址建立 eBGP 会话。大多数情况下，两个 AS 的边界路由器总是通过点到点的 WAN 链路直连，该链路通常是到达对方的唯一链路。此时，假如直连的物理接口断开了，则 eBGP 会话终止。目前，包括 Cisco、中兴等设备制造商的路由器都支持 eBGP 的"Multi-Hop"特性，即允许两个 BGP 对等方只要逻辑上互联即可建立 eBGP 会话。由于这样会降低 eBGP 会话的可靠性，因此具体配置时总是要求 eBGP 会话尽量建立在直连的物理接口上。

另一方面，建立 iBGP 会话时却不要求两个 BGP 邻居必须直连。由于在 AS 内部，两个路由器之间通常会存在多条路由，因此 iBGP 会话配置时通常通过 Loopback 接口建立邻接关系，这样即使 BGP 邻居之间最近的物理接口故障，利用其他的备用路由，iBGP 会话仍然可以保持。注意：iBGP 与 eBGP 使用相同的报文格式。

**1. eBGP 会话建立实验**

（1）实验目的

通过本节实验加深对 BGP 的理解，掌握路由器之间建立 eBGP 会话的基本命令及配置步骤。

（2）实验拓扑与关键命令

本实验使用两台路由器，主要内容是通过路由器的直连物理接口建立 eBGP 会话。实验拓扑如图 4.3.23 所示。

下面介绍本节实验用到的关键命令。

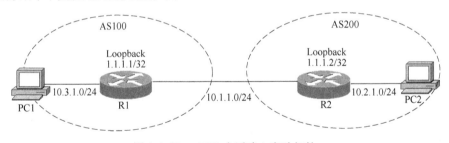

图 4.3.23　eBGP 会话建立实验拓扑

1）启动 BGP 进程：

```
Router(config)#router bgp AS 号
```

该命令用于启动本地 BGP 进程，并为其配置所属的 AS 号。

2）激活与指定路由器间的 BGP 会话（iBGP 或 eBGP）：

```
Router(config-router)#neighbor ip-address remote-as AS 号
```

该命令用于配置邻居路由器的 IP 地址和 AS 号，无论 iBGP 还是 eBGP，建立会话时都必须知道邻居的 AS 号和 IP 地址。该命令完成的功能与 OSPF 的邻居发现一样，不同的是，BGP 采用 TCP 承载，不支持广播和多播模式，因此也就没有 BGP 邻居的自动发现机制，这样必须手动指定每一个邻居的 AS 号和 IP 地址。

（3）实验步骤

首先按照实验拓扑连接设备，配置接口的 IP 地址，然后使用直连接口建立 eBGP 会话。通常建立 BGP 会话需要两个步骤：启动 BGP 进程；指定自己的邻居。参考配置如下：

1）路由器 R1 上的参考配置。

① R1(config)#router bgp 100

启动 BGP 进程，配置本地 BGP 路由器所属 AS 号为 100。

② R1(config-router)#neighbor 10.1.1.2 remote-as 200

与 AS 为 200、IP 地址为 10.1.1.2 的 BGP 对等方建立 eBGP 会话，形成 eBGP 邻接关系。

2）路由器 R2 上的参考配置。

R2(config)#router bgp 200
R2(config-router)#neighbor 10.1.1.1 remote-as 100

完成上述配置后，R1 和 R2 相互将对方配置为自己的邻居。由于位于不同的 AS 中，R1 和 R2 会形成 eBGP 邻接关系。

（4）实验验证

1）PC1 与 PC2 可以相互 ping 通。

2）完成邻居建立配置后，使用 show ip bgp neighbor 命令查看是否成功建立 eBGP 邻居。

R1# show ip bgp neighbor

在显示的 BGP 邻居信息中，可以找到如下信息：

BGP neighbor is 10.1.1.2, remote AS200, external link
BGP version 4, remote router ID 1.1.1.2
BGP state = Established, up for 00:01:08

或 R2# show ip bgp neighbor 可看到

BGP neighbor is 10.1.1.1, remote AS 100, external link
BGP version 4, remote router ID1.1.1.1
BGP state = Established, up for 00:01:06

上述信息显示 R2 的邻居为 1.1.1.1，所在 AS 为 100，通过外部链路建立的 eBGP 会话，BGP 会话状态为 Established，即成功建立连接。

当然也可使用 show ip bgp summary 命令查看是否成功建立连接：

```
R2#show ip bgp summary
Neighbor   Ver  As   MsgRcvd  MsgSend  Up/Down(s)  State
10.1.1.1   4    100  6        6        00:03:30    Established
```

**2. iBGP 会话建立实验**

（1）实验目的

掌握路由器之间建立 iBGP 会话的基本命令及基本配置步骤，理解使用 Loopback 地址建立 iBGP 会话的优点。

（2）实验拓扑与关键命令

本次实验使用位于同一个 AS 内的两台路由器，主要内容是两台路由器通过直连的物理接口和 Loopback 接口建立 iBGP 邻居,并观察 BGP 会话的状态变化。实验拓扑如图 4.3.24 所示。

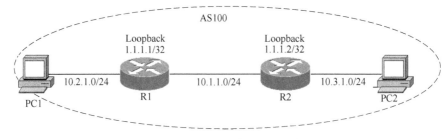

图 4.3.24 iBGP 实验网络拓扑

下面介绍本节实验用到的关键命令。

指定使用本地 Loopback 地址建立邻接关系。

```
Router(config-router)#neighbor ip-address update-source loopback 地址
```

(3)实验步骤

按要求完成实验设备的连接和接口 IP 地址的配置后,首先使用路由器之间的直连接口建立 iBGP 邻居。

1)路由器 R1 的配置:

```
R1(config)#router bgp 100
R1(config-router)#neighbor 10.1.1.2 remote-as 100
```

2)路由器 R2 的配置同上:

```
R2(config)#router bgp 100
R2(config-router)#neighbor 10.1.1.1 remote-as 100
```

下面使用 Loopback 接口来建立两台路由器之间的 iBGP 邻居。

1)R1 上的配置:

```
R1(config)#ip route 1.1.1.2 255.255.255.255 10.1.1.2
```

由于 Loopback 接口不是两个邻居路由器的直连接口,实验中为保证两边路由器的 Loopback 地址要能互相 ping 通,配置了该条静态路由,实际中可以通过 IGP 来解决路由问题。

```
R1(config)#router bgp 100
R1(config-router)#neighbor 1.1.1.2 remote-as 100
R1(config-router)#neighbor 1.1.1.2 update-source loopback1
```

上述命令通知本地 BGP 进程使用 Loopback1 地址与指定邻居建立邻接关系,因为默认情况下会使用物理接口。

2)R2 上的配置:

```
R2(config)#ip route 1.1.1.1 255.255.255.255 10.1.1.1
R2(config)#router bgp 100
R2(config-router)#neighbor 1.1.1.1 remote-as 100
R2(config-router)#neighbor 1.1.1.1 update-source loopback1
```

(4)实验验证

1）PC1 与 PC2 可以相互 ping 通。

2）使用 show ip bgp neighbor 命令可查看是否成功建立 iBGP 邻居。例如：

```
R1# show ip bgp neighbor
```

假如 iBGP 会话建立成功，在显示的信息中可看到如下信息：

```
BGP neighbor is1.1.1.2, remote AS 100, internal link
BGP version 4, remote router ID1.1.1.2
BGP state = Established, up for 00:03:50
```

上述信息显示 R1 的 BGP 邻居为 1.1.1.2，使用 internal link 建立的 iBGP 会话，且 iBGP 会话状态为 Established，表示已成功建立 iBGP 连接。使用相同的命令可以查看 R2 的 BGP 邻居。

也可以使用 show ip bgp summary 命令查看 BGP 摘要信息。例如：

```
R2#show ip bgp summary
Neighbor      Ver As    MsgRcvd   MsgSend   Up/Down(s)    State
1.1.1.1       4   100   1         1         00:00:37      Established
```

同样，当会话状态为 Established 则为成功。

**3. BGP 路由通告实验**

成功建立 BGP 会话后，在 BGP 邻居之间就可以通告路由信息了。与 IGP 不同的是，BGP 本身没有发现和计算路由的机制，该任务通常由 IGP（如 RIP、OSPF）或手动的方式来完成。然后通过配置命令注入 BGP 中。按照路由注入的方式可分为两类：重分布方式和 network 方式。

1）重分布方式：指用 redistribute 命令将 IGP 路由、直连路由、静态路由信息直接注入 BGP 中去。对于重分布到 BGP 中的路由，在路由表中显示 ORIGIN 属性为 incomplete。

2）network 方式：即使用 network 命令向 BGP 注入路由。在 BGP 中，可以使用 network 命令有选择地将本路由器已知的网络注入 BGP。当使用 network 命名通告一条路由时，路由的 ORIGIN 属性由 BGP 进程设置为 IGP。

（1）实验目的

掌握路由器 BGP 路由通告的各种方式和基本配置。内容包括使用 network 命令通告路由和使用 redistribute 命令重分布路由。

（2）实验拓扑与关键命令

本次实验使用三台路由器，实验拓扑如图 4.3.25 所示。

下面介绍本节实验用到的关键命令。

1）在 BGP 进程中，用 network 命令通过 BGP 通告一个已知的 IGP 路由：

```
Router(config-router)#network〈network—prefix〉〈network—mask〉
```

注意：通过 network 命令通告的路由必须已经在路由表中，即 BGP 仅向邻居通告最佳路由。而且 BGP 的 network 与 OSPF 的 network 命令描述网络前缀的方式不同，BGP 的 network 是使用掩码，而 OSPF 的 network 命令是使用通配符。BGP 路由通告的 network 命令有可能是如下格式：

```
Router(config-router)#network〈network—prefix〉mask〈network—mask〉
```

2）在 BGP 进程中，利用重分布命令 redistribute 进行路由通告：

```
Router(config-router)# redistribute〈protocol〉
```

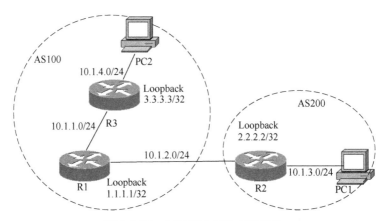

图 4.3.25　BGP 路由通告实验拓扑

BGP 进程中可以重分布协议参数有 connected、static、ospf 等，其具体含义如下：

```
Router(config-router)#redistribute connected   //重分布直连路由。
Router(config-router)#redistribute static      //重分布静态路由。
Router(config-router)#redistribute ospf 110    //重分布 OSPF 110 进程的内部路由到 BGP 中。
```

上述命令将 OSPF 重分布进入 BGP，只有进程号而不用其他关键字，则默认只将 OSPF 内部（含区域内和区域间）路由重分布到 BGP，也可以使用 match internal 关键字与 redistribute 命令结合使用，以重分布 OSPF 区域内和区域间路由。

那么，如果想要将 OSPF 的外部路由重分布到 BGP 中，则需要使用如下格式命令：

```
Router(config-router)# redistribute ospf 1 match external
//重分发 OSPF 1 进程的外部路由到 BGP 中。
```

需要注意的是，带有 match 选项的新命令不会覆盖前一个命令，而是添加到该命令中。如下所示在同一个 BGP 进程中执行命令序列后，将会看到 OSPF 1 进程的内部和外部路由都被重分布进入 BGP。

```
Router(config-router)#redistribute ospf 1 match internal
Router(config-router)#redistribute ospf 1 match external
```

路由重分布用于将使用一种协议了解的路由传播到另一种路由协议中。当 BGP 重分布到 IGP 中，只会重分布 eBGP 了解的路由。路由器上已知的 iBGP 了解的路由不会进入 IGP，以防形成路由环路。

在实验过程中可以使用命令 R1#show running-config bgp 查看 BGP 进程中的配置，进行排查，使用命令 R1#show ip bgp 查看该路由器相关的 BGP 路由表项。

（3）实验步骤

1）按照图 4.3.25 所示连接实验设备，配置接口 IP 地址与 Loopback 地址，保证直连网段可以 ping 通。

2）在路由器 R1 和 R3 之间配置 OSPF 路由协议，作为 OSPF 骨干域 0，此时 AS100 内部可以 ping 通。路由器参考配置如下。

路由器 R3（将 Loopback 地址作为直连引入 OSPF）：

```
R3(config)#router ospf 10
R3(config-router)# network 10.1.1.0 0.0.0.255 area 0.0.0.0
R3(config-router)# network 10.1.4.0 0.0.0.255 area 0.0.0.0
R3(config-router)# #redistribute connected
```

路由器 R1：

```
R1(config)#router ospf 10
R1(config-router)#network 10.1.1.0 0.0.0.255 area 0.0.0.0
R1(config-router)#redistribute connected
```

3）在 R1 和 R2 之间配置 eBGP 邻居，查看 BGP 邻居的建立。
路由器 R1：

```
R1(config)#router bgp 100
R1(config-router)#neighbor 10.1.2.2 remote-as 200
```

路由器 R2：

```
R2(config)#router bgp 200
R2(config-router)#neighbor 10.1.2.1 remote-as 100
```

4）采用 network 或 redistribute 两种方式在 R1 和 R2 上进行路由通告，查看路由表。
路由器 R1（使用 redistribute 方式）：

```
R1(config)#router bgp 100
R1(config-router)#redistribute ospf 1
//该命令将 R1 的 OSPF 内部路由重分布到 BGP 中,即 10.1.1.0/24 和 10.1.4.0/24
R1(config-router)#redistribute ospf 1 match external
//该命令将 R1 上的 OSPF 外部路由重分布到 BGP 中,即 3.3.3.3/32 路由器 R1(使用 network 方式)
R1(config)#router bgp 100
R1(config-router)#network 10.1.4.0mask 255.255.255.0
R1(config-router)#network 10.1.1.0 mask 255.255.255.0
R1(config-router)#network 3.3.3.3 mask 255.255.255.255
R1(config-router)#network 1.1.1.1 mask 255.255.255.255
```

该命令将 R1 路由表中的路由表项逐项通告到 BGP 中。
AS200 内的路由器 R2 路由通告配置（使用 redistribute 方式）：

```
R1(config)#router bgp 100
R1(config-router)#redistribute connected
```

该命令将 R2 的直连网段重分布到 BGP 中，即 10.1.3.0/24 和 2.2.2.2/32。
AS200 内的路由器 R2 路由通告配置（使用 network 方式）：

```
R2(config)#router bgp 200
R1(config-router)#network 10.1.3.0 mask 255.255.255.0
R1(config-router)#network 2.2.2.2 mask 255.255.255.255
```

（4）实验验证
1）在 R1 和 R2 之间建立 eBGP 邻居，但未进行路由通告时，使用 show ip route 命令在 R1、

R2、R3 上查看路由表。显示如下：

```
R1#show ip route
IPv4 Routing Table:
Dest          Mask               GW           Interface   Owner     pri   metric
1.1.1.1       255.255.255.255    1.1.1.1      loopback    address   0     0
3.3.3.3       255.255.255.255    10.1.1.1     fei_0/1     ospf      110   20
10.1.2.0      255.255.255.0      10.1.2.1     fei_0/0     direct    0     0
10.1.2.1      255.255.255.0      10.1.2.1     fei_0/0     address   0     0
10.1.1.0      255.255.255.0      10.1.1.2     fei_0/1     direct    0     0
10.1.1.2      255.255.255.0      10.1.1.2     fei_0/1     address   0     0
10.1.4.0      255.255.255.0      10.1.1.1     fei_0/1     ospf      110   2
R2#show ip route
IPv4 Routing Table:
Dest          Mask               GW           Interface   Owner     pri   metric
2.2.2.2       255.255.255.255    2.2.2.2      loopback    address   0     0
10.1.2.0      255.255.255.0      10.1.2.2     fei_0/0     direct    0     0
10.1.2.2      255.255.255.0      10.1.2.2     fei_0/0     address   0     0
10.1.3.0      255.255.255.0      10.1.3.1     fei_0/1     direct    0     0
10.1.3.1      255.255.255.0      10.1.3.1     fei_0/1     address   0     0
R3#show ip route
IPv4 Routing Table:
Dest          Mask               GW           Interface   Owner     pri   metric
1.1.1.1       255.255.255.255    10.1.1.2     fei_0/1     ospf      110   20
3.3.3.3       255.255.255.255    3.3.3.3      loopback    address   0     0
10.1.2.0      255.255.255.0      10.1.1.2     fei_0/1     ospf      110   20
10.1.1.0      255.255.255.0      10.1.1.1     fei_0/1     direct    0     0
10.1.1.1      255.255.255.0      10.1.1.1     fei_0/1     address   0     0
10.1.4.0      255.255.255.0      10.1.4.1     fei_0/0     direct    0     0
10.1.4.1      255.255.255.0      10.1.4.1     fei_0/0     address   0     0
```

注意：此时路由器 R1、R2、R3 未学到任何 BGP 路由。

2）当 R1 在 BGP 进程中执行了路由通告后从 R2 上查看路由表。未通告之前，R2 上只有直连网段，通告之后，可以看到，多了四条 BGP 路由，10.1.1.0/24、10.1.4.0/24、1.1.1.1/32 和 3.3.3.3/24。

```
R2# show ip route
IPv4 Routing Table:
Dest          Mask               GW           Interface   Owner     pri   metric
1.1.1.1       255.255.255.255    10.1.2.1     fei_0/0     bgp       20    0
2.2.2.2       255.255.255.255    2.2.2.2      loopback    address   0     0
3.3.3.3       255.255.255.255    10.1.2.1     fei_0/0     bgp       20    20
10.1.1.0      255.255.255.0      10.1.2.1     fei_0/0     bgp       20    0
10.1.2.0      255.255.255.0      10.1.2.2     fei_0/0     direct    0     0
10.1.2.2      255.255.255.0      10.1.2.2     fei_0/0     address   0     0
```

| 10.1.3.0 | 255.255.255.0 | 10.1.3.1 | fei_0/1 | direct | 0 | 0 |
| 10.1.3.1 | 255.255.255.0 | 10.1.3.1 | fei_0/1 | address | 0 | 0 |
| 10.1.4.0 | 255.255.255.0 | 10.1.2.1 | fei_0/0 | bgp | 20 | 2 |

仅在 R1 上进行路由通告后，查看 R2 路由表如上，但是查看 R1 的路由表并未出现 BGP 路由项。这是因为 R2 并未在 BGP 进程中通告自己的路由，因此需要在 R2 上做 BGP 路由通告，之后 R1 的路由表将会出现 10.1.3.0/24 和 1.1.1.1/32。

```
R1#show ip route
IPv4 Routing Table:
```

| Dest | Mask | GW | Interface | Owner | pri | metric |
|---|---|---|---|---|---|---|
| 1.1.1.1 | 255.255.255.255 | 1.1.1.1 | loopback | address | 0 | 0 |
| 2.2.2.2 | 255.255.255.255 | 10.1.2.2 | fei_0/0 | bgp | 20 | 0 |
| 3.3.3.3 | 255.255.255.255 | 10.1.1.1 | fei_0/1 | ospf | 110 | 20 |
| 10.1.2.0 | 255.255.255.0 | 10.1.2.1 | fei_0/0 | direct | 0 | 0 |
| 10.1.2.1 | 255.255.255.0 | 10.1.2.1 | fei_0/0 | address | 0 | 0 |
| 10.1.1.0 | 255.255.255.0 | 10.1.1.2 | fei_0/1 | direct | 0 | 0 |
| 10.1.1.2 | 255.255.255.0 | 10.1.1.2 | fei_0/1 | address | 0 | 0 |
| 10.1.3.0 | 255.255.255.0 | 10.1.2.2 | fei_0/0 | bgp | 20 | 0 |
| 10.1.4.0 | 255.255.255.0 | 10.1.1.1 | fei_0/1 | ospf | 110 | 2 |

3）查看 R3 的路由表，发现只能看到直连网段和 OSPF 路由，并没有 BGP 路由 10.1.3.0/24 和 2.2.2.2/32。这是由于 R3 没有和 R1 建立 iBGP 邻接关系，R1 和 R2 在 BGP 进程中通告的路由，R3 并不会收到。当继续将 R1 和 R3 建立 iBGP 邻接关系后，PC1 可以 ping 通 PC2。

## 4.3.3  BGP 进阶实验

如前所述，BGP 下一跳通常是发布 BGP 路由的最后一个 eBGP 发言人。这样，当通过 iBGP 通告一条从 eBGP 学来的路由时，有可能出现下一跳不可达问题，因此将一条 BGP 路由加入路由表之前，BGP 路由器首先需要进行下一跳可达性的测试。

如图 4.3.26 所示，R3 和 R4 形成 eBGP 邻居，和 R1 形成 iBGP 邻居，但 R3 和 R1 并不直连，两者之间要通过 IGP 选路。当 R3 通过 eBGP 会话学到来自 R4 的路由 135.207.0.0/16 时，R3 会将相应路由的下一跳设置为发布该路由的 R4 的接口 IP 地址，下面路由器 R3 再通过 iBGP 会话通告该路由到 iBGP 对等方 R1 时，BGP 路由的下一跳仍然是 192.0.2.1。此时，下一跳 R4 位于自治系统之外，R1 如何到达下一跳？解决该问题的方法是递归查找（Recursive Lookup），即 R1 首先通过 IGP 检查下一跳是否可达，如果可达则将 135.207.0.0/16 的 BGP 下一跳修改为 IGP 下一跳，然后将修改后的路由项加入路由表，图 4.3.26 描述了递归查找的过程。

正确地实现递归查找，要求中间的 IGP 路由器必须有 AS 外部的路由信息，否则会导致下一跳不可达状态。将 BGP 路由重分布到 IGP 中可以解决该问题，但没有必要，也不可行。因为一方面内部路由器完成选路没有必要知道全部外部路由信息，另一方面向 IGP 中注入过多的 BGP 路由会影响 IGP 路由的稳定性和性能。BGP 解决该问题的方法是用 NHS（Next Hop Self）修改 BGP 下一跳属性，即 iBGP 邻居通告 BGP 路由时，将下一跳属性值设置为自身。NHS 的含义是"到目的网络 X，下一跳是本自治系统中的我"，"我"指本 AS 中发布该路由的 iBGP 对等方。这样，确定下一跳的可达性时，IGP 就无须知道 AS 外部的路由信息。为保证到其他 AS 的可达性，仅需要所有的 iBGP 路由器知道完整一致的外部路由信息。

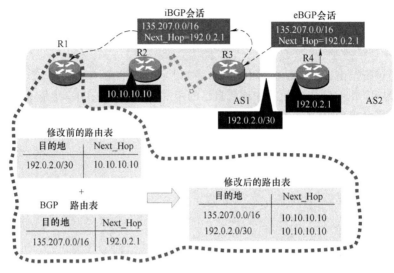

图 4.3.26　BGP 下一跳与递归查找的过程

**1. BGP 下一跳属性实验**

下一跳（Next_Hop）是指 BGP 下一跳，也叫"协议下一跳"。它不同于 IGP 中的下一跳属性。在 IGP 中，与路由关联的下一跳通常用下一跳路由器物理接口的 IP 地址，但 BGP 中的下一跳却是通告更新报文的 eBGP 路由器的 IP 地址。

（1）实验目的

理解 BGP 下一跳与 IGP 下一跳的区别，理解选路时 BGP 和 IGP 之间的关系，理解 BGP Next _Hop 属性的含义，并掌握其基本配置方法。

（2）实验拓扑与关键命令

本节实验使用的设备及实验拓扑结构如图 4.3.27 所示。R3 和 R1 之间建立 eBGP 会话；R1 和 R2 之间建立 iBGP 会话；实验中修改 R1 向 iBGP 邻居 R2 通告路由信息的 Next _ Hop 属性，观察相关变化。

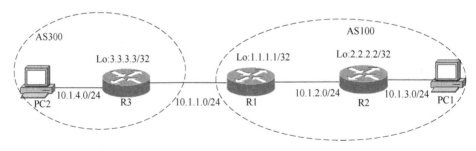

图 4.3.27　下一跳实验拓扑

关键命令：修改通告给 BGP 对等方的 BGP 路由信息的 Next_Hop 属性。

```
Router(config-router)#neighbor ip-address next-hop-self
```

（3）实验步骤

1）按照图 4.3.27 所示连接设备，配置接口 IP 地址和 Loopback 地址。

2）在 R1 上配置静态路由，使 AS100 内部能互相 ping 通。

3）在路由器 R2 和 R1 之间建立 iBGP 会话，在 R1 和 R3 之间建立 eBGP 会话。

4）在 R1、R2、R3 上进行相应的路由通告。

路由器 R1 的参考配置如下：

```
R1(config)#ip route 10.1.3.0 255.255.255.0 10.1.2.2
R1(config)#router bgp 100
R1(config-router)#redistribute connected
R1(config-router)#neighbor 10.1.2.2 remote-as 100
R1(config-router)#neighbor 10.1.1.2 remote-as 300
```

路由器 R2 上的参考配置如下：

```
R2(config)#router bgp 100
R2(config-router)#redistribute connected
R2(config-router)#neighbor 10.2.1.1 remote-as 100
```

路由器 R3 上的参考配置如下：

```
R3(config)#router bgp 300
R3(config-router)#redistribute connected
R3(config-router)#neighbor 10.1.1.1 remote-as 100
```

5）修改路由器 R1 通告路由信息的下一跳属性，观察相应的变化。

```
R1(config-router)#neighbor 10.1.2.2 next-hop-self
```

修改 R1 通告给 R2 的 BGP 路由信息的 Next_Hop 属性。

（4）实验验证

1）PC1、PC2 配置合理的 IP 和网关后，可以互相 ping 通。

2）在 R1 上使用 R2#sh ip bgp neighbors 命令可以看到 external 和 internal 两个邻居。

3）未修改 Next_Hop 属性，在 R1 上执行命令 R1#show ip route 查看路由表：

```
R1#show ip route
Dest        Mask             GW        Interface   Owner    pri   metric
1.1.1.1     255.255.255.255  1.1.1.1   loopback1   address  0     0
2.2.2.2     255.255.255.0    10.1.2.2  fei_0/0     bgp      200   0
3.3.3.3     255.255.255.0    10.1.1.2  fei_0/1     bgp      20    0
10.1.3.0    255.255.255.0    10.1.2.2  fei_0/0     static   1     0
10.1.1.0    255.255.255.0    10.1.1.1  fei_0/1     direct   0     0
10.1.1.1    255.255.255.255  10.1.1.1  fei_0/1     adress   0     0
10.1.2.0    255.255.255.0    10.1.2.1  fei_0/0     direct   0     0
10.1.2.1    255.255.255.255  10.1.2.1  fei_0/0     adress   0     0
10.1.4.0    255.255.255.0    10.1.1.2  fei_0/1     bgp      20    0
```

4）比较修改 Next_Hop 属性前后，R2#show ip bgp 命令显示的 BGP 路由中下一跳路由信息的不同。

当 R1 未修改它通告给 R2 的 BGP 路由信息的 Next_Hop 属性时，在 R2 上可看到如下信息：

```
R2#show ip bgp
Dest        Mask             NextHop   LocPrf    Weight    Path
```

**lowing

| | | | | | | |
|---|---|---|---|---|---|---|
| 1.1.1.1 | 255.255.255.255 | 10.1.2.1 | 100 | 0 | ? | |
| 2.2.2.2 | 255.255.255.255 | 0.0.0.0 | | 32678 | ? | |
| 3.3.3.3 | 255.255.255.255 | 10.1.1.2 | 100 | 0 | 300 | ? |
| 10.1.1.0 | 255.255.255.0 | 10.1.2.1 | 100 | 0 | ? | |
| 10.1.2.0 | 255.255.255.0 | 10.1.2.1 | 100 | 0 | ? | |
| 10.1.3.0 | 255.255.255.0 | 0.0.0.0 | | 32678 | ? | |
| 10.1.4.0 | 255.255.255.0 | 10.1.1.2 | 100 | 0 | 300 | ? |

可以看到，R1 将收到的 BGP 路由信息不改变 Next_Hop 值传送给 R2。此时，在 R1 上配置修改下一跳属性，当 R1 修改它通告给 R2 的 BGP 路由信息的 Next_Hop 属性时，使用同样的命令，应可以看到如下信息：

```
R2#show ip bgp
Dest          Mask              NextHop       LocPrf    Weight    Path
1.1.1.1       255.255.255.255   10.1.2.1      100       0         ?
2.2.2.2       255.255.255.255   0.0.0.0                 32678     ?
3.3.3.3       255.255.255.255   10.1.2.1      100       0         300?
10.1.1.0      255.255.255.0     10.1.2.1      100       0         ?
10.1.2.0      255.255.255.0     10.1.2.1      100       0         ?
10.1.3.0      255.255.255.0     0.0.0.0                 32678     ?
10.1.4.0      255.255.255.0     10.1.2.1      100       0         300?
```

可以看到，3.3.3.3/32 和 10.1.4.0/24 的 Next_Hop 已经改为 R1 连接 R2 的接口 IP 地址 10.1.2.1。

**2. BGP 路由同步实验**

BGP 规定，一个 BGP 路由器不会把从 iBGP 邻居学到的路由信息通告给 eBGP 邻居，除非该路由信息也能通过 IGP 得知。若 BGP 路由器能通过 IGP 得知该路由信息，则认为路由内部通达已有保证，能在 AS 之间传播。该规则称为 BGP 路由同步。

实际上，在从 BGP 向 IGP 通告路由时，目前主流厂商的 BGP 路由器还执行以下默认过滤规则：仅将通过 eBGP 会话学到的路由通告给 IGP，但不将通过 iBGP 学到的路由通告回本地 AS 的 IGP 中。

需要路由同步的原因很大程度上与 BGP 的下一跳方式有关，图 4.3.28 解释了需要进行路由同步的原因。图中自治系统存在两个 BGP 路由器 A 和 E，并且它们并不直接相连，这样，BGP 与 IGP 路由域之间就存在一个明确的分界线。假设第一步，路由器 A 通过 eBGP 会话从其他 AS 学到一条路由信息 NetX。第二步，路由器 A 通过 iBGP 会话将 NetX 的信息通告给 BGP 路由器 E。根据前面所述下一跳属性的相关知识，当路由器 A 和 E 之间存在多台非 BGP 路由器时，到外部网络 NetX 的下一跳并不与路由器 E 直连。而经由路由器 E 向 NetX 转发分组，需要经由内部的 IGP 路由器，如果内部的 IGP 路由器还没有 NetX 的路由信息，就会丢弃分组，造成黑洞现象。

为什么会出现路由器 E 已经学到了 NetX 的路由信息，而内部的 IGP 路由器没有学到的情况呢？以图 4.3.28 为例，假如 eBGP 路由器 A 将 AS 外部路由重分布到 IGP 中，则 IGP 之间通过如 OSPF 这样的协议交换路由信息，路由更新是在 AS 内部逐跳传送，从 AS 的一端传播到另一端经过路由器 B、C、D 到达 E 通常需要一定的周期，而两个 iBGP 对等体之间通告路由信息却速度很快。这种时间差造成的后果是，当第二步中 NetX 的路由信息通过 iBGP 会话已经传递到路由器 E，IGP 更新消息有可能才传递到路由器 B，即 IGP 路由还没有收敛。在这种情况下，假如不进行 BGP 与 IGP 的路由同步，则路由器 E 就会立即通过 eBGP 会话向其他 AS 通告路由信息 NetX。在 IGP 路由未收敛的情况下，路由器 E 实际是无法通过 IGP 路由器转发到 NetX 的分组的。

一旦路由器 E 配置了路由同步，当通过 iBGP 会话学习到一条外部网络信息时，路由器 E 不会将它立即输入到本地路由表，而是等待通过本地 IGP 也学到了路由 NetX 后，再通过 eBGP 会话将该路由通告给其他 AS，因为此时自己的 IGP 下一跳路由器 D 肯定已经知道如何到达 NetX 了。

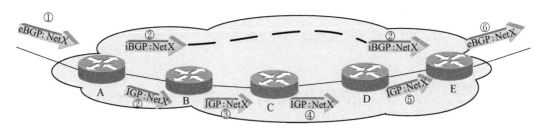

图 4.3.28　BGP 与 IGP 的路由同步

BGP 路由器执行和 IGP 的路由同步会带来很多副作用，例如，要求将 BGP 外部路由向 IGP 中重分布，BGP 的收敛会受 IGP 收敛速度的影响等，因此配置上应尽量避免和 IGP 的路由同步。

在实际的应用中，路由反射器、BGP 团体都是常用的解决 BGP 路由同步的方法。但目前没有哪一种方法可以完全解决 BGP 同步问题。针对具体网络而言，如末端 AS，内部路由器访问外部网络，并不需要知道确切的外部路由信息，只要知道如何达到 AS 的边界路由器即可，此时可以关闭 BGP 路由器的同步选项。另外，很多 ISP 网络属于转发型 AS，其中仅包含 BGP 路由器，此时也可以关闭同步选项。

（1）实验目的

理解 BGP 同步的必要性，掌握 BGP 路由同步的基本配置，分析 BGP 路由同步对性能的影响。

（2）实验拓扑与关键命令

本节实验使用的设备及实验拓扑结构如 4.3.29 所示，其中 R1 为非 BGP 路由器。

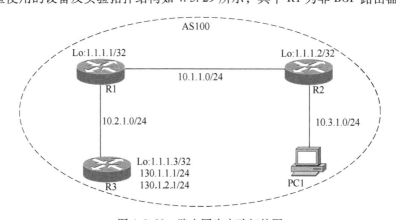

图 4.3.29　路由同步实验拓扑图

多数厂商的路由器在默认情况下路由同步都是打开的，命令为 synchronization，假如要关闭路由同步则执行如下命令：

```
Router(config-router)#no synchronization
```

（3）实验步骤

1）按照图 4.3.29 所示连接设备，配置接口 IP 地址和 Loopback 地址。

2）在 R2 和 R3 上配置静态路由，保证 R2 和 R3 相互可 ping 通。

3）在路由器 R2 和 R3 之间建立 iBGP 邻居，R1 不启动 BGP。

4）通过打开和关闭路由器 R2 的路由同步，验证 BGP 路由同步对网络的影响。

各路由器实验参考配置如下。

1）R1 上的参考配置。按要求配置接口 IP 地址即可。

2）R2 上的参考配置：

```
R2(config)#router bgp 100
R2(config-router)#redistribute connected
R2(config-router)#neighbor 10.2.1.2 remote-as 100
```

注意：R2 到 R3 的静态路由需要配置。

3）R3 上的参考配置：

```
R3(config)#router bgp 100
R3(config-router)#redistribute connected
R3(config-router)neighbor 10.1.1.2 remote-as 100
```

同样，到 R2 的静态路由也要配置。完成上述配置后，观察 BGP 路由信息。然后，关掉 R2 上路由同步的配置。

R2 上的参考配置：

```
R2(config)#router bgp 100
R2(config-router)#no synchronization
R2(config-router)#redistribute connected
R2(config-router)#neighbor 10.2.1.2 remote-as 100
```

（4）实验验证

1）当 R2 未关闭路由同步时：

```
R2#show ip bgp route
Status codes: *valid, ⟩best, i-internal
Origin codes: i-IGP, e-EGP, ? -incomplete
```

| Dest | Mask | NextHop | LocPrf | RtPrf | Path | |
|------|------|---------|--------|-------|------|---|
| 1.1.1.2 | 255.255.255.255 | 1.1.1.2 | | 0 | ? | |
| 1.1.1.3 | 255.255.255.255 | 10.2.1.2 | 100 | 200 | 300 | ? |
| 10.1.1.0 | 255.255.255.0 | 10.1.1.2 | | 0 | ? | |
| 10.3.1.0 | 255.255.255.0 | 10.3.1.1 | | 0 | ? | |
| 130.1.1.0 | 255.255.255.0 | 10.2.1.2 | 100 | 200 | 300 | ? |
| 130.1.1.0 | 255.255.255.0 | 10.2.1.2 | 100 | 200 | 300 | ? |

```
R2#show ip route
IPv4 Routing Table:
```

| Dest | Mask | GW | Interface | Owner | pri | metric |
|------|------|-----|-----------|-------|-----|--------|
| 1.1.1.2 | 255.255.255.255 | 1.1.1.2 | loopback1 | address | 0 | 0 |

```
10.1.1.0      255.255.255.0    10.1.1.2  fei_0/1   direct   0     0
10.1.1.2      255.255.255.0    10.1.1.2  fei_0/1   address  0     0
10.2.1.0      255.255.255.0    10.1.1.1  fei_0/1   static   1     0
10.3.1.0      255.255.255.0    10.3.1.1  fei_1/1   direct   0     0
```

可以看出，路由器 R2 虽然收到了 R3 重分发的关于自身 Loopback 地址的路由信息，但并未在自身的路由表中形成路由。

2）将路由器 R2 路由同步关掉后，再次通过查看 R2 的路由表：

```
R2#show ip route
IPv4 Routing Table:
Dest          Mask             GW        Interface  Owner    pri   metric
1.1.1.2       255.255.255.255  1.1.1.2   loopback1  address  0     0
1.1.1.3       255.255.255.255  10.1.1.1  fei_0/1    bgp      200   0
10.1.1.0      255.255.255.0    10.1.1.2  fei_0/1    direct   0     0
10.1.1.2      255.255.255.0    10.1.1.2  fei_0/1    address  0     0
10.2.1.0      255.255.255.0    10.1.1.1  fei_0/1    static   1     0
10.3.1.0      255.255.255.0    10.3.1.1  fei_1/1    direct   0     0
130.1.1.0     255.255.255.0    10.1.1.1  fei_0/1    bgp      200   0
130.1.2.0     255.255.255.0    10.1.1.1  fei_0/1    bgp      200   0
```

# 4.4　域内-域间路由综合实验

## 4.4.1　路由规划设计

所谓路由规划设计是指根据网络现有结构，设计比较适合的路由协议。能够实现优化的网络路径选择，同时具有均衡功能，在网络拓扑发生变化时数据能够具有健壮性，保证网络的畅通。

通常路由的规划设计会根据实际需求划分为多个 AS，即本章前述的，域内路由协议可设置为动态路由协议，多个不同的域之间采用域间路由协议进行连通。域间路由协议唯一可用的是 BGP，而域内的路由协议，有多种动态路由协议可选。通常动态路由协议是通过大量的控制消息传输来维护它们的路由表，路由刷新信息是其中的重要控制消息。动态路由协议通常满足下面列举的一个或多个要求。

1）最佳性：指路由选择算法具有选择最佳路由的能力。

2）简易性及低开销：路由选择算法必须使用最少的软件和最低的开销来高效地实现其功能。

3）强壮性及稳定性：路由选择算法必须是强壮的，也就是说，它们在异常和非预期的情况下也能正常工作，如硬件故障、负载过高和操作失误等。

4）迅速收敛性：动态路由选择算法必须能够迅速收敛（收敛是所有路由器在最佳路径上取得一致的过程）。动态路由选择算法收敛过程缓慢可能导致路由选择循环或网络出现故障。

5）灵活性：指能够迅速、准确地适应不同的网络环境。能适应网络的连通情况、网络带宽、路由器队列大小、网络延迟以及其他参数的改变。

动态路由协议的选定需要根据具体要求和实际情况选定。一般需要考虑以下因素来选定动态路由协议。

1）适用的网络规模：确定网络中由路由器构成的节点数即网络规模，从而确定使用的动态路由协议，应该有能力满足设计的网络规模要求，同时又不至于浪费网络资源。

2）网络的应用业务类型：在考虑动态路由选择协议和动态路由的总体结构时，需要考虑整个的数据和业务类型，例如根据网络拓扑考虑数据流向是层层向上或向下流动，或平级之间的数据流量，以及随着互联网业务类型丰富，其中流媒体、视频等应用也相应增加，要考虑网络的负载均衡。

3）是一个开放性的协议：随着现代计算机系统的不断扩大，对不同环境、不同厂商产品间实现互联的要求越来越高，开放性已经成为衡量一个产品的重要依据。这里的开放性包含了标准的制定、与其他同类产品的接口等因素在内。

4）安全性和可靠性：路由选择协议的安全性和可靠性是整个计算机系统安全性和可靠性的一个重要环节。尤其是互联网常常是需要不间断运作的系统，更是来不得半点差错。所选择的路由选择协议必须是可靠的和有一定的安全保障的。

5）可以满足系统未来发展的要求：随着互联网的不断发展和各种计算机应用的不断深入，可以预见，设计的网络是一个不断发展和扩充的系统。所以，在路由选择协议的选定和结构设计阶段就要考虑未来系统扩展的需要，留下系统扩展的充分余地。

## 4.4.2 综合实验

**1. 综合实验 1**

（1）实验目的

通过本次综合实验，掌握域内、域间路由规划设计原理，域内采用 OSPF 协议，域间采用 BGP。

（2）实验拓扑及要求

本综合实验的参考拓扑如图 4.4.1 所示。实验的基本要求如下。

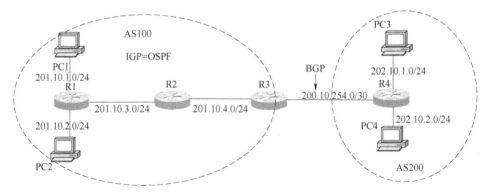

图 4.4.1　路由规划综合实验 1 网络拓扑

1）AS100 内部，R1、R2、R3 之间运行 OSPF 协议。

2）R1 重分布直连 201.10.1.0/24、201.10.2.0/24 到 OSPF 中。

3）R1 与 R3 建立 iBGP 邻居，R3 与 R4 建立 eBGP 邻居。

4）要求 PC1、PC2、PC3、PC4 相互均能 ping 通。

（3）实验主要步骤

本综合实验用到的关键命令在本章前面已有详细介绍，下面主要介绍进行配置的步骤。

1）按照图4.4.1所示连接设备，配置各设备的IP地址。

2）R1、R2、R3路由器上配置OSPF，R1、R2、R3相互可ping通。

3）利用路由引入直连网段，PC1和PC2之间相互ping通，整个OSPF域连通。

4）R4路由器上配置IP，连接PC3、PC4，建立其与R3的eBGP邻接关系，PC3、PC4之间可ping通。

5）建立R1与R3之间的iBGP邻接关系。

6）在BGP路由器上进行BGP路由通告。

7）PC1、PC2、PC3、PC4相互均能ping通。

**2. 综合实验2**

（1）实验目的

通过本次综合实验，掌握域内、域间路由规划设计原理，域内采用OSPF协议，域间采用BGP。

（2）实验拓扑及要求

本综合实验的参考拓扑如图4.4.2所示，其中实验基本要求如下。

1）AS100、AS200内部运行OSPF，之间运行BGP。

2）R1与R2建立iBGP，R3与R4建立iBGP，R2与R3之间建立eBGP。

3）两个AS内部进行路由汇聚，之后R2向R3通告汇聚后的路由201.10.0.0/16，R3向R2通告汇聚后的路由201.20.0.0/16。

4）要求PC1、PC2、PC3、PC4相互均能ping通。

（3）实验主要步骤

1）按照图4.4.2所示连接设备，配置各设备的IP地址。

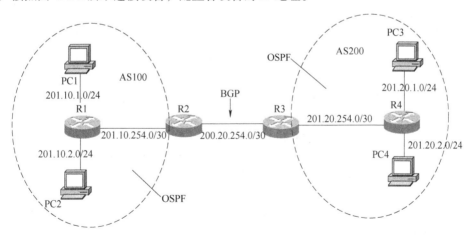

图4.4.2 路由规划综合实验2网络拓扑

2）AS100内R1、R2路由器上配置OSPF，AS200内R3、R4路由器上配置OSPF。

3）利用路由引入直连网段，PC1和PC2之间ping通，PC3和PC4之间ping通。

4）建立R1与R2之间的iBGP邻接关系，建立R4与R3之间的iBGP邻接关系。

5）建立R2与R3的eBGP邻接关系。

6）在BGP路由器上进行BGP路由通告。

7）PC1、PC2、PC3、PC4 相互均能 ping 通。

8）AS100 进行路由汇聚为 201. 10. 0. 0/16，AS200 进行路由汇聚为 201. 20. 0. 0/16。

9）R2 向 R3 通告汇聚后的路由，R3 向 R2 通告汇聚后的路由。

10）比较路由汇聚前后 R1、R2、R3、R4 的路由表。

# 本章小结

本章主要介绍了互联网的路由协议与实验，主要内容包括 OSPF 协议以及在路由器上配置 OSPF 的方法，BGP 的基础知识和相关配置方法。

OSPF 是基于链路状态的 IGP 路由协议，是目前 IP 网中最流行、使用最广泛的 IGP 之一。它将路由域划分成区域（Area），每个路由器都了解其所在区域的网络拓扑，在区域内采用链路状态算法计算路由；而在区域间则采用距离向量算法计算，由处于区域边界的路由器负责通告区域间的路由信息，因此 OSPF 要求区域间要形成星形拓扑，以避免区域间产生环路。

OSPF 可以支持点到点、点到多点、广播型、NBMA 型的网络。在广播型网络和 NBMA 网络的每个网段上要选举 DR/BDR，每个路由器将链路状态信息使用多播地址 224. 0. 0. 6 发送给 DR，再由 DR 用多播地址 224. 0. 0. 5 发送给网段内的其他路由器，这样可以大大减少网络中路由信息的传递。为了适应大规模网络应用，OSPF 定义了多种区域类型和多种类型的链路状态通告（LSA）。其中非骨干区要和骨干区相连，而 Stub 区和 NSSA 区则可以过滤掉外部路由，完全 Stub 区和完全 NSSA 区还可以进一步过滤掉区域间路由。通过 Stub 区和 NSSA 区的设置，最小化了路由信息，同时把路由的变化限制在了一个区域内，增加了整个 OSPF 网络的可靠性和可用性。

BGP 是 Internet 域间路由协议的工业标准，在基于 AS 的架构下，可以说"互联"是通过 BGP 实现的。作为自治系统间的协议，BGP 是一个基于策略的路径矢量路由协议。BGP 在选择路由时，主要依据路径属性中定义的策略进行，而不是跳数或 metric，因为当路径跨越自治系统边界时，跳数或 metric 通常没有可比性，更多的是考虑安全性、费用和商业策略。

在支持自治系统互联方面，BGP 对 AS 互联的拓扑结构没有任何限制！这符合 Internet 的联网特征。但为了避免路由环路，BGP 的路由更新报文携带了完整的路径经过的 AS 列表，并要求 iBGP 邻居间不转发从 iBGP 会话学来的外部路由。

BGP 与 IGP 之间的关系也是一个很微妙的问题，BGP 负责域间选路，而 IGP 负责域内选路，两者要保持相互的独立性，内外的分工很明确。注意：BGP 本身没有发现和学习路由的机制，所有的路由信息都必须由本自治系统的 IGP 提供。也就是说，必须先由 IGP 来学习发现域内路由，然后把域内路由引入到 BGP 系统中，本自治系统的 BGP 路由器才有可通告的路由信息。BGP 路由器向其他自治系统通告本自治系统的路由时，通常是先汇聚再通告。但是反过来，BGP 路由器却不能把从其他自治系统学来的外部路由信息简单地全部注入 IGP 中。这会破坏了域内路由系统的独立性。设想对于主流的、使用链路状态算法的 IGP，如果大量外部路由重分布到 IGP 中，就意味着任何一点外部路由的变化，都会引起 IGP 的路由震荡。

本章的实验部分讨论了 OSPF 的基本配置方法和 BGP 的基本配置方法，其中包括 OSPF 的区域配置，Stub 区、NSSA 区、BGP 的会话建立，BGP 路由通告，BGP 路由同步以及 BGP 的 Next _Hop 属性配置等内容。

## 练习与思考题

1. 什么是路由？路由表中的一条路由包含哪些关键项？各自的含义是什么？

2. 简述 metric 和路由优先级（管理距离）的含义，及其在进行路由选择时的不同作用。

3. 在进行 IP 报文转发时，如果路由表中有多条路由项都匹配目的 IP 地址前缀，路由器这时如何进行转发？

4. 简述一台路由器的路由表是如何创建的，网络拓扑结构发生变化时路由表如何进行及时的更新。

5. 简述链路状态协议的工作原理，分析其可以避免路由环路的原因。

6. 简述 Internet 分层选路的原理，分析分层选路如何支持网络的可扩展性。

7. 实验图 4.1.14 中若在 R2 上不配置默认路由，如何由静态路由实现？请给出实现的命令。

8. 若在图 4.1.14 所示的实验中，R1 和 R2 的静态路由是这样设置的：

```
R1(config)#ip route 0.0.0.0 0.0.0.0 10.1.1.2
R2(config)#ip route 0.0.0.0 0.0.0.0 10.1.1.1
```

请问是否可以实现三台主机互相 ping 通？假如 PC1 去 ping 了一个实验拓扑中不存在的 IP 地址，会出现什么问题？请解释原因。

9. 假如在实验中两台路由器的邻居状态始终进入不到 2-Way 状态，请分析可能的原因。

10. 实验图 4.2.15 过程中使用 R1#show ip route ospf 命令查看 R1 上 OSPF 协议形成的路由，与路由器上最终的路由表进行比较，说明二者有哪些不同，并分析原因。

11. 在 4.2.2 小节的 OSPF 单区域配置实验中使用 debug ip ospf 命令，监视 OSPF 链路状态信息的收发。

12. 在 4.2.2 小节的 OSPF 路由引入实验中在 R1 上使用 network 命令发布 110.1.1.1/32、10.1.1.0/24 网段，在 R3 上观察这两个网段的路由信息，其 metric 值是否相同？请解释原因。

13. 讨论实际应用中，什么情况下可以将一个非骨干区域配置成一个 Stub 区，什么情况下配置成一个完全 Stub 区。

14. 将一个区域配置成 Stub 区有哪些优点？又有哪些限制？

15. 对于同一个非骨干区域，有些 IP 接口配置成 Stub 区，而另外一些接口不配，OSPF 能否正常工作？原因是什么？

16. 什么情况下需要创建一个 NSSA 区域？该区域比一个普通区域有什么优点？

17. 一个 NSSA 区域发送和接收哪些类型的 LSA 信息？为什么？

18. 为什么要专门给 NSSA 区定义 Type7 类型的 LSA？

19. 路由聚合后，路由器上一条路由项就代表多个 IP 子网，路由器是如何确保正确使用最佳路由转发的？

20. 常用 BGP 维护调试命令练习。当配置 BGP 路由协议碰到问题时，常用以下命令查看信息，分析故障原因。

1）显示 BGP 配置信息。

```
show ip bgp protocol
```

2）查看 BGP 邻接关系，显示当前邻居状态。

```
show ip bgp neighbor
```

3）显示 BGP 路由选择表中的条目。

```
show ip bgp route
```

4）显示所有 BGP 邻居连接状态的摘要信息。

```
show ip bgp summary
```

练习使用 debug 命令观察 BGP 邻居建立过程、路由更新过程等。

1）跟踪显示 BGP 接收的 notification 报文。

```
debug ip bgp in
```

2）跟踪显示 BGP 发出的 notification 报文。

```
debug ip bgp out
```

3）跟踪显示 BGP 连接的状态机迁移

```
debug ip bgp events
```

21. 参考路由器相关的命令手册，根据题图 4.1 所示，使用非直连接口多跳配置建立 eBGP 邻居。要求路由器 R1 和 R2 通过 Loopback 地址 1.1.1.1 和 1.1.1.2 建立 eBGP 会话。使用 show ip bgp summary 命令观察 eBGP 会话的状态是否成功。

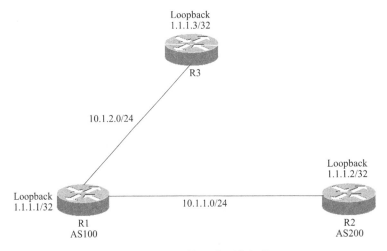

题图 4.1　习题 21 的网络拓扑

22. 实验拓扑如题图 4.2 所示，路由器 RA 和 RC 通过 RB 相连，它们都属于同一个自治系统 AS100。验证非直连的两个 BGP 发言人通过 Loopback 接口建立 iBGP 会话，要求分别使用静态路由的方式和动态路由的方式建立域内路由，完成路由器 RA 与 RC 之间 iBGP 会话的建立。

23. BGP 规定，通过 eBGP 通告的路由必须是已经在 IGP 路由表中存在的路由，分析为什么要做这样的规定。自行设计拓扑，在 BGP 进程中如果通告一条 IGP 路由表不存在的路由，观察会出现什么实验现象。

24. 分析 BGP 路由的下一跳属性定义为发布 BGP 路由的 eBGP 对等方的主要原因是什么。

25. BGP 下一跳与 IP 下一跳不同，BGP 下一跳不一定是自己 BGP 邻居，当在广播型网络中，有时甚至下一跳本身连 BGP 发言人都不是。如题图 4.3 所示，路由器 RA 和 RB 位于自治系统

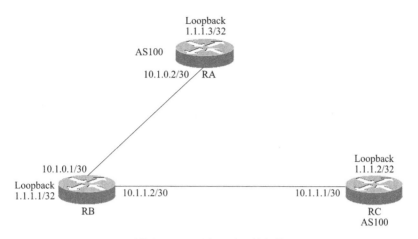

题图 4.2　习题 22 的网络拓扑

AS100，路由器 RC 和 RD 则位于自治系统 AS300 中，在 AS300 中路由器 RD 是一个内部路由器，路由器 RC 是边界路由器，但是路由器 RA、RC、RD 连接在一个广播域中。这样的情况下，当路由器 RC 向 AS100 通告 180.20.0.0 的路由信息时，路由器 RA 看到的 180.20.0.0 的下一跳是 170.10.20.3，而不是 170.10.20.2。分析这样会不会带来问题。假如路由器 RA 看到的 180.20.0.0 的下一跳是 170.10.20.2 是否会出现问题？

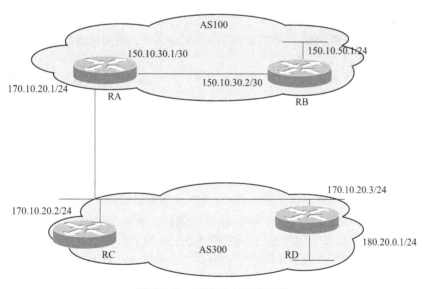

题图 4.3　习题 25 的网络拓扑

26. 分析假如允许 BGP 路由器将通过 iBGP 学到的路由信息重新发布回 IGP，会出现什么问题。再分析假如允许 BGP 路由器将通过 iBGP 学到的路由信息转发给其他 iBGP 邻居，会出现什么问题。

27. 根据已有的 OSPF 协议的知识，分析假如向 OSPF 中重分布上万条 BGP 路由信息，会对 OSPF 协议的运行产生哪些影响。（提示：从存储空间、SPF 树的计算、带宽三方面分析。）

# 第 5 章　应用层协议与 ISP 基础服务

本章介绍应用层的常用协议及基本原理，常用互联网应用 DNS、Web、HTTP 和电子邮件服务的原理及配置方法，并介绍如何在已有的网络基础设施上部署和提供网络应用，简化 ISP 对网络的管理，方便用户使用网络。本章最后提供了一个应用层的综合实验。

## 5.1　应用层协议概述

### 5.1.1　应用层协议简介

在 TCP/IP 体系结构中，应用层定义了不同应用进程之间收/发报文的详细规则，具体内容包括：传递报文的类型（请求报文/响应报文）、报文的格式、报文发送的顺序，以及传输或者接收报文时采取的动作。

网络应用主要是基于应用层协议来实现的。不同类型的应用层协议支持不同的网络应用。例如，超文本传输协议（Hyper Text Transfer Protocol，HTTP）是 Web 应用的核心协议，它定义了客户端和服务器交换报文的格式及通信流程。文件传输协议（File Transfer Protocol，FTP）用于实现网络环境中的文件传送，它定义了客户端和服务器之间控制与数据信息通信的格式和流程。

对于大型的运营网络，还需要相关的支持用户管理、网络管理和业务管理的协议来保证网络的正常运行，方便用户使用网络资源。例如，ISP 常使用简单网络管理协议（Simple Network Management Protocol，SNMP）来对网络设备进行管理；使用域名系统（Domain Name System，DNS）来实现名字和 IP 地址之间的翻译；使用动态主机配置协议（Dynamic Host Configuration Protocol，DHCP）集中管理 IP 地址和网络配置信息，为用户提供自动地址分配服务等；使用远程认证拨号用户服务（Remote Authentication Dial-In User Service，RADIUS）协议来实现认证、授权和计费（Authentication、Authorization and Accounting，AAA）。

网络应用虽然要基于应用层协议才能实现，但两者并不能等价。实际上，应用层协议只是网络应用的一部分，网络应用还包括图形用户接口、存储、编辑等功能。例如，电子邮件服务由很多部分组成，除了定义电子邮件报文结构的标准、定义报文如何在服务器之间以及在服务器与邮件客户程序之间传递的 SMTP（简单邮件传输协议）外，还包括能容纳用户邮箱的邮件服务器、允许用户读取和编写邮件的客户程序（如 Microsoft Outlook 等），这些通常不属于标准的内容。

应用层构建在传输层之上，而传输层的协议不止一个，那么对于特定的应用层协议究竟应该选择哪一个作为自己的传输层协议呢？通常，根据应用层对可靠性、带宽和时延三个方面的不同要求来进行选择。例如，IP 电话、实时视频会议等应用允许在网络发生拥塞时丢失一些数据，但对时延有着较高的要求，应选择无连接的 UDP（User Datagram Protocol）作为传输层协议。而远程登录、文件传输、Web 浏览、电子邮件等业务，能容忍一定的时延，但对可靠性要求较高，应使用面向连接的 TCP（Transfer Control Protocol）作为传输层协议。表 5.1.1 中给出了一些典型应用及其对应的应用层和传输层协议。

表 5.1.1　使用 UDP 和 TCP 的各种应用和应用层协议

| 应用 | 应用层协议 | 运输层协议 |
|---|---|---|
| 域名解析 | DNS | UDP/TCP |
| 简单文件传送 | TFTP | UDP |
| IP 地址配置 | DHCP | UDP |
| 网络管理 | SNMP | UDP |
| 网络文件服务器 | NFS | UDP |
| IP 电话 | 专用协议 | UDP |
| 流式多媒体通信 | 专用协议 | UDP |
| 电子邮件 | SMTP | TCP |
| 远程登录 | TELNET | TCP |
| Web 浏览 | HTTP | TCP |
| 文件传输 | FTP | TCP |

## 5.1.2　应用的分类

从用户的角度来看，Internet 是一个庞大的信息资源库。为了方便用户使用 Internet，人们开发了各种各样的 Internet 应用。Internet 应用可以按照不同方式进行分类。

**1. 按使用方式分**

1）用户间交流：如 IP 电话、MSN、QQ、e-mail、微信等，这些服务能以在线或离线的方式为用户间提供交流。

2）信息获取：如 WWW、FTP、对等文件共享、目录服务等，这些应用都是从对端服务器上获取信息资源信息。

3）工具：完成特定的功能，如搜索引擎等。

**2. 按使用终端的类型分**

1）桌面应用：运行在计算机上的应用程序。

2）移动应用：运行在手持设备（如移动电话或平板计算机）的软件应用程序。

**3. 按应用系统的工作模式分**

1）客户/服务器工作方式（Client/Server 方式，C/S 方式）是 Internet 最常使用的方式。客户是服务请求方，一般位于本地。服务器是服务提供方，一般位于远端，负责响应客户请求，将结果返回给客户。如图 5.1.1 所示，在主机 A 上运行 Web 客户端进程，在主机 B 上运行 Web 服务器进程。主机 A 主动地向服务器 B 发送请求服务，并将 Server 程序返回的结果以特定的形式显示给用户。而服务器 B 被动地等待并对主机 A 的应答请求进行响应，为主机 A 提供相应的服务。这个请求和服务应答过程将不断重复，直到请求停止为止。

图 5.1.1 客户/服务器工作方式

2）对等连接工作方式（Peer-to-Peer，P2P）是指两个主机在通信时并不区分谁是客户、谁是服务器，只要两个主机都运行了对等连接软件（P2P 软件）就可以进行对等的连接，是一种去中心化的体系结构。如图 5.1.2 所示，在主机 A、B、C 和 D 上都运行了 P2P 软件。因此，这几个主机都可进行对等通信（如 A 和 C、C 和 D）。实际上，对等连接方式从本质上看仍然是使用客户/服务器方式，只是对等连接中的每一个主机既是客户又是服务器。例如主机 A，当主机 A 请求主机 D 的服务时，主机 A 就是客户，主机 D 是服务器；但如果同时主机 A 又向主机 C 提供服务，那么主机 A 同时又是服务器。

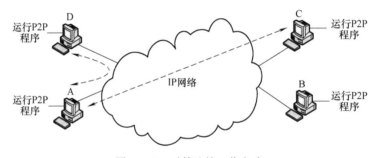

图 5.1.2 对等连接工作方式

对等连接典型的例子就是 BT 下载工具。BT 会在自身节点进行下载的同时也供其他节点进行下载，此时安装 BT 的主机既是客户又是服务器。P2P 方式目前已经得到了广泛的应用，如 MSN Messenger、迅雷、酷狗、网游、视频影音播放以及 QQ 等都是较流行的 P2P 应用。

## 5.1.3 ISP 应用服务基础设施

ISP 作为 Internet 服务的提供者，一是向用户提供接入服务，二是向用户提供应用服务。通常一个 ISP 会向自己的客户提供常用的互联网应用服务，如 Web 服务、FTP 文件传输服务、邮件服务、视频服务等。同时，DHCP、NAT、DNS 等负责地址分配管理、域名解析等服务设施，则是任何一个 ISP 网络基础设施必须提供的必备公共服务。

DHCP（Dynamic Host Configure Protocol，动态主机配置协议）的主要功能是进行 IP 地址的集中管理，根据用户的请求，为用户主机动态地分配 IP 地址及其他网络配置信息，提高网络地址分配和管理效率，减少 IP 冲突的可能性。

NAT（Network Address Translation，网络地址转换）的主要功能是让使用私有地址的多台内网主机共享 Internet 连接，即只需申请一个或几个合法 IP 地址，就能把整个内网的主机接入到

Internet 中。这一功能很好地解决了公有 IP 地址紧缺的问题。同时，由于内部主机使用私有地址，因此 NAT 能很好地屏蔽内部网络拓扑结构，有效阻止来自外部网络的攻击，从而保护内部网络主机。

DNS（Domain Name System，域名系统）提供域名和 IP 地址之间的相互转换，方便用户访问互联网。在 Internet 上，除了 IP 地址外，还可以采用域名方式标识一台主机，例如，提供 Web 服务的服务器域名 www. baidu. com，提供文件传输服务的服务器域名 ftp. xupt. edu. cn 等。域名的方式便于理解和记忆，因此人们访问互联网时更习惯使用域名，而网络中的机器使用的却是 IP 地址，因此需要 DNS 实现域名和 IP 地址的转换。

本章将围绕具体协议，结合实验详细介绍 Web、DNS、邮件等服务，DHCP 和 NAT 相关内容将在第 6 章介绍。

## 5.2　Web 服务实验

### 5.2.1　Web 概述

**1. Web 简介**

World Wide Web 简称 Web，又称万维网，是 20 世纪 90 年代兴起的一种新型互联网应用，简单来讲，Web 是一个采用客户/服务器架构，使用超文本传输协议（HTTP）组成的全球分布式信息服务系统。Web 客户端为浏览器，就是运行在主机上的 Web 客户端程序，目前较流行的 Web 浏览器有 Internet Explorer、Chrome、Firefox 等。可访问的信息资源存储在 Web 服务器端，流行的 Web 服务器有 Apache、Nginx 等。

Web 上的信息资源以网页为单位组织和存放，每个网页是一个采用超文本标记语言（Hyper Text Markup Language，HTML）格式的文件。网页可以通过统一资源定位符（Uniform Resource Locator，URL）来访问。通常一个网页包含一个基本的 HTML 文件，HTML 文件中又会包含很多类型的对象，如 GIF/JPEG 图形、PHP 脚本、Java 小程序音/视频文件对象等，每个对象通过嵌入网页 URL 可访问。嵌入到一个网页中的 URL，也称为超文本链接。通过超文本链接技术，Web 将分布在不同主机上的资源之间关联在了一起，并使用统一的超文本传输协议（HTTP）在浏览器和 Web 服务器之间进行传输。

**2. 统一资源定位符**（URL）

URL 定义了 Web 上信息资源的统一命名规则。这里的"资源"是指在 Internet 上可以被访问的任何对象，包括文件目录、文档、图像、视频、音频等。利用这一规则能识别 Web 上资源的位置。只要能对资源定位，系统就可以对资源进行各种操作，如存取、更新、替换或查找属性。URL 的一般形式由以下四个部分组成。

<协议>：//<主机>：<端口>/<路径>

1）协议：指明了使用何种协议来获取该资源。现在较常用的协议是 HTTP，也可以是 FTP 等。

2）主机：指明了资源存放在哪台主机上，通常是主机在 Internet 上的域名或 IP 地址。

3）端口：可选，省略时使用协议的默认端口。各种协议都有默认的端口号，如 HTTP 的默认端口号为 80。有时候出于安全考虑或端口被占用，可以在服务器上对端口进行重定义，即采用非标准端口号，此时 URL 中就不能省略端口这一项。

4）路径：指明了资源在主机上的存放路径。

**3. 超文本传输协议（HTTP）**

（1）HTTP 概述

HTTP 是 Web 应用的核心协议，它定义了客户端浏览器与 Web 服务器之间传输报文的协议。从图 5.2.1 所示的 Web 浏览器与服务器交互模型可见，HTTP 使用面向连接的 TCP 作为传输层协议，服务器端口号为 80。主机 A 作为客户端运行浏览器进程，负责把用户请求的对象通过 HTTP 请求消息发送给服务器；主机 B 作为 Web 服务器运行服务器进程并存储 Web 资源，服务器进程在 80 端口监听来自客户端的请求，当服务器进程收到请求后，把请求对象通过 HTTP 响应消息发送给 Web 客户端进程。

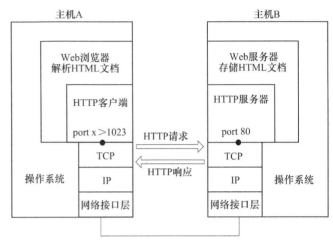

图 5.2.1　Web 浏览器与服务器交互模型

HTTP 发展至今，已经标准化的主要有 HTTP/1.0（RFC1945）、HTTP/1.1（RFC7230）和 HTTP/2.0（RFC 7540）三个版本。

1）HTTP/1.0。HTTP/1.0 使用非持久连接，即每个 TCP 连接只用于传输一个 HTTP 请求消息和 HTTP 响应消息。服务器发送完一个对象后，相应的 TCP 连接就会关闭。假定用户单击了网页上的一个链接，其 URL 是 http://www.someschool.edu/somedepartment/index.html，该 Web 页面由 1 个基本 HTML 文件和 2 个 JPEG 图像共 3 个对象构成，而且所有这些对象都存放在同一服务器上。HTTP/1.0 会在客户端与服务器之间依次建立 3 个 TCP 连接分别用于传输这 3 个对象。每传输完一个对象后，该对象对应的 TCP 连接就会自动关闭。随着传输信息量的增大（例如，一个页面里包含多张图片请求）以及客户端的增多，无谓的 TCP 连接创建和断开给 Web 服务器带来严重的负担，造成 Web 访问的时延增加。

2）HTTP/1.1。为了克服 HTTP/1.0 存在的问题，HTTP/1.1 使用了持久连接，即 Web 服务器在发送完一个响应后保持该 TCP 连接，相同的客户/服务器之间，后续请求和响应报文仍然可以通过这个连接进行传送。整个 Web 页面的对象（如上例的 1 个基本 HTML 文件和 2 个图像）都可以用单个持久的 TCP 连接进行传送，甚至存放在同一个服务器中的多个 Web 页面也可以用单个持久的 TCP 连接进行传送。这样，显著减少了 Web 访问所需的时间。

持久连接有两种工作方式，即非流水线方式（Without Pipelining）和流水线方式（With Pipelining）。HTTP/1.1 默认使用流水线方式的持久连接。

非流水线方式是指客户只有在收到前一个请求的响应后才能发出下一个请求。在这种情况下，Web 页面所引用的每个对象都经历一个往返传输时延，用于请求和接收该对象。与非持久连接相比，TCP 连接始终处于保持状态，节省了建立 TCP 连接的开销，而对 HTTP 消息的处理仍然是串行的。非流水线方式的缺点是：服务器在发送完一个对象后就开始等待下一个请求，其 TCP 连接就处于空闲状态，浪费了服务器资源。

流水线方式是指客户在收到 HTTP 响应消息之前就能够继续发送新的请求消息，因此客户可以一个接一个地发出对各个对象的请求。服务器收到这些请求后，可以连续发回响应消息。如果所有的请求和响应都是连续发送的，那么，TCP 连接中的空闲时间减少，提高了服务器的效率。

下面结合图 5.2.2 说明在流水线持久连接方式下，服务器 B 向客户端 A 传送一个 Web 页面的步骤。

① 客户端上的浏览器通过分析 URL，向 DNS 请求解析 www. someschool. edu 的 IP 地址。DNS 解析出该 Web 服务器的 IP 地址，记为 IP1。

② 客户端与服务器 B 建立 TCP 连接。服务器端 IP 地址就是 IP1，端口号是 80。

③ 客户端通过这个 TCP 连接，向服务器发送一个 HTTP 请求消息。这个消息中包含路径名/somedepartment/index. html。

④ 不用等待，客户端继续向服务器发送第二、第三个 HTTP 请求消息。这两个消息中包含路径名/somedepartment/JPEG1. JPEG　和/somedepartment/JPEG2. JPEG。

图 5.2.2　流水线持久连接工作过程

⑤ 服务器接收到这些请求消息后，从服务器的内存或硬盘中依次取出对象 index. html、JPEG1. jpeg 以及 JPEG2. jpeg，并通过 HTTP 响应消息将这三个对象依次发送到客户端。

⑥ 客户端收到这三个响应消息后，TCP 连接关闭。

3）HTTP/2.0。HTTP/2.0 在 2015 年由 RFC7540 定义并标准化，它支持采用二进制帧、多路复用、头部压缩等技术改善 Web 应用的性能。

在 HTTP/2.0 中，所有的数据被分割为更小的帧，并对它们采用二进制编码，非常方便机器解析。这一改变是 HTTP/2.0 性能增强的核心。HTTP/2.0 为每一个请求/响应创建了一个虚拟的流，每个流上可以承载双向消息传输，有唯一的标识符。二进制帧携带流 ID 在流中传输，并可以乱序发送，之后在接收端再根据流 ID 进行重新组装。这一机制从根本上解决了 HTTP/1.0 中的"队头阻塞"问题。

HTTP/2.0 采用了多路复用（Multiplexing）技术，允许在一个 TCP 连接上同时双向地发送任意多个请求/响应消息。这种单连接多资源的方式减轻了服务器端的链接压力，实现了请求/响应消息的并发，避免了头部的阻塞。HTTP/2.0 还引入了头信息压缩机制（Header Compression）。一方面，头部信息使用 gzip 或 compress 压缩后再发送；另一方面，客户端和服务器同时维护一张头部信息表，所有字段都会存入这张表并生成一个索引号。之后，在传递头部消息时就无须再发送具体的字段而只需发送索引号即可，有效地降低了头部信息对带宽的消耗。此外，在 HTTP/2.0 中可以设置请求的优先级，在发送请求时优先处理优先级高的请求。HTTP/2.0 还具有服务器端推送功能，可以根据客户端以往的请求，提前返回多个响应，推送额外的资源给客户端。

HTTP/2.0 发展很快，截至 2020 年，主流网站支持 HTTP/2.0 的约占 40%，Chrome、Firefox 等知名浏览器都支持 HTTP/2.0。

（2）HTTP 的消息格式

1）HTTP/1.1 的消息格式。RFC2616 定义了 HTTP 1.1 的消息格式。其消息是面向文本的，消息中各个字段是一串 ASCII 码。HTTP 的请求消息和响应消息均由以下三部分组成。

① 开始行：用于区分请求消息和响应消息。在请求消息中的开始行叫作请求行（Request-Line），而在响应消息中的开始行叫作状态行（Status-Line）。开始行的三个字段之间以空格分隔。

② 首部行：用来说明浏览器、服务器或报文主体的一些信息。首部可以有多行，也可以不使用。在每一个首部行中都有首部字段名和它的值，每一行在结束的地方都有"回车"符和"换行"符。整个首部行结束时，还有一空行将首部行和后面的实体主体分开。

③ 实体主体：在请求报文中一般不用这个字段，而在响应报文中也可能没有这个字段。

HTTP/1.1 的请求消息和响应消息具体内容如下。

① HTTP/1.1 请求消息。

下面是一个典型的 HTTP 请求消息的例子：

```
GET/somedir/page.html HTTP/1.1
Accept:text/html,image/gif,image/jpeg,* /*
Accept-language:zh-CN,zh
Accept-Encoding:gzip, deflate
User-agent:Mozilla/5.0
Host:www. someschool.edu
Connection:keep-alive
```

请求行有三个字段：方法、URL 和 HTTP 版本。

方法字段是对所请求对象进行的操作，实际上也就是命令，包括 GET、POST 和 HEAD 等。HTTP 请求消息绝大多数使用 GET 方法，这是浏览器用来请求对象的方法，所请求的对象就在 URL 字段中标识。本例表明浏览器在请求对象/somedir/page. html。HTTP 版本字段说明采用的是 HTTP 版本，本例中浏览器采用 HTTP/1.1 版本。

首部行 Accept 通知服务器可以接受的介质类型。本例为 html 的文本类型、gif 和 jpeg 的图像类型，以及 */* 的任何类型；Accept-language 指出用户希望优先得到中文版的对象，如果没有这个语言版本，那么服务器应该发送其默认版本；首部行 Accept-Encoding 为通知服务器可以发送的数据压缩格式；首部行 User-agent 指定了用户代理，也就是产生当前请求的浏览器的类型，本例的用户代理是 Mozilla/5.0，这个首部行很有用，因为服务器实际上可以给不同类型的用户代理发送同一个对象的不同版本（这些不同版本使用同一个 URL 寻址）；Host：www. someschool. edu 指明了所请求对象所在的主机；请求消息中包含首部行 Connection：keep-alive，表明目前使用了持久连接，keep-alive 功能使客户端到服务器端的连接持续有效，当出现对服务器的后继请求时，keep-alive 功能避免了建立或者重新建立连接。Connection 值为 close 时则在告知服务器本浏览器不使用持久连接，服务器发出所请求的对象后应关闭连接。

② HTTP/1.1 响应消息。

下面是一个典型的 HTTP 响应消息：

```
HTTP/1.1 200 0K
Date:Thu, 06 Aug 2019 12:00:15 GMT
Server:Apache/2.2.2(Unix)
Content-Type:text/html
Connection:close
Last-Modified:Mon,22 Jun 2019…
Content-Length:6821
```

（数据 数据 数据 数据 数据…）

状态行有三个字段：协议版本、状态码和原因短语。本例的状态行表明，服务器使用

HTTP/1.1 版本，响应过程成功，意味着服务器找到了所请求的对象，并正在发送。下面列出了一些常见的状态码和相应的原因短语。

- 200 0K：请求成功，所请求对象在响应消息中返回。
- 301 Moved Permanently：所请求的对象已永久性转移，位置在消息中给出（location：）。
- 400 Bad Request：表示服务器无法理解相应请求，一般是由于请求出现语法错误。
- 404 Not Found：请求的对象服务器没发现。
- 500 Internal Server Error：表示运行在服务器上的程序出了问题。
- 503 Service Unavailable：请求的对象服务器繁忙。
- 505 HTTP Version Not Support：服务器不支持所请求的 HTTP 版本。

接下来分析本例中的首部行。Date 指明了服务器创建并发送本响应消息的日期和时间：注意：这并不是对象本身的创建时间或最后修改时间，而是服务器把该对象从其文件系统中取出，并插入响应消息中发送出去的时间。Server 指明了本消息是由 Apache 服务器产生的，它与 HTTP 请求消息中的 User-agent 类似。Content-Type 指明了包含在实体主体中的对象是 html 文本，对象的类型是由 Content-Type 而不是由文件扩展名指出的。服务器使用 Connection：close 告知客户自己将在发送完本消息后关闭 TCP 连接。Last-Modified 指明了对象本身的创建或最后修改时间。Content-Length 指明了所发送对象的字节数。

2）HTTP/2.0 消息格式。HTTP/2.0 在不改动 HTTP/1.x 的语义、方法、状态码、URI 以及首部字段的情况下，将所有的信息封装成帧进行传输。HTTP/2.0 的帧由帧头和负载组成，其通用格式如图 5.2.3 所示。这里只做简单的介绍，详细内容请参考 RFC7540。

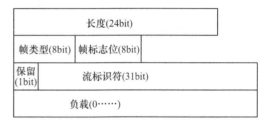

图 5.2.3 HTTP/2.0 帧格式

帧头由长度（Length）、帧类型（Type）、帧标志位（Flag）、帧保留比特位（R）、流标识符（Stream Identifier）组成，长度固定为 9B。帧头各字段的功能如下。

帧长度（Length）：占 24bit，是一个无符号的自然数，表示帧负载部分所占用字节数，但不包括帧头所占用的 9B。默认值大小区间为 0~16，384，一旦超过默认值，发送方将不再允许发送。

帧类型（Type）：占 8bit，定义了帧负载的具体格式和帧的语义。HTTP/2.0 规范定义了 10 种类型的帧，包括 DATA 类型、HEADERS 类型、SETTINGS 类型、WINDOW_UPDATE 类型、PRIORITY 类型、RST_STREAM 类型、PUSH_PROMISE 类型、PING 类型、GOAWAY 类型和 CONTINUATION 类型。

帧的标志位（Flag）：占 8bit，不同类型的帧标志位的语义不同，默认值为 0X0。

帧保留比特位（R）：占 1bit，为保留的比特位，固定值为 0X0。

流标识符（Stream Identifier）：占 31bit，是一个无符号的自然数，唯一地标识 HTTP 中的流。

负载为真实的帧内容，长度可变，具体内容由帧头中的 Type 字段定义。

（3）Web 高速缓存服务器

Web 高速缓存（Web Cache）也叫代理服务器（Proxy Server），它在代表客户执行 HTTP 请求的同时，在自己的硬盘空间中保存最近请求到的对象的一个副本。当新的 HTTP 请求到达时，若代理服务器发现本地存在该请求对象的一个副本，就把该对象包含在 HTTP 响应消息中发给客户浏览器，而不需要根据 URL 再次去访问该资源。代理服务器可在客户端或服务器端工作，也可在中间系统上工作。

用户在浏览器中设置代理服务器后，浏览器产生的每一个 HTTP 请求首先到达的是代理服务器，如图 5.2.4 所示。

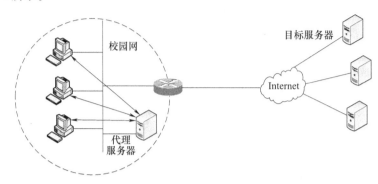

图 5.2.4　代理服务器的作用

下面就以浏览器请求对象 http：//www.somesite.com/somepic.gif 为例，具体说明其过程。

1）校园网内某台计算机通过浏览器请求对象 http：//www.somesite.com/somepic.gif 时，首先和校园网的代理服务器建立 TCP 连接，并向代理服务器发送一个 HTTP 请求消息。

2）代理服务器进行检查，如果已经存放了所请求的对象副本，就用 HTTP 响应消息向客户端浏览器返回此对象。

3）否则，代理服务器与目标服务器 www.somesite.com 建立 TCP 连接，并发送 HTTP 请求消息。

4）目标服务器把所请求的对象放入 HTTP 响应消息中发送给代理服务器。

5）代理服务器收到这个对象后，先复制到自己的本地存储器，然后再把这个对象放入 HTTP 响应消息中，通过已建立的 TCP 连接发送给请求该对象的浏览器。

值得注意的是，代理服务器同时扮演服务器和客户两个角色。在与浏览器通信的过程中，代理服务器担任服务器角色；在与目标服务器通信的过程中，代理服务器则扮演客户角色。

在 Internet 上部署代理服务器有两个原因。首先，如果在客户和代理服务器之间存在一个高速连接（实际情况也通常是这样），而且代理服务器中存有所请求的对象，那么它将迅速地把该对象发送给客户代理服务器，可以缩短客户请求的响应时间。其次，代理服务器可以降低相应机构在 Internet 访问链路上的流量，因此，该机构就不必过快地升级带宽，从而节省了费用。另外，代理服务器能从整体上大大降低 Internet 的总体 Web 流量，从而改善所有应用的性能。

（4）Apache 和 Nginx

1）Apache 简介。Apache HTTP Server（简称 Apache）是 Apache 软件基金会开发的一个开源的 Web 服务器软件。它可以运行在 UNIX、Linux、Windows 等主流的操作系统平台上，具有跨平台性、可移植性、配置简单、速度快、性能稳定等优点，并可做代理服务器来使用。Apache 使用 HTTP 通过默认的 80 端口进行文本的明文传输，同时还添加了 443 端口的加密传输方式，提升了数据传输的安全性和可靠性。此外，Apache 还是一款高度模块化的软件，添加新功能只需加载相应的模块，不需要的功能模块也可以卸载，确保了 Apache 的轻便性、高效性和可扩展性。

AMP 技术，即 Apache、PHP、MySQL 三种技术的结合，是目前构建企业级 Web 应用的主流技术之一。其中，MySQL 是一个真正的多用户、多线程 SQL 数据库服务器，其主要特点是快速、健壮和易用；PHP 是一种在服务器端运行的脚本语言，支持几乎所有流行的数据库以及操作系统。XAMPP 是针对 AMP 技术开发的一款功能强大的构建 Web 站点的集成软件包，它集成了 Apache、PHP、MySQL 三种软件的功能，为用户减少了很多烦琐的配置步骤，使用非常方便。除此之外，XAMPP 软件还提供了 FileZlia（文件传输服务器软件）、Tomcat（Web 服务器软件）的软件模块。

2）Nginx 简介。Nginx（engine x）是一款 HTTP 和反向代理服务器软件，具有出色的负载均衡能力，并能提供 IMAP/POP3/SMTP 等服务。Nginx 第一个公开版本 0.1.0 发布于 2004 年 10 月，作为 Web 服务器的后起之秀，它具有高性能、高稳定性、高扩展和资源消耗低等优点，成为网站架构里不可或缺的关键组件，被广泛地应用于 Airbnb、Dropbox、GitHub、百度、新浪、腾讯等国内外知名网站。

3）Apache 与 Nginx 的比较。相对于 Apache 来说，Nginx 更加轻量级，处理同样的 Web 服务会占用更少的内存及资源，且抗并发能力强，在高并发连接下依然能保持低资源、低消耗和高性能。其次，Nginx 处理静态页面的性能比 Apache 高三倍以上，开发设计高度模块化，模块编写也相对简单。

Apache 也有着自身的优势。Apache 的 rewrite 功能比 Nginx 强大，在 rewrite 频繁的情况下，适合选用 Apache。且 Apache 发展到现在，技术成熟，功能完善，稳定非常好，在处理动态请求方面非常有优势。

## 5.2.2　Apache Web 服务器实验

### 1. 实验目的

理解并掌握 Web 系统的组成和工作原理；能够利用 Apache 搭建 Web 服务器，能够根据具体实验要求，配置默认网站的主目录等服务器端关键参数。

### 2. 实验拓扑

本实验需要的设备与参考拓扑如图 5.2.5 所示。

PC1：安装 Windows7，作为一台 Web 服务器，连接路由器。

PC2：作为一台客户机，连接路由器。

192.168.1.1/24　　192.168.2.1/24

PC2
192.168.1.2/24

PC1(Wed服务器)
192.168.2.2/24

图 5.2.5　Web 实验拓扑

### 3. 实验步骤

（1）连接计算机配置接口 IP 地址

按照图 5.2.5 所示连接路由器和计算机，按实验的 IP 地址规划，为计算机和路由器配置相应的 IP 地址。

（2）利用 XAMPP 软件包中的 Apache 搭建 Web 服务器

1）下载安装 XAMPP。XAMPP 软件可在 https：//www.apachefriends.org/zh＿cn/download.html 网站上免费下载，下载完成后单击"下一步"按钮选择安装目录进行安装，安装目录建议不要选择 C 盘。安装完成后，会在安装目录下出现一个 XAMPP 文件夹。

2）配置和启动 Apache。双击 XAMPP 目录下的 xampp-control.exe 程序打开 XAMPP 控制窗

口，如图 5.2.6 所示，单击 Start 按钮就可以启动 Apache、MySQL 等服务。

图 5.2.6    XAMPP 控制窗口

需要注意的是，Apache 的 80（HTTP）、443（HTTPS）端口有时会被占用，出现此种情况，需要将其修改为未被占用的端口，如改为 8081 端口。修改方法是：单击图 5.2.6 中 Apache 一栏的 Config 按钮，选择 Apache（httpd.conf）子菜单命令，在图 5.2.7 及图 5.2.8 所示的 httpd.conf 配置文件中查找 " Listen 80" 和 "ServerName Localhost：80" 两行代码，将其中的 80 改为 8081。

图 5.2.7    修改 Listen 端口为 8081

图 5.2.8    修改 ServerName 端口为 8081

此外，如图 5.2.9 和图 5.2.10 所示，还需要将 httpd-ssl.conf 文件中的 443 端口改为 4433。

修改完成后，单击 XAMPP 控制窗口中 Apache 一栏的 Start 按钮，启动 Apache 服务器。如图 5.2.11 所示，正常启动后会显示 Web 服务使用的端口号。

3）访问 Web 服务。Apache 服务器启动后，在本机的浏览器地址栏中输入 http：//localhost：8081/，如出现图 5.2.12 所示的界面，表明 Apache 服务器启动成功。

4）编写并发布简单的 Web 页面。

图 5.2.9　修改 Listen 端口为 4433

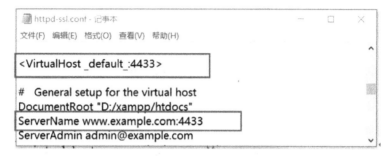

图 5.2.10　修改 ServerName 参数端口为 4433

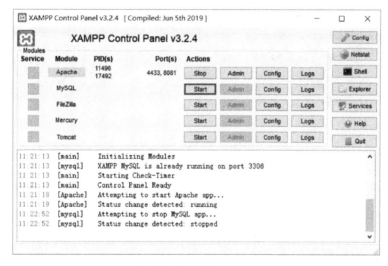

图 5.2.11　启动 Apache

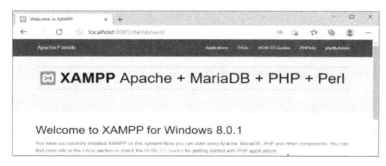

图 5.2.12　Apache 启动成功界面

① 创建 Web 页面。XAMPP 软件中 Apache 默认的网站目录为…\ xampp/htdocs,要发布自己编写的网页,需要在 xampp\ htdocs 文件下创建一个新的目录,并将撰写的网页脚本文件放置在该目录下。本实验 XAMPP 的安装路径为 D:\ xampp,因此在 D:\ xampp \ htdocs 目录下创建一个新目录 web,并在该目录下编写一个简单的 index. php 网页脚本文件,代码如下:

```php
<? php
    echo "welcome";
? >
```

② 修改网页发布的根目录。要使 Apache 默认的发布目录指向自己创建的项目,需要在 httpd. conf 文件中修改 Web 发布默认路径。具体做法是:找到该文件里<DocumentRoot "D/xampp/htdocs" > 这一行代码,将 "D/xampp/htdocs" 改为 "D:/xampp/htdocs/Web";再找到 <Directory "D:/xampp/htdocs" >这一行代码,也将其中的 "D:/xampp/htdocs" 改为 "D:/xampp/htdocs/Web";然后,需重启 Apache 服务。

**4. 实验验证**

1)本地验证。在 PC1 的浏览器的地址栏中输入 http://127.0.0.1:8081 或 http://localhost:8081,页面显示如图 5.2.13 所示。

图 5.2.13  PC1 的 Web 页面

2)远程验证。在 PC2 的浏览器地址栏中输入 http://192.168.2.2:8081,显示与 PC1 相同的 Web 页面。

## 5.2.3  Nginx Web 服务器实验

**1. 实验目的**

理解并掌握 Web 应用组成和工作原理;能够使用 Nginx 搭建 Web 服务器,能够按照具体部署要求配置服务器端的关键参数。

**2. 实验拓扑**

本实验需要设备及参考拓扑如图 5.2.14 所示。

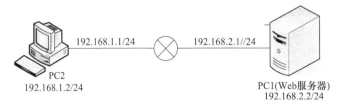

图 5.2.14  Web 实验拓扑

PC1：安装 Windows7，作为一台 Web 服务器，连接路由器。

PC2：作为一台客户机，连接路由器。

**3. 实验步骤**

（1）连接计算机配置接口 IP 地址

按照图 5.2.14 所示连接路由器和计算机，并为计算机和路由器分配相应的 IP 地址。

（2）搭建 Web 服务器

1）下载安装并启动 Nginx 软件。Nginx 软件可在 http://nginx.org/en/download.html 官网上免费下载，本实验选择 nginx/Windows-1.19.6 版本。下载完成后将文件解压到 E 盘的根目录下，解压后的文件目录如图 5.2.15 所示。双击其中的 nginx.exe 程序文件进行安装，安装过程使用默认值。安装完成后在浏览器的地址栏中输入 http://localhost，若出现图 5.2.16 所示的页面，则表明 Nginx 的 Web 服务已经正常启动。

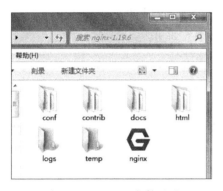

图 5.2.15　Nginx 文件目录

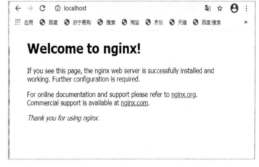

图 5.2.16　Nginx 成功启动页面

2）配置 Nginx。与 Apache 一样，Nginx 默认使用 80 端口进行 Web 服务，非常容易与其他应用发生冲突，需要将其修改为未被占用的端口，如修改为 8089 端口。另外，还需要设置网页发布的根目录和首页，让其指向自己网站的根目录和首页（本实验网站根目录为 d:\MyWebApps，网站首页为 test.html）。修改的具体步骤如下。

① 进入 Nginx\conf 文件夹，打开 nginx.conf 文件。如图 5.2.17 所示，修改 listen、root 以及 index 三个参数的值。

② 打开 cmd 命令窗口，在 nginx.exe 所在的目录下执行 nginx.exe-s reload 命令并重启 Nginx 服务。

图 5.2.17　nginx.conf 中参数的修改

3）编写测试用 Web 页面。在 d:\MyWebApps 目录下创建并编写一个 test.html 文件，代码如下所示。

```
<! DOCTYPE html>
<html>
    <head>
```

```
        <title>这是个标题</title>
    </head>
    <body>
        <h1>这是一个简单的 HTML</h1>
        <h2>这是一个简单的 HTML</h2>
        <h3>这是一个简单的 HTML</h3>
        <h4>这是一个简单的 HTML</h4>
        <h5>这是一个简单的 HTML</h5>
        <h6>这是一个简单的 HTML</h6>
        <p>Hello World! </p>
    </body>
</html>
```

**4. 实验验证**

1）本地验证。在 PC1 的浏览器地址栏中输入 http：//127. 0. 0. 1：8089 或 http：//localhost：8089，显示如图 5.2.18 所示的 Web 页面。

2）远程验证。在 PC2 的浏览器地址栏中输入 http：//192. 168. 2. 2：8089，显示与本地验证相同的 Web 页面。

图 5.2.18 Web 页面

# 5.3 DNS 协议与实验

## 5.3.1 域名空间

在 Internet 体系中，IP 地址用于唯一地标识主机的一个网络接口，但 IP 地址主要是面向机器的，如 169.229.131.109，不方便用户记忆和使用。随着 Internet 规模的扩大，为方便用户访问网络，20 世纪 80 年代中期，开始在 Internet 中部署域名系统（DNS）。DNS 是 Internet 中进行主机名字到 IP 地址翻译的分布式数据库系统，DNS 协议报文通过 UDP/TCP 承载，使用 53 端口。

为确保网络中主机名字的唯一性，以及管理和扩展方便，互联网为主机的命名定义了一种分层结构的域名空间。图 5.3.1 描述了 Internet 域名空间的分层结构，这种分层结构也可以看成一棵树，最上方是根（Root），用点号 "." 表示；在域名空间树中，每个节点对应一个域（Domain），并分配一个文本化的标签值，称为域名；而树中的一个叶子节点则对应一个被命名的主机。在域名空间树中，一个主机的名字则是由从叶子到根的完整路径上的每个节点的标签值构成。以 www. xupt. edu. cn 为例，它代表某校的 Web 服务器的域名。这个主机域名术语称为 FQDN（Fully Qualified Domain Name）。与 IP 地址比较，分层次、文本化的主机命名形式，更易于用户记忆和使用。

习惯上，根的下一级节点称为顶级域（Top Level Domain，TLD）或一级域。顶级域的下级就是二级域（Second Level Domain，SLD），依次类推。

在域名树中，每个节点都被指派由一个机构负责管理和运行，特定节点的管理者可以依次将下层节点授权给其他机构运行管理。域名树中最上面的是根，但没有对应的名字，根下面一级的节点是顶级域名，它们都由 ICANN 负责管理。

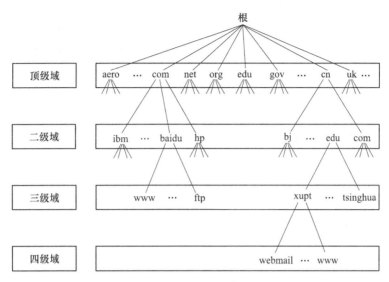

图 5.3.1　Internet 的域名空间

## 5.3.2　域名服务系统

　　DNS 采用客户/服务器方式。为了处理性能和扩展性问题，DNS 使用了大量的服务器，它们以层次方式组织，并且分布在全世界范围内，形成一个分布式数据库系统。这样，单个计算机出了故障，也不会妨碍整个 DNS 系统的正常运行。此外，通过本地 DNS 的广泛部署和高速缓存的使用，大多数解析都可在本地网络进行，因此 DNS 系统的效率很高。

　　如图 5.3.2 所示，对应分层的域名结构，可以把域名服务器分为四种类型（本地域名服务器不属于图中所示的三层次结构，后边会详细介绍）。这四种类型的域名服务器所起的作用也不同。

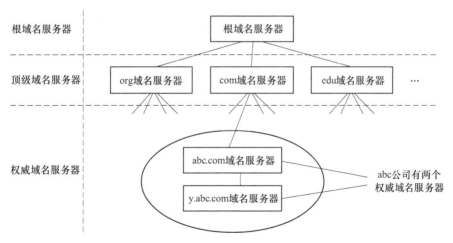

图 5.3.2　树状结构的 DNS 域名服务器

（1）根域名服务器

根域名服务器（Root Domain Name Server）保存所有顶级域名服务器的域名和对应的 IP 地址

信息。互联网上任何域名服务器收到域名查询请求后，若自己无法解析，就首先求助于根域名服务器，根域名服务器根据用户请求，向用户返回相应顶级域名服务器的 IP 地址。Internet 上共有 13 个不同的根域名服务器，它们的名字是用一个英文字母命名，从 A~M。表 5.3.1 给出了 13 个根域名服务器的详细信息。

表 5.3.1　根域名服务器列表

| 根域名服务器 | IPv4 地址 | IPv6 地址 | 运营者 |
| --- | --- | --- | --- |
| A | 198.41.0.4 | 2001：503：ba3e：：30 | Verisign |
| B | 192.228.79.201 | N/A | USC-ISI |
| C | 192.33.4.12 | N/A | Cogent Communications |
| D | 199.7.91.13 | 2001：500：2d：：d | University of Maryland |
| E | 192.203.230.10 | N/A | NASA |
| F | 192.5.5.241 | 2001：500：2f：：f | Internet Systems Consortium |
| G | 192.112.36.4 | N/A | Defense Information Systems Agency |
| H | 128.63.2.53 | 2001：500：1：：803f：235 | U.S. Army Research Lab |
| I | 192.36.148.17 | 2001：7fe：：53 | Netnod |
| J | 192.58.128.30 | 2001：503：c27：：2：30 | Verisign |
| K | 193.0.14.129 | 2001：7fd：：1 | RIPE NCC |
| L | 199.7.83.42 | 2001：500：3：：42 | ICANN |
| M | 202.12.27.33 | 2001：dc3：：35 | WIDE Project |

实际上，每个根域名服务器都是一个服务器集群。关于根域名服务器的更多信息，可参阅 http：//www.root-servers.org/上的内容。由于根域名服务器在 DNS 中的地位特殊，因此对域名服务器有许多具体的要求，可参阅 RFC2870。

（2）顶级域名服务器

顶级域名服务器（Top-level Domain Name Server）负责管理在该顶级域名服务器注册的所有二级域名。当收到 DNS 查询请求时，就给出相应的回答，这个应答可能是最后的结果，也可能是下一步应当查找的域名服务器的 IP 地址。顶级域名服务器由 ICANN 委托不同的公司或组织负责维护，分为国家顶级域名、通用顶级域名两类。国家顶级域名有 .cn（中国）、.us（美国）、.uk（英国）等。通用顶级域名诸如 .com 代表公司和企业，由 Network Solutions 公司负责维护，.edu 代表美国专用的教育机构，由 Educause 负责维护，.net 代表网络服务机构，.org 代表非营利性组织，.gov 代表美国专用的政府部门等。

（3）权威域名服务器

权威域名服务器（Authoritative Domain Name Server）是负责一个区（Zone）域名解析的域名服务器。一个区对应域名空间树上的一个子树。权威域名服务器实际存储了一台主机的域名到 IP 地址的映射。

（4）本地域名服务器

本地域名服务器（Local Domain Name Server）不属于图 5.3.2 所示的 DNS 三层次结构，但它在域名系统里却发挥着至关重要的作用。每个 ISP 网络中都有一台本地 DNS。当主机发出 DNS 查询请求时，该查询请求首先发给本地 DNS。如图 5.3.3 所示，本地 DNS 扮演一个 DNS 代理的角色，负责转发 DNS 查询请求到 DNS 域名系统中，并将解析的结果返回给主机。

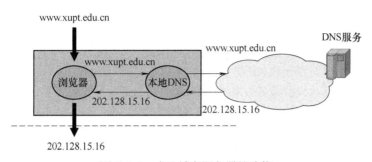

图 5.3.3　本地域名服务器的功能

本地 DNS 通常离用户较近,对于本地 ISP 来说,本地 DNS 通常与用户主机相隔不超过几台路由器。在基于 ISP 的网络结构中,要求每个 ISP 在自己的网络中至少配置两台本地 DNS,很多域名服务器都是同时作为本地和权威域名服务器使用的。

## 5.3.3　域名解析

### 1. 域名解析的方式

域名服务系统由三部分组成:DNS 客户端、分布式数据库和域名服务器。域名到 IP 地址的解析有两种方式:递归查询和迭代查询。

1) 递归查询:采用递归查询时,DNS 客户端向域名服务器发送查询请求,域名服务器必须给出最终的查询结果。如果在本地未能查到结果,域名服务器会以 DNS 客户端的身份,向其他域名服务器发出查询请求,直到获得一个最终的查询结果。在整个域名查询的过程中,DNS 客户只需要发送一次请求,然后等待结果,工作的负担主要在承担查询任务的域名服务器。实际中,递归查询主要应用于主机向本地域名服务器的查询。

2) 迭代查询:执行迭代查询时,域名服务器的工作相对简单。收到 DNS 客户端的查询请求后,域名服务器只需要用当前已知的最佳信息进行应答即可。如果 DNS 服务器没有客户端需要查询的域名信息,则会告知 DNS 客户端下一步应该查找的域名服务器的地址。由 DNS 客户端继续向其他域名服务器发起查询请求,直到获得最终结果。

### 2. 域名解析的过程

下面结合具体的例子说明域名解析的过程。如图 5.3.4 所示,假设主机 PC1 想要得到 www. xupt. edu. cn 的 IP 地址。

1) 主机 PC1 作为 DNS 的客户端向本地域名服务器 dns. vivi. com 发起递归查询。

2) 本地域名服务器首先查询本地缓存有无域名 www. xupt. edu. cn 对应的 IP 地址记录。如果有,则将该 IP 地址发送给主机 PC1;否则,本地域名服务器一般采用迭代查询,

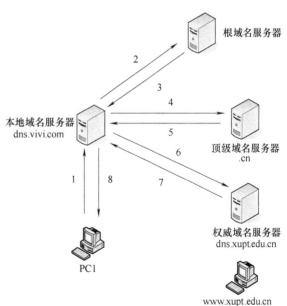

图 5.3.4　DNS 查询举例

向根域名服务器发送查询请求。注意：迭代查询总是沿域名树自顶向下执行。

3）根域名服务器向本地域名服务器反馈顶级域名服务器 .cn 的 IP 地址。

4）本地域名服务器继续向顶级域名服务器 .cn 发送查询请求。

5）顶级域名服务器向本地域名服务器反馈权威域名服务器 dns.xupt.edu.cn 的 IP 地址。

6）本地域名服务器向权威域名服务器 dns.xupt.edu.cn 发送查询请求。

7）权威域名服务器向本地域名服务器发送所查询主机 www.xupt.edu.cn 的 IP 地址。如果没有，则会告知其他权威域名服务器地址或反馈错误信息。

8）本地域名服务器最后把查询结果告诉主机 PC1，同时缓存 www.xupt.edu.cn 的 IP 地址。

为了提高 DNS 查询效率，并减轻根域名服务器的负荷以及减少 Internet 上的 DNS 查询报文数量，在域名服务器中广泛使用高速缓存来存放最近查询过的域名以及从何处获得域名映射信息的记录。

例如，在图 5.3.4 所示的查询过程中，如果在不久前有用户查询过域名 www.xupt.edu.cn 的 IP 地址，就会把 www.xupt.edu.cn 以及 xupt.edu.cn 域名服务器的 IP 地址加入缓存。那么，本地域名服务器就不必向根域名服务器重新查询 www.xupt.edu.cn 的 IP 地址，而是直接把高速缓存中存放的上次查询结果告诉给需要的用户。

由于 xupt.edu.cn 域名服务器的 IP 地址也被加入到了缓存，查找该域下的其他主机域名时，本地域名服务器会认为 xupt.edu.cn 是它所知道的最接近要查询域名的祖先，则跳过查询根域名服务器这一步而直接询问 xupt.edu.cn 所在的域名服务器。这样不仅可以大大减轻根域名服务器的负荷，而且也能使 Internet 上的 DNS 查询请求和应答报文数量大大减少。

## 5.3.4 消息格式与资源记录

DNS 定义了查询和响应两种消息类型，它们使用相同的消息格式。DNS 消息由五部分组成，如图 5.3.5 所示，包括 12B 固定长度的头部（Header），以及 Question、Answer、Authority、Additional 四个可变长的部分。

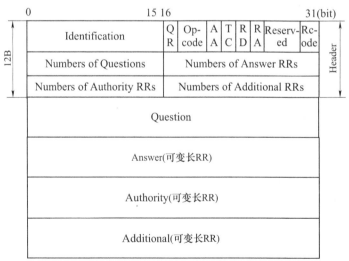

图 5.3.5 DNS 消息的一般格式

消息头部包含了与域名查询相关的控制信息；Question 部分用于在查询消息中携带问题；Answer、Authority 和 Additional 三个部分则分别携带了数目可变的资源记录（Resource Records，

RR），RR 的具体数目在头部的相应字段中指定。Answer 和 Authority 这两个部分分别告诉查询的结果和相应的权威域名服务器，而 Additional 部分则提供进一步查询所需的相关信息。

**1. 头部字段**

1）标识（Identification）字段：占 16bit，一条消息的唯一标识。客户端查询时设置该标识字段，服务器返回的响应中应该包含同样的数值。客户端通过它来确定响应与查询是否匹配。

2）标志（Flag）字段：占 16bit，标志字段由若干子字段组成，具体含义见表 5.3.2。

表 5.3.2  标志字段中各子字段的功能简介

| 子字段名 | 功　　能 |
|---|---|
| QR | 1bit，查询/响应的标志位。0 表示为查询消息，1 表示为响应消息 |
| Opcode | 4bit，定义查询/响应的类型。0 表示标准查询，1 表示反向查询，2 表示服务器状态请求 |
| AA | 1bit，"授权回答"（Authoritative Answer）的标志位。1 表示该域名服务器是所查询域的权威服务器 |
| TC | 1bit，截短标志位。使用 UDP 发送 DNS 消息时，1 表示响应消息总长度超过 512B 并已被截短 |
| RD | 1bit，"期望递归"（Recursion Desired）标志位。1 表示客户端希望域名服务器进行递归查询，接收的域名服务器会一直尝试寻找最终答案；0 表示域名服务器如不能提供权威答案，则返回可联系的其他域名服务器的列表 |
| RA | 1bit，"递归可用"（Recursion Available）标志位。1 表示域名服务器支持递归查询，则在响应中将该位设置 1；0 表示域名服务器拒绝递归地，则在响应消息中清除该位，以让其他系统知道服务器拒绝 |
| Reserved | 3bit，保留字段，全置 0 |
| Rcode | 4bit，响应代码，返回响应的差错状态。0 表示没有差错，2 表示格式错误，3 表示名字差错等 |

标志字段之后的 4 个 16bit 字段，分别为问题数、回答 RR 数、权威 RR 数以及附加 RR 数，分别用于帮助消息接收方确定消息中 Question、Answer、Authority 和 Additional 字段中具体的记录数目。对于查询报文，问题数通常是 1，而其他三项则均为 0。类似地，对于应答报文，回答 RR 数至少是 1，问题数通常也为 1，其他两项可以是 0 或非 0。

**2. RR**（资源记录）

根据请求消息，DNS 响应消息中可以包含条数可变的 RR。DNS 中 RR 主要记录域名到 IP 地址的映射信息。RR 保存在域名服务器上的一个 zone（区）文件中。收到 DNS 查询请求时，域名服务器就查询相应 zone 文件，然后将与请求匹配的所有 RR 通过响应消息发给客户端。

每条 RR 采用五元组的格式（Name，TTL，Class，Type，Record-data）。各字段含义如下。

1）Name：该字段说明该 RR 应用于哪个域名。通常 Name 的值是 FQDN（Fully Qualified Domain Name）或其一部分。该字段的具体含义由 Type 字段的取值决定。

2）TTL：指以秒为单位的 RR 的有效期。

3）Class：指地址的类别。最常用的值为 IN，代表 Internet 地址类别。

4）Type：指 RR 的类别。RFC1035 中定义了 13 种 RR 类别，常用的有 6 种（见表 5.3.3）。

5）Record-data：实际的 RR 记录值，其格式和内容依据 Type 参数的不同而变化。

表 5.3.3  常用的 6 种 RR

| RR 类别 | 值 | 含　义 | 说　　明 |
|---|---|---|---|
| A | 1 | Host address | 它是最重要的一类 RR。A 记录中，Name 字段 = 主机名，Value 字段 = IP 地址，即提供了一条规范的主机名到 IP 地址的映射记录。例如，（www.xupt.edu.cn，222.24.102.16，A） |

（续）

| RR 类别 | 值 | 含义 | 说 明 |
|---|---|---|---|
| NS | 2 | Authoritative name server | NS 记录中，Name 字段＝域名，Value 字段＝权威域名服务器的主机名，用于指定域对应的权威域名服务器，该服务器知道怎样找到域中的一个主机名对应的 IP 地址。例如，（xupt. edu. cn，dns1. xupt. edu. cn，NS） |
| CNAME | 5 | Canonical name for an alias | CNAME 记录中，Name 字段＝主机的别名，Value 字段＝主机的规范名，该记录向请求主机提供一个主机别名（Alias）到规范名的映射，通常在一台主机上运行多个服务时，会使用该型记录。例如，（ftp. xupt. edu. cn，www. xupt. edu. cn，CNAME） |
| SOA | 6 | Marks the start of a zone of authority | 标识域名服务器一个 zone 文件数据的开始，以及 Name 参数指定的域的权威域名服务器 |
| PTR | 12 | Domain name pointer | PTR 与 A 型相反，用来指定一个主机 IP 地址对应的域名，Name 字段＝IP 地址，Value 字段＝主机名。例如，（16. 102. 24. 222. in-addr. arpa，www. xupt. edu. cn，PTR），该记录说明 IP 地址 222. 24. 102. 16 对应的主机名为 www. xupt. edu. cn |
| MX | 15 | Mail exchange | MX 记录中，Name 字段＝邮件服务器别名，Value 字段＝邮件服务器规范名。该记录允许邮件服务器使用更简洁的别名供用户访问。例如，（xupt. edu. cn，mail. xupt. edu. cn，MX），这样，发往地址 admin @ xupt. edu. cn 的邮件，就会发给服务器 mail. xupt. edu. cn |

## 5.3.5  DNS 实验

### 1. 实验目的

理解并掌握 DNS 的工作原理；掌握利用工具配置 DNS 的方法和步骤，能够根据具体需求，编写域名服务器配置文件脚本和 zone 文件；能使用 Dig/Nslookup 工具进行测试验证。

### 2. 实验拓扑

本实验需要的设备及参考拓扑如图 5.3.6 所示。

PC1（服务器）：运行 Windows 7 操作系统，作为 DNS 服务器，负责 . kai. com 域的解析。

PC2：运行 Windows 7 操作系统，域名为 www. kai. com。

PC3（客户端）：运行 Windows 7 操作系统，能通过域名 www. kai. com 访问 PC2。

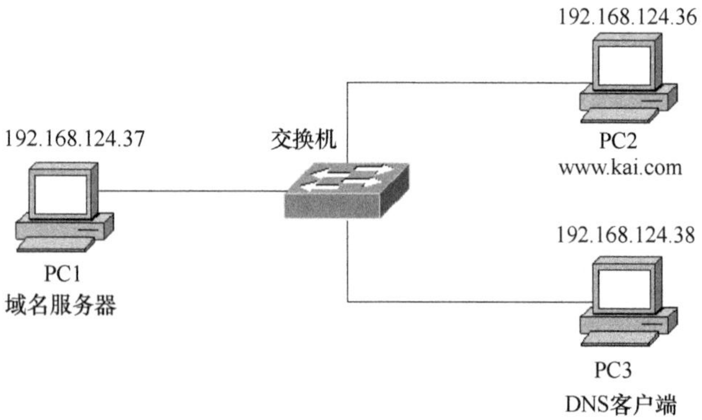

图 5.3.6  DNS 实验拓扑图

### 3. 实验步骤

（1）配置实验设备的 IP 地址

按照图 5.3.6 所示，使用一台交换机连接三台计算机，并按图所示为计算机分配 IP 地址。

（2）搭建 BIND 9 DNS 服务器

BIND（Berkeley Internet Name Domain）是一款开放源码的域名服务器软件，由美国加州大学伯克利分校开发和维护。BIND 是目前世界上使用最为广泛的域名服务器软件。它提供了强大而稳定的域名服务，支持多种平台，如 UNIX、Linux、Windows 等操作系统。BIND 的版本有很多，本实验使用 BIND 9。

1）安装 BIND9 软件。BIND9 软件的安装包可以从 https：//www. isc. org/software/bin 网站上免费下载。本实验使用的版本是 BIND 9. 12. 0. x64。下载完成后，在 PCI 中以管理员身份运行其中的 BINDInstall. exe 文件，出现图 5.3.7 所示的界面。注意：在该界面中不要选中"Start BIND Service After Install"复选框，且在"Service Account Name"文本框中一定要输入有管理员权限的用户名，否则会提示创建不成功。单击"Install"按钮完成安装。

2）添加 named 用户权限。右击 BIND9 的安装目录（C：\Program Files\ISC BIND 9），选择"属性→安全"命令，为该文件夹添加"named"用户，并赋予如图 5.3.8 所示的权限。

图 5.3.7　BIND9 安装界面

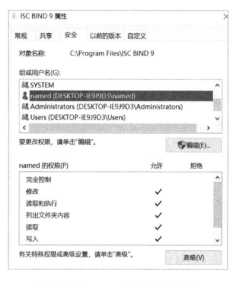

图 5.3.8　named 用户权限分配

3）生成密钥。打开 cmd 命令窗口，进入 C：\Program Files\ISC BIND 9\bin 目录，执行 rndc-confgen. exe-a 命令，会在 C：\Program Files\ISC BIND 9\etc 目录下生成 rndc. key 文件。此 rndc. key 文件是 BIND9. x 版本的新功能，有关 DNS 更新以及更新时的加密处理。

4）下载 named. root 和 root. zone 文件。named. root 和 root. zone 文件定义了全球的根域名服务器的域名和 IP 地址，两个文件均可以从 http：//www. internic. net/zones/官网上免费下载，下载完成后，将这两个文件放在 C：\Program Files\ISC BIND 9\etc 路径下。

5）配置 BIND 9 文件。在使用 BIND 9 搭建 DNS 服务器时，需要为每个域设置两个文件：一个是本区域的正向解析文件，该类文件的命名格式为 *. zone；另一个是本区域的反向解析文件，该类文件的命名格式为 *. in-addr. arpa。除此之外，还要编写 named. conf 文件。named. conf 是 DNS 服务器配置的核心文件，它决定了域名服务器对哪些网段、哪些域进行解析和逆向解析等。下面以 localhost 和 www. kai. com 域名为例，详细介绍三种文件的创建过程。这三种文件均放置在 C：\Program Files\ISC BIND 9\etc 目录下。

① 创建文件 localhost. zone。它是域名 localhost 的正向解析文件，代码如下所示。

```
; zone file for localhost
$TTL 2d ; zone TTL default = 2 days
$ORIGIN localhost.
```

```
@                 IN              SOA   localhost.root.localhost. (
                  2013111700   ;serial number
                  2h              ; refresh=2 hours
                  15m             ; refresh retry= 15 minutes
                  3w              ; expiry= 3 weeks
                  2h              ; nx= 2 hours
                  )
; main domain name servers
                  IN      NS    localhost.
                  IN      A     127.0.0.1
```

上述代码中重要参数的含义如下。

- "；"符号表示内容为注释说明。
- $TTL 2d：定义该记录文件中各项记录的生存时间为 2 天。
- $ORIGIN localhost.：说明后面的记录源自 localhost.。注意：最后的"."不可省略。
- 当前区域的授权记录开始，第一个@就是 ORIGIN 的意思，即域名本身，也就是刚定义的 localhost.。IN 定义该记录类属于 Internet class；SOA 代表该资源记录的类型是 SOA，每一个记录文件只能有一个 SOA；localhost.root.localhost. 指定了这个区域的授权主机为 localhost，管理者的信箱为 root.localhost.，邮箱中的"@"被"."替代。"（ ）"之间的 5 组数字主要作为主域名服务器（master）与从域名服务器（slave）同步数据所使用的参数。
- IN  NS  localhost.：说明该 zone 定义的域名是由 localhost 这台域名服务器管理的。注意：本行末的"."也不可省略。
- IN  A  127.0.0.1 命令和上面的 IN  NS  localhost. 命令成对使用，说明 localhost. 的 IP 地址是 127.0.0.1。

② 创建 0.0.127.in-addr.arpa 文件。它是 localhost.zone 的反向解析文件，代码如下所示。

```
$TTL 2d ; zone default= 2 days
$ORIGIN 0.0.127.IN-ADDR.ARPA.
@          IN  SOA   localhost.root.localhost. (
                         2013111500 ; serial number
                         2h             ; refresh
                         15m            ; refresh retry
                         2w             ; expiry
                         3h             ; nx
                         )
           IN  NS    localhost.
1          IN  PTR   localhost.
```

上述代码中重要参数的含义如下：

- $ORIGIN 后面的参数是此反向解析文件的名字。
- 1  IN  PTR  localhost：定义了 PTR 记录，它与 A 记录相反，它把 IP 地址 127.0.0.1 解析为 localhost。"1"的含义就是要解析的 IP 地址的最后一个字节。

③ 创建 master.kai.com.zone 文件。master.kai.com.zone 文件的编写与 localhost.zone 文件类似，代码如下所示。

```
$TTL 1D
@       IN SOA      @ rname.invalid. (
                                0       ; serial
                                1D      ; refresh
                                1H      ; retry
                                1W      ; expire
                                3H )    ; minimum
        NS      @
        A       127.0.0.1
        AAAA        ::1
www     A       192.168.124.36
```

上述代码中 www　 A　 192.168.124.36 指明了 www.kai.com 域名对应的 IP 地址为 192.168.124.36。

④ 创建 124.168.192.in-addr.arpa 文件，即 master.kai.com.zone 对应的反向解析文件。124.168.192.in-addr.arpa 反向解析文件的编写与 0.0.127.in-addr.arpa 文件类似，代码如下所示。

```
$TTL 1D
@       IN SOA      @ rname.invalid. (
                                0       ; serial
                                1D      ; refresh
                                1H      ; retry
                                1W      ; expire
                                3H )    ; minimum
        NS      @
        A       127.0.0.1
        AAAA        ::1
36 PTR www.kai.com.
```

上述代码中 36 PTR www.kai.com 表明 IP 地址 192.168.124.36 对应的域名是 www.kai.com。

⑤ 创建 named.conf 文件。代码如下所示。

```
include "C:\Program Files\ISC BIND 9\etc\rndc.key";
options {
//指定区域正向解析和反向解析文件存放的位置
  directory "C:\Program Files\ISC BIND 9\etc";
//在下面的 IP 地址位置上填写 ISP 的 DNS 地址
version "not currently available";
pid-file "named.pid";
allow-transfer{"none";};
recursion yes;//开启全局递归
listen-on {192.168.124.37;};//指定监听服务器的地址
};
//根 DNS
zone "." {
```

```
type hint;//hint 表示定义的是互联网中的根域名服务器
file "named.root";//指定从 named.root 文件获得根域名服务器地址
};
// localhost 正向解析
zone "localhost" IN {
type master;//表示定义的是主域名服务器
file "localhost.zone";//定义*.localhost 正向解析文件存放的位置
allow-update { none; };
};
// localhost 的反向解析
zone "0.0.127.in-addr.arpa" {
type master;
file "0.0.127.in-addr.arpa";//定义 127.0.0.* 反向解析文件存放的位置
allow-update{none;};
};
zone "kai.com" IN {
type master;
file "master.kai.com.zone";//定义*.kai.com 正向解析文件存放的位置
};
// kai.com 的反向解析
zone "124.168.192.in-addr.arpa" {
type master;
file "124.168.192.in-addr.arpa";//定义 192.168.124.* 反向解析文件存放的位置
allow-update{none;};
};
```

完成以上步骤，有关 localhost 和 www.kai.com 域名的 DNS 配置文件编写完毕。

6）启动 ISC BIND 服务。

启动 ISC BIND 前，确保 PC1 的 IP 地址是 192.168.124.37，PC2 的 IP 地址是 192.168.124.36，DNS 客户端的 IP 地址是 192.168.124.38。依次打开"控制面板→计算机管理→服务"，进入如图 5.3.9 所示的界面，启动 ISC BIND 服务。或直接在命令提示行中输入命令：net start "ISC BIND"。

图 5.3.9　启动 ISC BIND 服务

（3）DNS 客户端的配置

使用该域名服务器进行域名解析的主机都是该域名服务器的客户端。如图 5.3.10 所示，进入 PC3 的 IP 地址配置对话框，选中"使用下面的 DNS 服务器地址"单选按钮，在"首选 DNS 服务器"文本框中输入 192.168.124.37，即 PC1 的 IP 地址。PC2 的 DNS 配置与 PC3 的类似。

**4. 实验验证**

完成所有配置后，在 PC3 使用 nslookup 或 ping 命令检测 DNS 域名解析是否正常，如图 5.3.11 所示。能 ping 通 www.kai.com 则说明 DNS 服务器正常工作，否则，DNS 配置错误。

图 5.3.10　PC3 的 DNS 配置

```
C:\Users\kai>ping www.kai.com

正在 Ping www.kai.com [192.168.124.36] 具有 32 字节的数据:
来自 192.168.124.36 的回复: 字节=32 时间<1ms TTL=128
来自 192.168.124.36 的回复: 字节=32 时间<1ms TTL=128
来自 192.168.124.36 的回复: 字节=32 时间<1ms TTL=128
来自 192.168.124.36 的回复: 字节=32 时间<1ms TTL=128

192.168.124.36 的 Ping 统计信息:
    数据包: 已发送 = 4, 已接收 = 4, 丢失 = 0 (0% 丢失),
往返行程的估计时间(以毫秒为单位):
    最短 = 0ms, 最长 = 0ms, 平均 = 0ms
```

图 5.3.11　DNS 配置结果

# 5.4　电子邮件与实验

## 5.4.1　电子邮件系统简介

电子邮件（Electronic Mail，简称 e-mail）是 Ray Tomlinson 在 1972 年发明的，它是 20 世纪 70 至 80 年代互联网第一个"杀手应用"。与现在流行的即时通信应用（IM）不同，电子邮件采用异步通信方式，发送邮件时不要求接收方同时在线，用户的邮箱可以在 Internet 上的任何一台服务器上，用户可以按需在任何时间、地点上网访问邮箱接收邮件。由于这种便捷性，电子邮件目前仍然是日常工作生活中必不可少的互联网应用。

**1. 电子邮件地址与选路**

与实体信封上的姓名和地址一样，为了传递电子邮件，需要一种机制来描述发件人和收件人的地址信息。在 Internet 上，每个用户用自己的电子邮件地址唯一确定，其格式为：

user@ domain

其中，"@"之前是电子邮件地址的本地部分，用于标识用户，"@"之后的部分是域名，用于标识用户邮箱所在的邮件服务器。邮件服务器负责接收和转发电子邮件，通常由提供电子邮件服务的机构和组织来维护。一个电子邮件地址的例子：

liming@ xupt. edu. cn

表示用户"liming"的邮件服务器，即邮箱所在地设于某大学的网络内。

在电子邮件系统中，"地址"用于标识邮件的收件人或存放邮件的位置。"邮箱"指的是邮件的寄存地。这两个术语通常可以互换使用。

同样，电子邮件系统转发邮件时，也需要知道收件人的邮件服务器 IP 地址，以便网络为邮件选择合适的转发路由。在现代互联网中，目的邮件服务器的 IP 地址是通过 DNS 查询获得的。如 5.3 节所述，提供电子邮件服务的机构或组织，会在自己的权威域 DNS 服务器中声明一条 MX 型的 RR 记录，通过这条 MX 记录，DNS 可以获得一台邮件服务器对应的 IP 地址。

**2. 电子邮件系统的组成**

如图 5.4.1 所示，电子邮件系统采用 C/S 架构，主要由邮件用户代理（Mail User Agent，MUA）、邮件服务器（Mail Server）两部分组成。

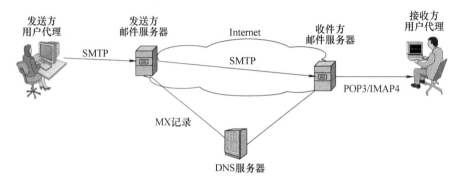

图 5.4.1　电子邮件系统的组成

1）邮件用户代理是一个电子邮件客户端程序，通常为用户提供编辑邮件、阅读邮件、收/发邮件等功能，还允许用户将文件附加到电子邮件中。流行的电子邮件客户端程序包括基于 UNIX 的系统中的 ELM、MUTT 和 PINE，以及 Windows 系统中的 Outlook Express 和 Thunderbird 等。

2）邮件服务器主要功能有三个：一是通过简单邮件传输协议（Simple Mail Transfer Protocol，SMTP）接收邮件用户代理的邮件，并将邮件转发给远端邮件服务器，此功能称为邮件传输代理（MTA）；二是将 MTA 接收到的邮件根据邮件的去向存储到本服务器下用户的收件箱中，或再经由 MTA 传输到下个 MTA 中，此功能称为邮件投递代理（MDA）；三是通过邮局协议（Post Office Protocol Version 3，POP3）或 Internet 消息访问协议（Internet Mail Access Protocol Version 4，IMAP4）处理来自用户的邮件检索请求，并将邮件消息传递给收件人的邮件用户代理，此功能称为邮件检索代理（MRA）。部署 MTA 常用的软件有 Sendmail、Qmail 和 Postfix 等；部署 MDA 常用的软件有 Procmail、Dropmail 等，Postfix 自带了 MDA 功能；部署 MRA 常用的软件有 Dovecot。

**3. 电子邮件系统的协议**

如图 5.4.1 所示，Internet 电子邮件的基本协议有三种，即 SMTP、POP3 和 IMAP4，三者都使用 TCP 作为传输层，其中 SMTP 用于电子邮件的发送，POP3 和 IMAP4 用于访问电子邮箱和接收邮件。与基本收发协议配套的还有两个定义邮件消息数据格式的协议，即 IMF 和 MIME。其中，IMF（Internet Message Format）定义了纯文本的消息格式，MIME（Multipurpose Internet Mail Extensions）定义多媒体消息格式。

随着 Web 流行，使用浏览器作为客户端的 B/S 架构的 Webmail 在 2000 年后广泛使用，典型的有网易的 163 邮箱、微软的 Windows Live Hotmail、谷歌的 Gmail 等。与 C/S 架构的桌面电子邮件系统相比，Webmail 无须安装邮件客户端软件，用户通过浏览器远程登录 Webmail 服务器后，服务器端为用户动态创建邮箱界面，列出该账户下所有的邮件列表，用户可以通过浏览器界面直接操作和管理远端服务器上的邮箱内容，不需要将邮件下载到自己的本地客户端存储。这样，当用户使用不同的设备访问同一个 Webmail 邮箱时，邮箱中的内容总是一致的。Webmail 的系统组成如图 5.4.2 所示。

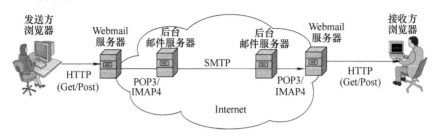

图 5.4.2　Webmail 的系统组成

采用 C/S 模式的电子邮件系统中，客户端电子邮件应用（Outlook 或闪电邮）登录邮件服务器，使用 POP3/IMAP4 在邮件服务器中检索邮件，将邮件下载到本地计算机后，服务器端通常就删除了该邮件。因此，用户想使用多台计算机管理电子邮件就非常困难。

但桌面电子邮件有自己的优点：用户可以完全控制电子邮件，即使没有联网，也能够访问存储在本地的电子邮件。很多工程师和科学家有完全控制邮件的需求，会更倾向于使用桌面电子邮件而不是 Webmail 系统。

由图 5.4.2 可见，Webmail 系统有两个接口：一是浏览器与前端 Webmail 服务器之间的 Web 接口，它们使用 Get 和 Post 等 HTTP 命令交互；二是前端 Webmail 服务器与后端邮件服务器之间的电子邮件接口，使用 POP3/IMAP4 命令，后端邮件服务器之间仍使用 SMTP 传输邮件消息。实际中，前端 Webmail 服务器和后端邮件服务器可以分开设置，也可以集成到一起。

**4. 电子邮件的格式**

电子邮件消息格式的基本规范由 RFC822 定义，RFC 定义了电子邮件系统框架内计算机用户之间发送纯文本邮件消息的语法格式 IMF（Internet Message Format），较新的标准为 RFC5322。

通常一封电子邮件由信头（Header）和正文（Body）两部分组成。其中，信头包含完成邮件代理传输和交付电子邮件所需的所有信息，正文由要交付给收件人的所有内容对象构成。

信头的内容分为两类：第一类用于邮件的转发和交付，如发送方和接收方的地址，此类数据起信封的作用；第二类主要包括邮件主题和收件人姓名等。信头后面跟着一个空行，把信头和消息正文分开。

信头由多个字段组成，每段由一个字段名、冒号和相应的字段值组成一个文本行（注：该行以回车符+换行符为结尾）。信头至少包含以下字段。

- From：发件人的电子邮件地址。
- To：收件人的电子邮件地址。收件人可以是一个也可以是多个。
- Subject：邮件的主题，它反映了邮件的主要内容。
- Date：发送邮件的时间和日期，通常由邮件系统自动填入。
- Message-ID：是自动产生的邮件的唯一标识。

下面是在收件方看到的 IMF 格式的邮件例子。

```
Date:Sat 10 April 2021 09:10:22
From:Min Shi < shiminhai@163.com >
```

```
Subject:Greetings
To:Richard@xupt.edu.cn
<空行>
Did this email reach you?
Min Shi
```

最初 RFC822 定义的 IMF 格式是一个纯文本邮件格式，其正文部分仅支持传输纯 ASCII 格式的内容，没有定义传输图像、音/视频等二进制数据或其他类型的结构化数据（HTML/XML）的方法。为满足传输多媒体信息的需求，1993 年后，在 RFC1341（已被 RFC2045~2049 系列规范取代）中定义了一种多用途互联网邮件扩展（MIME）规范，MIME 提供了一种定义和描述正文内容格式的机制。MIME 对 IMF 格式的具体扩展内容如下。

1）支持非 7 位 ASCII 字符集的文本标题和邮件正文。

2）允许在一个邮件中携带多个对象。

3）支持二进制文件、多媒体文件（如图像、音频、视频等）作为邮件附件。

下面是在收件方看到的 MIME 格式的邮件例子。

```
From:'Min Shi'<shiminhai@163.com>
To:Richard@xupt.edu.cn
Subject:Cover
MIME-Version:1.0
Content-Type:image/jpg;
        name=cover.jpg
Content-Transfer-Encoding:base64
Content-Description:The front cover of the book

<...base64 encoded jpg image of cover...>
```

## 5.4.2　SMTP

### 1. SMTP 简介

SMTP（Simple Mail Transfer Protocol）是 Internet 电子邮件传输协议的基本规范，其作用是将邮件从发送方传递到接收方的邮件服务器，但不能从邮件服务器收取邮件消息。SMTP 最初由 RFC821 定义，RFC1869 对 SMTP 服务功能进行了扩展（ESMTP），目前最新标准为 RFC5321。现今虽然称 ESMTP 更准确，但大家习惯上仍然称 SMTP。

SMTP 采用 C/S 方式，支持跨多个网络传输邮件。运行 SMTP 的设备能够同时充当客户端和服务器端，SMTP 服务器在 TCP 的 25 端口上监听来自发件人和其他邮件服务器的消息，然后将消息传递给适当的收件人或下一个 SMTP 服务器。如果 SMTP 服务器无法将邮件传递到特定的地址，且错误不是由永久拒绝造成，则将邮件放入队列，以便稍后重新投递，直到投递成功或 SMTP 服务器放弃。如果 SMTP 服务器放弃投递，则将无法投递的消息返回给发件人。

### 2. SMTP 的命令和应答

当 SMTP 客户端与 SMTP 服务器建立了 TCP 双向连接后，客户端可以生成 SMTP 命令并发送给服务器，服务器执行相应动作并发送应答以响应客户端命令。SMTP 的主要命令见表 5.4.1。

表 5. 4. 1　**SMTP 的主要命令**（客户端到服务器）

| 命令 | 说　　明 |
| --- | --- |
| HELO | 会话开始时，用于客户端的身份验证 |
| MAIL From | 标识邮件的发件人，并启动一个邮件发送事务 |
| RCPT TO | 标识邮件的一个收件人 |
| DATA | 通知服务器，客户端已准备好传输邮件数据 |
| RSET | 请求重置当前会话的状态 |
| VRFY | 请求接收方验证接收人姓名 |
| HELP | 请求返回 SMTP 服务所支持的命令列表 |
| QUIT | 请求结束会话 |

SMTP 服务器每接收到来自客户端的一条命令，都会返回一个应答码。每个应答码是一个三位数的代码，用于指示命令的成功或失败。其中，2×× 表示请求的动作已接受并完成，客户端可以继续下一步；3×× 表示命令不接受，需要为服务器提供更多的信息；4×× 表示暂时性的失败；5×× 表示永久性的失败。表 5. 4. 2 列出了主要的响应码。

表 5. 4. 2　**SMTP 的主要应答码**（服务器到客户端）

| 应答码 | 说　　明 |
| --- | --- |
| 220 | 服务就绪 |
| 250 | 请求命令完成 |
| 354 | 开始邮件输入，并指明以 CR，LF，. ，CR，LF 字符序列终止邮件报文 |
| 421 | 服务不可用，关闭传输信道 |
| 450 | 请求操作中止，处理中出现本地错误 |
| 500 | 语法错误，无法识别命令 |
| 550 | 请求的操作未被执行（邮箱未找到） |
| 552 | 所请求的动作异常中止 |

### 3. SMTP 的工作过程

在了解 SMTP 命令和应答的语法和语义之后，下面以 shiminhai@ 163. com 向 Richard@ xupt. edu. cn 发送邮件为例，描述发送方 SMTP 服务器（客户端）和接收方 SMTP 服务器（服务器端）之间命令—应答的交互过程。下面代码中，每行开始的"C"代表 SMTP 的客户端，"S"代表 SMTP 的服务器端。

```
C:(opens TCP connection to port 25 of the server)
S:220mail. xupt. edu. cn Simple Mail Transfer Service ready
C:HELO163. com
S:250 OK
C:MAIL From:<shiminhai@ 163. com>
S:250 OK
C:RCPT TO:<Richard@ xupt. edu. cn>
S:550 no such user there
C:RCPT TO:<Richard@ xupt. edu. cn>
```

```
S:250 OK
C:DATA
S:354 start mail input,end with CR LF.CR LF
C:sends message in RFC 822 Format
   ......
C:CR,LF,.,CR,LF
S:250 OK
C:QUIT
S:221 Closing connection
```

由上可以看出，一旦客户端（C）与服务器（S）之间在 TCP 的 25 端口上连接建立成功后，C/S 之间就可以使用 SMTP 发送邮件，其交互过程如下。

1）服务器端向客户端发送应答码 220，表示服务就绪，并为客户端提供服务器的域名。

2）客户端收到应答码后，发送 HELO 命令，发起客户端和服务器之间的 SMTP 会话请求。

3）服务器端回应应答码 250，通知客户端请求建立邮件服务会话成功。

4）客户端发送 MAIL From 命令，向服务器通告发件人邮箱地址 shiminhai@163.com。

5）服务器端向客户端回应应答码 250，代表请求命令完成。

6）客户端用 RCPT TO 命令向服务器发送收信人地址。若收件人地址错误，则返回差错通知；若正确，则返回应答码 250。

7）发送 RCPT TO 命令确认后，客户端发送一个 DATA 命令，请求传输邮件消息。

8）服务器端回应应答码 354 进行确认客户端可以发送，并通知客户端用于终止邮件正文的字符序列由五个字符组成，即 CR，LF，.，CR，LF。

9）邮件接收完毕，服务器向客户端发送应答码 250。

10）客户端向服务器发送 QUIT 命令，服务器端收到命令后，回应应答码 221，两端关闭连接。

## 5.4.3 邮件访问协议

如前所述，客户端发送邮件使用 SMTP，访问自己的邮箱、接收邮件使用 POP 或 IMAP。POP3 功能简单，主要部署在资源和性能受限的小型邮件服务器和终端。IMAP 则支持服务器端更先进复杂的管理功能，对服务器性能要求也更高。目前主流的邮件服务器和客户端软件对两种协议都提供支持。

**1. POP**

（1）POP3 简介

POP 协议最初由 RFC1081 定义，目前标准是 RFC1939。POP3（POP 协议的第 3 版）也采用 C/S 的模式，传输层采用 TCP，服务器端口号为 110。为节省资源和简化服务器功能，正常情况下，POP3 采用下载后删除的管理模式，即允许用户从邮件服务器上把邮件下载到本地保存，下载成功后，则删除服务器上的邮件副本。

（2）POP3 的命令和应答

当客户端与 POP3 服务器建立了 TCP 双向连接后，客户端可以生成 POP3 命令并发送给服务器，服务器执行相应动作并发送应答以响应客户端命令。POP3 的主要命令见表 5.4.3。

表 5.4.3　POP3 的主要命令（客户端到服务器）

| 命令 | 说　　明 |
| --- | --- |
| User | 采用明文认证的方式向服务器端发送用户名 |
| Pass | 采用明文认证的方式向服务器端发送邮箱密码 |
| Uidl | 查询邮件的唯一标识符 |
| List | 请求列出邮箱里的所有邮件 |
| Retr | 请求邮件的内容 |
| Dele | 删除某封邮件 |
| Quit | 结束邮件接收过程 |

POP3 服务器每接收到来自客户端的一条命令，都会返回应答消息。响应信息由一行或多行文本信息组成，其中的第一行始终以 "+OK" 或 "-ERR" 开头，它们分别表示当前命令执行成功或执行失败。

（3）POP3 的工作过程

由于 POP3 非常简单，故其功能相当有限。当 POP3 客户端打开了一个邮件服务器 110 端口上的 TCP 连接后，POP3 就开始工作。整个工作过程分为认证/授权、事务处理以及更新三个阶段。这三个阶段使用命令和应答消息进行邮件用户代理与邮件服务器之间的交互，通信过程与SMTP 类似。

1）认证/授权阶段，客户端使用 User 和 Pass 命令声明用户名和密码。若邮件服务器返回 OK 命令则说明该用户是一个合法用户，认证成功，可以转入下一个阶段；若返回的是 ERR 命令则说明该用户是一个不合法的用户，用户名或密码有误。

2）事务处理阶段，客户端使用 List 命令列出消息的数量，使用 Retr 命令通过编号获取消息的内容，使用 Dele 命令删除消息。在完成所有的邮件操作后，客户希望结束邮件访问会发出 Quit 命令进入到更新阶段。

3）更新阶段，邮件服务器会删除已被客户访问过的邮件，重新进入认证/授权阶段。

下面以客户端（C）访问邮件服务器（S）为例说明 POP3 的通信过程。

S:+OK POP3 server ready//代表命令成功

C:User shimin//发送用户名

S:+OK

C:Pass xane2021//发送邮箱密码 xane2021

S:+OK user successfully logged on//认证成功,进入事务处理阶段

C:List//列出邮箱里的所有邮件

S:15184//第一封邮件,大小为 5184B

S:21498//第二封邮件,大小为 1498B

S:.//点标识结束

C:Retr 1//获取第一封邮件的内容

S:<message 1 contents>//server 将 message1 的内容发送给用户代理

S:.//点标识结束

C:Dele 1//用户代理收完邮件后告知服务器将第一封邮件的内容删除

C:Retr 2//获取第二封邮件的内容

S:<message 2 contents>//server 将 message2 的内容发送给用户代理

```
S:.//点标识结束
C:Dele 2//用户代理收完邮件后告知邮件服务器将第二封邮件的内容删除
C:Quit//结束邮件访问,转入更新状态,再转入认证状态
S:+OK POP3 server signing off
```

目前,POP3 支持"下载并删除"和"下载并保留"两种方式。两种模式各有利弊。当用户希望从不同的机器访问邮件,如从办公室的计算机和家里的计算机。若采用下载并删除模式,用户在办公室的计算机上访问完邮件后,邮件服务器就会删除邮件,导致无法再使用家里的计算机访问该邮件了。采用"下载并保留"的方式,客户在邮件下载到本地后,服务器并不删除邮件。这样,用户就可以使用不同的客户端在不同的地点访问该邮件了。这种模式在解决了第一种模式存在的问题的同时,也会让大量的邮件消息驻留在服务器上,给服务器带来巨大的负担。

**2. IMAP**

(1) IMAP 简介

IMAP 与 POP 功能类似,但比 POP 更为复杂。IMAP 也运行在 TCP 之上,使用的端口是 143。IMAP 最初由 RFC1730 定义,目前最新标准是 RFC 3501。与 POP3 相比,IMAP4(IMAP 协议第 4 版)主要的功能扩展如下。

1)支持将所有消息都统一保存在邮件服务器上,访问之后不进行删除,因此用户可以从多个不同的设备随时地访问邮件的内容。提供离线客户端与服务器重新同步的功能。

2)允许用户直接访问和管理服务器上的邮件和邮箱,包括创建、删除、重命名文件夹等操作。

3)支持在邮件服务器中保留用户状态消息。例如,保留文件夹的名字、报文与文件夹的映射关系,以及通过标识跟踪文件的状态,如邮件是否被读取、回复或者删除。这些标识存储在服务器,所以多个客户在不同时间访问一个邮箱可以感知其他用户所做的操作。

4)提供邮件访问和处理扩展功能。IMAP4 允许客户端获取任何独立的 MIME 部分和信息的一部分或者全部。这些机制使得用户无须下载附件就可以浏览消息内容或者在获取内容的同时浏览。

(2) IMAP4 的命令和应答

类似 POP3,IMAP4 也在客户端和服务器之间使用命令—应答消息机制。IMAP4 提供了丰富的命令,主要命令见表 5.4.4。

表 5.4.4　IMAP4 的主要命令(客户端到服务器)

| 命令 | 说　明 |
|---|---|
| Login | 采用明文认证的方式发送用户名和邮箱密码登录服务器 |
| Select | 选中一个邮箱 |
| Create | 创建一个邮箱 |
| Search | 根据搜索条件在处于活动状态邮箱中搜索邮件 |
| Copy | 复制指定邮件到特定目标 |
| Dele | 删除邮箱 |
| Fetch | 提取邮件头部或头部某一字段、某一附件等消息 |
| Logout | 退出登录,并关闭所有打开的邮箱 |

与 POP3 不同的是,IMAP4 客户端在发送命令时,会为每条命令指定唯一的标签,发送一条

命令后可以紧接着发送另一条命令。服务器并发地处理来自客户端的命令，并对客户端发出的命令以相同的标签做出应答。例如，客户端（C）发送一条 Login 命令，其标签为 a001，服务器（S）对应返回的应答消息中也携带 a001 标签。

服务器返回的命令响应有三种：OK（表示成功）、NO（表示失败）或者 BAD（表示协议错误，如未知命令或者命令语法错误）。

（3）IMAP4 的工作过程

IMAP4 提供了丰富的邮件访问和管理功能，当 IMAP4 客户端打开了一个邮件服务器 143 端口上的 TCP 连接后，IMAP4 就开始工作。使用 Login 命令通过认证后，IMAP4 客户端与服务器交换命令和响应，可进行邮件的浏览、创建、删除等操作，一直持续到连接的终止。下面以 shiminhai@163.com 为例，说明 IMAP4 命令在客户端和服务器之间的交互过程，更多的命令交互过程可参考 RFC3501。

1）使用 Login 命令登录 shiminhai@163.com 邮箱。

```
S:*  OK IMAP4rev1 Service Ready
C:a001 Login Shiminhai 123        //以用户名 Shiminhai、密码 123 登录邮箱
S:a001 OK Login completed          //服务器返回登录成功
```

2）使用 Select 命令选中邮箱，表示即将对某个邮箱进行操作，并返回邮箱标志状态和邮箱的附加信息。

```
C:a002 Select inbox
S:*  18 EXISTS
S:*  FLAGS(\Answered \Flagged \Deleted \Seen \Draft)//邮箱当前状态
S:*  2 RECENT
S:*  OK [UNSEEN 17] Message 17 is the first unseen message
S:*  OK [UIDVALIDITY 3857529045] UIDs valid
S:a002 OK [READ-WRITE] SELECT completed
```

3）使用 Logout 命令退出邮箱

```
C:A003 Logout
S:*  BYE IMAP4rev1 Server logging out
S:A003 OK Logout completed
```

4）使用 Dele 命令删除某个邮箱，删除邮箱后，邮箱里的邮件也不存在。

```
C:A004 Delete minmin
S:A004 NO Name " minmin " has inferior hierarchical names
C:A005 Delete shiminhai
S:A005 OK Delete completed
```

## 5.4.4　邮件服务器实验

### 1. 实验目的

理解电子邮件系统的组成和工作原理，了解 SMTP、POP3 \ IMAP4 的工作过程，能够使用 Postfix+Dovecot+Bind+Evolution 等开源软件建立基础的电子邮件系统。

**2. 实验拓扑**

本实验需要一台计算机，运行 CentOS 7.6 桌面版。如图 5.4.3 所示，在该计算机上部署一个基础的电子邮件服务器，实现 openlab1010.com 域中 jack 和 rose 用户之间的邮件收发。使用 Postfix 软件提供 SMTP 服务，部署 MTA，使用 Dovecot 软件提供 POP 服务，部署 MRA，MDA 使用 Postfix 自带的功能，MUA 使用 Evolution 软件进行部署，相关域名服务使用 Bind 软件进行部署。

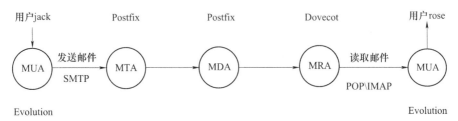

图 5.4.3 实验原理图

**3. 实验步骤**

（1）配置主机 IP 地址及主机名

1）在 CentOS 应用界面中，选择"应用程序"菜单下的终端图标，打开终端。

2）执行 su root 命令，切换到 root 用户模式下。

3）执行 ifconfig eth0：1 172.171.10.10 up 命令，配置第一块虚拟网卡的 IP 地址为 172.171.10.10。

4）执行 hostnamectl set-hostname mail.openlab1010.com 命令配置主机名为 mail.openlab1010.com。此处的 1010 为 IP 地址的后两段。修改完成后可使用 hostname 命令查看主机名是否修改成功。

5）执行 vim/etc/hosts 命令编辑主机名文件。如图 5.4.4 所示，添加 127.0.0.1 mail.openlab1010.com 一行数据。按<Esc>键，输入 wq 命令保存并退出。

```
127.0.0.1 mail.openlab1010.com
127.0.0.1 localhost.localdomain localhost
::1             localhost6.localdomain6 localhost
~
```

图 5.4.4 编辑主机名文件

（2）关闭防火墙

关闭主机防火墙策略并保存策略，避免防火墙存在的策略阻止客户端 DNS 解析邮件域名及收发邮件。

1）执行 systemctl disable firewalld.service 命令禁止防火墙开机自启，如图 5.4.5 所示。

2）执行 systemctl stop firewalld.service 命令关闭防火墙。

```
[root@openlab openlab]# systemctl disable firewalld.service
Removed symlink /etc/systemd/system/dbus-org.fedoraproject.FirewallD1.service.
Removed symlink /etc/systemd/system/multi-user.target.wants/firewalld.service.
```

图 5.4.5 禁止防火墙开机自启

3）执行 setenforce 0 命令关闭 SELinux。

（3）配置 Bind，搭建 DNS 服务器，提供电子邮件域名解析

在 Centos 上搭建 DNS 服务器的步骤与 Windows 上的基本类似。

1）执行 yum -y install bind 命令安装 Bind。

2）执行 vim/etc/named. conf 命令编辑 named. conf 配置文件。如图 5.4.6 所示，修改 IPv4 的监听端口 port 值为 any，修改 allow-query 值为 any。退出并保存。

```
options {
    listen- on port 53 { any; };
    listen- on- v6 port 53 { ::1; };
    directory          "/var/named";
    dump- file          "/var/named/data/cache_dump.db";
    statistics- file "/var/named/data/named_stats.txt";
    memstatistics- file "/var/named/data/named_mem_stats.txt";
    recursing- file  "/var/named/data/named.recursing";
    secroots- file    "/var/named/data/named.secroots";
    allow- query          { any; };
```

图 5.4.6　编辑 named. conf 配置文件

3）执行 vim/etc/named. rfc1912. zones 命令编辑区域配置文件，增加 openlab1010. com 域的正向和反向区域配置文件。在文件尾部增加的内容如图 5.4.7 所示，保存并退出。

```
zone"openlab1010.com" IN{          正向区域配置
        type master;
        file"openlab1010.com.zone";
};
zone "10.171.172.in- addr.arpa" IN{    反向区域配置
        type master;
        file "openlab1010.com.local";
};
```

图 5.4.7　修改区域配置文件

4）执行 cd/var/named/命令进入 named 目录。如图 5.4.8 所示，使用 ls 命令查看目录下的文件。

```
[root@openlab named] # ls
data       named.ca       named.localhost   openlab1010.com.local   slaves
dynamic    named.empty    named.loopback    openlab1010.com.zone
```

图 5.4.8　查看 named 下的文件

5）执行 cp -p named. localhost openlab1010. com. zone 和 cp -p named. localhost openlab1010. com. local 两条命令创建 openlab1010. com 域的正向和反向区域配置文件。（相当于 Windows 操作系统里的 *. zone 和 *. in-addr. arpa 文件。）

6）执行 vim openlab1010. com. zone 命令编辑正向区域配置文件，添加 MX、A 记录内容，如图 5.4.9 所示。注意：mail. openlab1010. com. 后面有个“.”，保存并退出。

7）执行 vim openlab1010. com. local 命令编辑反向区域数据配置文件，添加 MX、A 记录内容，如图 5.4.10 所示。

8）执行 systemctl start named 命令启动 DNS 服务。

```
$TTL 1D
@       IN SOA  █ rname.invalid. (
                                        0       ; serial
                                        1D      ; refresh
                                        1H      ; retry
                                        1W      ; expire
                                        █H )    ; minimum
        NS      mail.openlab1010.com.
        MX 10   mail.openlab1010.com.
mail    IN A    172.171.10.10
```

图 5.4.9　修改 openlab1010.com.zone 文件

```
$TTL 1D
@       IN SOA  openlab1010.com. rname.invalid. (
                                        0       ; serial
                                        1D      ; refresh
                                        1H      ; retry
                                        1W      ; expire
                                        3H )    ; minimum
        NS      mail.openlab1010.com.
        MX 10   mail.openlab1010.com.
10      PTR     mail.openlab1010.com.
█
~
```

图 5.4.10　修改 openlab1010.com.local 文件

9）执行 systemctl enable named 命令将 DNS 设置为开机启动。

10）执行 vim/etc/resolv.conf 命令更改 DNS 域名为 openlab1010，并指定域名对应的服务器 IP 地址为 172.171.10.10，添加如图 5.4.11 所示的内容。

```
# Generated by NetworkManager
search openstacklocal openlab1010.com
search localdomain openlab1010.com
nameserver 172.171.10.10
nameserver 114.114.114.114
nameserver 221.6.4.66
~
```

图 5.4.11　修改 resolv.conf 文件

11）执行 nslookup mail.openlab1010.com 命令，如图 5.4.12 所示，若 mail.openlab1010.com 域名为 172.171.10.10，则说明 DNS 配置成功。

```
[root@openlab named]# systemctl restart named
[root@openlab named]# nslookup mail.openlab1010.com
Server:         172.171.10.10
Address:        172.171.10.10#53

Name:   mail.openlab1010.com
Address: 172.171.10.10
```

图 5.4.12　nslookup 结果

（4）安装 Postfix，配置 SMTP 服务器，部署 MTA 和 MDA

1）执行 yum -y install postfix 命令安装 Postfix。

2）执行 systemctl start postfix 命令启动 Postfix 服务。

3）执行 systemctl enable postfix 命令设置 Postfix 开机自启。

4）执行 vim/etc/postfix/main. cf 命令修改配置文件，按照表 5.4.5 所示修改文件的内容，保存并退出。

表 5.4.5  main. cf 修改内容列表

| 更改项 | 更改值 | 说　　明 |
|---|---|---|
| myhostname | mail. openlab1010. com | 第 75 行，去掉 "#"，修改为本机主机名，代表邮件服务器的主机名 |
| mydomain | openlab1010. com | 第 75 行，去掉 "#"，修改为本机主机名，代表邮件服务器的域名 |
| myorigin | $mydomain | 第 99 行，去掉 "#"，改成初始域名，代表从本机发出邮件的域名 |
| inet_interfaces | 172.171.10.10,　127.0.0.1 | 第 116 行，监听的网卡与地址之间有空格 |
| mydestination | $mydomain | 在第 164 行行尾加上$mydomain，或者在第 164 行行首加上 "#"，去掉第 165 行的 "#"，此项表示可接收邮件的域名和主机名 |
| home_mailbox | Maildir/ | 在第 164 行行尾加上 $ mydomain，或者在第 164 行行首加上 "#"，去掉第 165 行的 "#"，此项表示邮件存放的位置 |

5）执行 systemctl restart postfix 命令重启 Postfix。

6）执行 postconf -n 命令查看已生效的上述配置，结果如图 5.4.13 所示。

```
[root@openlab named] # postconf -n
alias_database = hash: /etc/aliases
alias_maps = hash: /etc/aliases
command_directory = /usr/sbin
config_directory = /etc/postfix
daemon_directory = /usr/libexec/postfix
data_directory = /var/lib/postfix
debug_peer_level = 2
debugger_command = PATH=/bin: /usr/bin: /usr/local/bin: /usr/X11R6/bin ddd $daemon_
directory/$process_name $process_id & sleep 5
home_mailbox = Maildir/
html_directory = no
inet_interfaces = 172.171.10.10, 30.0.0.74, 127.0.0.1
inet_protocols = all
mail_owner = postfix
mailq_path = /usr/bin/mailq. postfix
manpage_directory = /usr/share/man
mydestination = $myhostname, localhost.$mydomain, localhost, $mydomain
mydomain = openlab1010. com
myhostname = mail. openlab1010. com
myorigin = $mydomain
```

图 5.4.13  Postfix 配置成功

Postfix 自带 MDA 功能，无须再配置。

（5）使用 Telnet 进行邮件测试，检查 Postfix 配置是否成功

1）执行 yum -y install telnet 命令安装 Telnet。

2）执行 groupadd mailusers 命令创建 mailusers 用户组。

3）执行 useradd -g mailusers -s/sbin/nologin jack 和 roseuseradd -g mailusers -s/sbin/nologin rose 命令创建属于 mailusers 用户组的 jack 和 rose 用户，用于在本地测试收/发邮件是否成功。

4）执行 telnet mail. openlab1010. com 25 命令，如图 5.4.14 所示，连接 Postfix 成功后撰写邮件的内容，编写一条从 jack@ openlab1010. com 发往 rose@ openlab1010. com 的邮件。

```
[root@openlab named]# telnet mail.openlab1010.com 25
Trying 172.171.10.10...
Connected to mail.openlab1010.com.
Escape character is '^]'.
220 mail.openlab1010.com ESMTP Postfix
helo mail.openlab1010.com
250 mail.openlab1010.com
mail from: jack@openlab1010.com
250 2.1.0 Ok
rcpt to: rose@openlab1010.com
250 2.1.5 Ok
data
354 End data with <CR><LF>.<CR><LF>
hello,i am jack!

250 2.0.0 Ok: queued as 95BF020F5D51
quit
221 2.0.0 Bye
```

图 5.4.14　使用 Postfix 发送邮件

5）执行 "cat/home/rose/Maildir/new/邮件的文件名" 命令，查看是否有收到邮件。邮件文件名可使用 ls　/home/rose/Maildir/new/ 命令进行查看。如图 5.4.15 所示，表明成功接收到的邮件文件名为 1616144922. Vfd00I10bb434M747082. mail. openlab1010. com。邮件已经顺利地从 jack@ openlab1010. com 邮箱发送到了 rose@ openlab1010. com 邮箱。

```
[root@openlab named]# cat /home/rose/Maildir/new/1616144922.Vfd00I10bb434M747082
.mail.openlab1010.com
Return-Path: <jack@openlab1010.com>
X-Original-To: rose@openlab1010.com
Delivered-To: rose@openlab1010.com
Received: from mail.openlab1010.com (mail.openlab1010.com [172.171.10.10])
        by mail.openlab1010.com (Postfix) with SMTP id 95BF020F5D51
        for <rose@openlab1010.com>; Fri, 19 Mar 2021 17:07:59 +0800 (CST)
Message-Id: <20210319090821.95BF020F5D51@mail.openlab1010.com>
Date: Fri, 19 Mar 2021 17:07:59 +0800 (CST)
From: jack@openlab1010.com

hello,i am jack!
```

图 5.4.15　邮件发送成功

（6）安装 Dovecot 软件，配置 POP 服务器，部署 MRA

1）执行 yum -y install dovecot 命令安装 Dovecot。

2）执行 vim/etc/dovecot/dovecot. conf 命令，按照表 5.4.6 所示修改 dovecot. conf 配置文件。

表 5.4.6　dovecot. conf 修改列表

| 变更项 | 变更操作 | 变更说明 |
| --- | --- | --- |
| Protocols＝#imap pop3 lmtp | 删除前面的 "#" | 第 24 行，取消注释，使其生效 |
| Listen＝# * .∷ | 删除前面的 "#" | 第 30 行，取消注释，使其生效 |

在文件末尾添加以下三行代码后保存并退出。

```
ssl= no
disable_plaintext_auth= no
mail_location= maildir: ~/Maildir
```

3）执行 systemctl start dovecot. service 命令启动 Dovecot 服务。

4）执行 netstat -antlp ｜ grep dovecot 命令查看 Dovecot 的 110 和 143 端口是否开启。结果如图 5.4.16 所示，LISTEN 表明 143 和 110 端口已经正常启动。

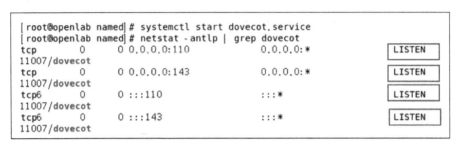

图 5.4.16　110 和 143 端口开启

（7）配置 Evolution 用户代理，测试收发邮件并配置用户别名邮箱

1）在 root 用户系统下分别执行 passwd rose 用户的密码和 passwd jack 用户的密码命令，修改 rose 和 jack 用户的登录密码。

2）在 Centos 用户界面，单击左上角"应用程序"菜单，选择"办公→Evolution"菜单命令，打开 Evolution 软件（Centos 自带的邮件用户代理），依次单击"下一步"按钮完成图 5.4.17 所示的标识界面中用户的设置。

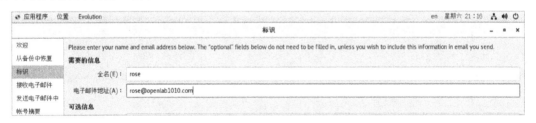

图 5.4.17　Evolution 标识设置

3）单击"下一步"按钮进入图 5.4.18 所示的接收电子邮件设置界面，服务器类型选择 POP，并添加服务器的 IP 地址以及用户名。

4）单击"下一步"按钮进入图 5.4.19 所示的发送电子邮件中配置界面，服务器类型默认为 SMTP，配置 SMTP 服务器为本机网卡的 IP 地址。之后单击"下一步"按钮完成 Evolution 的配置。

在 Windows 操作系统中，邮件用户代理可以使用 Foxmail、Outlook 等。Foxmail 和 Outlook 软件的配置类似于 Evolution，除了增加用户外，也需要将 POP 服务器和 SMTP 服务器的地址配置为邮件服务器的地址，即 172. 171. 10. 10。

5）执行 vim/etc/postfix/main. cf 命令，在配置文件中添加下面三行代码，设置 open-lab1010. com 的虚拟别名为 op1010. com，保存并退出。

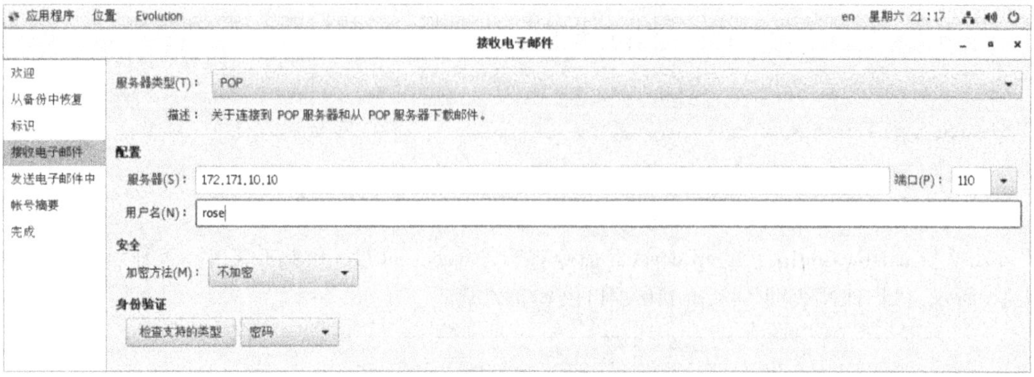

图 5.4.18　Evolution 接收电子邮件配置

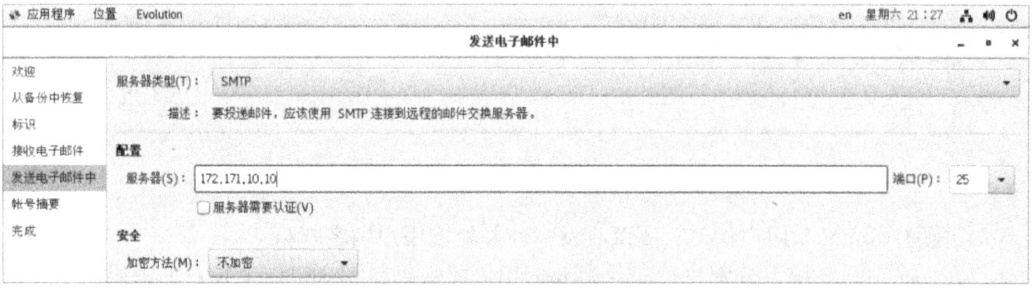

图 5.4.19　Evolution 发送电子邮件配置

```
virtual_alias_domains = op1010.com   //设置 postfix 使用的虚拟域名
virtual_alias_maps = hash: /etc/postfix/virtual
alias_maps = hash: /etc/aliases
```

6）执行 vim/etc/postfix/virtual 命令，在配置文件中添加下面两行代码，保存并退出。

```
jack@ op1010.com jack
jack@ openlab1010.com jack
```

上述两段代码表明发给 jack @ openlab1010.com（虚拟域名邮箱）和 jack@ op1010.com 的邮件都会发给 jack 用户。

7）执行 vim/etc/aliases 命令，如图 5.4.20 所示，在配置文件的最下面添加 jack：jack 代码，给账号添加别名。

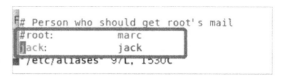

图 5.4.20　添加别名

8）执行下面的命令使配置生效。

```
$postmap/etc/postfix/virtual
$postalias/etc/aliases
$newaliases
$postfix reload
$systemctl restart postfix
$systemctl restart dovecot
```

9）在 Evolution 上单击 "编辑" 菜单，选择 "首选项" 命令后，单击右侧的 "添加" 按钮。按照步骤 2）~4）添加 rose 用户的信息。

10）按照步骤 5）~8）为 rose 用户添加虚拟别名邮箱。

**4. 实验验证**

完成上述配置后，重启 Evolution，登录 rose@ openlabl1010. com 和 jack@ openlabl1010. com 邮箱，使用 jack 和 rose 用户进行邮件发送和接收的测试。图 5.4.21 所示为 rose@ openlabl1010. com 邮箱成功接收到 jack@ openlabl1010. com 邮箱发来的邮件。也可以使用 rose@ op1010. com 和 Jack @ op1010. com 邮箱发送/接收邮件。

图 5.4.21　成功接收邮件

## 5.5　应用层综合实验

### 5.5.1　应用层服务规划设计

一个 ISP 网络除了提供接入服务外，还需要为用户提供基本的应用服务。因此，需要部署相应的 DNS 服务器、电子邮件服务器、Web 服务器、视频服务器、数据库服务器以及计费\认证服务器等。

图 5.5.1 描述了一个 ISP 网络中，各种信息服务器和用于 Internet 接入的服务器（DNS、DHCP 等）的部署。对于公众用户来说，可直接使用 ISP 提供的服务；而对于大型的企业网来说，企业网内部会部署自己的 DNS 服务器、电子邮件服务器、Web 服务器、数据库服务器等，为企业网内部的用户提供各种应用服务。

无论是 ISP 提供的应用服务还是大型企业网内部部署的应用服务，对服务可靠性都有相应的要求。因此，对于主要的应用服务器一般采用双机容错系统，即采用冗余备份的方式接入到网络中。

下面以一个校园网为例，说明网络中应用服务部署的方案。

1）Web 服务器：作为整个校园网的门户，向校园内及整个 Internet 用户提供 WWW 服务，采用双机容错系统。

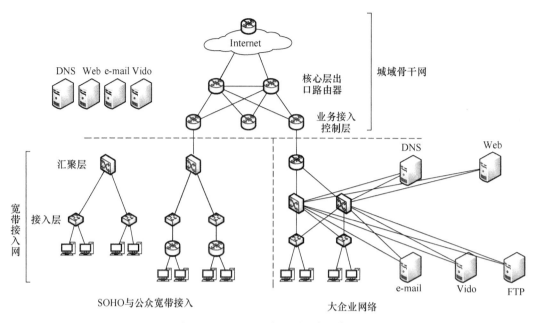

图 5.5.1　Internet 应用层服务的部署

2）DNS 服务器：作为整个校园网的域名解析系统。一方面作为校园网的权威服务器，管理校园网的域名，另一方面作为本地域名服务器，向校园内用户提供域名解析代理服务，采用双机容错系统。

3）电子邮件服务器：为校园网用户提供收/发电子邮件的功能。服务器应支持 POP3/Web/IMAP/SMTP，能为所有校园网用户分配一个电子邮箱，并采用双机容错系统。

4）视频服务器：为校园网用户提供视频点播和视频广播服务，可采用 Windows 操作系统。

5）数据库服务器：部署 Oracle、SQLServer、MySQL 等应用，为校园网用户提供数据库服务。允许 Web 服务器提取数据，并采用双机容错系统。

6）资源服务器：为校园网用户提供海量教学资源库、教学资源管理及编辑系统、网上备课、网上考评等服务。采用双机容错系统。

7）综合信息平台服务器：为校园网用户提供个性化的综合信息服务，包括网上信息发布、会议通知、日程表、学籍管理等。

8）用户认证及计费服务器：依据校园网用户的需求而定，一般在有大规模 VPN 认证计费时进行配置。

## 5.5.2　综合实验

### 1. 实验目的

本实验模拟两个简化的企业网应用层业务部署。每个企业网都部署了 Web 服务、FTP 服务以及 DNS 服务。希望以此实验加深对应用层协议的理解。着重掌握 Web 服务器和 DNS 服务器部署的方法和步骤，了解 FTP 服务器的部署方法和步骤。

### 2. 实验设备、拓扑及要求

本实验所需设备及参考拓扑如图 5.5.2 所示。

实验的基本要求如下。

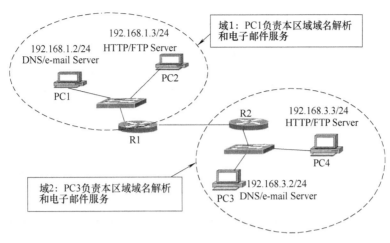

图 5.5.2　应用层综合实验拓扑

1）路由器 R1 与 R2 之间通过静态路由交换路由信息。

2）在 PC1 上部署 DNS 服务器，负责域 1 内 PC1 和 PC2 的域名解析；在 PC1 上部署邮件服务器，负责 PC1 和 PC2 的邮件收/发。域 1 的域名为 abc0201.com。邮件服务器对应的域名为 mail.abc0201.com。使用 Evolution 添加一个邮箱账户 jack@ abc0201.com。

3）在 PC2 上部署 Web 服务器以及 FTP（文件传输）服务器。Web 服务器对应的域名为 www.abc0201.com，FTP 服务器对应的域名为 ftp.abc0201.com。使用 Foxmail 添加一个邮箱账户 rose@ abc0201.com。

4）在 PC3 上部署 DNS 服务器，负责域 2 内 PC3 和 PC4 的域名解析；在 PC3 上部署邮件服务器，负责 PC3 和 PC4 邮件的收/发。域 2 的域名为 edf0203.com。邮件服务器对应的域名为 mail.edf0203.com。使用 Evolution 添加一个邮箱账户 lily@ edf0203.com。

5）在 PC4 上部署 Web 服务器以及 FTP（文件传输）服务器；Web 服务器对应的域名为 www.edf0203.com，FTP 服务器对应的域名为 ftp.edf0203.com。使用 Foxmail 添加一个邮箱账户 vivi@ edf0203.com。

6）两个域的用户均可用域名互相访问 Web、FTP 服务，并使用各自的用户代理程序发送邮件。

**3. 实验步骤**

1）按照实验拓扑连线并配置路由器及主机的 IP 地址，并根据需求为 R1 和 R2 配置静态路由，使各主机之间能彼此 ping 通。

2）在 PC2 和 PC4 上部署 Web 和 FTP 服务器。

Web 服务器的搭建过程请参照 5.2.2 小节的内容。

FTP（File Transfer Protocol，文件传送协议）用于实现网络环境中文件的传送。FTP 也以 C/S 方式工作，使用控制连接和数据连接将两条并行的 TCP 连接。控制连接用于传送控制信息，在整个 FTP 会话期间一直打开，FTP 客户所发出的传送请求通过控制连接发送给服务器端的控制进程，但控制连接不传送文件，而是由数据连接完成文件的传送，在传送完毕后关闭。

FileZilla Server 是 Windows 平台下一款免费的、开放的 FTP Server 软件。Xampp 软件也集成了 FileZilla Server 软件，可直接用于 FTP 服务器的搭建。具体步骤如下。

以 PC2 为例打开 Xampp 的 Control 界面，单击 FileZilla 对应的 "Start" 按钮，如图 5.5.3 所示，启动 FTP 服务。

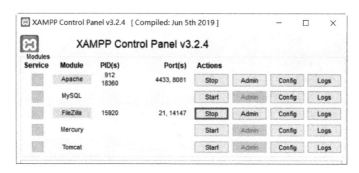

图 5.5.3　启动 FileZilla Server

单击图 5.5.3 中 FileZilla 对应的"Admin"按钮，打开 FileZilla Server，运行界面如图 5.5.4 所示。

图 5.5.4　FileZilla Server 的运行界面

选择图 5.5.4 中的"Edit→Groups→General"菜单命令，打开图 5.5.5 所示的对话框，单击 "Add"添加 Guest 组。

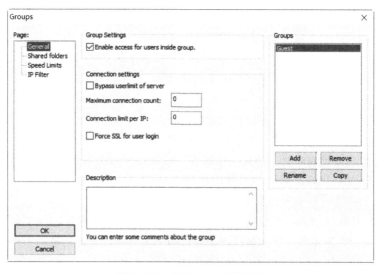

图 5.5.5　添加 Guest 用户组

单击图 5.5.5 中左侧"Page"列表框中的"Shared folders"选项，进入图 5.5.6 所示的界面，单击"Add"按钮为 Guest 组用户添加要共享的文件目录（本实验为 D 盘），同时赋予该组用户对文件和目录的操作权限。创建组最大的好处是当用户数目较多时，便于对用户进行分类管理。

选择图 5.5.4 中的"Edit→Users→General"菜单命令。打开图 5.5.7 所示的对话框，单击"Add"按钮添加新用户"li"及其密码 123，使其隶属于 Guest 组。与 Groups 类似，设置默认的共享目录为 D 盘。

打开 PC2 的浏览器，输入 ftp：//127.0.0.1，在图 5.5.8 所示的对话框中输入用户名 li，密码为 123，便可看到图 5.5.9 所示的 PC2 共享的 D 盘下所有文件的列表。

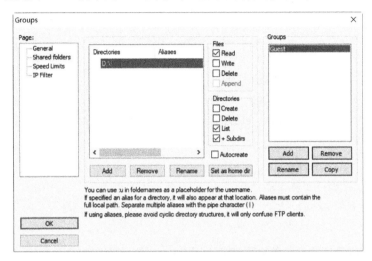

图 5.5.6　设置 FTP 被访问的目录

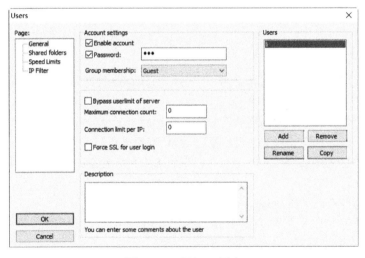

图 5.5.7　添加 Li 用户

图 5.5.8　FTP 访问登录界面

图 5.5.9 FTP 访问成功界面

3）在 PC1 和 PC3 上部署 DNS 服务器。

参照本书 5.4.4 小节内容安装 Bind，并修改 PC1 和 PC3 上的 named.conf 和 named.rfc1912.zones 文件，添加 abc0201 域和 edf0203.com 域的正向和反向解析文件。例如，在 abc0201 域的正向解析文件中添加如下记录：

```
Mx  1  mail.abc0201.com.
www  IN  A  192.168.1.3
ftp  IN  A  192.168.1.3
mail IN  A  192.168.1.2
```

在 abc0201 域的反向解析文件中添加如下记录：

```
NS     mail.abc0201.com.
2 PTR    mail.abc0201.com.
3 PTR    www.abc0201.com.
3 PTR    ftp.abc0201.com.
```

使用 nslookup 命令分别查看 mail.abc0201.com、www.abc0201.com 和 ftp.abc0201.com 三个域名是否解析正确。

PC3 的文件配置参照 PC1 的，这里不再赘述。

4）在 PC1 和 PC3 上部署 Postfix 服务器（SMTP 服务器）。

在 PC1 和 PC3 上分别安装 Postfix 软件，参照表 5.4.5 修改各自 main.cf 文件中的参数。重启 Postfix 使配置生效。

5）在 PC1 和 PC3 上部署 Dovecot 服务器（POP 服务器）。

参照 5.4.4 小节，在 PC1 和 PC3 上分别安装 Dovecot 软件，参照表 5.4.6 修改各自 dove-cot.conf 文件中的参数。重启 Dovecot 使配置生效。

6）配置用户代理。

① 在 PC1 上使用 Centos 自带的 Evolution 用户代理，添加 jack@abc0201.com 邮箱，并将 POP 服务器和 SMTP 服务器的地址都指向 192.168.1.2，即 PC1 的 IP 地址。

② 在 PC2 上使用 Foxmail 用户代理，添加 rose@abc0201.com 邮箱，并将 POP 服务器和 SMTP 服务器的地址都指向 192.168.1.2，即 PC1 的 IP 地址。

③ 在 PC3 上使用 Centos 自带的 Evolution 用户代理，添加 lily@edf0203.com 邮箱，并将 POP 服务器和 SMTP 服务器的地址都指向 192.168.3.2，即 PC3 的 IP 地址。

④ 在 PC4 上使用 Foxmail 用户代理，添加 vivi@edf0203.com 邮箱，并将 POP 服务器和 SMTP 服务器的地址都指向 192.168.3.2，即 PC3 的 IP 地址。

#### 4. 实验验证

1）使用域名访问 Web 服务。所有配置完成后，在任意计算机的浏览器中输入 Web 服务的 URL 地址，如 http：//www. edf0203. com 或 http：//www. abc0201. com，均可访问 PC2 和 PC4 上的 Web 服务。

2）使用域名访问 FTP 服务。所有配置完成后，在任意计算机的浏览器中输入 FTP 服务的 URL 地址，如 ftp：//ftp. edf0203. com 或 ftp：//ftp. abc0201. com，均可访问 PC2 和 PC4 上的 FTP 服务。

3）发送邮件。所有配置完成后，使用各自的邮件用户代理（Evolution 或 Foxmail）可实现 jack@ abc0201. com 邮箱、rose@ abc0201. com 邮箱、lily@ edf0203. com 邮箱以及 vivi@ edf0203. com 邮箱之间互相发送和接收邮件。

## 本章小结

本章详细介绍了在已有网络基础设施上部署应用服务所涉及的应用层协议、工具及相关实验。

Web 服务在应用层使用的是 HTTP。HTTP 发展至今已有多个版本。其中，HTTP/1.1 使用持久连接的方式提高了 Web 访问的效率，HTTP/2.0 使用了二进制分帧、多路复用、首部压缩等技术，在很大程度上克服了 HTTP/1.1 中由队头拥塞、首部臃肿带来的延时问题。Web 服务可借助 Apache、Nginx 等开源软件在 Windows 或 UNIX 操作系统上搭建。

DNS 服务是一个层次化的分布式系统，负责域名和 IP 地址之间的转化。DNS 服务采用 C/S 的方式工作，可使用 Bind 软件在 Windows 或 UNIX 操作系统上搭建。

电子邮件系统由邮件用户代理与邮件服务器组成，使用 SMTP 以及 POP3/IMAP 进行通信。SMTP 规定了邮件发送的规则，POP3/IMAP 规定了邮件用户代理从邮件服务器读取邮件的规则。电子邮件服务的搭建较为复杂，需要综合使用 Postfix、Dovecot 以及 Evolution 或 Foxmail 等软件。其中，Postfix 用于搭建 SMTP 服务器，Dovecot 用于搭建 POP3 服务器，Evolution 和 Foxmail 都是邮件用户代理，分别在 Centos 和 Windows 上使用。

此外，在 Internet 中，网络应用采用客户/服务器（C/S）方式或 P2P 对等的方式来提供服务。在 C/S 模式下，客户端负责请求，服务器负责响应并提供服务的内容，Web、DNS 等服务都采用的是 C/S 模式。P2P 模式不像 C/S 模式中用户有主从关系，P2P 中所有的参与者都可以接受和提供服务。

## 练习与思考题

1. 对两进程之间的通信会话而言，哪个进程是客户机？哪个进程是服务器？

2. 假定你想尽快地处理从远程客户机到服务器的事务，应使用 UDP 还是 TCP？为什么？

3. 为什么 HTTP、FTP、SMTP、POP3 都运行在 TCP 而不是 UDP 之上？

4. 客户服务器方式与对等通信方式的主要区别是什么？有没有相同的地方？

5. 查阅 HTTP/1.1 规范（RFC2616），解释什么是持久连接，指示客户端和服务器之间的一条持久连接被关闭的信令机制是什么。

6. 启动 Wireshark 软件，打开一个多媒体网站，通过抓取包，分析浏览器使用的 HTTP 版本号、服务器端 Web 服务的端口号，以及使用的是持久还是非持久 HTTP 连接，并写出完整的 Web

服务的协议栈结构，画出 HTTP 的工作流程。

7. 描述在浏览器中输入一个 URL 地址，直到浏览器显示请求对象的整个过程。

8. Nignx 与 Apache 各自的优缺点和适用场景是什么？

9. 查找文献，解释根 DNS 服务器、顶级域（TLD）服务器和权威 DNS 服务器、本地 DNS 服务器各自的职责。

10. DNS 协议报文通过 UDP/TCP 承载，请查找相应的 RFC 文献，考察什么情况下 DNS 报文用 TCP 承载，并设计实验验证。

11. 在主机上启动 Wireshark，ping 通一台主机的域名，通过分析画出 DNS 域名解析的流程、DNS 报文格式和 DNS 完整的协议栈，确认 DNS 使用的传输层协议和端口号。

12. 查找文献，在 DNS 配置中实现多台 Web 服务的负载均衡。

13. 使用 SMTP 发送邮件，当发送程序（用户代理）报告发送成功时，表明邮件已经被发送到哪个位置？

14. 启动 Wireshark 软件抓取 SMTP 包，分析用户代理向邮件服务器发送邮件的会话过程。

15. 从用户的观点看，POP3 中"下载并删除"模式和"下载并保留"模式有什么区别？

16. 启动 Wireshark 软件抓取 POP3 \ IMAP4 包，分析用户代理从邮件服务器读取邮件的会话过程。

17. 如题图 5.1 所示的拓扑，R1 和 R2 分别模拟了两个不同园区网，S1 和 S2 分别是位于两个园区网内的具有三层功能的交换机，合理地规划设备的 IP 地址，并完成以下要求。

1）R1 与 R2 之间通过静态或 BGP 交换路由信息，域内运行 OSPF/RIP，其中 PC1、PC2 属于 VLAN 10，PC3、PC4 属于 VLAN 20。

2）在每个域的 PC4 上安装 Bind9，为本域提供域名解析服务。PC2 上搭建 Web 服务器，域名如 www. tx. cn；PC1 上搭建 FTP 服务器，域名如 ftp. tx. cn。拓扑图中任意计算机均可通过域名访问 Web 和 FTP 服务。

3）在每个域的 PC3 上安装邮件服务器，设置域名如 mail. tx. cn，并在域名服务器中定义 MX 记录，要求发送邮件的形式为 user@ tx. cn。

4）在每个域的 PC1 和 PC2 上配置用户代理，使得域内用户之间以及两个域的用户之间均可互相发送邮件。

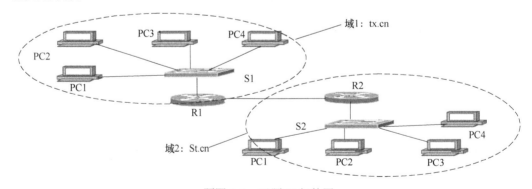

题图 5.1　习题 17 拓扑图

# 第6章 网络规划与设计实验

本章以典型城域网为例，介绍网络规划与设计的基本流程与方法。首先介绍网络规划与设计的一般原则与方法，接着给出典型城域网的概念及网络拓扑，然后介绍网络的流量管理与访问控制、私有地址使用与动态地址管理，最后给出网络规划与设计的综合实验。

## 6.1 网络规划与设计概述

### 6.1.1 网络规划与设计的方法

网络规划的目标是能够用有限的资源或成本建设最佳性能的网络，满足用户当前和未来发展的需要。其主要任务是对业务需求、用户规模、拓扑结构、管理方式、增长预测、安全要求、与外部网络互联方案等指标给出尽可能准确的定量或定性分析。

**1. 网络规划与设计的流程**

一般而言，可将网络规划与设计分为需求分析，逻辑设计，物理设计，具体实施，测试、优化与验收等阶段。

（1）需求分析

需求分析是指经过深入细致的调研和分析，准确理解用户和项目的功能、性能、可靠性等具体要求，将用户非形式的需求表述转化为完整的需求定义，从而确定系统必须做什么的过程。具体分为功能性需求、非功能性需求与设计约束三个方面。

对于网络规划与设计而言，需求分析阶段主要了解用户建设网络的需求，或对原有网络升级改造的要求，主要内容包括以下几方面。

1）业务需求，用户希望网络能提供哪些业务，如数据共享、电子邮件、文件传输、Web业务等。

2）通信需求，了解用户终端数量，希望提供的通信类型和通信负载，如语音、数据、视频等类型，并据此进行通信负载的预估。

3）覆盖范围，了解网络所处的位置、覆盖范围的大小。

4）安全需求，了解网络在流量管理、访问控制方面的要求。

除此之外，需求分析时还需考虑性能需求、可靠性需求、网络管理需求等。需求分析的结果是获得网络的技术目标和所具备的特征，是后面设计环节的基础。

（2）逻辑设计

逻辑设计是依据需求分析得到的网络目标，进行网络的总体设计，这是网络建设质量的关键。主要内容包括：网络拓扑结构设计、VLAN 规划、IP 地址规划、设备命名规则、路由协议选择与规划、互联方案设计、可靠性与冗余设计、网络安全设计和网络管理设计等，并且根据这些设计选择设备和服务提供商。

（3）物理设计

将逻辑设计进行具体实现是物理设计的内容。物理设计要根据逻辑设计的结果进行设备选型，要选择合适的传输介质、交换机、路由器、服务器、应用软件等各种软/硬件设备，确定连接设备、布线和服务的具体方案，使得逻辑设计成果符合工程设计规范的要求。设备选型时要综合考虑先进性、可扩展性、技术成熟性、可管理性等要素。

（4）具体实施

具体实施是指将前面的物理设计实例化、安装调试、配置相关设备的过程。具体实施时要根据绘制好的逻辑网络结构图、物理网络部署图进行安装连接，并及时保存包括线缆、连接器和设备标识在内的设备连接图和布线图等文档，以便进行后续的测试、优化与日常维护。

（5）测试、优化与验收

网络系统的测试、优化与验收是保证工程质量的关键步骤。通过测试可以发现网络实际性能与设计之间是否存在偏差，网络是否可以正常运行。如果发现问题，应该及时修改或优化网络参数以达到优化网络性能的目的，从而实现最初的设计目标。测试与优化完成后，应进行验收，验收一般由用户方、设计方、施工方和第三方人员组织进行。

**2. 网络规划与设计的原则**

网络规划与设计应遵循以下原则。

（1）可靠性原则

网络设计时要确保尽可能高的平均无故障时间和尽可能低的平均故障率，因此在进行网络设计、设备选型、安装调试等各个环节，都需要从设备和网络拓扑两方面进行统一的规划和分析，进行一定的冗余设计，确保系统运行可靠。

（2）可扩展性原则

网络设计时不仅要考虑到近期目标，也要为网络的后续发展留有扩展余地，以满足用户不断增长的需求。网络设计时应从设备性能、可升级的能力和 IP 地址、路由协议规划等方面综合考虑可扩展性的实现。

（3）可管理性原则

网络设计时，仅仅考虑网络连通是不够的，还应能够提供丰富的业务、足够健壮的安全级别、QoS 保证、较高的资源利用率等，因此网络必须具备可管理性，易于管理和运营。

# 6.1.2　网络规划与设计案例

本小节以 IP 城域网为例，介绍网络规划与设计的具体步骤，试图将 6.1.1 小节的内容实例化，加深读者对网络规划与设计方法的理解。

**1. IP 城域网的概念**

城域网（Metropolitan Area Network，MAN）最初是指在一个城市及郊区范围内建立的计算机通信网，范围介于局域网和广域网之间，其地理范围可以大到覆盖整个城市范围，延伸到数十公里。目前的城域网是以 IP/MPLS 技术为基础优化设计的多业务承载平台，一般由电信运营商运营管理，被众多用户和机构使用，通常被认为是城市的公共基础设施。个人用户和园区网通常要通过城域网进行互联，并通过城域网连接至 Internet。

为了给用户提供 Internet 业务，各 ISP 都在全国范围内建立了自己的 IP 骨干网，如中国电信的 ChinaNet、CN2，中国移动的 CMnet，中国联通的 CNCnet 等。通过 IP 骨干网，将各自的城域网接入到 Internet 中。各城市的 IP 城域网逐步形成一个具有多层次、单独 AS 域的完整 IP 宽带网络。

**2. IP 城域网的拓扑结构**

IP 城域网采用层次化的组网方式，网络层次的划分根据运营模式、管理方式等因素确定。初期 IP 城域网借鉴园区网的组网方式，采用核心层、汇聚层、接入层三层组网，网络设计着重考虑互联性，但对网络、用户和业务的控制力不足。后来随着城域网的发展，电信级 IP 网络可管理、可控制、可维护要求的提高，运营商需要对用户及业务等进行控制和管理，有必要在宽带 IP 城域网中设置业务及管理中心，实现用户认证和业务控制，满足业务管理、安全管理等需求。为了达到电信级服务性能，IP 城域网中引入了专门的业务控制设备，如宽带远程接入服务器（Broadband Remote Access Server，BRAS）和业务路由器（Service Router，SR），其主要功能是用户的接入控制，并实现集中化的业务控制和管理，以增强 IP 城域网的可管可控。

现代 IP 城域网结构可分为城域骨干网和宽带接入网两个部分，如图 6.1.1 所示。可以看出，城域骨干网是一个纯三层的路由网络，包括核心路由器、汇接路由器、业务接入控制设备等，完成城域网业务的三层路由及转发。宽带接入网是一个二层网络，包括最后一公里的各种接入网络和汇聚交换机，负责进行二层转发，所有 VLAN 终结在业务接入控制点。

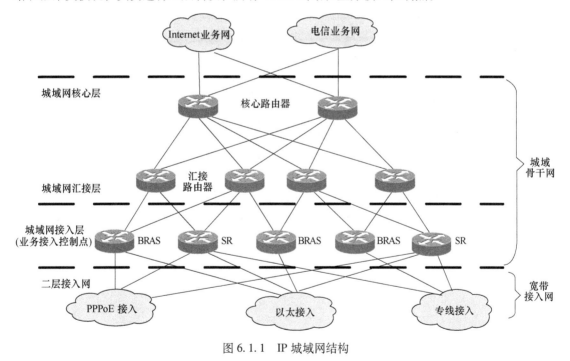

图 6.1.1　IP 城域网结构

上述网络结构模型，功能层次简洁清晰，引入了专门的业务控制层，实现了集中的业务控制与管理。同时，业务控制层为二层网络和三层网络提供了清晰的界面，有利于网络设备功能的专一化和简单化，便于实现城域网多业务承载能力。

**3. 城域骨干网**

（1）城域骨干网概述

城域骨干网由业务接入控制点（包括 BRAS 和 SR）及控制点之上的路由器组成，是进行三层转发的路由型网络，可以划分为核心层、汇接层和业务接入控制层。

1）核心层。核心层是 IP 城域网的核心，由高速路由器组成，用于实现数据包的快速 IP 或多协议标记交换（Multi-Protocol Label Switching，MPLS）转发。核心层路由器完成内部横向业务流量和出网纵向流量的高速转发，承担城域网与骨干网的互联和出网业务的分流任务。

核心层路由器中，路由表项很大，变动也较多，需随时掌握全网路由状况，实施复杂的路由控制策略，一般需要针对不同业务提供所需的 QoS 保证。

2）汇接层。汇接层是城域网的带宽、业务汇聚与本地调度的实现点，由高速路由器组成。汇接层路由器用来隔离下层网络的拓扑结构变化和路由变化，扩大核心层节点的业务覆盖范围，解决接入层与核心层间光纤紧张的问题。

汇接层路由器只需了解本地网络路由信息即可，因此路由表项和路由的变化都较小，不需实施路由控制策略。但在汇接层路由器上要实施路由聚合，使其向核心层通告的路由条数尽量少，在可能的情况下，也可以使用默认路由出口。在业务量控制方面，汇接层设备需要提供不同业务所需的 QoS 保证。

3）业务接入控制层。业务接入控制层是指由业务接入控制设备组成的网络层面。相对于核心层和汇接层，业务接入控制层处于 IP 路由网络的边缘，是 IP 骨干网和宽带接入网的边界，其主要功能是终结用户的接入，并实现集中的业务提供、控制和管理。它主要实现以太网接入、PPPoE（Point to Point Protocol over Ethernet）接入、专线接入等业务控制功能。

业务接入控制层由 BRAS 和 SR 两种设备组成，主要负责业务接入控制。BRAS 是面向宽带网络应用的接入网关，它位于骨干网的边缘层，为用户驻地网和个人用户提供宽带 IP 业务的接入服务，实现商业楼宇及小区住户的宽带上网、IP VPN 服务、构建企业内部 Intranet、支持 ISP 向用户批发业务等应用。BRAS 主要完成两方面功能：一是网络承载功能，负责终结用户的 PPPoE 连接、汇聚用户的流量功能；二是实现控制功能，与认证系统、计费系统和客户管理系统及服务策略控制系统相配合实现用户接入的认证、计费和管理功能。SR 的功能与 BRAS 类似，但主要实现大客户专线接入互联网网关、MPLS PE 和组播网关功能。

在不同规模、不同类型的城域网中，城域骨干网路由器的连接级数有所不同，如图 6.1.2 所示。大型、特大型城域网中，由于业务接入控制层设备数量多、分布广，一般采用如上所述的核心层、汇接层、业务接入控制层，如图 6.1.2a 所示。中小型城域网中，由于网络规模较小、设备数量较少，核心层和汇接层可以合二为一，如图 6.1.2b 所示。

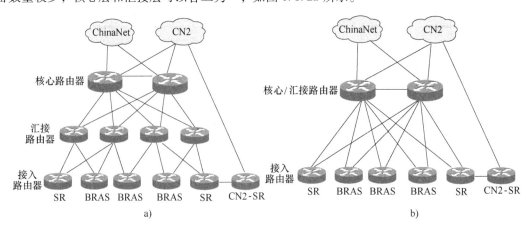

图 6.1.2　城域骨干网结构

（2）城域骨干网的结构

IP 城域骨干网可以采用星形、环形、网状等网络类型。城域骨干网中若包含多个核心节点，可以采用网状/半网状连接或者弹性分组环（Resilient Packet Ring，RPR）方式组网。采用网状/半网状连接的优点是易于进行负载分担、效率高、可靠性高，缺点是对光纤等传输资源消耗大、结构复杂、难扩展。RPR 环形连接的优点是可靠性高、节省光纤资源、结构简洁、易扩展，而缺点是由于采用共享带宽，带宽难扩展，无法形成多路径负载分担。

汇接层路由器到核心路由器或者业务接入控制层到汇接层路由器，可以采用双星形结构。双星形网络结构是指每个下级节点采用双归属方式连接到至少两个上级节点，这种结构综合了单星形结构和网状结构的优点，既节省了链路，又能起到网状结构的路由冗余与备份作用，网络结构简单、层次清晰、可靠性高、可维护性强。图 6.1.2 中的网络即为双星形网络结构。从图中可以看出，至少设置两个核心节点，每个核心节点采用双归属方式上连至国家骨干网；城域网内部和进出城域网的数据流量采用 IP/MPLS 转发。

BRAS/SR 也采用双归属方式上连至汇接路由器，上行数据流量采用高速 IP/MPLS 转发，下行数据流量根据不同的用户接入方式分别终结 PPPoE、VLAN 及 MSTP/RPR/SDH/PTN 等链路。

（3）城域骨干网的设计

IP 城域骨干网主要负责数据的快速转发以及整个城域网路由表的维护，同时实现与 IP 广域骨干网的互联，提供城市的高速 IP 数据出口。网络结构设计时应重点考虑可靠性和可扩展性。

城域骨干网节点位置的选择应结合业务分布、机房条件、光纤布放等情况综合考虑，一般设置在城区内。节点数量根据实际网络需要进行设置，通常汇接层路由器与业务接入控制点设备数量的比例在 1∶6~1∶10 范围内，核心路由器与汇接路由器数量比例在 1∶2~1∶4 范围内。

业务接入控制点的布放应以综合成本最低为原则，综合考虑光纤、传输资源条件和宽带用户数量，相对集中布放 BRAS 和 SR，覆盖至有足够业务需求的端局。SR 节点的设置数量一般应少于 BRAS，在功能和性能满足 SR 要求的前提下，BRAS 可兼作 SR。

BRAS 和 SR 应采用大容量、高密度设备，支持 GE 和 FE 等多种业务端口，支持 2.5Gbit/s、10Gbit/s、40/100Gbit/s 上行端口，支持 OSPF、BGP、IS-IS 协议，优先选择支持 MPLS VPN、硬件实现组播的设备。对于 BRAS，还应支持 PPPoE 和 DHCP 地址管理和认证方式，支持基于用户名、VLAN、MAC 地址、IP 地址等属性绑定的多种接入控制策略。

**4. 宽带接入网**

（1）宽带接入网的结构

宽带接入网是城域骨干网业务接入控制点以下、用户驻地设备（Customer Premise Equipment，CPE）以上的二层接入网络，可划分为汇聚层和接入层。如图 6.1.3 所示，汇聚层网络主要由以太汇聚交换机和 MSTP/RPR 等设备组成。接入层包含 xDSL 接入点（DSLAM）和 LAN 接入点（园区交换机），以及接入点到用户 CPE 之间的设备和线缆，包括楼道交换机、铜缆、铜线和光纤等。

根据不同的用户类型，接入网可划分为公众客户接入和大客户/商业客户接入。公众客户接入手段主要基于 FTTH/FTTC/FTTB、xDSL、Ethernet、WLAN 等，因此接入网公众客户接入平面包括 DSLAM、LAN 交换机等二层网络以及 MSTP/RPR/SDH/PTN 传输网络；而大客户接入平面采用 MSTP/RPR/SDH/PTN 传输网络，通过光纤方式接入汇聚交换机或者直接接入业务路由器 SR。

1）汇聚层。汇聚层位于业务控制层之下，实现用户物理或逻辑接入到业务网关的二层汇聚。汇聚层的各种设备和技术，本质上都是为了实现用户接入到业务网关的汇聚功能。

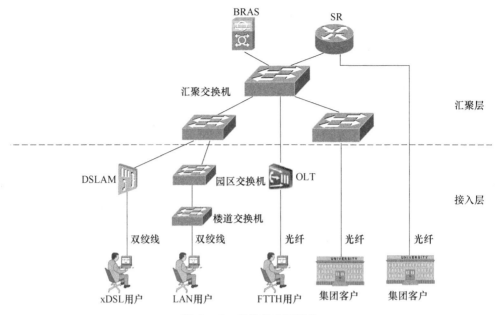

图 6.1.3　宽带接入网结构

2）接入层。接入层由提供用户物理接入的接入点设备组成。例如，用于 xDSL 的数字用户线接入复用器（Digital Subscriber Line Access Multiplexer，DSLAM），用于 LAN 方式的接入交换机，用于 EPON、GPON 接入的 OLT 等设备。接入层实现的功能包括用户的链路层和物理层接入，并做简单的二层接入控制，如 VLAN 的划分等。

在构建二层网络时，主要使用的关键技术包括 VLAN 规划、PPPoE 技术、QinQ 技术等。VLAN 已经在第 3 章介绍过，下面将简单介绍 PPPoE 技术，QinQ 技术超出本书范围，不做介绍。

（2）PPPoE 技术

目前，大部分的住宅用户采用 xDSL 或者 FTTH 的方式接入城域网，为了完成计费、认证等功能，均使用了 PPPoE 技术。PPPoE（Point-to-Point Protocol over Ethernet）的全称是以太网上的点到点协议，是一个在 Ethernet 帧中封装 PPP 帧的网络协议。

1）技术背景。运营商在采用 xDSL、光纤等多种接入方式的同时，为了构建一个可运营、可管理、可盈利的宽带网络，十分关心如何有效地完成用户的管理。PPPoE 就是随之出现的认证技术之一。

PPP 最初是使用在传统低速拨号接入中，用于在用户和 ISP 之间提供点到点的连接。PPP 可以实现 IP 地址分配、用户认证、鉴权等功能，显示出了良好的可扩展性和优质的管理控制性能。随着 xDSL 和 FTTH 等宽带 Internet 接入技术的普及，用户可以通过更高速的以太网连接到 ISP，但以太技术不是面向连接的，缺乏进行运营管理的基本特性，如用户鉴权、对用户和业务的控制、计费等都无法实现。同时，来自不同用户的分组到达接入设备时，这些分组将共享一条输出链路，用户信息就丢失了，从而无法实现对用户的跟踪。

PPPoE 通过在以太网上建立 PPP 连接，综合了以太网技术十分成熟且使用广泛、PPP 良好的可扩展性和优质的管理控制等特点，因此 PPPoE 得到了宽带接入运营商的认可并广为采用。

因为以太网是无连接的，不用拨号，但为了确保连接安全，并且只允许合法用户连接，所以 PPPoE 采取了类似电话拨号方式的身份验证，只不过此时所拨的不是电话号码，而是用户的账

户，属于数据链路层协议。PPPoE
实现时，是将 PPP 帧封装在
Ethernet 帧中，再通过以太网进行传
递。图 6.1.4 所示是 PPPoE 与 TCP/
IP 协议栈的关系。

| 应用层 | FTP | SMTP | HTTP | Telnet | DNS | SHCP |
|---|---|---|---|---|---|---|
| 运输层 | TCP | | | | UDP | |
| 网络层 | IP | | | | | |
| 网络接入层 | PPP | | | | | |
| | PPPoE | | | | | |
| | Ethernet | | | | | |

图 6.1.4　PPPoE 与 TCP/IP 协议栈的关系

2）PPPoE 的通信流程。以太网
是广播式的，网络上的每个节点都可
以访问其他节点。为了提供以太网上
的点到点连接，每一个 PPP 会话必
须知道远程通信对方的以太网地址，
同时建立一个唯一的会话标识符。

PPPoE 建立过程可以分为 PPPoE 发现（Discovery）阶段和 PPP 会话阶段，如图 6.1.5 所示。

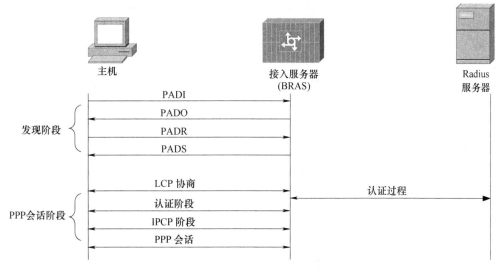

图 6.1.5　PPPoE 的通信流程

① PPPoE 发现阶段。

当主机希望发起一个 PPPoE 会话时，它首先执行发现过程以确定对方的以太网 MAC 地址，并建立起一个 PPPoE 会话标识符（Session_id）。在发现过程中，主机以广播方式寻找可以连接的所有接入服务器，并获得其 MAC 地址，然后选择需要连接的接入服务器，建立 PPPoE 会话。此时，主机和所选择的接入服务器就在以太网上启动了一个点到点连接，并拥有了在该连接上交换分组所需要的全部信息。

一个典型的发现阶段包括以下四个步骤。

a. 主机首先主动发送广播包（PPPoE Active Discovery Initiation，PADI）寻找接入服务器。

b. 接入服务器收到包后，如果可以提供接入，发送 PADO（PPPoE Active Discovery Offer）以响应请求。

c. 主机在所有回应 PADO 的接入服务器中选择一个合适的，并发送 PADR（PPPoE Active Discovery Request）告知接入服务器。

d. 接入服务器收到 PADR 后开始为用户分配一个唯一的会话标识符（Session_id），启动

PPP 状态机以准备开始 PPP 会话，并发送一个会话确认包 PADS（PPPoE Active Discovery Session-confirmation）。主机收到 PADS 后，双方进入 PPP 会话阶段。

② PPP 会话阶段。

该阶段执行标准的 PPP 过程，主要进行 LCP、认证、NCP 三个协议的协商过程。LCP 阶段主要完成建立、配置和检测数据链路连接；认证协议类型由 LCP 协商（CHAP 或者 PAP）；NCP 是一个协议族，用于配置不同的网络层协议，常用的是 IP 控制协议（IPCP），它负责配置用户的 IP 地址、网关和 DNS 等信息。

**5. IP 地址规划**

IP 地址的合理规划是网络设计中的重要一环。IP 地址规划的好坏，直接影响路由协议算法的效率和路由收敛的快慢，影响网络的稳定性和可扩展性。合理的 IP 地址规划是保证网络顺利运行和网络资源有效利用的关键。

IP 地址的合理规划可以带来如下好处。

1）网络维护更高效。如果能够对网络的设备管理地址、设备之间的互联地址、应用业务类地址等进行清晰的划分，就可以在维护过程中容易地知道所需要的 IP 地址是设备地址还是网间地址或某一类应用的地址，以及该地址的地理位置，从而避免查阅厚厚的 IP 记录表，快速定位和隔离故障。

2）易于实现网络扩容。当更多设备或者用户加入网络时，对 IP 地址的需求增长不会导致 IP 地址的重新规划和混乱。

3）方便进行路由汇聚，减少路由表条目。当所分配的 IP 地址连续时，在子网边界能够更容易地对路由进行汇聚，减少路由器的路由表条目。

在进行 IP 地址规划时，要充分考虑未来业务发展对 IP 地址的需求，要使得地址易管理、易扩展、利用率高。一般在地址规划中要遵循以下一些原则。

1）唯一性。一个 IP 网络中不能有两个主机或接口使用相同的 IP 地址。Internet 范围内，不能出现两个相同的合法公有 IP 地址；若采用私有地址，则在内网范围内，也不能出现两个相同的私有地址。

2）连续性。连续地址在层次结构的网络中易于进行路由汇总，可以大大缩减路由表条目，提高路由计算的效率，加速路由收敛。在路由表急剧膨胀的情况下，可聚合是网络地址分配时所必须遵守的最高原则，而进行聚合的前提条件是 IP 地址尽可能地连续分配。

3）可扩展性。地址分配时在每一层次上都要有合理的预留，这样在网络规模扩展时才能保证地址所需的连续性，才能够进行聚合，尽量避免由网络扩展造成的地址、路由重新规划。

4）结构化、业务相关性。地址规划与网络拓扑结构和网络承载业务结合起来，便于路由规划和 QoS 部署。好的 IP 地址规划使每个地址具有实际含义，看到一个地址就可以大致判断出该地址所属的设备和对应的业务。

（1）IP 地址的规划方法

IP 地址的合理分配是保证网络顺利运行和网络资源有效利用的关键。以城域网为例，IP 地址的分配应该充分考虑地址空间的合理使用，保证实现最佳的网络内地址分配及业务流量的均匀分布。

1）常用的 IP 地址分配方案。IP 地址规划是城域网整体规划的一部分，即 IP 地址规划要和网络层次规划、路由协议规划、流量规划等结合起来考虑。城域网中分配 IP 地址有三种常用方案：第一种是按申请顺序划分，即在一个大地址池中按申请的先后顺序分配需要的地址；第二种是按网络拓扑划分，即基于网络的拓扑结构，按各节点的容量分布将 IP 地址分组后再进行分配；第三种是按业务划分，即按用户的业务种类将 IP 地址分组后再进行分配。在实际的组网中，通常将几种方案组合使用，例如现代城域网大多是将按拓扑划分与按业务划分的方案组合起来使用。

　　IP 地址的规划应尽可能地和网络层次相对应，是自顶向下的一种规划。例如在城域网中，首先按照地域、业务或者网络拓扑把整个城域网划分为几个大区域，根据估算的每个区域用户总数，对这几个大区域进行地址划分，划分时要考虑一定的预留。类似地，每个大区域又可以划分为几个小区域，每个小区域从它的上一级区域里获取 IP 地址段。

　　例如，若某城域网使用私有网段 10.0.0.0/8，自顶向下所划分的 IP 地址如图 6.1.6 所示。

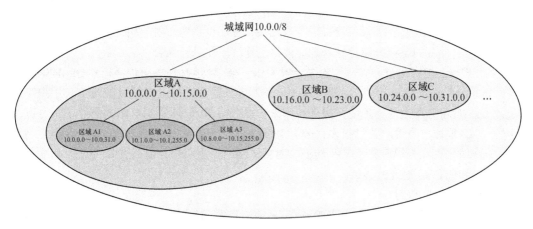

图 6.1.6　自顶向下划分 IP 地址

　　可以看出，每个区域的地址段都可以进行汇聚，区域 A 汇聚后的地址为 10.0.0.0/12，区域 B 汇聚后的地址为 10.16.0.0/13，区域 C 汇聚后的地址为 10.24.0.0/13。类似地，区域 A 再进行划分，区域 A1 汇聚后的地址为 10.0.0.0/19，区域 A2 汇聚后的地址为 10.1.0.0/16，区域 A3 汇聚后的地址为 10.8.0.0/13。

　　2）NAT 的使用。当公有 IP 地址不足时，需要分配私有 IP 地址，这些用户访问 Internet 时，就需要使用网络地址转换（Network Address Translation，NAT）功能，将私有地址转换为公有地址，相关内容将在 6.3.2 节详述。

　　在进行 IP 城域网地址规划时，应优先使用公有 IP 地址，城域骨干网设备要全部采用公有 IP 地址，设备本身使用的 Loopback 地址、设备互联地址等都应该使用公有 IP。

　　若公有地址不足，城域网可以采用公私网地址混合编址，在城域网出口统一进行 NAT 转换。普通宽带接入业务是最消耗 IP 地址的业务，也是对 QoS 要求最低的业务，一般 NAT 设备对这类业务也支持得最好，因而是最优先考虑部署 NAT 的业务。对于以下情况，一般需要使用公网地址：第一，如需要对 Internet 开放 WWW、FTP、e-mail 等业务的服务器；第二，城域网的关口设备，需要使用公有地址连接 Internet；第三，对企业用户，内部如果已经使用了私有 IP 地址，此时一般给其分配公有 IP 地址，避免出现二次 NAT。

　　3）静态分配与动态分配。采用静态分配地址，优点是运行速度快、占用网络的带宽较小；缺点是 IP 地址利用率较低，尤其是对于临时用户较多但可以使用的 IP 地址数量有限的网络，静态分配将无法满足大量用户上网的要求。现代网络中一般使用动态主机配置协议（Dynamic Host Configuration Protocol，DHCP）为主机分配 IP 地址。这样的动态分配方式可以简化客户端的操作，避免 IP 地址冲突，还可以在一定程度上进行 IP 地址的统计复用，提高 IP 地址的利用率。DHCP 的内容将在 6.3.1 节详述。

一般地，对于设备管理地址、互联地址、专线用户、企业用户，采用静态分配方式；而对于普通用户部分，由于 IP 地址需求量较大，应该利用 DHCP 使地址被统计复用，提高地址利用率，减少冲突。

4）地址规划步骤。IP 地址的分配必须采用 VLSM、CIDR 技术，一般依据以下顺序进行分配。

① 设备管理地址（Loopback 地址）：分配 Loopback 地址时，全部采用 32 位掩码的地址。可以按照核心层、汇接层、业务接入控制层、汇聚层、接入层设备等分成几块，每块按设备重要程度从小到大分配。

② 设备互联地址：设备间互联地址全部采用 30 位掩码的地址，也可按照核心层、汇接层、业务接入控制层、汇聚层、接入层设备等分成几块，各层设备均从对应块中分配同层互联及下行链路地址。每台设备的下行链路地址分配应该尽量连续以便进行聚合。

③ 业务地址：业务地址在接入层设备上通常以一个/24 地址段为单位进行划分，同时应该尽量使 BRAS 和 SR 上的地址连续，以便在这些设备上进行路由汇聚。对城域网内个人用户采用地址动态分配，尽量分配大的地址池，提高利用率。在公有 IP 地址资源够用的情况下，可以为用户分配公有 IP 地址；当用户数量很多，公有 IP 地址资源不够时，应分配私有 IP 地址，当用户访问 Internet 时，再在 BRAS 上做 NAT 转换。对城域网内企业用户分配公有 IP 地址，由企业进行私有 IP 地址和公有 IP 地址的转换。

（2）IP 地址规划举例

下面给出某城市城域网 IP 地址规划的例子，希望能够帮助读者进一步理解 IP 地址规划的方法。

假设该市城域网的简化结构如图 6.1.7 所示。这是一个典型的双星形 IP 城域网，包括核心

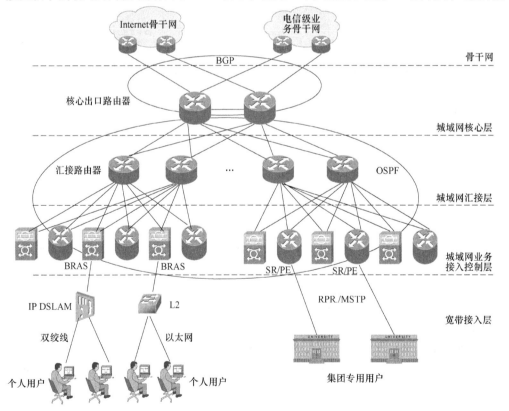

图 6.1.7　某市 IP 城域网结构

层、汇接层、业务接入控制层，宽带接入层等。城域骨干网包括两个核心/出口路由器、多个汇接路由器、业务接入控制节点、宽带接入层节点。核心/出口路由器作为城域网骨干节点，也是城域网出口，两个节点设计有链路互连；每个汇接路由器均以双链路与核心/出口路由器互连，业务接入控制节点也以双链路形式与汇接路由器互连，而宽带接入层有一条或两条链路连接到业务接入控制节点。

假设整个城域网分为 6 个汇接区，每个汇接区内除了两台汇接路由器外，还有多台 BRAS 和 SR 设备，进行接入控制。每个汇接区内的设备大约为 70 台，整个城域网中共计 400 多台设备。假设该城域网已获得一个 202.16.0.0/12 的地址块，下面进行具体的 IP 地址分配。

IP 地址使用通常分为两个方面：网络部分地址，包括节点设备 Loopback 地址、网络设备互联地址等；用户部分地址，在地址分配当中分配给用户的地址量是最大的，因此要尽量多地预留。

为了方便进行地址汇聚，分配 IP 地址时要按照汇接区进行。本例中，共有 6 个汇接区，加上核心骨干区，总共 7 个区，考虑到一部分地址的预留，按照 8 个区域进行地址划分。根据以上依据，所分配的各汇接区 IP 地址段见表 6.1.1。

表 6.1.1 各汇接区 IP 地址分配

| 核心骨干区 | 202.16.0.0/15 |
|---|---|
| 汇接区 1 | 202.18.0.0/15 |
| 汇接区 2 | 202.20.0.0/15 |
| 汇接区 3 | 202.22.0.0/15 |
| 汇接区 4 | 202.24.0.0/15 |
| 汇接区 5 | 202.26.0.0/15 |
| 汇接区 6 | 202.28.0.0/15 |
| 预留 | 202.30.0.0/15 |

对于核心骨干区，并不直接接入用户，主要是设备的 Loopback 地址、互联地址以及城域网中各种服务器的地址，例如 DNS、DHCP 服务器、NAT 服务器等，因此需要的地址比较少，其他的地址可以作为预留。

每个汇接区内，按 Loopback 地址、设备互联地址、企业用户地址、个人用户地址的顺序从汇接区所申请到的地址中进行分配。以汇接区 1 为例，在 202.18.0.0/15 中依次进行分配：

1）设备的 Loopback 地址。为了便于维护，Loopback 地址应尽量采用单独的一段连续地址。由于每个汇接区内的设备大约在 70 台，需要约 70 个 Loopback 地址，考虑到将来的扩容，分配一个/25 的地址段。例如使用 202.18.0.0/25，即 IP 地址 202.18.0.1～202.18.0.127 作为 Loopback 地址，每个 Loopback 地址采用 32 位子网掩码。

2）设备互联地址。互联地址也尽量采用一段连续的地址，以便于维护。设备互联采用 30 位掩码，这样一个网段中共有 4 个地址，其中一个作为网络地址，一个作为广播地址，另外两个作为设备互联地址，因此一对接口的互联需要消耗 4 个地址，设备互联所需要的 IP 地址数量可以这样计算：需要互联的接口对×4。本例中，接入层到业务接入控制层、业务接入控制层到汇接层均采用双挂方式上联，一个汇接区内共计 300 多对接口，共需消耗 1200 多个 IP 地址。考虑到设备的扩容，分配 1280 个地址，例如将 202.18.1.0～202.18.5.255 的地址分配给该汇接区内的设备作为互联地址。

3）企业用户地址。这部分要根据汇接区内的企业用户数量和对地址的需求而定。例如，可以分配 202.18.6.0/24～202.18.255.0/24，共 250 个/24 的地址段给城域网内的企业用户使用。每个企业可根据需要分配数量不等的可用公有地址。

4）住宅、小区用户的接入。个人用户大部分采用 PPPoE 拨号认证，由 BRAS 动态分配公有 IP 地址给用户。可用地址段为 202.19.0.0/24～202.19.255.0/24，可同时供 6 万多个用户使用。当地址利用率接近 90%时，就应该进行城域网的扩容，或者部署 NAT 设备和核心路由设备来满足业务增长的要求。

以上介绍的是汇接区 1 内的 IP 地址分配，其他汇接区的地址分配与此类似，这里不再赘述。

经过上面的 IP 地址划分，所分配的 IP 地址在每一个汇接区都是连续的，因此可以进行地址汇聚，这样核心路由器上的路由条目将可以大大减少。整个城域网也可以进行汇聚，使得骨干网路由器上的路由条目也大大减少。需要说明的是，本例中事先得到了一个/12 的地址块，这样进行地址规划时，可以保证每个汇接区的地址都是连续的。但在实际的城域网组网运营中，每个城域网的地址可能不是一次申请到的，而是根据用户发展情况分批申请的，这样，整个城域网的地址可能并不连续。此时，只能使每个汇接区的 IP 地址尽量连续。另外，现代网络中一般都使用了智能的网管软件，可以实时监测地址的使用情况，还可以在不同汇接区间动态调整地址。例如，当某个汇接区的地址快要分完时，可以临时给该汇接区分配保留的地址，或者从其他汇接区的地址中"借"一部分地址，实现更大范围的动态复用。

**6. 路由规划**

路由规划是 IP 城域网建设中的核心问题，路由规划的好坏直接决定整个网络的稳定程度和运行效率，以及网络维护的工作量。在城域网中，根据自治域的划分情况，路由协议的设计包括 IGP 设计和 EGP 设计两部分。动态 IGP 中，标准化的且能较好支持大规模网络的有 OSPF 和 IS-IS。本节将以 OSPF 为例进行介绍。EGP 目前通用的只有 BGP。

（1）城域网自治域的划分

为了方便网络管理和选路，实际的互联网是以自治系统（AS）为单位组织的，每个 AS 赋予唯一的 AS 号，由 ISP 进行管理。为了让 ISP 可以更灵活地组织和管理 AS，AS 内部还可以定义私有 AS 号，形成多层次的 AS。这样多层次、多自治域的网络结构清晰、路由策略灵活，便于管理全国性的大网络。

在组网中，IP 城域网通常划分为独立的自治域，分配公有或私有的 AS 号，并向骨干网通报其内部路由。城域网是 ISP 网络的一部分，目前的组网模式下，不同 ISP 的城域网之间一般不会直接相连，要通过 ISP 骨干互联。因此多数情况下，IP 城域网会分配 ISP 统一规划的私有 AS 号。

（2）路由协议的选择

根据城域网自治域划分情况的不同，路由协议的选择包括 IGP 的选择和 EGP 的选择。拥有独立自治域的宽带 IP 城域网在自治域内要选用合适的 IGP，同时与骨干网之间采用 EGP。

1）域内路由协议的选择。城域网的域内路由协议采用动态路由机制，目前可以用于大规模 ISP 的域内路由协议主要有 OSPF 和 IS-IS。这两种路由协议都是基于链路状态来计算最短路径，采用同一种最短路径算法（Dijkstra 算法）。目前，很多城域网使用 OSPF 协议，它具有较强的域内路由分区和负载分担的功能，更重要的是，它是一种开放的标准，各厂家的设备均支持，不必担心不同厂家设备之间路由协议的兼容问题。

2）域间路由协议的选择。边界网关协议（BGP）是目前域间路由协议的事实标准，用来在AS 之间传递选路信息，也是目前域间动态路由协议的唯一选择。它有很强的策略路由和流量控制、路由过滤的功能。通过 BGP 路由表控制机制，可以对进出 AS 的路由信息进行过滤，有效减轻核心节点的负担，提高路由效率。

（3）路由规划举例

仍以前面介绍的某市城域网为例，介绍具体的路由规划过程。如图 6.1.8 所示，该城域网采用独立的 AS 号，为私有 AS 号。城域网的内部，包括核心层、汇接层、业务接入控制层的三层设备之间采用 OSPF 动态路由协议；城域网与运营商骨干网之间采用 BGP 协议。

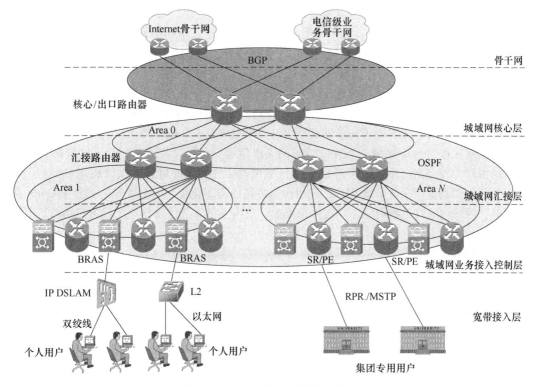

图 6.1.8　某市 IP 城域网路由规划

1）城域网 IGP 路由规划。

城域网内部采用 OSPF 协议。为了加快路由协议的收敛速度，保持路由的稳定性和性能，在城域网这样的大型网络中一定要根据路由器数量、网络拓扑结构、路由器性能等来合理规划路由区域。下面详细介绍该城域网的 OSPF 规划。

① 路由分区的规划。OSPF 协议要求所有的非骨干区必须要与骨干区 Area 0 直连，组成星形拓扑。根据该城域网的拓扑结构，将汇接路由器和核心/出口路由器划分为 OSPF 骨干区域 Area 0，负责交换不同区域之间的路由信息。每个汇接区划分为一个非骨干区域，即每个汇接区内汇接路由器以下的三层设备划分为 N 个非骨干区域。因此，汇接路由器成为区域边界路由器 ABR。

② 各区域路由通告。划分区域后，各区域的网段要进行通告。

③ 路由汇总。每个非骨干区的 ABR 负责向 Area 0 通告路由。如果不进行汇聚，许多路由将是非常零散的，这样容易造成骨干区 Area 0 内路由器的路由表条目过多，使路由器查表时间增加，路由收敛时间增大，影响城域网的稳定性和健壮性。因此，要在 ABR 上进行路由汇总，使注入 Area 0 的路由是一个个较整齐的汇总路由，从而大大减少路由表条目，减少区域内路由的变化对骨干区和其他区域路由的影响。由于之前 IP 地址分配时给每个汇接区都分配了连续的地址，因此可以很方便地进行汇总。汇总之后，每个汇接区向骨干区注入的路由表项只有一条。例

如，采用以下命令可以将汇接区 1 的路由汇总为 202. 18. 0. 0/15 这一条路由项：Router（config-router）#area 0. 0. 0. 1 range 202. 18. 0. 0 255. 254. 0. 0。

④ 客户路由的通告。宽带接入层之下连接的是个人用户或者企业用户，而企业用户内部可能运行自己的路由协议，有自己的路由表，对于 ISP 而言，这些路由称为客户路由。

若客户路由的变化较为频繁，对骨干网的安全性和稳定性影响很大，因此客户路由最好以静态方式提供，然后将静态路由重分布到 OSPF 的路由域。这样，可以最大限度地保证网络的安全性和整个系统路由的稳定性。只有在用户网络确实需要采用动态路由协议时才分情况采用 OSPF 或 BGP。例如，用户网络到城域网间存在多条链路，为了提供自动故障恢复功能，可以采用 OSPF 路由协议；如果该用户同时还连接到其他 ISP，则主要采用 BGP 协议予以解决。但是考虑到网络的安全，很多城域网仍然只允许客户网络通过静态路由的方式与城域网互联。

⑤ NSSA 路由区域的应用。对于每个汇接区而言，若是 OSPF 标准区域，则区域内路由器不但学到了域内的路由，也学到了许多外部路由。如果想要减少区域内路由器上的路由条目，可以将每一个汇接区作为 Stub 区域，不接收外部的路由信息。但是，每一个非骨干区域都可能有许多用户路由作为外部路由注入，不满足 Stub 区域设置条件，因此可将其设计成 NSSA 区。NSSA 区可以允许外部路由以 7 类 LSA 引入，最后由边界路由器转化为 5 类 LSA 通告到整个 OSPF 路由域。同时，区域内的路由器可以不学习外部路由，只用一条默认路由指向区域边界路由器，大大减少路由条目。

2）城域网出口路由规划。

城域网与骨干网之间采用 BGPv4 作为域间路由协议，其规划内容包括城域网和骨干网之间的路由通告，具体的路由规划会因网络拓扑和业务需求的不同而有所变化。以图 6. 1. 8 为例，城域网分别与两个骨干网相连。其中，骨干网 1 为 Internet 骨干网，承载传统互联网业务，例如 Web、FTP、e-mail 等；骨干网 2 为电信级业务骨干网，主要承载实时性业务和大客户 VPN 业务，例如 IPTV、4G/5G 语音等。

如图 6. 1. 8 所示，目前城域网大都使用独立的公有或私有的 AS 号，因此城域网的两个核心/出口路由器与骨干网路由器之间要建立 eBGP 邻居关系，以便各自通告相应的路由信息。另外，两个核心/出口路由器之间要建立 iBGP 邻居关系，并且尽量使用 Loopback 地址建立 iBGP 邻居。

城域网要保证电信级业务优选骨干网 2 传输，普通互联网业务通过骨干网 1 传输。同时，骨干网 1 要为骨干网 2 的业务提供路由备份，即当城域网用户无法直接访问骨干网 2 时可绕行骨干网 1；而骨干网 2 则不为骨干网 1 做路由备份。

针对图 6. 1. 8，城域网与骨干网 1、骨干网 2 之间的 BGP 路由通告策略如下。

① 城域网→骨干网 2：通告高端业务用户的精确路由和城域网内所有用户的聚合路由。

② 城域网→骨干网 1：通告城域网内所有用户的聚合路由。

③ 骨干网 1→城域网：通告默认路由，特大型 IP 城域网以及部分有特殊需求的城域网可通告全路由。

④ 骨干网 2→城域网：通告其他各城域网高端业务用户路由以及骨干网 2 的直连业务路由。

# 6. 2 流量管理与访问控制

## 6. 2. 1 访问控制的原理

在实际的网络管理中，出于性能和安全的要求，需要路由器能够根据源地址、目的地址和服务类型等参数允许或禁止提供给指定用户群的服务，限制或允许特定网络之间的相互访问等功能。上述需求可通过在路由或交换设备上建立访问控制列表（Access Control List，ACL）来实现。

ACL 是路由器使用的一种分组过滤技术。一个 ACL 由一条或多条特定类型的规则组成，每个规则表明与规则中所指定的选择标准相匹配的分组是允许还是拒绝通过。在路由器上使用 ACL 除了可以控制特定 IP 地址对网络的访问，实现对一些敏感设备和资源的访问控制外，还是实现策略路由、QoS、流量控制和网络地址转换（NAT）等功能的基础。

ACL 分为标准 ACL 和扩展 ACL 两种类型。每个 ACL 用一个访问列表号标识。例如，标准 ACL 的访问列表号为 1~99，扩展 ACL 的访问列表号为 100~199。标准 ACL 仅能够根据源地址对分组进行过滤，是一种简单、直接的数据控制手段。扩展 ACL 除了基于数据包源地址的过滤以外，还能够基于协议、目的地址、端口号对网络流量进行更细致、更精确的过滤。当然，配置也更复杂。

图 6.2.1 描述了 ACL 的内部处理过程。假如一个接口配置了 ACL，则路由器按照 ACL 中的规则顺序对经过的分组执行访问控制，一旦与某条规则匹配，根据是拒绝还是允许规则决定是否放行分组，后续规则不再执行。

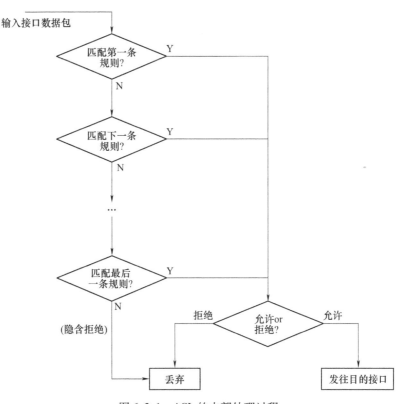

图 6.2.1 ACL 的内部处理过程

需要注意的是，在每个 ACL 的最后，系统会自动附加一条隐式的拒绝规则，这条规则会拒绝所有数据包。对于与任何规则都不相匹配的分组，隐式拒绝规则起到了截流的作用，所有分组均与该规则相匹配，这样做是防止由于错误的配置导致的安全漏洞。

典型的 ACL 使用方式有以下几种。

1）把 ACL 应用于接口，允许或拒绝路由器从指定接口接收或发送数据报。以这种方法使用的 ACL 被称为"接口 ACL"。

2）把 ACL 应用于服务，允许或拒绝路由器上指定服务接收或发出的数据报。以这种方法使用的 ACL 被称为"服务 ACL"。

3）把 ACL 与 ip policy、NAT 等命令相关联，指定分组、地址、流必须符合的标准。以这种方法使用的 ACL 被称为"策略 ACL"。

## 6.2.2 ACL 典型应用实验

**1. 实验目的**

理解并掌握 ACL 的工作原理和在网络中的应用；能够根据具体访问控制要求使用标准 ACL 和扩展 ACL 的方法，完成路由器相关配置。

**2. 实验拓扑和关键命令**

本实验拓扑结构如图 6.2.2 所示，路由器和两台主机连接。在路由器上按要求配置 ACL 功能，对两边网络的 IP 流/HTTP 流互访、路由器的 Telnet 服务进行访问控制。

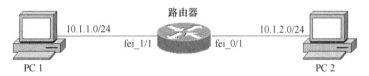

图 6.2.2　实验拓扑图

下面介绍定义、配置 ACL 的方法和常用命令。

（1）定义 ACL

```
Router(config)# ip access-list {standard|extended} <access-list-number>
```

执行该命令后进入 ACL 配置模式。类型参数取 standrad 是标准 ACL，ACL 号取值为 1~99；类型参数 extended 则定义了一个扩展 ACL，ACL 号取值为 100~199。

（2）定义规则

1）定义一条标准 ACL 规则。

```
Router(config-std-acl)# rule <rule-no> {permit |deny} <source> [wildmask]
```

规则的条件语句可以是 permit 或 deny，但都是针对源地址应用规则，默认的通配符为 0.0.0.0。

2）定义一条扩展 ACL 规则。

```
Router(config-ext-acl)# rule <rule-no> { permit | deny } protocol source source-
wildcard [operator port] destination destination-wildcard [ operator port ] [estab-
lished]
```

可以看到，扩展规则虽然复杂，但可以进行更为精确的流量控制和过滤。另外，对于存在多条规则的 ACL，规则的顺序很重要，ACL 会严格按生效的顺序进行匹配。可以使用 show running-config 或 show access-list 命令查看生效的 ACL 规则顺序。如果分组与某条规则相匹配，则根据规则中的关键字 permit 或 deny 进行操作，所有的后续规则均被忽略，即 ACL 采用的是首次匹配算法。

另外，并不是每条规则的所有域都需要指定具体的值。如果没有指定特定的域，则会做默认处理或不做考虑。如果指定了特定的域，则该域将与分组相匹配。配置中也可以使用关键字 any 跳过特定域的配置。

（3）应用 ACL 到接口、服务或策略

当定义了 ACL 的一组规则后，ACL 并没有生效。ACL 只有被接口或某些策略使用才可以生效。需要注意的是，在路由器一个接口的一个方向上同一时间内只能设置一个 ACL。例如，在接口配置模式下使用命令：

```
Router(config-if)#ip access-group <access-list-number> {in |out}
```

将配置好的 ACL 应用在接口上。其中，access-list-number 是 ACL 编号，用以引用一个已经定义好的 ACL，{in ｜ out} 必选项指定 ACL 应用在接口的哪个方向。

例如，将 ACL 应用到 Telnet 服务，使用命令：

```
Router(config)#line telnet access-class <access-list-number>
```

将配置好的 ACL 应用在路由器的 Telnet 服务上，允许或拒绝对路由器进行 Telnet 登录。

**3. 实验步骤**

（1）标准 ACL 实验

按照图 6.2.2 连接好设备，配置接口地址。具体步骤如下。

1）配置标准 ACL，禁止 PC1 的网段 10.1.1.0/24 发起访问。

```
R1(config)#ip access-list standard 10
R1(config-std-acl)#rule 1 deny 10.1.1.0 0.0.0.255
```

2）应用到接口。

```
R1(config)#interface fei_1/1
R1(config-if)#ip access-group 10 in
```

（2）扩展 ACL 实验（注意配置上的差别）

1）配置扩展 ACL，只允许 PC1 访问 PC2 的 HTTP 服务。

```
R1(config)#ip access-list extended 100
R1(config-ext-acl)#rule 1 permit tcp 10.1.1.0 0.0.0.255 10.1.2.0 0.0.0.255 eq http
```

定义一条扩展 ACL 规则，允许源地址是 10.1.1.0、目的地址是 10.1.2.0、目的端口号为 http（80）的分组通过。

```
R1(config-ext-acl)#rule 2 deny ip any any
```

注意：这里明确增加了一条拒绝任何流量通过的规则。即使没有这句，路由器也会自动增加这条规则到 ACL 末尾。

2）应用 ACL 到接口。

```
R1(config)#interface fei_1/1
R1(config-if)#ip access-group 100 in
R1(config-if)#exit
```

（3）将 ACL 应用到服务的实验

实验拓扑不变，具体步骤如下。

1）配置 Telnet 用户账户。

```
R1(config)#username xupt password xupt
```

2）配置 ACL。

```
R1(config)#ip access-list standard 20
R1(config-std-acl)#rule1 permit 10.1.2.0  0.0.0.255
```

该命令允许源地址是 10.1.2.0 网段，隐式拒绝其他所有网段。

3）应用到 Telnet 服务。

```
R1(config)#line telnet access-class 20
```

该命令将 ACL20 定义的规则用于服务 Telnet 的访问控制。

**4. 实验验证**

（1）标准 ACL 实验

配置 ACL 之前，PC1 和 PC2 可以相互 ping 通，可以互相访问任何服务，如文件共享、HTTP 等。

配置 ACL 并应用到接口后，PC1 和 PC2 互相不能 ping 通，且不能互相访问任何服务。

（2）扩展 ACL 实验

配置 ACL 之前，PC1 和 PC2 可以相互 ping 通，PC1 可以访问 PC2 的 HTTP 服务。

配置 ACL 并应用到接口后，PC1 和 PC2 不能互相 ping 通，但 PC1 仍然可以访问 PC2 的 HTTP 服务。

比较标准 ACL 和扩展 ACL 的实验结果可以看到，扩展 ACL 虽然配置复杂，但控制流量更灵活、更精细。

（3）ACL 应用到服务

步骤（1）完成后，PC1 和 PC2 都能 Telnet 到路由器上。

步骤（2）和（3）完成后，只有 PC2 能 Telnet 到路由器上。

# 6.3　网络地址的规划与管理实验

在网络的规划设计和运行维护中，地址规划与管理是非常重要的内容。如前所述，除了按照一定的原则分配 IP 地址外，为了方便用户使用网络，ISP 还需提供相应的支撑协议来实现地址管理，包括动态主机配置协议（DHCP）和网络地址转换（NAT）协议。

DHCP 能够让网络上的主机从服务器上动态获得 IP 地址以及相关的配置信息（包括子网掩码、默认网关、DNS 服务器、地址租期等），从而提高网络配置效率，减少 IP 冲突的可能性。

NAT 可以使多台计算机共享 Internet 连接，即只需申请一个或几个合法 IP 地址，就可以把整个局域网内的主机接入到 Internet 中。这一功能很好地解决了公有 IP 地址紧缺的问题。同时，它还能屏蔽内部网络拓扑结构，有效阻止来自外部网络的攻击，从而保护内部网络中的主机。

## 6.3.1　DHCP 原理与实验

现代网络中进行 IP 地址分配时，大部分情况下使用动态主机配置协议（DHCP），而不是静态手工配置。利用 DHCP，主机能够从服务器上自动获得上网所需的 IP 地址、子网掩码、默认网关、DNS 服务器等信息。这样，一方面可以减少用户配置的工作量，另一方面也减少了 IP

地址冲突的可能性。

DHCP 的前身是 IETF 定义的 BOOTP（Bootstrap Protocol，引导程序协议），并可兼容 BOOTP。1993 年 10 月，DHCP 成为标准协议，当前 DHCP 的标准在 RFC2131 中定义，并在 RFC 3396 中进行了补充和更新。用于 IPv6 的标准（DHCPv6）由 RFC3315 定义。

**1. DHCP 基本原理**

DHCP 采用 C/S 体系架构。客户端主动发起请求来获取 IP 地址等信息，以便完成网络参数配置。服务器集中存放了配置信息，负责响应客户端的请求，并完成配置信息的分配。DHCP 服务可能由专门的服务器承担，也可能由路由器承担。

（1）DHCP 服务器的部署

如图 6.3.1 所示，DHCP 服务器有两种不同的部署方式。

1）DHCP 服务器与主机处于同一子网。如图 6.3.1 中的子网 B，DHCP 服务器可以与该子网内的客户端 1、2 直接进行交互。

2）DHCP 服务器与主机不在同一子网，需要中继代理。若一个网络有多个子网，子网之间通过路由器互联，通常并不会为每个子网均配置 DHCP 服务，而是在整个网络上设置一台 DHCP 服务器，为每个子网配置一台 DHCP 中继代理（通常是一台路由器）。DHCP 中继代理主要负责将来自客户端的数据包转发给服务器，同时将服务器的响应转发给客户端。如图 6.3.1 中的子网 A 内没有 DHCP 服务器，此时服务器和客户端 3、4 位于不同子网中，必须经过中间的路由器充当 DHCP 中继代理进行通信。

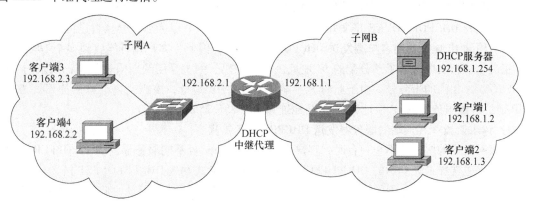

图 6.3.1　DHCP 服务器的部署

（2）DHCP 服务器与客户端的标准交互过程

当 DHCP 服务器和客户端位于同一子网时，服务器与客户端直接进行交互。以图 6.3.1 所示的网络拓扑为例，当子网 B 中的主机请求地址时，其过程如图 6.3.2 所示。

1）发现阶段：客户端发送 DHCPDISCOVER 报文，发现服务器。

当主机选择自动获取 IP 地址时，它就成为 DHCP 客户端。DHCPDISCOVER 是客户端发送的第一个报文。由于此时客户端并不知道服务器的 IP 地址，所以 DHCPDISCOVER 报文只能以广播形式发送。另外，客户端还没有获得 IP 地址，因此该报文以 0.0.0.0 作为源 IP 地址，255.255.255.255 作为目的 IP 地址。该报文中携带了客户端的 MAC 地址、计算机名和一个事务号（Transaction ID），以便服务器进行区分和识别。本地网络上的所有主机都能够收到这个广播报文，而只有服务器才会对此报文进行响应。

当主机处于以下三种情况之一时，将触发 DHCPDISCOVER 消息的发送：客户端启动或者网

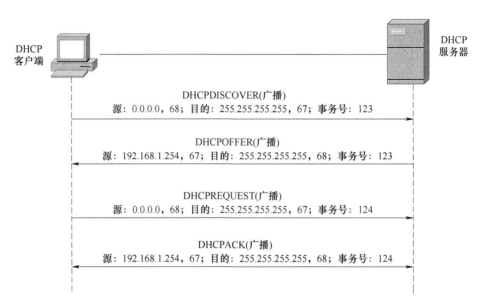

图 6.3.2　DHCP 的标准交互过程

络适配器重置；客户端请求某个 IP 地址而被服务器拒绝；客户端释放已有租约并请求新的租约。

2）提供阶段：服务器向客户端发送 DHCPOFFER 报文，提供预分配的地址。

所有收到 DHCPDISCOVER 报文并且拥有可用地址的 DHCP 服务器，会从自己的地址池中选择一个可用的 IP 地址，向客户端发送 DHCPOFFER 报文，因此，客户端可能收到多个 DHCPOFFER 报文。该报文中包含了预分配的 IP 地址、子网掩码、网关、租约期限等信息，以及与 DHCPDISCOVER 相同的事务号。由于此时客户端依然没有 IP 地址，该报文仍会以广播形式发送，源 IP 地址为该服务器的 IP 地址，目的 IP 地址为 255.255.255.255。

3）请求阶段：客户端向服务器发送 DHCPREQUEST 报文。

当该网段内的服务器不止一台时，客户端会收到多个来自不同服务器的 DHCPOFFER 报文，通常它会优先选择最先到达的 DHCPOFFER，并且以广播形式发送 DHCPREQUEST 报文，请求使用该 DHCPOFFER 中预分配的 IP 地址等信息，同时告知其他服务器可及时收回预分配的 IP 地址。该报文中包含了客户端接受的 IP 地址、提供此租约的服务器地址等。由于没有得到服务器的最后确认，此时客户端仍然不能使用租约中提供的 IP 地址，所以，该报文仍然使用 0.0.0.0 作为源 IP 地址，255.255.255.255 作为目的 IP 地址。

4）确认阶段：被选择的服务器向客户端发送 DHCPACK 报文。

所提供的 IP 地址被接受的服务器，在收到客户端发送的 DHCPREQUEST 广播消息后，会发送 DHCPACK 广播消息进行最后的确认。该报文中包含了租约期限及其他的 TCP/IP 配置参数。客户端收到该 DHCPACK 报文后，就可以使用这个 IP 地址了。至此，DHCP 获取地址的过程结束，这种状态叫作已绑定状态。

如果服务器收到客户端发送的 DHCPREQUEST 广播消息后，发现提供的 IP 地址已无效或这个地址已被其他的客户端使用，那么该服务器会发送 DHCPNAK 广播消息。此时，客户端需要发送 DHCPDISCOVER 报文，重新申请 IP 地址。

5）续租阶段：客户端向服务器发送 DHCPREQUEST 报文，请求更新租用期。

DHCP 使用租约指明客户端能够使用该 IP 地址的期限。客户端从服务器获得的 IP 地址有一定的租期，租期快到时，客户端需请求续租。若不再续租，则 IP 地址归还给服务器，服务器可以将该地址分配给其他的客户端。使用租约的方式，DHCP 能够在主机数多于 IP 地址数的情况下动态分配地址，实现 IP 地址的统计复用。

客户端收到 DHCPACK 报文后，要根据服务器提供的租期 T 设置两个计时器 T1 和 T2，它们的超时时间分别是 0.5T 和 0.875T。达到超时时间，客户端会发起请求，更新租用期。续租阶段的交互流程如图 6.3.3 所示。

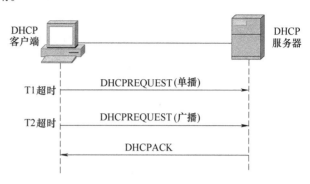

图 6.3.3　DHCP 客户端续租过程

租用期过了 50% 时（T1 超时），客户端会以单播的形式向服务器发送 DHCPREQUEST 报文，要求更新租用期。若服务器同意，则向客户端发送 DHCPACK 报文，其中包含了新的租用期，得到新的租用期后，客户端将重置计时器。若服务器不同意，则向客户端发送 DHCPNAK 报文，这时客户端必须停止使用原来的 IP 地址，并发送 DHCPDISCOVER 报文，重新申请 IP 地址。

若服务器不响应客户端发送的 DHCPREQUEST 报文，则在租用期过了 87.5% 时（T2 超时），客户端会以广播形式发送 DHCPREQUEST 报文，以联系其他的服务器，要求更新租用期。任何服务器都能以 DHCPACK 报文或 DHCPNAK 报文应答该请求。若客户端仍得不到来自服务器的响应，则会继续使用该 IP 地址，直到租约结束后，客户端需要发送 DHCPDISCOVER 报文，重新申请 IP 地址。

6）客户端下次开机时：获得与上次相同的地址。

当主机下一次开机启动时，获取地址并不需要进行图 6.3.2 所示的全部四个过程，而是直接从第三个阶段，即发送 DHCPREQUEST 报文开始，而且一般情况下，主机将获得与上次相同的 IP 地址。此交互流程如图 6.3.4 所示。由于主机都有存储设备，因为能够存储自己上次获得的 IP 地址以及分给自己地址的 DHCP 服务器，所以客户端下次开机启动时会直接进入请求阶段，在 DHCPREQUEST 报文中携带该服务器的 ID，表示希望

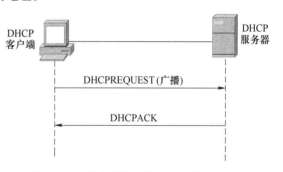

图 6.3.4　客户端关机重启后申请地址过程

继续使用上次分配给自己的 IP 地址。收到服务器的确认消息 DHCPACK 之后，该主机就可以继续使用原来的 IP 地址。如果由于各种原因导致该地址不能继续使用，服务器将会发送 DHCPNAK 报文，此时客户端需要从发现阶段开始重新发起申请 IP 地址的完整过程。

7）释放阶段：客户端向服务器发送 DHCPRELEASE 报文。

客户端可随时提前中止服务器所提供的租用服务，这时只需要向服务器发送 DHCPRELEASE 报文即可。通过在命令提示符下使用 ipconfig/release 命令，可以手动执行地址释放操作。

（3）通过 DHCP 中继代理获取 IP 地址的交互过程

DHCP 的许多报文都是通过广播包发送的，它们不能穿越路由器。因此，当 DHCP 客户端和服务器处于不同子网时，必须要通过 DHCP 中继代理进行通信。这样，多个子网内的客户端可以

使用同一个服务器，既节省了成本，又便于进行集中管理。如图 6.3.1 子网 A 中的客户端 3、4 申请 IP 地址时，需要通过 DHCP 中继代理，其交互过程如图 6.3.5 所示。

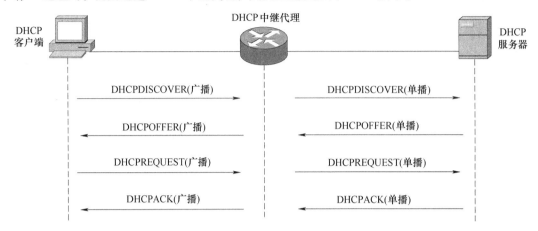

图 6.3.5　DHCP 中继代理工作过程

1) 客户端在子网内广播 DHCPDISCOVER 报文。DHCP 中继代理收到后，检测该报文头中的 GIADDR 字段（表示客户端发送请求报文后经过的第一个中继代理的 IP 地址）。如果该字段为 0.0.0.0，中继代理将该字段设置为自己接收该报文的接口 IP 地址；如果该字段不是 0.0.0.0，则中继代理不修改该字段。同时，中继代理会把 DHCPDISCOVER 报文的目的地址修改为服务器的 IP 地址，然后将该报文转发给服务器。

2) 服务器收到 DHCPDISCOVER 报文后，会为客户端分配 IP 地址等参数，并将 DHCPOFFER 报文发送给 GIADDR 字段标识的 DHCP 中继代理。中继代理收到此报文后，会将其从 GIADDR 字段所示的接口发送出去。由于此时客户端还没有可用的 IP 地址，所以该报文只能在本地子网上以广播方式发送。

3) 客户端以广播形式发送 DHCPREQUEST 报文，DHCP 中继代理收到后，会将其转发给服务器。

4) 如果 DHCPREQUEST 报文中申请的 IP 地址可用，服务器会将 DHCPACK 报文发送给中继代理，由它将该报文以广播形式转发给客户端。

（4）DHCP 报文封装

DHCP 报文封装在 UDP 用户数据报中，还要加上 UDP 首部、IP 数据报首部、MAC 帧的首部和尾部后，才能在链路上传送。图 6.3.6 所示为 DHCPOFFER 报文，封装在 UDP 数据报中，由 DHCP 服务器发送给 DHCP 客户端，服务器端使用 UDP 端口 67，客户端使用 UDP 端口 68，这两个端口都是知名端口。从图 6.3.6 可以看出，DHCPOFFER 报文的目的 IP 地址为网络层广播地址 255.255.255.255，目的 MAC 地址为链路层广播地址 ff：ff：ff：ff：ff：ff，源 IP 地址和源 MAC 地址分别为 DHCP 服务器的网络层和链路层地址。

**2. DHCP 实验**

（1）实验目的

掌握 DHCP 服务器和中继代理的基本工作原理和配置方法，能够根据服务器所处位置进行适当的配置，为同一网段或不同网段的用户进行动态地址分配。

（2）实验拓扑及关键命令

本实验需要计算机 3 台、路由器 2 台、交换机 1 台，其中 RTB 作为 DHCP 服务器，RTA 作为

| No. | Time | Source | Destination | Protocol | Lengt: Info |
|-----|------|--------|-------------|----------|-------------|
| 65 | 29.604636 | 192.168.1.115 | 192.168.1.1 | DHCP | 342 DHCP Release - Transaction ID 0xa3f8642c |
| 245 | 37.509775 | 0.0.0.0 | 255.255.255.255 | DHCP | 344 DHCP Discover - Transaction ID 0xc70ab09a |
| 246 | 37.542181 | 192.168.1.1 | 255.255.255.255 | DHCP | 590 DHCP Offer - Transaction ID 0xc70ab09a |
| 247 | 37.544530 | 0.0.0.0 | 255.255.255.255 | DHCP | 370 DHCP Request - Transaction ID 0xc70ab09a |
| 251 | 37.686719 | 192.168.1.1 | 255.255.255.255 | DHCP | 590 DHCP ACK - Transaction ID 0xc70ab09a |

> Frame 246: 590 bytes on wire (4720 bits), 590 bytes captured (4720 bits) on interface \Device\NPF_{1E256A0D-0F98-40
> Ethernet II, Src: 1c:d5:e2:84:0f:3c, Dst: ff:ff:ff:ff:ff:ff
> Internet Protocol Version 4, Src: 192.168.1.1, Dst: 255.255.255.255
> User Datagram Protocol, Src Port: bootps (67), Dst Port: bootpc (68)
> Dynamic Host Configuration Protocol (Offer)

图 6.3.6 DHCP 抓包截图

DHCP 中继代理, 参考拓扑如图 6.3.7 所示。

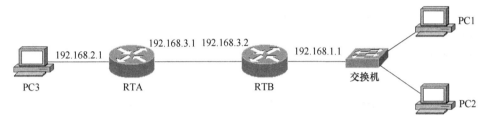

图 6.3.7 DHCP 实验拓扑图

配置 DHCP 的关键命令如下:

1) 在服务器或者中继代理上启动 DHCP 服务。

`Router(config)#ip dhcp enable`

2) 配置 DHCP 服务器或中继代理时, 需在连接客户端子网的接口上配置 DHCP 的工作模式。

`Router(config-if)#ip dhcp mode { server | relay }`

3) 在 DHCP 服务器上配置 IP 地址池, 以便将其中的地址分配给客户端。例如

`Router(config)#ip local pool mypool 192.168.1.2 192.168.1.253 255.255.255.0`

定义了名为 mypool 的 IP 地址池, 它包含了从 192.168.1.2 到 192.168.1.253 的 IP 地址, 掩码为 255.255.255.0, DHCP 服务器将其中的地址分配给客户端。

4) 配置 DHCP 服务器返回给用户的 DNS 地址。例如

`Router(config)#ip dhcp server dns 2.2.2.2`

5) 在服务器连接客户端子网的接口上配置用户默认网关地址。例如

`Router(config-if)#ip dhcp server gateway 192.168.1.1`

6) 在服务器连接客户端子网的接口上绑定地址池。例如

`Router(config-if)#peer default ip pool mypool`

这里的 mypool 是在前面定义的 IP 地址池。

7) 在中继代理连接客户端子网的接口上配置中继地址。例如

```
Router(config-if)#ip dhcp relay agent 192.168.2.1
```

8）在中继代理连接客户端子网的接口上配置服务器地址。例如

```
Router(config-if)#ip dhcp relay server 192.168.3.2
```

（3）实验步骤

本实验要完成 DHCP 服务器的部署和配置，掌握两种组网方式下的配置方法，使得客户端能从 DHCP 服务器自动获取 TCP/IP 网络配置信息。

1）按照实验拓扑连接实验设备，并检查物理连接是否正确。

2）将 PC1、PC2、PC3 的 IP 地址获取方式均设为自动获取。

3）按照拓扑配置 RTA、RTB 的接口地址。

4）在 RTA、RTB 上按需配置路由。

5）为 PC1 和 PC2 分配地址。此时，客户端和服务器位于同一子网中，因此只需要在 RTB 上进行 DHCP 服务器的配置即可。下面给出 RTB 配置的关键命令。

① 定义地址池。

```
RTB(config)#ip local pool mypool1 192.168.1.2 192.168.1.253 255.255.255.0
```

② 定义 DHCP 服务器传递给客户端的 TCP/IP 配置信息。在 RTB 连接交换机的接口上定义工作模式、配置默认网关并绑定地址池。

```
RTB(config-if)#ip dhcp mode server
RTB(config-if)#ip dhcp server gateway 192.168.1.1
RTB(config-if)#peer default ip pool mypool1
```

③ 启动 DHCP 服务。

```
RTB(config)#ip dhcp enable
```

6）为 PC3 分配地址。此时，客户端和服务器位于不同子网中，因此还需要 RTA 完成 DHCP 中继代理的功能。下面给出配置的关键命令。

① 对于 RTB 而言，在上一步的基础上，需要再添加 192.168.2.0/24 网段的地址池，并在其连接 RTA 的接口上定义工作模式并绑定地址池。

```
RTB(config)#ip local pool mypool2 192.168.2.2 192.168.2.253 255.255.255.0
RTB(config-if)#ip dhcp mode server
RTB(config-if)#peer default ip pool mypool2
```

② 在 RTA 连接客户端子网的端口上指明工作模式为中继模式，并配置 DHCP 中继地址和服务器地址。

```
RTA(config-if)#ip dhcp mode relay
RTA(config-if)#ip dhcp relay agent 192.168.2.1
RTA(config-if)#ip dhcp relay server 192.168.3.2
```

③ 在 RTA 上启动 DHCP 服务。

```
RTA(config)#ip dhcp enable
```

（4）实验验证

1）第 5）步配置结束后，PC1 和 PC2 可以从 RTB 上获取到 192.168.1.0/24 网段中的地址。在 PC1 和 PC2 上使用 ipconfig/all 命令可以查看所获取的 IP 地址、子网掩码、默认网关、租约等信息，并且能互相 ping 通。也可以在 RTB 上输入命令查看全部 DHCP 客户端信息。

```
RTB#show ip dhcp server user
Current online users are 2.
Index  MAC addr        IP addr        State  Interface  Expiration
1    00A0.D1D1.170D  192.168.1.2    BOUND  fei_1/1    11:09:47 03/13/2021
2    001E.906C.9BB3  192.168.1.3    BOUND  fei_1/1    11:09:47 03/13/2021
```

可以看到，有两台主机从 RTB 获得了 IP 地址，分别为 192.168.1.2 和 192.168.1.3。

2）第 6）步配置结束后，PC3 可以从 RTB 获取到 192.168.2.0/24 网段中的地址。此时，可以在 RTB 上查看全部 DHCP 客户端信息，并且三台主机能互相 ping 通。

## 6.3.2  NAT 原理与实验

### 1. 基本原理

NAT 由 RFC3022 定义，用于进行私有 IP 地址与公有 IP 地址之间的转换，是解决 IPv4 地址空间不足的一种技术。NAT 允许多台计算机共享 Internet 连接，即只需申请一个或几个合法 IP 地址，就可以将私网内的多台主机接入到 Internet 中。这一功能很好地解决了公有 IP 地址紧缺的问题。NAT 通常部署在企业的边界路由器或防火墙中。

RFC1918（Address Allocation for Private Internets）中定义了三个专用的私有 IP 地址段：10.0.0.0 ~ 10.255.255.255，172.16.0.0 ~ 172.31.255.255，192.168.0.0 ~ 192.168.255.255。采用 NAT 组网，私有网络内部使用 RFC1918 地址，地址分配内部唯一即可，当内部节点要与外界网络发生联系时，就在边界路由器或者防火墙处，将私有地址替换成公有地址，从而实现对外部公共网络的访问。

（1）NAT 的分类

NAT 主要有三种类型：静态 NAT（Static Network Address Translation）、动态 NAT（Dynamic Network Address Translation）、网络地址端口转换（Network Address Port Translation，NAPT）。

1）静态 NAT

静态 NAT 是最简单的一种转换方式。它在 NAT 表中为每一个需要转换的私有地址创建了固定的转换条目，映射了唯一的公有地址，私有地址与公有地址一一对应。当内部节点与外界通信时，私有地址就会转换为对应的公有地址。借助静态 NAT，可以实现外部网络对内部网络中某些特定设备（如服务器）的访问。

2）动态 NAT

动态 NAT 是指首先将可用的公有地址定义成 NAT 池（NAT Pool），对于要与外界进行通信的内部节点，边缘路由器或者防火墙动态地从 NAT 池中选择公有地址，从而实现与私有地址的一对一转换。每个转换条目在连接建立时动态建立，而在连接终止时会被回收。这样，大大增强了网络的灵活性，提高了公有地址的使用效率。可以看到，动态 NAT 增加了网络管理的复杂性，但也提供了很大的灵活性。但需要注意的是，同一时刻一个公有地址只能映射为一个私有地址。

3）NAPT

在静态 NAT 和动态 NAT 中，私有地址和公有地址都是一一对应的，不能起到节省公网 IP 地址的作用。NAPT 的 NAT 表中综合利用了 IP 地址和 TCP/UDP 端口号，将多个私有地址及其端口号映射为一个或少数几个公有地址及其端口号，因此可以使多个内部节点共享一个或多个公有 IP 地址，从而可以最大限度地节约 IP 地址资源。同时，又可隐藏网络内部的所有主机，有效避免来自 Internet 的攻击。对于小型办公环境，NAPT 可以使整个局域网通过共享一个公有 IP 地址来接入 Internet。

以上所有类型的地址转换功能，都是由防火墙或者边缘路由器（即连接内部网络和公用网络的路由器）完成的，对于用户来说，NAT 服务是透明的。

（2）静态 NAT 的转换原理

如图 6.3.8 所示，路由器左接口连接企业网内部，两台主机 A 和 C 均分配私有地址。由于私有地址不能出现在 Internet 中，因此在该企业的出口路由器上启动了 NAT 服务（这台路由器被称为 NAT 路由器）。NAT 路由器会建立并维护一张地址映射表，称为 NAT 表，为每一个需要转换的私有地址创建了转换条目，映射了唯一的公有地址。

假设内网中 IP 地址为 10.1.1.1 的主机 A 与外网中 IP 地址为 177.20.7.3 的主机 B 有通信的需求，双方通信过程如下。

① 主机 A 判断主机 B 与自己不在同一网段，因此，主机 A 首先会把数据发给自己的默认网关，也就是路由器连接内网的接口地址。该数据报的源地址为主机 A 的 IP 地址 10.1.1.1，目的地址为主机 B 的 IP 地址 177.20.7.3。

② 路由器从内网接口上接收到该数据报后，从 NAT 表中查找相应的静态转换条目，检索出与 10.1.1.1 对应的公有地址为 199.168.2.2，将该数据报的源 IP 地址替换为 199.168.2.2，并从连接外网的接口转发。

③ 主机 B 并不知道刚到达的数据报已被路由器进行了改装，它向主机 A 发送报文时，其目的 IP 地址为 199.168.2.2。

④ 路由器从外网接口上接收到该数据报，根据目的 IP 地址从 NAT 表中检索出对应的私有 IP 地址为 10.1.1.1，并以此地址替换该数据报的目的 IP 地址，向内网转发。主机 A 最终会收到来自主机 B 的报文。

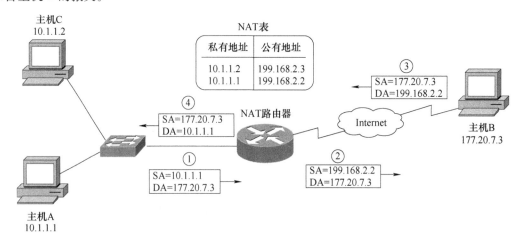

图 6.3.8　NAT 工作过程

可以看出，静态 NAT 中内网地址与公网地址是一一对应的，因此并不能节约公网地址，但可以将使用私有地址的主机地址隐藏在内网中，具有一定的安全性。在实际应用中，静态 NAT 技术使用得较少，主要用于实现外网主机访问内部服务器提供的服务，如 Web 业务。

（3）动态 NAT 的转换原理

在静态 NAT 中，NAT 表是事先配置好的，而在动态 NAT 下，NAT 表初始化为空，表中的转换条目是在内网用户发送数据时才动态生成的。当内网用户发送数据时，NAT 路由器将从自己的公有 IP 地址池中找到一个地址，并与当前内网用户使用的私有 IP 地址建立起一对一的动态转换关系，写入 NAT 表中。之后的通信过程与静态 NAT 相同，这里不再赘述。需要注意的是，当此次通信结束后，路由器将清除 NAT 表中的该转换条目，并将公有 IP 地址回收到地址池中，以便下次使用。

（4）NAPT 的转换原理

在实际应用中，每个企业申请到的公有 IP 地址往往是有限的，这就意味着 NAT 路由器需要把多个内部 IP 地址转化为一个（或少数几个）公网地址 A，如果 NAT 表里只有 IP 地址之间的映射关系，那么当 NAT 路由器收到一个目的地址为 A 的数据报时，并不知道应该把它转发给内网中的哪台主机。这时，需要用到 NAPT 技术。此时，除 IP 地址外，NAT 表里还会增加相应的 TCP/UDP 端口信息。

如图 6.3.9 所示，企业的出口路由器上启动了 NAT 服务，要求所有内部主机都通过 NAT 池中的公网地址与外界通信，此时，NAT 池中只有一个全局地址 199.168.2.2，一开始 NAT 表为空。假如内网中 IP 地址为 10.1.1.1 的主机 A 要通过 HTTP 方式访问公网中 IP 地址为 177.20.7.3 的主机 B，分析双方通信过程如下。

① 主机 A 判断主机 B 与自己不在同一网段，因此，主机 A 首先会把报文发给自己的默认网关，也就是路由器连接内网的接口地址。该报文的源 IP 地址为主机 A 的 IP 地址 10.1.1.1，源端口号为 2018，目的 IP 地址为主机 B 的 IP 地址 177.20.7.3，目的端口号为 80。注意：源端口号是由主机 A 本地随机分配的，目的端口号为 80，表明请求的是 HTTP 服务。

② 路由器从内网接口上接收到该报文后，首先检查 NAT 表，看是否已经建立映射。由于此时还未建立映射关系，因此动态地从 NAT 池中选择全局地址 199.168.2.2 和端口 3456，建立转换条目，并更新 NAT 表，如图 6.3.9 中 NAT 表中第一行数据所示。路由器将该报文的源 IP 地址替换为 199.168.2.2，源端口号替换为 3456，并从连接外网的接口转发出去。

③ 主机 B 收到该报文后会向主机 A 回送报文，其源 IP 地址为 177.20.7.3，源端口号为 80，目的 IP 地址为 199.168.2.2，目的端口号为 3456。

④ 路由器从外网接口上接收到该报文，根据目的 IP 地址和目的端口从 NAT 转换表中检索出内网主机使用的私有 IP 地址和端口号（10.1.1.1 和 2018），然后，替换该报文的目的 IP 地址和目的端口，并向内网转发。主机 A 最终会收到来自主机 B 的报文。

同理，若内网中 IP 地址为 10.1.1.2 的主机 C 要与主机 B 进行 HTTP 通信，发送的数据报到达企业的出口路由器时，也要动态建立转换条目，并更新 NAT 表，如图 6.3.9 中 NAT 表中第二行数据所示。可以看到，经过 NAT 转换后，这两次通信都映射为相同的公有 IP 地址 199.168.2.2，但是仍然可以利用端口号 3456 和 3457 准确区分内部不同主机上的进程。

**2. NAT 实验**

（1）实验目的

理解并掌握 NAT 的基本工作原理和在网络中的应用；掌握在路由器上配置 NAT 的方法和步骤，能够利用 NAT 功能实现内网主机的 Internet 访问。

（2）实验拓扑及关键命令

本实验需要路由器 2 台、计算机 2 台，参考拓扑如图 6.3.10 所示。

配置 NAT 的关键命令如下。

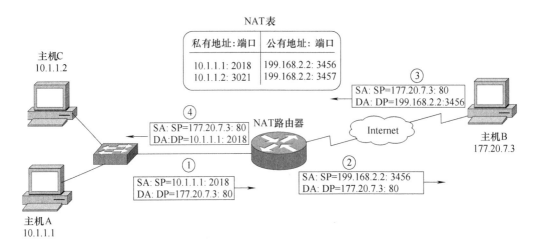

图 6.3.9 NAPT 工作过程

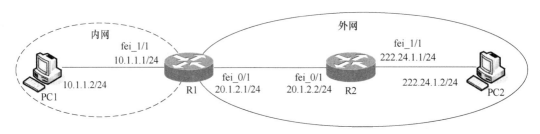

图 6.3.10 NAT 实验拓扑图

1）启动和停止 NAT 功能。

```
Router(config)#ip nat { start | stop }
```

2）设置 NAT 的内部和外部接口。

```
Router(config)#ip nat {inside |outside}
```

3）若使用静态 NAT 方式，需定义 NAT 转换规则。例如

```
Router(config)#ip nat inside source static 10.1.1.2 20.1.2.3
```

定义了私有地址 10.1.1.2 与公有地址 20.1.2.3 之间的一一映射关系。

4）若使用动态 NAT 方式，则需要定义 NAT 地址池和 NAT 转换规则。例如

```
Router(config)#ip nat pool dynpool 20.1.2.3 20.1.2.254 prefix-length 24
```

定义了一个名为 dynpool 的公有 IP 地址池，它包含了 20.1.2.3 ~ 20.1.2.254 的地址，掩码为 255.255.255.0。

```
Router(config)#ip nat inside source list 10 pool dynpool
```

定义了将 ACL 列表 10 中被允许的私有地址转化为 NAT 地址池 dynpool 中可用的公有 IP 地址，这种映射关系是动态一对一的。

5）若使用 NAPT 方式，在定义 NAT 转换规则时需添加 overload 关键字。例如

```
Router(config)#ip nat inside source list 10 pool dynpool overload
```

这条指令与上条指令的区别是地址池 dynpool 中的公有地址可以被复用，这种映射关系是动态一对多的，从而可以节约 IP 地址。

（3）实验步骤

本实验要完成在路由器上配置 NAT 的功能，使配置私有 IP 地址的内网主机 PC1 能够访问外网的主机 PC2，而外网主机不可以直接访问内网主机，从而达到隔离内网主机和节省 IP 地址的作用。各种类型的 NAT 配置和删除操作如下所述。

1）按图搭建环境，配置互联地址。

按照图 6.3.10 所示进行设备连接，在 R1 和 R2 上配置接口地址和必要的路由信息。

在 R1 上配置 NAT 服务，关键命令如下。

① 开启 NAT 功能。

```
R1(config)#ip nat start
```

② 配置内网接口。

```
R1(config-if)#ip nat inside
```

③ 配置外网接口。

```
R1(config-if)#ip nat outside
```

2）进行 NAT 的配置。

在 R1 上分别配置以下类型的 NAT。注意：进行新的实验时，需删除上一个实验的 NAT 配置，删除的步骤与配置的步骤相反。

① 配置静态 NAT：实现 10.1.1.2 到 20.1.2.3 的静态一对一转换。

```
R1(config)#ip nat inside source static 10.1.1.2 20.1.2.3
```

② 配置动态 NAT：实现 10.1.1.0/24 到 20.1.2.3~254/24 的动态一对一转换。

```
R1(config)#ip nat pool dynpool 20.1.2.3 20.1.2.254 prefix-length 24
R1(config)#ip access-list standard 10
R1(config-std-nacl)#permit 10.1.1.0 0.0.0.255
R1(config-std-nacl)#exit
R1(config)#ip nat inside source list 10 pool dynpool
```

③ 配置 NAPT：实现 10.1.1.0/24 到 20.1.2.3~10/24 的动态一对多或多对多转换。

```
R1(config)#ip nat pool naptpool 20.1.2.3 20.1.2.10 prefix-length 24
R1(config)#ip access-list standard 10
R1(config-std-nacl)#permit 10.1.1.0 0.0.0.255
R1(config-std-nacl)#exit
R1(config)#ip nat inside source list 10 pool naptpool overload
```

3）进行 NAT 的删除。

实验中要进行不同类型的 NAT 配置，因此需要删除之前的部分配置。完整地删除 NAT 配置时需要按照以下步骤（本次实验一般要用到前两个步骤）。

① 删除 NAT 规则。使用 no　ip nat inside source 命令，例如

R1(config)#no ip nat inside source static 10.1.1.2　20.1.2.3

R1(config)#no ip nat inside source list 10 pool dynpool

② 删除 IP Pool。例如

R1(config)#no ip nat pool dynpool

③ 删除 ACL。例如

R1(config)#no ip access-list standard 10

④ 删除内网接口和外网接口。例如

R1(config-if)#no ip nat inside

R1(config-if)#no ip nat outside

⑤ 关闭 NAT 功能

R1(config)#ip nat stop

（4）实验验证

1）验证静态 NAT 转换

① PC1 可以 ping 通 PC2 的地址 222.24.1.2，PC2 可以 ping 通 PC1 转换后的公有地址 20.1.2.3，但是 ping 不通 PC1 的私有地址 10.1.1.2。

② 使用 show ip nat translations 命令可以查看到以下转换条目

```
R1#show ip nat translations
Pro      Inside global        Inside local      TYPE
---         20.1.2.3            10.1.1.2          S/-
```

可以看出，10.1.1.2 映射为 20.1.2.3，转换方式为静态。

2）验证动态 NAT 一对一。

① PC1 可以 ping 通 PC2 的地址 222.24.1.2，但 PC2 不能 ping 通 PC1 的地址 10.1.1.2。

② 使用 show ip nat translations 命令可以查看到以下转换条目

```
R1(config)#show ip nat translations
Pro      Inside global        Inside local      TYPE
---         20.1.2.3            10.1.1.2          D/a
```

改变 PC1 的 IP 地址，可以看到产生新的转换条目。

```
R1(config)#show ip nat translations
Pro      Inside global        Inside local      TYPE
---         20.1.2.3            10.1.1.100        D/a
```

3）验证 NAPT。

① PC1 可以 ping 通 PC2 的地址 222.24.1.2，但 PC2 ping 不通 PC1 的地址 10.1.1.2。

② 使用 show ip nat translations 命令可以看到转换条目

```
R1(config)#show ip nat translations
Pro      Inside global        Inside local      TYPE
---         20.1.2.3:6025        10.1.1.2:512      D/a
```

改变 PC1 的 IP 地址，可以看到产生新的转换条目

```
ZXR10(config)#show ip nat translations
Pro      Inside global      Inside local    TYPE
---      20.1.2.3:6029      10.1.1.100:512  D/a
```

## 6.3.3　DHCP+NAT 综合实验

在园区网络的地址规划中，NAT 与 DHCP 一般会结合使用。首先，利用 DHCP 服务器为内网用户分配私有地址；然后，再使用 NAT 进行地址翻译，使得内网用户可以正常访问 Internet。

**1. 实验目的**

通过本次综合实验，进行 DHCP 与 NAT 的联合配置，掌握对实际园区网络的地址规划与管理，以实现企业网络内统一的自动化地址分配及集中管理。

**2. 实验拓扑及要求**

本综合实验的参考拓扑如图 6.3.11 所示，基本要求如下。

1）为内网服务器配置 192.168.1.0/24 网段的静态地址。

2）在 R1 上启动 DHCP 服务，为内网主机 PC1、PC2 和 PC3 自动分配 IP 地址相关信息，其中 PC1 使用 192.168.1.0/24 网段的地址，PC2 和 PC3 使用 192.168.2.0/24 网段的地址。

3）在 R1 上启动 NAT 服务，实现内网主机的地址翻译。其中为内网服务器进行静态映射，使外网用户可访问服务器提供的服务；其他主机进行动态映射，所用外网公用地址池空间为 202.2.2.2～202.2.2.126。

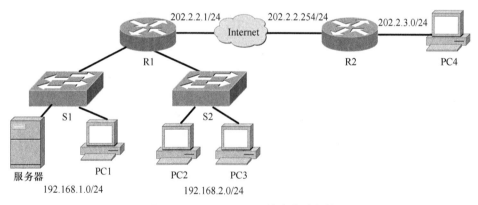

图 6.3.11　DHCP+NAT 综合实验拓扑

**3. 实验主要步骤**

本实验综合利用之前所学内容，包括地址规划、路由协议等内容。以下给出主要步骤，具体命令则不再给出。

1）按照实验拓扑连接设备，配置各设备名及主机的 IP 地址（PC1、PC2、PC3 除外）。

2）在内网服务器上搭建 HTTP 业务。

3）在 R1、R2 上配置各接口地址，并配置路由协议。

4）在 R1 上配置 DHCP，使得 PC1、PC2、PC3 能够分别自动获取到 192.168.1.0/24 和 192.168.2.0/24 网段的地址。

5）在 R1 上配置 NAT，可将内网 192.168.1.0/24 和 192.168.2.0/24 网段的地址进行转换，

使得内网主机可正常访问 Internet，使得外网主机能够访问内网服务器提供的业务。

**4. 实验验证**

1）第 4）步配置结束时，PC1、PC2、PC3、服务器之间可以互相 ping 通，在 R1 上可以查看到 DHCP 客户端信息，PC1、PC2、PC3 可以访问服务器提供的服务。

2）第 5）步配置结束时，PC1、PC2、PC3、服务器可以 ping 通 PC4，在 R1 上可以看到 NAT 转换条目，外网主机可以访问服务器提供的服务。

# 6.4 网络设计综合实验

## 6.4.1 小型企业网访问 Internet

**1. 实验目的**

本实验要设计实现一个小型企业网，并将其连接至运营商网络，实现企业网内用户对 Internet 的访问。

**2. 实验设备及拓扑**

网络拓扑如图 6.4.1 所示，企业网络通过出口路由器 R4 与运营商的网络相连。企业网内部使用 DHCP 自动分配内网地址，通过出口路由器进行 NAT 转换。运营商网络内使用 OSPF 路由协议，企业网与运营商的网络之间使用静态路由。

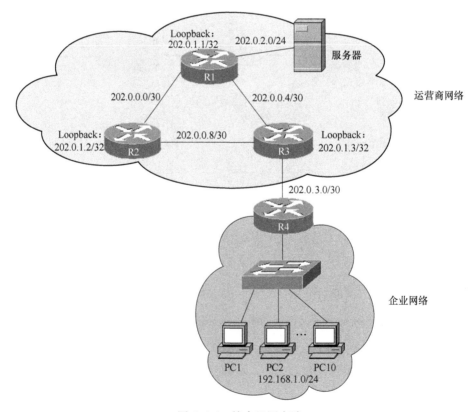

图 6.4.1 综合组网实验

### 3. 实验步骤

下面给出实验配置的主要步骤，不再给出具体命令。

1）IP 地址规划。假设城域网使用 202.0.0.0/16 网段，企业网内有用户 10 个，获得 2 个公网地址，请进行合理的地址规划，并在 R4 上启用 DHCP 和 NAT，为企业用户自动分配 IP 地址并进行地址翻译。

2）路由规划。R1、R2、R3 之间运行 OSPF 路由协议，R4 使用静态路由。

3）业务搭建。在服务器上搭建 Web 服务和 FTP 服务，使企业网内用户可正常访问。

### 4. 实验验证

1）各主机能够自动获取 IP 地址和网关地址。

2）各主机能够正常访问服务器提供的业务，但服务器无法 ping 通各主机。

## 6.4.2  跨域园区网设计

### 1. 实验目的

本实验综合运用二/三层组网技术、路由技术、业务搭建技术，完成一个跨域园区网的规划设计与实现，加深对网络规划与设计的理解，提高综合运用所学知识的能力。

### 2. 实验拓扑及要求

本综合实验的参考拓扑如图 6.4.2 所示。虚线框内为某企业网分支机构，企业网服务器群通过三层交换机 S2 连接。基本要求如下。

1）PC1 和 PC2 属于不同的 VLAN 和 IP 网段，R1 与 S1 通过单臂路由方式实现 VLAN 间路由。

2）在 R1 配置 DHCP 与 NAT 服务，为内网主机自动分配私有 IP 地址、默认网关、DNS 等信息，并实现地址翻译。

3）搭建企业级 DNS、HTTP、FTP、e-mail 服务器，其中 DNS 服务器可由路由器代替实现。

4）所有主机均可访问 HTTP 业务和 e-mail 业务，但 FTP 业务不能由 PC3 访问。

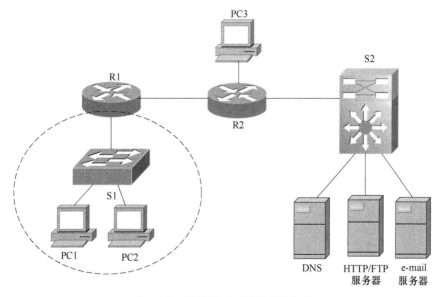

图 6.4.2  跨域园区网设计实验拓扑

**3. 实验主要步骤**

本实验综合利用之前所学内容，包括地址规划、VLAN 规划、单臂路由、路由协议等内容。假设企业可用的公用地址块为 222.24.0.0/16，下面给出主要步骤。

1）拓扑规划。按照实验拓扑连接设备，配置各设备名，其中 S1 为二层交换机，S2 为三层交换机。

2）VLAN 规划。在 S1、S2 上划分 VLAN。

3）IP 地址规划。自顶向下依次分配设备的 Loopback 地址、互联地址、服务器地址、用户可用地址，并在相应的设备上进行配置；在 R1 上配置 DHCP 和 NAT，使得 PC1 和 PC2 能够自动获取到私网地址，并进行地址翻译。

4）路由规划。可选用 OSPF 协议或静态路由，并在 R1、R2、S2 上进行相应的配置。

5）业务规划。在内网服务器上分别搭建 DNS 服务、HTTP 服务、FTP 服务、e-mail 服务，使得 PC1 与 PC2 可以使用域名访问企业网的各种业务。

6）访问控制。在合适的设备上启用 ACL，使得 PC3 可以访问企业网的 HTTP 业务和 e-mail 业务，但不能访问 FTP 业务。

**4. 实验验证**

实验完成时，需满足所有实验要求。

## 6.4.3 城域网设计

本小节将以城域网为例，完成一个完整的网络规划与设计项目。具体内容包括网络需求分析、设备选型、层次设计、地址规划、路由规划、业务部署、测试验证及文档提交的全过程。本节内容较多，需要多人合作实现，可将学生组成一个模拟技术公司，承接该模拟网络规划设计项目。

**1. 实验目的**

采用项目团队的方式，完成一个由若干台交换和路由设备、4 台业务服务器组成的城域网设计，并开通部署主要的 Internet 服务，包括 DNS，Web 浏览，FTP，Email 服务等。完成包括需求分析、逻辑设计、物理设计、具体实施、测试优化与验收以及提交文档在内的模拟网络规划建设全过程。

**2. 实验拓扑及要求**

图 6.4.3 所示为参考模拟城域网拓扑（实际应用中可根据实验室设备数量进行简化）。总体要求包括：三层式园区网络规划与设计、普通住宅用户和 SOHO 接入规划与设计、分层式城域网规划与设计、业务规划与部署、安全及防火墙设计。

具体实施时，可分为两个阶段、三个子项目实现。第一阶段完成各子项目的设计与实现，第二阶段实现各子项目间的互联互通。

（1）子项目 1：城域骨干网部分设计

利用路由器 5 台、服务器 4 台、计算机若干台，完成 IP 地址规划、OSPF 路由规划、三层网络路由冗余设计以及电信级业务部署和设计，并配合子项目 2 的需求，完成 DHCP 功能。第一阶段完成本子网的设计与实现，要求全部电信级业务可访问，第二阶段完成与其他子项目的互联互通。

（2）子项目 2：三层式企业园区网设计

利用交换机 4 台、路由器 1 台、服务器 2 台，计算机若干，完成 VLAN 规划、IP 地址规划、VLAN 间路由规划、链路层冗余设计以及企业级业务部署和设计。要求企业网内用户采用动态方

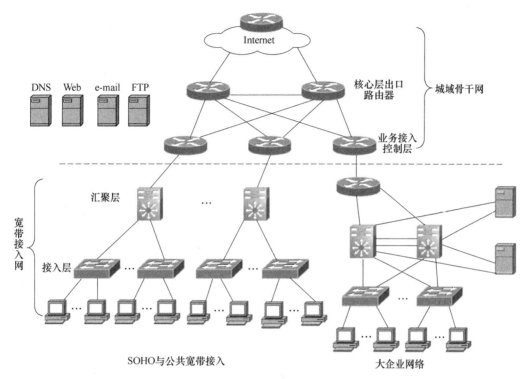

图 6.4.3　城域网综合实验拓扑结构

式获取地址，其中部分用户可采用私有地址。第一阶段完成本子项目的设计与实现，企业网内全部业务可访问，第二阶段完成与其他子项目的互联互通。

（3）子项目 3：普通住宅用户和 SOHO 接入网设计

利用交换机 6 台、计算机若干台，完成 VLAN 规划、IP 地址规划和安全性设计，假设住宅用户数约 4000 个，要求所有用户采用动态方式获取地址。第一阶段完成本子网设计实现，第二阶段完成与其他子项目的互联互通。

**3. 实验步骤**

这里仅给出各子项目的实现思路。

（1）子项目 1

1）IP 地址规划。假设整个城域网已获得分配 200.0.0.0/16 的 IP 地址段，依次分配设备的 Loopback 地址、互联地址、用户地址。

2）OSPF 路由规划

① 划分区域并路由通告，将城域骨干网设置为 Area 0，汇聚层到业务接入控制层分别为 Area 1，Area 2，…，且配置为 NSSA 区。

② 配置路由汇总，汇聚层设备负责本部分网络的路由汇总，业务接入控制层负责本部分网络的路由汇总。

③ 两台出口路由器为所有的业务接入控制层提供路由冗余。

④ 大客户网关路由器与业务接入控制层路由器之间配置静态路由。

⑤ 两台出口路由器与上层路由器之间采用静态路由。

3）电信级业务部署和设计。搭建服务器，为全网提供 DNS、Web、e-mail 以及 FTP 服务。

（2）子项目 2

1）根据终端数申请适合的 IP 地址段并进行进一步的地址分配。本例中，假设需要/18 的地址段，综合使用静态地址分配与 DHCP，对于私有地址，在出口路由器处设置 NAT 进行转换。

2）划分 VLAN，使各部门之间相互隔离。

3）在核心交换机之间进行链路聚合，以保证一定的冗余。

4）搭建 DNS、Web、e-mail 以及 FTP 等服务器。

5）设置 ACL，使所有用户均可访问 Web、DNS 和 e-mail 服务器，但只有园区内的用户可以访问 FTP 服务。

（3）子项目 3

1）IP 地址规划。本例中，假设住宅用户部分需要申请/22 的 IP 地址段，采用动态分配 IP 地址；SOHO 需要申请/24 的 IP 地址段，每个小型办公环境分配 1~3 个公网 IP 地址，利用 NAT 实现更多终端访问 Internet 资源。

2）划分 VLAN。住宅用户相互隔离，单用户单 VLAN，SOHO 各办公室之间相互隔离。

3）某些办公室要求搭建自己的 Web 及 FTP 服务器。

4）设置 ACL，使得 Web 服务器可以允许外网访问，但 FTP 服务器只允许本办公室内部主机访问。

# 本章小结

本章以城域网为例，介绍了网络规划与设计的方法，内容涉及城域网拓扑结构、地址规划、路由规划、流量管理与访问控制、私有地址使用与动态地址管理等。最后的综合实验案例分别给出了小型企业网接入 Internet、跨域园区网、城域网三种网络的规划与设计，网络规模从小到大，设计复杂度循序渐进。

网络规划与设计是网络建设中最基础，也是最重要的工作。其主要内容是根据网络所要提供的各种应用及安全等需求，设计出满足需求的经济性、有效性、可靠性良好，同时具备一定扩展性的网络。这是一项复杂的工程，不仅涉及 VLAN 划分、地址分配、路由设计、安全设计等技术问题，还需要考虑环境、经济、管理等非技术因素，因此需要遵守一定的系统分析和设计方法。

IP 地址的合理规划是网络设计中的重要一环，直接影响网络的效率和稳定性。进行 IP 地址规划时要考虑是静态分配还是动态分配、是公有地址还是私有地址、DHCP 和 NAT 的使用及部署地点等问题。IP 地址分配采用自顶向下的方法，使 IP 地址尽可能的连续，这是进行聚合的前提条件，是地址分配时必须遵守的最高原则。

路由规划是网络规划与设计中的核心问题，包括 IGP 的设计和 EGP 的设计。在典型的 IP 城域网中，OSPF 设计时要合理划分区域，尽可能进行路由汇总。

通过本章设计的多个综合实验单元，理解前几章所学的基础知识在实际网络中的具体应用情况，以求理论联系实际，融会贯通。

## 练习与思考题

1. 某企业的用户分为四个用户群：群 A 有 60 台主机，群 B 有 29 台主机，群 C 有 20 台主机，群 D 有 110 台主机。该企业申请到的 IP 地址段为 222. 24. 1. 0/24，要求每个用户群在不同的子网段内。请问如何进行 IP 地址规划比较合理？请给出详细规划过程。

2. 现代城域网中对于用户地址通常采用动态分配方式，并且可以在不同的汇接区间进行动态调整。请查阅资料，分析具体的实现方式。

3. 题图 6.1 所示为一个简化了的三层结构城域网。其中，R1、R2 为核心路由器，R3、R4 为汇接路由器，R5、R6 为接入路由器。R3、R4 上联至 R1、R2，形成双星形网络。请进行合理配置，按以下要求，实现全网互通。

1）进行合理的 IP 地址规划，包括设备 Loopback 地址、互联地址、主机地址等。

2）进行 OSPF 路由协议规划，将核心路由器和汇接路由器划分为骨干区 Area 0，每个汇接区为一个非骨干区且均设置为 NSSA 区。

3）进行路由汇聚，优化骨干区内的路由，在 R1、R2 上看到每个汇接区的路由表项只有一项。

4. 题图 6.2 所示为一个双星形的城域网，其中 A 为骨干网路由器，B、C 为城域网的核心出口路由器，D、E 为汇接路由器，目前该城域网已经申请到 202.0.0.0/16 的地址段。请按以下要求进行合理的 IP 地址规划、路由规划，实现全网互通。

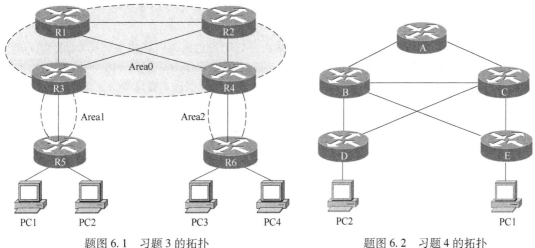

题图 6.1　习题 3 的拓扑　　　　　　　题图 6.2　习题 4 的拓扑

1）城域网内路由器 B、C、D、E 只能通过互联网段及 Loopback 地址进行登录。

2）城域网与骨干网之间采用静态路由互通，城域网内运行 OSPF 协议。其中，B 与 C 之间为 Area 0，其余区域设置为 stub 区。

3）B、C 互为备份，实现负荷分担。正常情况下，D、E 出城域网的流量分别使用 B、C 为主用链路，当主用链路故障时，启用备用链路。

5. 创建 ACL 规则时，该如何安排访问列表中规则语句的顺序？下述访问列表，只有一行，用作一个接口的数据包过滤。

ACL 100 PERMIT TCP 145.22.3.0/24 any any telnet

假如没有隐含的 DENY ALL，分析会发生什么情况。

6. 在数据网络中，ACL 配置在核心层设备上、汇聚层设备上，还是接入层设备上好？对允许规则和拒绝规则，分别分析将其应用在靠近源端接口还是目的端接口合理。

7. 如题图 6.3 所示的拓扑。具体要求如下所示。

1）使用基本 ACL，只允许 172.16.3.0/24 和 172.16.4.0/24 网络互相访问，但不能访问非

172.16.0.0/16 的网络。

2）使用扩展 ACL，拒绝从子网 172.16.3.0/24 到子网 172.16.4.0/24 的 FTP 访问，但允许其他所有流量。

8. 若要使外网的主机能够访问内网中的服务器，应如何实现？

9. 在各种类型的 NAT 配置中，哪些方式可以节省 IP 地址？哪些不能？为什么？

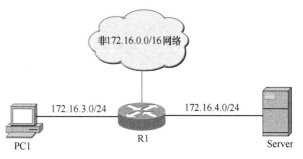

题图 6.3　习题 7 拓扑图

10. 在 DHCP 客户端上使用 Wireshark 抓包分析 DHCP 的工作流程，分析 DHCP 使用的传输层协议和端口号。观察抓包结果，发现当 DHCP 客户端收到 DHCPACK 广播消息后，会向网络发出针对此 IP 地址的 ARP 请求，请分析原因。

11. 为什么当 DHCP 服务器与客户端不在同一个 IP 子网时，需要 DHCP 中继代理才能正常工作？

12. 客户端手动配置的 IP 地址、子网掩码、默认网关和 DNS 服务器 IP 地址，会覆盖从 DHCP 服务器获得的值吗？

13. 如题图 6.4 所示，A、B、C 为 ISP 路由器，D 为企业出口路由器，IP 地址规划如图所示，请按以下要求进行合理的配置。

1）PC1、PC2、PC3 属于不同的 VLAN，但都属于同一网段。要求 PC1、PC2 不能互访，但可以与 PC3 互访。

2）路由器 A、B、C 间运行 OSPF 协议，A、B 之间为 Area0，B、C 间为 NSSA 区。

3）路由器 D 上启用 DHCP，给 PC1、PC2、PC3 动态分配 192.168.1.0/24 网段地址；路由器 D 上启用 NAT，使 PC1、PC2、PC3 能够访问运营商的网络。

4）进行路由汇总，要求路由器 A 的路由表中只有一条 202.0.0.0/16 的路由。

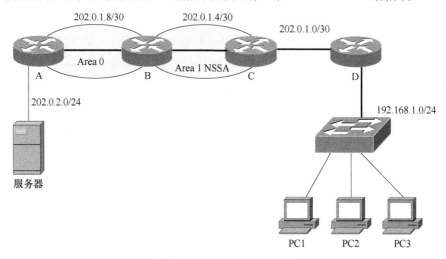

题图 6.4　题 13 的拓扑图

14. 如题图 6.5 所示，100.0.0.0/24 为 Internet 节点地址段，200.0.0.0/24 为电信业务节点地址段，202.0.1.0/24 为 Internet 用户地址段，202.0.2.0/24 为电信业务用户地址段。R1 为 In-

ternet 骨干路由器，R2 为电信业务网骨干路由器，R3 为城域网核心路由器，R4、R5 为城域网接入路由器。假设 R1 处于 AS100，R2 处于 AS200，R3、R4、R5 处于 AS65535。按下述要求对该网络拓扑进行规划与设计。

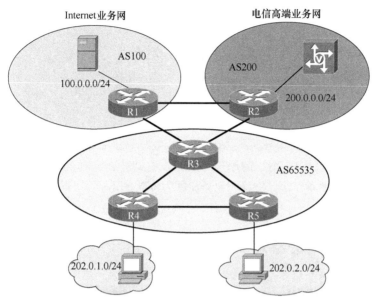

题图 6.5　题 14 的拓扑图

1）合理规划各路由器的 Loopback 地址、接口地址。

2）合理规划 AS65535 内部的 OSPF 路由。

3）AS 之间使用 eBGP 来传递路由。

4）Internet 用户能够访问 100.0.0.0/24 地址段，电信业务用户能够访问 200.0.0.0/24 地址段。

5）AS65535 内部不能存在 Internet 的明细路由，使用默认路由实现。

6）用户访问 Internet 主用路径为 R4-R3-R1，电信业务访问主用路径为 R5-R3-R2。为了保障电信业务的可靠性，在 R3 与 R2 链路断开时，可通过 AS100 绕行，但是 Internet 流量不能通过 AS200 绕行。

7）城域网不能成为 AS100、AS200 之间的转发 AS。

# 第 **7** 章  软件定义网络

本章介绍软件定义网络（SDN）的原理与实验，主要包括 SDN 的工作原理，含定义、体系架构、数据平面、控制平面、接口协议、业务流程，SDN 的基础实验单元，以及 SDN 架构下的负载均衡实验。

## 7.1  软件定义网络的原理

### 7.1.1  软件定义网络概述

软件定义网络（Software Defined Network，SDN）是一种网络创新架构，具备转发与控制分离、网络可编程的特点，能够提高网络的开放性、灵活性和可管控性，是未来网络的核心技术之一。SDN 不是一个具体的技术，也不是一个具体的协议，而是一种网络设计理念，是一种新的网络体系结构，给传统网络带来最大的改变是网络的可编程和开放性。网络用户青睐 SDN 的主要原因是想通过更多的网络可编程能力，从而获得更多的网络定制开发能力和自主权。SDN 的数控分离、开放可编程和逻辑上集中控制的特性，使网络资源的统一编程管理成为可能，从而更好地满足网络用户的需求。

SDN 的核心理念是将网络功能和业务处理抽象化，并且通过外置控制器来控制这些抽象化的对象。传统网络设备紧耦合的网络架构被拆分成应用、控制、转发三层分离的架构。控制功能被转移到了服务器，上层应用、底层转发设施被抽象成多个逻辑实体。

**1. SDN 体系架构**

2012 年 4 月，开放网络基金会（Open Networking Foundation，ONF）发布了 SDN 白皮书，定义了 SDN 的三层体系架构，为 SDN 的发展奠定了基础。如图 7.1.1 所示，SDN 体系架构从下到上分别为基础设施层（也称为转发层）、控制层和应用层，以及南向、北向及东西向接口。业界又将三层称为数据平面（或转发平面）、控制平面和应用平面。

（1）应用平面

应用平面包含各种基于 SDN 的网络应用，这些不同的应用通过控制平面开放的 API 管理能力控制设备的报文转发功能。应用平面通过可编程方式把需要请求的网络行为发送给控制器，用户无须关心底层细节就可以编程、部署新应用。

（2）控制平面

控制平面是系统的控制中心，由 SDN 控制软件组成。SDN 控制器（Controller）是它的实现实体，也是 SDN 网络架构下的核心部件。SDN 控制平面可由一个或多个 SDN 控制器组成，是网

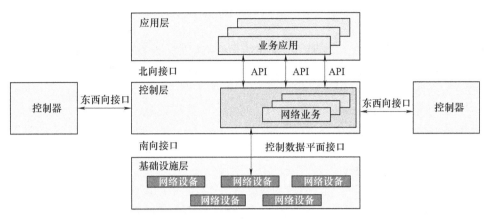

图 7.1.1　SDN 体系架构

络系统的大脑，并负责与数据平面和应用平面的通信。一方面，控制器通过南向接口协议对底层网络交换设备进行集中管理、状态监测、转发决策，以处理和调度数据平面的流量；另一方面，控制器通过北向接口向上层应用开放多个层次的可编程能力，允许网络用户根据特定的应用场景灵活地制订各种网络策略。

（3）数据平面

数据平面由交换机等网络设备组成，各网络设备之间互相连接形成 SDN 数据通路。数据平面没有控制能力，通常不做决策，只是负责执行用户数据的转发和处理，在转发过程中所依据的转发表项是由控制平面下发的。数据平面和控制平面的交互通过南向接口完成，数据平面一方面上报网络资源信息和状态，另一方面接收控制平面下发的转发命令。

（4）北向接口

北向接口（Northbound）是控制器向上层业务应用开放的接口，其目标是使业务应用能便利地调用底层的网络资源和能力。北向接口为应用提供编程接口，体现了 SDN 中开发者与控制器间的交互能力，实现了网络管理者对网络的设计与管理。通过北向接口，网络业务的开发者能以软件编程的形式调用各种网络资源，同时上层的网络资源管理系统可以获得网络的资源状态全局视图，并对资源进行统一调度。SDN 中，最常用的是表现层状态转移（Representational State Transfer，REST）API，典型代表是 OpenDaylight API。

（5）南向接口

南向接口（Southbound）是控制平面与数据平面之间的接口，用于传送设备控制信令，控制设备的转发行为。控制平面和数据平面分离之后，需要通过南向接口进行通信，这包括从设备收集拓扑信息、标签信息、统计信息、告警信息等，也包括控制器下发的控制信息，如流表。南向接口可以理解为数据平面的编程接口，这个通信接口支持的可编程能力直接决定了 SDN 架构的可编程能力。SDN 中，南向接口支持多种形式的接口协议，如 OpenFlow、NETCONF、OVSDB、OF-CONFIG 等，其中，OpenFlow 是最著名的南向接口协议，也是目前使用最多的南向接口协议。

（6）东西向接口

在多数情况下，大规模网络仅仅依靠单控制器并行处理的方式来解决性能问题是远远不够的，更多的是采用多控制器扩展的方式来优化 SDN 网络。在开放了南北向接口以后，SDN 发展中面临的一个问题就是控制平面的扩展性问题，即多个设备的控制平面之间如何协同工作。如果能够定义标准的控制平面的东西向接口，就可以实现 SDN 设备"组大网"，使 SDN 技术走出

IDC（Internet Data Center，互联网数据中心）内部和数据设备内部，成为一种有革命性影响的网络架构。

从 SDN 的架构可以看出，SDN 网络是对传统网络架构的一次重构。重构的意义在于 SDN 网络架构可以使网络可编程，即软件化，从而简化网络和运营，以适应不断变化的商业需求。SDN 的主要技术特点体现在以下三方面。

1）数据平面与控制平面分离。SDN 的核心思想之一就是数据平面和控制平面分离。控制器是整个 SDN 体系结构中的逻辑中心，可实现收集网络拓扑、计算路由、生成及下发流表、管理与控制网络等功能；转发层设备只负责流量转发和策略执行。数据平面和控制平面分离，可使数据平面向通用化、简单化发展，逐步降低成本；控制平面向集中化、统一化发展，具有更强的性能和容量。通过这种方式有利于网络系统的数据平面和控制平面独立发展。

2）控制逻辑集中。SDN 是从传统分布式网络架构向集中式控制网络架构的一次重构。SDN 控制器能够掌握全网的拓扑和转发过程中所有的必需信息，并通过统一的指令来集中管理转发路径上的所有设备。因此，SDN 控制器可实现基于网络级别的统一管理、控制和优化，利用高层策略来管理整个网络。此外，可依托全局拓扑视图实现快速的故障定位和排除，提高运营效率。

3）开放的可编程接口。支持开放的可编程接口是 SDN 的一个重要特征。控制器是连接底层交换设备和上层应用的桥梁，通过提供开放可编程的北向接口，向上层应用提供标准化、规范化的网络能力接口，用户可以自定义任何想实现的网络路由和传输规则策略，从而更加灵活和智能。通过这种方式，控制应用只需要关注自身逻辑，而不需要关注底层更多的实现细节。通过可编程的南向接口，可实现对数据平面的编程，用户可以自定义数据平面设备的具体网络处理行为，例如自定义对于数据包的处理方式，或者添加自己的新功能、新协议。这类南向协议的代表有华为公司的 POF（Protocol Oblivious Forwarding）协议和 Nick 教授等人提出的 P4（Programming Protocol-independent Packet Processors）。

**2. SDN 的应用**

SDN 最初来源于校园网，在数据中心逐渐成熟，在广域网、无线网络、安全方面也展示出其优势。下面介绍 SDN 在数据中心网络、数据中心互联和广域网的应用。

（1）SDN 在数据中心网络的应用

数据中心网络是 SDN 最成熟的应用之一。数据中心经常需要进行虚拟机迁移、负载均衡、交换机固件升级与故障恢复、新交换机接入等操作，因此要求数据中心网络具备高带宽、低时延、高弹性，以及对计算、存储、网络资源的灵活分配。由于 SDN 具备快速修改网络配置、响应用户需求、保证高效网络运维等特点，为解决这些问题带来了契机。SDN 在数据中心网络的应用如图 7.1.2 所示。

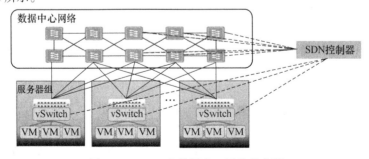

图 7.1.2　SDN 在数据中心网络的应用

SDN 在其中主要完成以下功能。

1）流量监视、拥塞发现、自动化管理。控制器实时控制网络各链路中流量的大小和走向，进而能够发现网络拥塞，实现对网络带宽资源和网络功能元件虚拟化管理。计算、存储、网络全部实现虚拟化管控，并利用虚拟交换机 vSwitch 互连，使得网络扩展不再依赖于网络架构。从粗放的网络模块增加转变为细颗粒度的资源池扩充，网络扩展性和资源利用率都得以大幅提升。

2）虚拟机迁移与统一运维。由于控制器可以控制网络中的流量流向，因此通过修改下发到交换机的转发表项就易实现虚拟机迁移。同时，由于 SDN、VM（Virtual Machine，虚拟机）服务管理器与数据中心的网管平台都采用集中式管理架构，便于整合，易于实现数据中心计算资源、存储资源、网络资源的统一协调和控制。

3）支持多业务、多租户。SDN 实现了网络资源虚拟化和流量可编程，因此可以很灵活地在固定物理网络上构建多张相互独立的业务承载网，满足多业务、多租户需求。

（2）SDN 在数据中心互联的应用

数据中心之间的互联业务流量大、突发性强，需要网络具备多路径转发、负载均衡、灵活调度带宽、集中管理和控制的能力，传统网络流量工程技术很难满足这些需求。引入 SDN 技术后，可通过部署统一的控制器收集各数据中心之间的流量需求进行统一的计算和调度，按需实时分配带宽，从而最大限度地优化网络，提升资源利用率。

Google 在部署其全球数据中心互联网络 B4 时就选择了 SDN 架构，如图 7.1.3 所示。B4 使用了 OpenFlow 协议来管理交换机，并将支持基础路由协议与动态流量工程作为最先实现的功能。其中，流量工程利用 SDN 灵活控制网络带宽的功能，可以在资源受限的情况下满足应用的需求，同时充分提升网络带宽利用率，大幅降低建网成本；还可以在网络设备发生故障或应用需求发生变化时，动态分配带宽，迅速灵活地做出响应。2012 年，Google 全部数据中心骨干连接都采用 SDN 架构，网络利用率提升到 95%。B4 是第一个基于 SDN 进行生产性部署的网络，具有非常大的影响，对 SDN 的推广起到良好的示范作用。

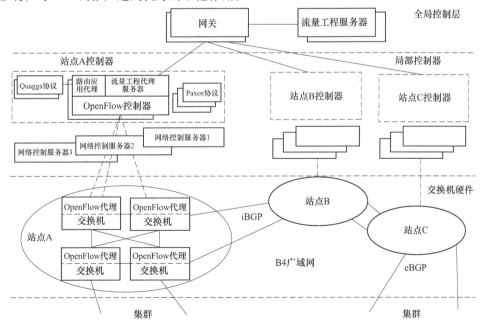

图 7.1.3　B4 网络架构

（3）SDN 在广域网中的应用

基于 SDN 思想发展而来的 SDWAN（Software Defined WAN）以软件定义网络的理念为核心，实现广域网的 SDN 化改造。SDN 在广域网中主要用来实现以下功能。

1）流量工程。利用 SDN 智能化全局管控的能力实时收集广域网中各条链路的状态信息，监控网络状态，计算链路的利用率及带宽使用情况，从交换机、路由器中动态获取网络状态，为数据包计算出最优的、无碰撞的路径，并动态地调整路由以避免网络拥塞，从而实现广域网传输链路流量的负载均衡。

2）流量识别与差异化调度。控制器能够通过对全网资源池化，集中监控、集中调度，并根据不同应用的 SLA 需求，动态为应用选择最优路径，进行差异化调度。用户可以根据具体应用实现要求定义应用识别方式、传输带宽、延时等 SLA 参数。SDWAN 控制器可以针对具体的业务应用，根据控制器自身收集和维护的底层网络拓扑计算出符合业务应用 SLA 要求的路径，将选路结果转换成设备配置并下发到网络节点上指导业务数据转发。

## 7.1.2 数据平面

SDN 基础设施层也称为数据平面或转发平面，由专注于高速转发分组的交换机互联组成。

**1. 数据平面的功能**

数据平面的网络设备通过南向接口接收控制平面的决策并据此执行简单的数据转发功能。图 7.1.4 描述了数据平面网络设备的基本架构，其完成的主要功能如下。

（1）数据转发功能

从输入端口接收其他交换机或端系统到达的数据流，并将它们从计算好的输出端口转发出去，转发依据是一张称为"流表"的转发表，该表是根据控制器定义的规则形成的。

（2）交互功能

与控制器进行交互，从而通过南向的 API 接口支持可编程特性。交换机与控制器之间的通信以及控制器对交换机的管理都是通过南向接口协议进行的，最常用的是 OpenFlow 协议。

如图 7.1.4 所示，数据平面的网络设备包括输入端口、交换结构、输出端口和流表，其使用的转发规则体现在来自于控制器的流表。从输入端口进入的分组，网络设备根据流表的规则转发分组，或者丢弃分组，或者对分组的首部进行修改，分组在完成处理之后从输出端口送出。

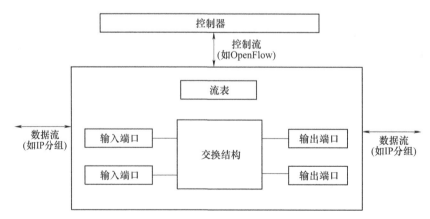

图 7.1.4 数据平面设备的基本架构

**2. SDN 交换机**

不同于传统网络中网络设备有二层交换机、三层交换机、路由器之分，SDN 数据平面的网络设备只有数据平面功能，仅仅依靠控制器下发的流表进行分组转发，SDN 中数据平面的网络设备统称为 SDN 交换机。

SDN 交换机有基于硬件和基于软件的两种实现方式。这些交换机用于不同的工作场景，有着各自的特点和优势。

（1）SDN 硬件交换机

目前，众多厂商都推出了 SDN 交换机，其核心竞争力主要取决于交换芯片的性能。考虑到多数 SDN 用户的需求是 SDN 和传统网络并存，现阶段大部分硬件交换机为混合交换机，同时支持传统网络和 SDN。

硬件交换机包括两类：一类是老牌网络设备商如思科、Juniper（瞻博网络）等生产的品牌交换机，一般基于 ASIC 芯片实现，性能和规格高，但技术封闭，价格昂贵；另一类称为白盒交换机，是指从 ODM（Original Device Manufacturer，原始设备制造商）购买裸机交换机，然后按需加载自己的操作系统，就像计算机里的兼容机一样，例如，BigSwitch、盛科、Pica8 等初创公司推出的基于 ASIC 芯片的白盒交换机、华为推出的基于 NP 的 SDN 交换机、斯坦福大学推出的基于 NetFPGA 的 SDN 交换机等。

（2）SDN 软件交换机

软件交换机一般是在 Linux 服务器或计算机上运行的软件虚拟交换机，其成本低、配置灵活、易于部署，常用于中小型网络搭建和科研实验中，主要是为了降低中小型网络的交换机成本。目前，主流的虚拟交换机是开源的 Open vSwitch（OVS），它由 Nicira Networks 开发，是运行在虚拟化平台上的虚拟交换机。Open vSwitch 能控制虚拟网络中的访问策略、网络隔离、流量监控等，它的作用是让大规模网络自动化可以通过编程扩展。

**3. 数据平面的转发原理**

与交换机基于目的 MAC 地址进行转发、路由器基于目的 IP 地址进行转发类似，SDN 数据平面也是综合利用某个或某些二/三/四层特征值（如 MAC 地址、IP 地址、TCP/UDP 端口）进行查表匹配，然后依据匹配结果执行相应的操作。由于 SDN 对数据的处理是基于数据流的，因此将所查询的表称为流表。匹配之后执行的操作可能是将分组转发到一个或多个输出端口，也可能是将该分组丢弃或做其他处理。但与传统交换机自学习形成 MAC 地址表、路由器通过路由协议计算生成路由表不同，SDN 数据平面中查找的流表不是自行学习或计算得到的，而是由控制器下发的。

SDN 中的数据平面可以认为是一种通用转发抽象，这种抽象可以简单地描述为"匹配加操作"。它将传统交换机、路由器、防火墙等的处理通用化了，因此 SDN 中的网络设备不再区分二层交换机、三层交换机、路由器等，而是统称为 SDN 交换机。

见表 7.1.1，第一条流表项是根据目的 MAC 地址 74-E5-F9-97-C5-A2 进行匹配，若匹配到，则执行转发操作，相当于执行了传统二层交换机的功能；第二条流表项是根据目的 IP 地址 10.1.2.3 进行匹配，若匹配到，则执行转发操作，相当于执行了传统路由器的功能；第三条流表项是根据目的 TCP 端口 25 进行匹配，若匹配到，则执行丢弃动作，即不允许进行 Telnet 访问，相当于执行了防火墙的功能。

表 7.1.1　通用转发抽象

| 序号 | 源 MAC 地址 | 目的 MAC 地址 | 源 IP 地址 | 目的 IP 地址 | 目的 TCP 端口 | 动作 |
|---|---|---|---|---|---|---|
| 1 | * | 74-E5-F9-97-C5-A2 | * | * | * | 转发 |
| 2 | * | * | * | 10.1.2.3 | * | 转发 |
| 3 | * | * | * | * | 25 | 丢弃 |

## 7.1.3　OpenFlow

在 SDN 的发展中，不得不提到 OpenFlow。一方面，OpenFlow 的概念早于 SDN，正是基于 Nick 教授等提出的 OpenFlow，后来的 ONF 才正式提出 SDN 的概念；另一方面，在 SDN 架构中，OpenFlow 是最早也是最常用的南向接口协议。

OpenFlow 协议提供一个开放标准统一的接口，使得控制器和交换机之间可以相互通信。控制器通过 OpenFlow 协议对 SDN 交换机下发流表。数据平面按照相应流表对分组进行匹配、转发，从而实现了数据平面的转发策略，网络设备不再受制于固定协议，体现出 SDN 控制平面与数据平面分离的核心思想。OpenFlow 的第一个版本 v1.0 正式发布于 2009 年 12 月，之后又陆续推出了 v1.1、v1.2、v1.3、v1.4、v1.5 等版本。目前，较稳定也是较常用的是 v1.3.1 版本。本书后续的介绍和实验主要基于 v1.0 和 v1.3.1 版本。

**1. OpenFlow 交换机**

作为最常用的南向接口协议，OpenFlow 用于控制器与交换机之间交互信息。支持 OpenFlow 协议的 SDN 交换机也称为 OpenFlow 交换机，主要管理数据层的转发行为。图 7.1.5 所示分别为 OpenFlow 1.0 和 1.3 版本的交换机架构，包括一个或多个流表和组表（用于执行分组查找和转发），以及一个连接控制器的 OpenFlow 信道。交换机与控制器之间通过 OpenFlow 协议通信，接受控制器的管理。

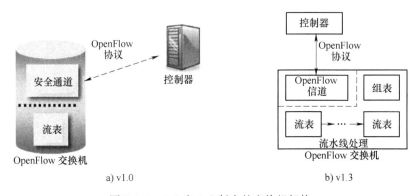

a) v1.0　　　　　　　　　　　b) v1.3

图 7.1.5　1.0 和 1.3 版本的交换机架构

（1）安全通道

安全通道是控制器和 OpenFlow 交换机间的可靠连接，双方互相认证并建立 SSL 连接。控制器通过安全通道给 OpenFlow 交换机下发指令，指挥其转发数据；同时，OpenFlow 交换机通过安全通道将收集到的网络状态信息传给控制器。控制器和 OpenFlow 交换机之间通过安全通道进行信息交互，传输的数据包格式符合 OpenFlow 协议的规定。

（2）流表

流表是一些针对特定流的策略表项的集合，用于数据分组的查询和转发。控制器通过下发流表来指导数据平面的转发等行为，可被视作是 OpenFlow 对网络设备的数据转发功能的一种抽象。在传统网络设备中，交换机和路由器的数据转发需要依赖设备中保存的二层 MAC 地址转发表或者三层 IP 地址路由表，而 OpenFlow 交换机中使用的流表也是如此，不过在它的表项中整合了网络中各个层次的网络配置信息，从而在进行数据转发时可以使用更丰富的规则。

交换机中可能包含一个或多个流表（称为多级流表），多级流表之间的处理称为流水线处理。每个流表由很多流表项组成，每个流表项就是一个转发规则，对应流的处理指令。一个数据分组进入 OpenFlow 交互机后要先与流表进行匹配。如果与其中的某条表项特征匹配成功，则按照相应的动作进行转发；如果未找到匹配表项，后续结果则取决于参数 table-miss 的设置。例如，数据包可能会通过安全通道传给控制器，再由控制器决定处理办法。

（3）组表

组表包含多条组表项，每个组表项包含了依赖于组类型的特定规范的动作桶（Action Bucket）。用户通过组表项来定义这组端口和要执行的操作。通过在流表项中使用组动作可以将流的数据包指向某个组操作，从而执行组表中的动作集合。组表具备给一组端口定义某种指定操作的抽象能力，从而为组播、负载均衡、重定向以及聚类操作等功能提供更加便捷的实现方式。

**2. 流表**

数据包进入 OpenFlow 交换机后，将会根据分组首部字段的匹配结果被处理。先在本地的流表上匹配用于查找转发端口，如果匹配有结果就直接转发，如果匹配不成功，数据包将被转发给控制器，由控制平面决定如何处理。每个进入交换机的分组都会经过一个或多个流表，而每个流表都包含若干流表项。由此看来，流表是 OpenFlow 交换机上进行转发策略控制的核心数据结构。

（1）流水线处理

OpenFlow 交换机有两种类型：OpenFlow-only 和 OpenFlow-hybrid。OpenFlow-only 交换机只支持 OpenFlow 操作，这些交换机中的所有数据包都由 OpenFlow 流水线处理。OpenFlow-hybrid 交换机支持 OpenFlow 的操作和普通的以太网交换操作，这些交换机提供一个额外的分类机制，将流量分流到 OpenFlow 流水线或普通流水线。

如图 7.1.6 所示，每个 OpenFlow 交换机可以包含一个或多个流表，这些流表是按顺序编号的，从 0 开始，OpenFlow 交换机流水线处理定义了数据包如何与这些流表进行交互。流水线的处理总是从流表 0 开始，数据包首先与流表 0 的流表项匹配，其他流表则根据流表 0 的匹配结果来使用。

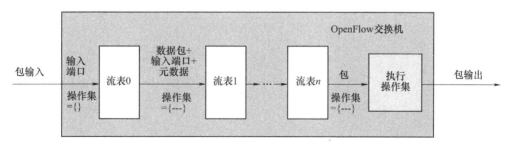

图 7.1.6　OpenFlow 交换机流水线处理

在第 n 个流表中进行处理时，数据包与流表中的流表项进行匹配。如果匹配成功就执行相应的指令集，这些指令可能会指导数据包传递到另一个流表，在那里将被再次执行匹配过程。需要注意的是，表项只能将数据包转到大于自己表号的流表，即流表跳转只能沿着流水线的顺序方向处理，不能逆向回退跳转。如果匹配的流表项没有指导数据包转到另一个流表，则流水线处理将在该表处停止，此时数据包被执行与之相关的动作集。

如果数据包在流表中没有匹配到流表项，后续的处理取决于默认项 table-miss 的设置。table-miss 中的表项指定了如何处理无法匹配的数据包，包括丢弃、传递到另一个流表、通过控制信道发送到控制器等。

（2）流表项

不同版本的 OpenFlow 的流表项有些差异，OpenFlow 1.3.1 的流表项如图 7.1.7 所示，它由匹配域、优先级、计数器、指令、超时时间和 Cookie 六部分组成。

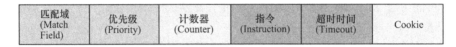

| 匹配域<br>(Match Field) | 优先级<br>(Priority) | 计数器<br>(Counter) | 指令<br>(Instruction) | 超时时间<br>(Timeout) | Cookie |
|---|---|---|---|---|---|

图 7.1.7　OpenFlow 1.3.1 的流表项

1）匹配域：是数据包匹配流表项时的依据，用来识别该条表项对应的数据流。

2）优先级：定义这个流表项的匹配优先级。

3）计数器：用于统计匹配成功的数据包，在数据包匹配时进行更新。OpenFlow 协议中定义了多种计数器，可针对每个流表、每个流表项、每个端口、每个队列统计收发分组数、生存时间等，以便于进行流量监管。

4）指令：用于修改操作集，若分组匹配成功则需要执行该条指令。

5）超时时间：一条流到期之前的最大时间。每个流表项都有超时时间，超时后该项会被移出流表。

6）Cookie：由控制器选择，用于过滤流统计、流修改和流删除等信息，处理数据分组时不会用到这个字段。

匹配字段和优先级一起用于标识流表中的每一条流表项。当通配符为所有字段（即可以匹配所有数据包）且优先级等于 0 的流表项称为 table-miss 表项。

交换机根据流表进行转发处理的流程如图 7.1.8 所示。当数据包从某个端口进入时，交换机

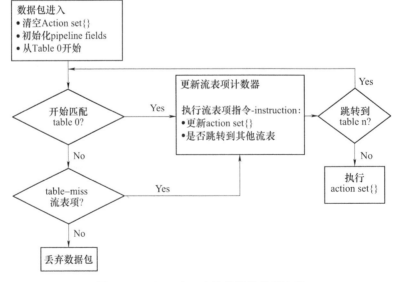

图 7.1.8　OpenFlow 交换机转发处理流程

中的协议解析模块完成对数据包头部分的分析，然后根据分析结果选择对应的流表进行处理。在流表内部，解析出的数据包内容会与每个流表项进行比较。若数据包匹配到了某一条表项，则交换机需要对该数据包执行表项中规定的处理操作，反之，则会按照某种特定指令来处理，比如丢弃或转发给控制器。

（3）匹配域

OpenFlow 1.0 中定义了 12 元组用于匹配交换机接收到的数据包的包头内容，v1.1 在此基础上增加了对 MPLS 的支持，而后续版本则不再给出具体的匹配字段，而是通过采用 TLV（Type-Length-Value）结构，增加了对扩展字段的支持，以便处理当前和未来的协议。为了说明匹配原理，本书以 v1.0 定义的 12 元组为例介绍匹配字段，如图 7.1.9 所示。

| 第二层信息 | | | | | | 第三层信息 | | | | 第四层信息 | |
|---|---|---|---|---|---|---|---|---|---|---|---|
| 入端口 | 源MAC地址 | 目的MAC地址 | 以太网类型 | VLAN ID | VLAN优先级 | 源IP地址 | 目的IP地址 | IP协议 | IP服务类型 | TCP/UDP源端口 | TCP/UDP目的端口 |
| Ingress Port | Ether Source | Ether Des | Ether Type | VLAN ID | VLAN Priority | IP Source | IP Des | IP Proto | IP TOS bits | TCP/UDP SRC Port | TCP/UDP SRC Port |

图 7.1.9　OpenFlow 1.0 的匹配域

从图 7.1.9 可以看到，OpenFlow 匹配域可以涵盖 ISO 网络模型中第二~四层的信息，这意味着 OpenFlow 交换机允许同时对链路层、网络层、传输层的包头进行匹配，因此 OpenFlow 使能的设备能够完成交换机、路由器、防火墙的功能。

每一个元组可以是一个确定值，也可以用通配符支持一类匹配条件，还可以用"ANY"以支持对任意值的匹配。例如，某流表项匹配条件为目的 IP 地址 202.117.*.*，将匹配目的地址前 16 位为 202.117 的任何 IP 数据包。每个流表项也具有相应的优先级，如果一个分组匹配多个流表项，将最终选择最高优先级的那个。

（4）指令与动作

每个流表项都会包含一个指令集（Instructions），当数据包匹配该条流表项的匹配域时，会对这个数据包执行该指令集中的一组指令。协议中定义了六种类型的指令，其中最重要的是对于流的处理流程控制指令。该类指令又可分为两种类型：第一类是对流的动作集（Action Set）进行写入、应用或者删除等修改操作的指令，如写操作指令（Write-Action）和应用操作指令（Apply-Action）；第二类是指定流在多个表中的处理顺序的跳转指令，如 Goto-Table 指令等。

动作集是与分组相关联的动作列表，它是由各个流表处理时累积和叠加起来的动作集合，在分组离开处理流水线时会被执行。

所谓动作，是描述分组被转发、丢弃、修改和组表处理等的操作。OpenFlow 中包含下列主要的动作。

1）输出，将分组转发到特定的端口。该端口可以是通往另一个交换机的输出端口，也可以是通往控制器的端口，如果是后者，那么分组需要进行封装，再发送给控制器。

2）设置队列，为分组设置队列 ID。当分组执行输出动作，将分组转发到端口上，该队列 ID 确定应当使用该端口的哪个队列来调度和转发分组。

3）组，通过特定组来对分组进行处理。

4）添加标签或删除标签，为一个 VLAN 或 MPLS 分组添加或删除标签字段。

5）设置字段，不同的设置字段动作根据它们的字段类型来识别，然后修改各自分组首部字段的值。

6）修改 TTL，不同的修改 TTL 动作会对分组的 IPv4 的 TTL、IPv6 跳数限制或者 MPLS 的 TTL 进行修改。

7）丢弃，没有显式的动作表示丢弃。但是如果分组的动作集没有输出动作，就会被丢弃。

### 3. OpenFlow 消息

OpenFlow 协议支持三种消息类型：控制器到交换机的消息、异步消息和对称消息。每种消息还可分为多个子类型。

1）控制器到交换机的消息由控制器发起，用于直接管理或检查交换机的状态。这些消息由控制器产生，某些情况下需要交换机对其进行响应。利用这类消息，控制器可以对交换机的逻辑状态进行管理，例如对交换机中流表项进行增加、修改和删除等。

2）异步消息由交换机发起，用于将网络事件的发生和交换机状态的更改通知控制器，包括发送给控制器的各种状态消息。

3）对称消息可由交换机或控制器发起，包括 Hello、Echo 等一些辅助功能的消息。

OpenFlow 中定义的常用消息类型见表 7.1.2。

表 7.1.2　OpenFlow 协议中的主要消息类型

| 消息类型 | 消息报文 | 描　　述 |
| --- | --- | --- |
| 控制器到交换机的消息 | Features | 请求交换机的功能信息，交换机会反馈自身的功能信息 |
| | Configuration | 设置和查询交换机配置参数 |
| | Modify-State | 增加、删除和修改流表或组表项、设置交换机端口属性 |
| | Read-State | 从交换机收集信息，例如当前配置、统计信息和功能信息等 |
| | Packet-Out | 将分组引导到交换机的特定端口上 |
| 异步消息 | Packet-In | 将分组发送给控制器 |
| | Flow-Removed | 将流表中流表项的删除信息通知给控制器 |
| | Port-Status | 将端口状态变化通知给控制器 |
| | Controller-Status | OpenFlow 信道状态改变时通知控制器 |
| | Flow-Monitor | 将流表的变化通知给控制器，它允许控制器实时监控流表中的改变 |
| 对称消息 | Hello | 交换机和控制器在连接启动时进行交互 |
| | Error | 交换机或控制器用于通知对方存在的问题和故障 |

### 4. 基于 OpenFlow 的转发流程示例

下面以图 7.1.10 所示为例，说明 SDN 网络的转发流程，帮助读者更好地理解 SDN 转发控制分离的思想。图中假设南向接口采用 OpenFlow 协议，通信需求在两台终端 PC2 和 PC3 之间，开始时交换机内流表中无相应的匹配表项。为了简化表述，这里以简化后的流表为例进行说明。

① 主机 PC2 向网络发送数据包，达到 Switch1 的 2 号端口。

② Switch1 收到数据包后，会查找与数据包包头相匹配的流表项。由于此时交换机中无相应匹配条目，则 Switch1 将数据包封装在 Packet-In 消息中发送给控制器处理。

③ 控制器下发流表或 Packet-Out 消息。OpenFlow 协议中 Modify-State 消息类型中的 Flow-Mod 消息用来添加、修改、删除交换机的流表信息。本例中，控制器给 Switch1 下发流表，见表 7.1.3。

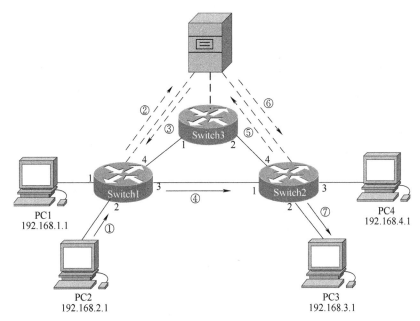

图 7.1.10　基于 OpenFlow 的转发流程示例

**表 7.1.3　Switch1 的流表项**

| 匹配域 | 指令（动作） |
| --- | --- |
| Ingress Port = 2；IP Src = 192.168.2.∗；IP Dst = 192.168.3.∗ | Forward（3），即从 3 号端口转发 |

　　需要注意的是，并不是所有的数据包都需要向交换机中添加一条流表项来匹配处理，网络中还存在多种数据包，它出现的数量很少（如 ARP、IGMP 等），以至于没有必要通过流表项来指定这一类数据包的处理方法。此时，控制器使用 Packet-Out 消息通知交换机如何处理这类数据包。

　　④ Switch1 从端口 3 将该数据包转发。

　　⑤和⑥数据包到达 Switch2 的 1 号端口时，重复第②、③步的过程，如图中第⑤、⑥。Switch2 的流表见表 7.1.4。

**表 7.1.4　Switch2 的流表项**

| 匹配域 | 指令（动作） |
| --- | --- |
| Ingress Port = 1；IP Dst = 192.168.3.∗ | Forward（2），即从 2 号端口转发 |

　　⑦ Switch2 将数据包转发到 PC3。

　　之后，从 PC2 去往 PC3 的数据流将可以找到相应的匹配表项，即可按照流表所指示的指令转发数据包，将跳过图 7.1.10 中第②、③、⑤、⑥步。

## 7.1.4　控制平面

　　SDN 的控制平面将应用层服务的请求映射为特定的决策命令，并送达数据平面的交换机，向应用程序提供数据平面拓扑和设备更新的信息。控制平面由服务器或服务器的协同操作集合来实现，称为 SDN 控制器。本节将介绍控制平面的功能及其特定的接口与协议。

**1. 控制平面的功能**

回顾数据平面可以知道，交换机的流表中精确地规定了 SDN 网络中分组转发规则，而 SDN 控制平面的工作是计算、管理和安装所有网络交换机中的流表项。控制平面由两个组件组成：一个或多个 SDN 控制器，以及若干网络状态管理组件。控制器要做的是维护包括链路、交换机和主机状态在内的准确的网络状态信息，并将这些信息提供给运行在控制平面中的网络状态管理组件。应用程序研发者和网络管理员通过北向接口来访问 SDN 服务和执行网络管理任务，控制平面将这些服务抽象生成一系列管理策略，这样，控制器不仅能够监控底层的网络设备，还可以通过可编程接口操作对其进行控制。

SDN 控制平面主要由一个或者多个控制器组成，是连接底层交换设备和上层应用的桥梁，其主要功能可抽象为三个层次，如图 7.1.11 所示。在此讨论背景中，抽象是指将高层要求转换为底层完成这些要求需要的命令机制，是表示网络实体的基本功能要求或属性特征。

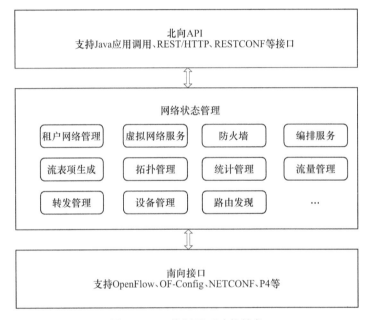

图 7.1.11　控制平面功能抽象

SDN 控制器和底层网络设备之间的通信使用南向接口协议，如 OpenFlow 等。利用南向接口协议，SDN 控制器监测控制远程 SDN 交换机、主机或其他设备的运行，同时，底层设备也需要向控制器更新网络状况，SDN 控制器据此得到网络状态的最新视图。这些交互信息都是通过南向接口协议完成，它构成了控制器体系结构的最底层，相当于控制器和底层设备之间的通信层。

控制平面将网络服务抽象出来，实现各种通信协议的适配；通过各种网络服务组件对网络提供服务，包括拓扑管理、链路计算等。通过南向接口层获取有关网络的主机、链路、交换机和其他 SDN 控制设备的最新状态信息，由网络状态管理层依据生成的各种控制策略，从而完成对网络的管理和服务的提供。SDN 控制器提供网络状态管理功能应具有：

路由发现机制，使用从交换机收集到的路由选择信息，创建最佳路径；

通告管理器，接收、处理和向应用程序转发诸如告警通告、安全性告警和状态改变等信息；

安全性机制，在应用程序和服务之间提供隔离和强化安全性；

拓扑管理器，建立和维护交换机互联拓扑信息；

统计管理器，对于经过交换机的流量，收集并统计数据；

设备管理器，配置交换机参数和属性，并且管理流。

SDN 应用程序通过定义的 API（Application Programming Interface，应用程序接口）与控制平面交互。控制平面利用信息和数据模型将网络资源的抽象视图通过该 API 传递给应用程序，从而使得应用程序可以利用抽象视图调度资源。控制平面通过编排服务实现对网络资源的自动控制和管理，以及来自应用层对于网络资源请求的协调。北向 API 允许应用程序在状态管理层之间读/写网络状态和流表。北向接口可以提供不同类型的 API，目前有多种 SDN 控制器使用 REST API 请求响应接口与 SDN 应用程序进行通信，例如 OpenDaylight 控制器。

总体来讲，由 SDN 控制器提供的功能可以被看作是网络操作系统（Network Operating System，NOS）。如同传统的操作系统那样，NOS 提供基本的服务、通用的应用编程接口（API）和对研发者的低层元素的抽象。SDN 网络操作系统是为了使研发者能够快速定义网络策略和管理网络，而不必关注网络设备特征的细节，这些网络设备可能是异构的，也可能是动态的。

**2. SDN 控制器**

（1）控制器概述

控制器是 SDN 控制平面实现的物理实体，它被认为是"逻辑上集中"的，即该控制器可以被外部视为一个单一、整体的服务。然而，出于故障容忍、高可用性或性能等方面的考虑，在实际中，控制器一般通过分布式服务器集合实现。在服务集合实现控制器功能时，必须考虑控制器的内部操作，这在许多不同的分布式系统中都是共通的。

在 SDN 发展早期采用单一的 SDN 控制器。目前，SDN 的控制器比较成熟，种类也相当繁多。SDN 控制器分为商业 SDN 控制器和开源 SDN 控制器。

SDN 商业控制器多数由网络公司开发，包括思科的 APIC 控制器、博科的 Vyatte 控制器、华为的 Smart Network 控制器、瞻博网络的 North Star 和 Contrail SDN 控制器等。其中有些商业控制器是从某个开源控制器的基础上修改而来的，而一些公司本身也是这个开源控制器的贡献成员之一。

更多控制器是开源的并以各种各样的编程语言实现。SDN 开源控制器有 OpenDaylight 控制器、ONOS 控制器、Floodlight 控制器、Ryu 控制器等。这些开源控制器也都在产业界有广泛支持。主要的开源控制器如下。

1）ONOS（Open Network Operating System）控制器即开放网络操作系统，是一个开源的 SDN 网络操作系统，最初在 2014 年颁布。它是由一些运营商如 AT&T 和 NTT 及其他服务提供商提供资金并研发。值得注意的是，ONOS 得到了开放网络基金会（ONF）的支持，使得 ONOS 在 SDN 发展过程可以占据一席之地。ONOS 是一款为服务提供商打造的基于集群的分布式 SDN 操作系统，具有可扩展性、高性能及南北向的抽象化，使得服务提供商能轻松地采用模块化结构来开发应用和提供服务。

2）POX 是一种开放源码的、用 Python 语言编写的 OpenFlow 控制器，该控制器可编写良好的 API 和文档，并提供基于 Web 的图形用户接口。POX 控制器具有将交换机送来的协议包送给特定软件模块的功能。目前，在 SDN 的网络仿真搭建工具 Mininet 中自带的控制器就是 POX。

3）Floodlight 是一种由 Big Switch Networks 公司研发的开放源码控制器。Floodlight 具有一个活跃的社区，并且本身的许多特色可以被增强，具有这样特色的系统可以更好地满足特定组织的需求。它实现了控制和查询一个 OpenFlow 网络的通用功能集，在此控制器上的应用集则满足了不同用户对于网络所需的各种功能。

4）Ryu 是一种由 NTT（日本电报电话公司）实验室研发的基于开放源码组件的 SDN 框架，

开放源码全部用 Python 语言研发。Ryu 提供了包含良好定义的 API 接口的网络组件，开发者使用这些 API 接口能够轻松地创建新的网络管理和控制应用。Ryu 支持网络管理设置的多种协议。

5）目前最具影响力、活跃度最高的控制器项目是 OpenDaylight（ODL）。许多商业控制器都是基于 ODL 开发而成的，ODL 项目中的许多子项目已经在商用领域得到了部署。后面将详细介绍 OpenDaylight 控制器。

在 SDN 网络中，控制平面起着充当整个网络大脑的作用。一旦 SDN 控制器出现故障，将导致整个网络的控制平面瘫痪，引发全网中断事故。为了使 SDN 控制器的可靠性得到保障，目前 SDN 控制器集群是解决 SDN 控制器可靠性的一种成熟方案。

（2）OpenDaylight 控制器

OpenDaylight 控制器是一种用于网络可编程性的开源平台，可以管理多厂商异构的 SDN 网络，使用 Java 编写。OpenDaylight 开源项目是由思科和 IBM 所建立，其参与者主要是网络厂商。Open-Daylight 版本发布是按照元素周期表命名，2014 年 12 月发布第一个版本 Helium（氢），目前最新版本是 2021 年 4 月发布的第十三个 Aluminium（铝）版本。OpenDaylight 能够作为单一集中式的控制器，也可以运行在网络中的一个或者多个控制器集群之上。

正如 Linux 和 Windows 等操作系统可以在不同的底层设备上运行一样，OpenDaylight 项目的目标在于推出一个通用的 SDN 控制平台、网络操作系统，从而管理不同的网络设备，因此 Open-Daylight 可以支持多种南向协议。OpenDaylight 控制器架构简化视图如图 7.1.12 所示。OpenDaylight 提供了一个服务抽象层（Service Abstraction Layer，SAL），允许用户采用不同的南向协议在不同厂商的底层转发设备上部署网络应用，SAL 主要完成插件的管理，

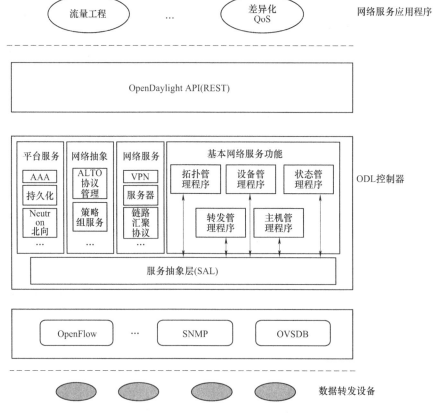

图 7.1.12　OpenDaylight 控制器架构

　　包括注册、注销和能力的抽象等功能。ODL 控制器具有南向和北向两个接口，通过这两个接口，应用程序可以与内生的控制器服务之间相互通信。外部应用程序使用 REST API 与控制器模块通信，其运行在 HTTP 上，而内部应用程序经过服务抽象层（SAL）互相通信。至于控制器应用程序是在外部还是内部实现，这是由应用程序设计者决定的，图 7.1.12 中显示的特定应用程序只是作为一个例子。

　　ODL 的基本网络服务功能是该控制器的核心，对应于前面描述控制平面抽象的网络管理层能力。SAL 是控制器的神经中枢，允许控制器组件和应用程序互相调用服务并且订阅它们产生的事件。它也在南向接口层次对特定的底层通信协议提供了统一的抽象接口，包括 OpenFlow 和 OVSDB。OVSDB 是用于管理数据中心交换的协议。

　　OpenDaylight 具有模块化、可扩展的控制器核心。采用开放服务网关（Open Service Gateway Initiative，OSGi）体系结构，解决功能组件之间的隔离问题，实现代码和功能的灵活加载，并可支持运行业务或应用的安装、更新、删除等操作。

### 3. 北向接口

　　北向接口使得应用程序能够访问控制平面的功能和服务，而不必知道底层网络交换机的细节。北向接口可被看作是一个软件的 API 而不是一个协议。与南向接口不同的是，这里定义了若干异构的接口，没有统一的标准。由于北向接口是面向上层网络服务应用程序的，而 SDN 应用的多样性，使得北向接口的需求多变，进而导致北向接口标准化面临挑战。为了处理这个问题，ITU、ONF、IETF 等标准化组织都成立了北向接口工作组，目标是定义和标准化一些用途广泛的北向 API。各标准组织逐渐倾向使用统一的网络资源信息模型。

　　图 7.1.13 所示为具有多层次北向 API 的体系结构的简化例子。其中，基础控制功能 API 用于实现控制器的基本功能，并且由研发者用于产生网络程序服务；网络服务 API 面向北向的网络服务；北向应用程序 API 则用于应用程序相关的服务，这些服务建立在网络服务之上。

　　REST（Representational State Transfer，表述性状态转移）API 是一种用于定义 API 的体系结构风格，是目前 SDN 控制器的北向接口主流实现方式，其中包括 Ryu、Floodlight、OpenDaylight 等。具有 REST 风格的 API 并非是一种协议、语言或设定的标准，它本质上是 API 必须遵循 REST 风格的六条约束。换句话说，REST 用于上层应用程序和控制器提供的服务之间的交互，并不定义

图 7.1.13　北向 API 的多层次抽象架构

API 的细节，却对应用程序与服务之间交互的性质施加了六种约束。这六个 REST 约束为：统一界面、无状态、可缓存、一致接口、分层系统、按需代码。这些约束的目标是最大化软件交互的可扩展性、独立性及协同工作能力，并提供一种构造 API 的简单方法。

　　为了获得一致接口，REST 的资源统一使用资源标识符 URI 来进行识别。资源描述为 JSON、XML 或 HTML 等格式。REST 用 URI 定位资源，然后用 HTTP 动作（GET/HEAD/POST/PUT/TRACE/DELETE）描述操作，最后用状态码表示操作结果。REST 所强调的应用程序和服务之间的交互是通过特定的动作实现的，即获取、提交、修改、删除四个特定的动作来进行资源的管理。对于 SDN 环境而言，这种约束的好处在于不同的应用程序（也许是用不同语言写成的）都能够通过一个 REST API 调用相同的控制器服务。

　　为了便于理解 REST API 的结构，下面来看一个例子。考虑这样一个功能，要获取一台特定

的交换机的组表中所有表项的描述，则用于这台交换机该功能的 URI 如下

```
/stats/group/dpid>
```

其中，stats（统计）是指获取和更新交换机统计和参数的 API 集合，group 是该功能的名字，而<dpid>（数据路径 ID）是该交换机的独特标识符。

为了调用交换机的这种功能，应用程序跨越 REST API 向交换机 1 的管理器发出下列命令

```
GET http//localhost :8080/ stats/ groupdesc/ 1
```

这个命令的 localhost 部分指示该应用程序正在本地控制器 Ryu 上运行。如果远程运行应用程序，该 URI 将是一个 URL，它提供经 HTTP 和 Web 服务的远程访问。该交换机的管理器将用一条报文响应这个命令，该报文的报文体包括交换机的 dpid 以及交换机的其他表项。

### 4. 网络配置管理

SDN 网络中控制器需要监控转发面的状态以调整虚拟机部署及用户流量等策略，以及根据当前的网络拓扑结构以生成对应的流表。网络配置协议（Network Configuration Protocol，NET-CONF）和 YANG（Yet Another Next Generation）的目的是以可编程的方式实现网络配置的自动化，从而简化和加快网络设备和服务的部署，为网络运营商和企业用户节约成本。

（1）NETCONF

NETCONF 提供一套管理网络设备的机制，用户可以使用这套机制获取网络设备的配置和状态信息，并能增加、修改、删除网络设备的配置。通过 NETCONF 协议，SDN 设备可以提供规范的应用程序编程接口，应用程序可以直接使用这些接口，向底层网络设备发送和获取配置。

NETCONF 是一种新型的网络管理协议，它不仅能提供监控管理功能，还提供了强大的配置管理功能，这使人们可以更加方便、快捷地获取、上传和修改配置数据。NETCONF 由 IETF 开发并且标准化，NETCONF 工作组在 2006 年 12 月发布了第一个版本的 NETCONF 标准（RFC4741），最新的版本（RFC6241）发布于 2011 年 6 月。

按照 RFC6241 的定义，NETCONF 是安装、编辑和删除网络设备配置的标准协议。NETCONF 采用 XML-RPC 的方式通信，用 XML 描述网络设备的管理信息。NETCONF 传输的 XML 数据的模型常使用 YANG 进行建模。

NETCONF 主要分为四个层次，如图 7.1.14 所示。

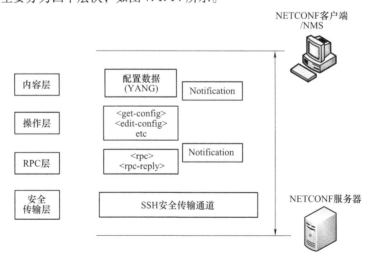

图 7.1.14　NETCONF 分层示意图

1）内容层维护了配置信息和通知信息的数据结构。NETCONF 操作信息是结构化的 XML 信息。NETMOD（Network Modling）工作组定义并实现了一套人性化设计的模型语言，这个语言叫作 YANG。YANG 定义了操作数据、配置数据、通知和操作。YANG 语言的具体定义在 RFC6020 中。

2）操作层定义了一组基础协议操作，例如取回、编辑配置信息等。协议定义了一些基本 RPC（Remote Procedure Call）操作，如<get-config>、<edit-config>、<notification>等。在以上的基本操作外还扩展了很多功能，如 RFC6022 定义了支持 NETCONF 的监控功能。

3）RPC 层提供了一种简单的、不依赖于传输协议的 RPC 请求和响应机制。客户端采用<rpc>元素封装操作请求信息，并通过一个安全的、面向连接的会话将请求发送给服务器，而服务器将采用<rpc-reply>元素封装 RPC 请求的响应信息（即操作层和内容层的内容），然后将此响应信息发送给请求者。

4）安全传输层提供了在服务器和客户端之间的安全可信的传输通道。NETCONF 消息在客户端和服务器之间使用安全的传输层进行数据交换。安全的传输必须提供身份认证、数据完整性、保密性和重放保护的功能。

NETCONF 基本网络架构必须包含至少一个 NMS（Network Management System）作为整个网络的网管中心，对设备进行管理。

NETCONF 客户端利用 NETCONF 对网络设备进行系统管理；向服务器发送<rpc>请求，查询或修改一个或多个具体的参数值；可以接收服务器发送的告警和事件，以获知被管理设备的当前状态。

NETCONF 服务器用于维护被管理设备的信息数据并响应客户端的请求，把管理数据汇报给发送请求的客户端。

服务器收到客户端的请求后会进行数据解析并处理请求，然后给客户端返回响应。当设备发生故障或其他事件时，服务器利用 Notification 机制将设备的告警和事件通知给客户端，向网管报告设备的当前状态变化。

（2）YANG

YANG 是由 IETF 开发并且标准化，具体定义在 RFC6020 中，而在 RFC6244 中描述了一个实现 NETCONF/YANG 的参考架构。RFC6020 指出，YANG 是一种数据模型语言（Data Modeling Language），用来描述 NETCONF 相关的网络配置和网络状态的数据模型，包括 NETCONF 支持的 RPC（Remote Procedure Call）消息和异步通知（Notification）。YANG 是一种专门针对 NETCONF 数据模型而设计的建模语言，它使用树形结构描述数据，具有良好的易读性，并且容易实现与 XML 转换。YANG 本身不是数据模型，而是定义数据模型的语言。YANG 和 NETCONF 是相伴而生的，虽然，原则上 YANG 也能够用于其他的协议和不同的领域，但基本上可以认为 YANG 就是为 NETCONF 量身定做的。

YANG 语法简洁，同时具备建模语言所有的属性，能够很好地定义 XML 文档的语法校验规则，具体包括：可以出现在文档里的元素；可以出现在文档里的属性；哪些元素是子元素；子元素的顺序；子元素的数量；元素是否能包含值或者是空的；元素和属性的数据类型；元素和属性的默认值和固定值。

在 NETCONF 中，YANG 有两种功能：数据描述和接口描述。数据描述用于定义 XML 结构和数据类型等；接口描述用于定义 RPC 和 Notification。数据描述负责提供统一的描述系统管理信息的格式和规范，用于把所有管理数据组织成便于存储和处理的 XML 文档；接口描述负责描述设备为应用（App）提供的配置操作 API。

在 OpenDaylight 中，YANG 同样具有两种功能：数据描述和接口描述。作用与 NETCONF 中的一致。不过区别在于，OpenDaylight 中的 YANG 文件格式有两种：一种是基于服务抽象层的应用/插件的文件格式，主要包含数据结构、RPC、Notification；一种是基于 configsubsystem 的启动配置文件格式，主要使用 cofig. yang 定义应用/插件的启动配置，使用 augment 向 OpenDaylight 添加新的应用/插件。

OpenDaylight 中使用 YANG 工具可直接生成业务管理的"管理"，开发者只需专注于具体业务，根据业务驱动模型工具来设计接口，实现业务功能。ODL 提供了基于 YANG 的 UI 界面，面向上层应用开发，为应用开发人员提供了相关工具，以简化应用的开发与测试。YANG UI 通过动态封装、调用 YANG 模型和相关 REST API，生成 UI 界面，开发人员可以方便地利用该界面通过 API 请求获取交换机信息，或者给交换机下发流表（将在 7.2.4 小节中用实验描述 YANG UI 下发流表的过程）。

本节主要介绍了 SDN 的基本原理，包括 SDN 的网络结构及主要特点和应用，又详细讨论了 SDN 的数据平面和 OpenFlow 协议，以及 SDN 的控制平面。下面的小节将基于 SDN 开展实验。

## 7.2 SDN 基础实验

前一小节介绍了 SDN 的网络架构及数据平面、控制平面，本节进行 SDN 的基础实验。

### 7.2.1 实验环境概述

SDN 实验环境搭建有三种方式：一是利用 SDN 交换机、控制器等实体设备；二是在主机上安装 SDN 仿真软件——Mininet 工具开展实验；三是使用线上开放实验平台 51Openlab。

第一种实验环境搭建方式是利用 SDN 交换机、控制器等实体设备，按照需求连接网络设备，进行实验环境配置。结合 SDN 的网络三层架构，搭建一个 SDN 实验网络，应当至少由一台控制器，一台以上 SDN 交换机，以及若干台主机组成。如图 7.2.1

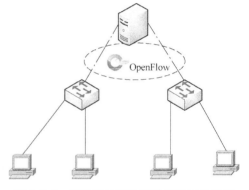

图 7.2.1　SDN 实体实验环境搭建拓扑示例

所示，搭建了一个包含一台控制器、两台 SDN 交换机和四台主机的网络。

SDN 控制器通常是在标准的 x86 服务器上，安装选择的 SDN 控制器操作系统，如 OpenDaylight 等。这些控制器操作系统有商用的也有开源的，使用的编程语言也不尽相同，详情在 7.1.3 小节已经介绍过。

SDN 交换机有硬件交换机也有 OVS（在 7.1.2 小节也已经介绍过），不同厂家的 SDN 交换设备功能大同小异。SDN 交换机特别的功能在于支持 SDN 南向接口协议，通常也都具有传统交换机的功能。

按照实验需求完成实验拓扑的连接，配置接口及 IP 地址之后，就构建成了一个小规模的 SDN 网络，在这个实验环境上可以开始设计实验内容，进行具体的实验操作了。

如果实际物理设备无法满足实验要求，可以利用 Mininet 工具在一台计算机上进行 SDN 仿真实验。

#### 1. Mininet

Mininet 是斯坦福大学研究团队开发的一款开源软件，是一个基于 Linux Container 虚拟化技术的可快速构建大规模 SDN 网络的轻量级网络仿真平台。Mininet 所创建的虚拟网络可包含主机、交换机、控制器和链路，交换机支持 OpenFlow 协议，所有的代码几乎可以无缝迁移到真实的硬件环境中。

Mininet 可以为用户简单、快捷地创建自定义网络拓扑，有效减少开放测试周期，同时提供网络创建和实验的可拓展 Python API，方便为网络添加新的功能，并进行相关测试。Mininet 拓扑完全自定义，支持主机数最多可达 4096，支持调试、测试和验证等多种网络研究需求。在 Mininet 上运行的代码可以完全移植到支持 OpenFlow 的硬件设备上。Mininet 支持 OpenFlow、Open vSwitch 等软件定义网络部件，从实时管理、网络配置和网络协议栈的运行方面，完全模拟真实的网络环境。

Mininet 的安装在 Ubuntu 操作系统上进行，安装全程使用 root 用户进行操作，可以直接从 Github 上下载 Mininet 源码包。用 git 命令下载：

```
#git clone git://github.com/mininet/mininet      //mininet 下载
#cat INSTALL                                      //查看获取的 mininet 版本
```

在 Ubuntu 操作系统中进入~/mininet/util 文件夹，使用命令：

```
~/mininet/util#./install.sh-a    //完全安装
```

完全安装包括 Mininet VM，还包括如 Open vSwitch 的依赖关系，以及 OpenFlow、POX、Wireshark 等，并且默认安装在 home 目录内。

-nfv：安装 Mininet，基于 OpenFlow 的交换机和 Open vSwitch。

-smydir：在其他选项使用前使用此选项可将源代码建立在一个指定的目录中，而不是在用户的 home 目录。

等待控制台显示出现"Enjoy Mininet"，即表示 Mininet 已经安装成功。

安装完成以后，通过简单的命令测试 Mininet 的基本功能。

```
#mn --test pingall    //创建一个只含有一台交换机 s1,两个主机 h1 和 h2 的简单拓扑
#mn-version           //查看安装的版本
```

如图 7.2.2 所示，Mininet 创建了一个最小型的 SDN 网络（c0，s1，h1，h2），此处 c0 是控制器，指的是 Mininet 自带控制器 POX，也可以使用命令连接 Mininet 外部控制器。

### 2. Openlab

除了前面的两种实验环境搭建方案，还有一种方式是利用线上开放实验平台开展 SDN 实验。51Openlab 实验平台（51openlab.com）是一站式 ICT 创新服务平台，旨在帮助用户研究 SDN 创新实验及传统网络实验。目前包含的 SDN 实验类型如图 7.2.3 所示。

51Openlab 实验平台采用 SDN 与虚拟化等技术，解决了传统实验室时间、空间与实验内容等限制，能快速构建复杂度高、隔离性强的各种实验环境。利用平台能够快速获取实验所需的计算、存储、网络等资源，实现网络资源共享、网络隔离需求。平台可为用

```
root@ubuntu:~# mn --test pingall
*** Creating network
*** Adding controller
*** Adding hosts:
h1 h2
*** Adding switches:
s1
*** Adding links:
(h1, s1) (h2, s1)
*** Configuring hosts
h1 h2
*** Starting controller
c0
*** Starting 1 switches
s1 ...
*** Waiting for switches to connect
s1
*** Ping: testing ping reachability
h1 -> h2
h2 -> h1
*** Results: 0% dropped (2/2 received)
*** Stopping 1 controllers
c0
*** Stopping 2 links
..
*** Stopping 1 switches
s1
*** Stopping 2 hosts
h1 h2
*** Done
completed in 5.555 seconds
```

图 7.2.2　Mininet 测试安装成功

图 7.2.3　51Openlab 实验平台

户提供灵活的环境配置，如自定义 SDN 控制器、网关、DHCP 服务器，满足网络实验所需要的拓扑的自由选择。实验平台具有以下特点。

1）开放的平台，业务随行。利用 SDN、云计算、虚拟化平台等技术打造的一个开放实验系统，在任何时间，通过教室、实验室、宿舍或其他地方的互联网接入点都能进行实验。

2）实验资源弹性可扩展。可根据实验需求动态分配平台资源，包括计算资源、网络资源和存储资源。

3）实验环境自定义。在实验的过程中可根据实验需求的改变来随时改变实验环境，无须重新搭建网络环境。

4）实验数据容灾备份。系统提供了虚拟机备份、虚拟机动态迁移等功能，保证实验环境和实验中产生的数据完全安全可用。

5）高扩展性。通过平台提供的应用服务层接口将需要验证的项目或实验部署到平台中。并且平台支持多用户使用，真正做到按需获取和共享底层的基础设施的计算、存储和网络资源。

## 7.2.2　SDN 拓扑构建实验

### 1. 实验目的

掌握利用 Mininet 仿真工具，以命令方式、脚本加内部交互方式、可视化方式创建 SDN 网络拓扑的方法，掌握常用 Mininet 命令、内部交互命令及可视化工具 Miniedit，掌握 Mininet 与自带控制器 POX 或外部远程控制器（如 OpenDaylight、Floodlight 等）的连接方法。

### 2. 实验关键命令

前节所述，Mininet 下载安装后，可以执行命令 $sudo mn 创建最小型 SDN 网络。本实验将通过添加一系列参数来定义网络拓扑，以满足用户在实验过程中的特定需求。常用网络构建参数如下。

1）topo 参数用于指定网络拓扑（如星形（single）、线形（linear）、树形（tree））。如果不带此参数，系统将会创建最小型（minimal）拓扑。例如

```
$sudo mn --topo single,3          //创建一个交换机连接三个主机的拓扑
```

```
$ sudo mn --topo linear,5                        //创建线性拓扑,5 个交换机,并各下挂一个主机
$ sudo mn -- topo tree,depth=2,fanout=3  //创建深度为 2,扇出为 3 的树形拓扑
```

2）--controller 参数用于指定要使用的控制器（主要有 NOX、POX、Ryu、OpenDaylight、ON-OS、Floodlight 等）。如果不指定控制器，则默认使用 Mininet 自带的 POX 控制器。

```
$ sudo mn                   //连接自带 POX 控制器
$ sudo mn --controller=remote,ip=[controller IP],port=[controller listening port]
                            //用于连接远程控制器,指定其 IP,监听端口可设为 6633 或 6653
```

3）--switch 参数用于指定交换机类型（如 user、ovsbr、ovsk、ivs、lxbr 等）如果不带此参数，系统默认使用 ovsk，即 Open vSwitch 交换机。例如

```
$ sudo mn --switch user        //运行 user-space 交换机
$ sudo mn --switch ovsk        //运行 ovsk 交换机
```

4）--mac 参数用于自动设置设备的 MAC 地址。例如

```
$ sudo mn --mac        //使 MAC 地址从小到大排列,使复杂网络更清晰易辨识
```

5）--custom 参数用于自定义拓扑。通过 Python 编写 *＊.py 文件，执行此脚本即可创建自定义的拓扑，--custom 与--topo 命令联合使用。例如：

```
$ sudo mn --custom file.py --topo mytopo   //执行 file.py 脚本创建自定义拓扑
```

除了以上参数命令外，Mininet 还提供了丰富的内部交互命令用于设备查看（不可修改网络结构），或者设备操作命令（可修改网络结构）。

常用设备查看命令如下：

```
mininet>net            //查看链路信息,显示设备之间的双向链路信息
mininet>links          //检查链路是否正常工作
mininet>nodes          //查看拓扑中所有可用节点
mininet>pingall        //检测各主机之间的连通性
mininet>pingpair       //检测当前两个主机的连通性
mininet>dump           //查看所有节点的具体信息
mininet>xterm          //打开指定节点操作窗口(要给出节点名)
mininet>iperf          //在两节点之间进行 iperf 带宽测试(TCP)
mininet>iperfudp       //在两节点之间进行 iperf 带宽测试(UDP)
```

常用设备操作命令如下：

```
mininet>link     //禁止或启用两节点之间链路(要给出节点名和动作 up 或 down)
mininet>dpctl dump-flows            //在交换机上增、删、改、查流表
mininet>py net.addHost('h3')        //给当前网络添加新主机 h3
mininet>py net.addLink(s1,h3)       //在主机 h3 和交换机 s1 之间添加一条链路
mininet>py s1.attach('s1-eth3')     //为交换机 s1 添加一个接口用于和 h3 相连
mininet>py h3.cmd('ifconfig h3-eth0 10.3')  //给主机 h3 配置端口并修改端口 IP 地址
mininet>sh                          //运行外部 shell 命令
```

### 3. 实验步骤

（1）以命令行方式创建拓扑

创建深度为 2、扇出为 3 的树形拓扑，由 4 个交换机和 9 个主机组成，如图 7.2.4 所示。

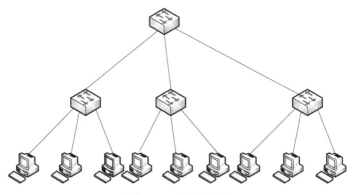

图 7.2.4　树形拓扑

执行命令 $ sudo mn --topo tree，depth＝2，fanout＝3，可以看到，树形拓扑已经创建，并进入 Mininet 内部交互命令模式等待，如图 7.2.5 所示。

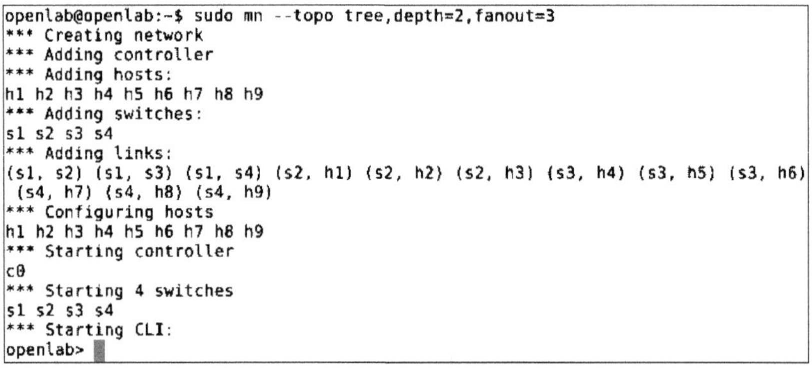

```
openlab@openlab:~$ sudo mn --topo tree,depth=2,fanout=3
*** Creating network
*** Adding controller
*** Adding hosts:
h1 h2 h3 h4 h5 h6 h7 h8 h9
*** Adding switches:
s1 s2 s3 s4
*** Adding links:
(s1, s2) (s1, s3) (s1, s4) (s2, h1) (s2, h2) (s2, h3) (s3, h4) (s3, h5) (s3, h6)
 (s4, h7) (s4, h8) (s4, h9)
*** Configuring hosts
h1 h2 h3 h4 h5 h6 h7 h8 h9
*** Starting controller
c0
*** Starting 4 switches
s1 s2 s3 s4
*** Starting CLI:
openlab>
```

图 7.2.5　以命令行方式创建拓扑

（2）以脚本和内部交互命令方式创建拓扑

1）在 custom 目录下，使用 sudo vi 2sw-2host.py 命令，创建脚本文件，代码如下所示。再执行 wq 命令保存并退出，可以生成如图 7.2.6 所示的简单拓扑。h3 主机及连接链路随后用交互式命令进行添加。

```
from mininet.topo import Topo
class MyTopo( Topo):
    def__init__( self ) :

        #初始化拓扑
        Topo.__init__( self )
```

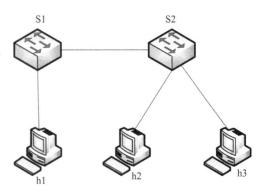

图 7.2.6　自定义网络拓扑

```
#添加主机和交换机
leftHost = self.addHost ( 'h1' )
rightHost = self.addHost ( 'h2' )
leftSwitch = self.addSwitch ( 's1' )
rightSwitch = self.addSwitch ( 's2' )

#添加链路
self.addLink ( leftHost, leftSwitch )
self.addLink ( leftSwitch, rightSwitch )
self.addLink ( rightSwitch, rightHost )
```

```
topos = { 'mytopo': ( lambda: MyTopo ( ) ) }
```

2）执行命令 $ sudo chmod +x 2sw-2host. py 添加执行权限。

3）执行命令 $ sudo mn --custom 2sw-2host. py --topo mytopo，Mininet 会根据脚本创建拓扑，并在交互模式等待。

4）通过 >py net. addHost（'h3'）命令添加主机。

5）通过 >py net. addLink（s2，net. get（'h3'））命令为主机 h3 与交换机 s2 之间添加链路。

6）通过 >py s2. attach（'s2-eth3'）命令为交换机 S2 添加接口以连接主机 h3。

7）通过 >py net. get（'h3'）. setIP（'10. 0. 0. 3/24'）命令对主机 h3 配置 IP 地址，如图 7. 2. 7 所示。

```
openlab> py net.get('h3').setIP('10.0.0.3/24')
openlab>
```

图 7.2.7　为主机 h3 配置 IP 地址

8）使用交互命令 nodes、links 和 dump 可以查看节点、链路及网络详细信息，如图 7. 2. 8 所示。

```
openlab> dump
<Host h1: h1-eth0:10.0.0.1 pid=16486>
<Host h2: h2-eth0:10.0.0.2 pid=16490>
<Host h3: h3-eth0:10.0.0.3 pid=16819>
<OVSSwitch s1: lo:127.0.0.1,s1-eth1:None,s1-eth2:None pid=16495>
<OVSSwitch s2: lo:127.0.0.1,s2-eth1:None,s2-eth2:None,s2-eth3:None pid=16498>
<Controller c0: 127.0.0.1:6633 pid=16478>
openlab> nodes
available nodes are:
c0 h1 h2 h3 s1 s2
openlab> links
h1-eth0<->s1-eth1 (OK OK)
s1-eth2<->s2-eth1 (OK OK)
s2-eth2<->h2-eth0 (OK OK)
s2-eth3<->h3-eth0 (OK OK)
openlab>
```

图 7.2.8　查看节点、链路及网络详细信息

9）使用 ping 和 pingall 命令验证两台主机以及所有主机之间的连通性，如图 7. 2. 9 所示。

（3）用可视化工具创建拓扑

Mininet 2. 2. 0 以上版本中均内置了一个可视化工具 Miniedit，使得用户能够以可视化方式快

```
openlab> h1 ping h3
PING 10.0.0.3 (10.0.0.3) 56(84) bytes of data.
64 bytes from 10.0.0.3: icmp_seq=1 ttl=64 time=7.87 ms
64 bytes from 10.0.0.3: icmp_seq=2 ttl=64 time=0.490 ms
64 bytes from 10.0.0.3: icmp_seq=3 ttl=64 time=0.074 ms
64 bytes from 10.0.0.3: icmp_seq=4 ttl=64 time=0.075 ms
64 bytes from 10.0.0.3: icmp_seq=5 ttl=64 time=0.073 ms

--- 10.0.0.3 ping statistics ---
5 packets transmitted, 5 received, 0% packet loss, time 4002ms
rtt min/avg/max/mdev = 0.073/1.718/7.879/3.084 ms
openlab> pingall
*** Ping: testing ping reachability
h1 -> h2 h3
h2 -> h1 h3
h3 -> h1 h2
*** Results: 0% dropped (6/6 received)
```

图 7.2.9    主机连通性测试

速创建自定义拓扑, 为不熟悉 Python 脚本的使用者创造了更简单的环境。Mininet 在 "~/mininet/mininet/examples" 目录下提供 miniedit. py 脚本, 执行脚本后将显示 Mininet 的可视化界面, 在界面中可搭建自定义拓扑和自定义设置。可视化界面创建的拓扑会生成一个 Python 文件, 该拓扑既可以直接运行, 也可以通过 Python 文件启动。要运行 Miniedit, 需要以 root 权限, 在 examples 目录下执行命令 $ sudo~/mininet/examples/ miniedit. py。Miniedit 的用户界面如图 7.2.10 所示。

图 7.2.10    Miniedit 界面

前面介绍的以命令方式以及以脚本和内部交互命令两种方式构建拓扑时均使用了 Mininet 自带控制器, 本实验按照图 7.2.11 构建一个二叉胖树网络拓扑, 创建两台虚拟机, 一台安装 OpenDaylight 控制器, 一台安装 Mininet, 其中 Mininet 主机与控制器以远程控制方式连接。

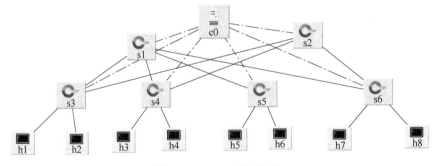

图 7.2.11    二叉胖树拓扑

1) 为使 Mininet 与控制器顺利连接, 首先启动 ODL 控制器, 使用 ifconfig 命令查看其 IP 地址, 命令 netstat -an | grep 6633 确保控制器已经启动并处于监听状态 (LISTEN)。如图 7.2.12 所示, 表示控制器在端口 6633 监听。

2) 在安装 Mininet 的虚拟机中, 执行 cd ~/mininet/mininet/examples 命令进入该目录, 执行

```
root@openlab:/home/openlab# ifconfig
eth0      Link encap:Ethernet  HWaddr fa:16:3e:f7:8b:bc
          inet addr:30.0.1.36  Bcast:30.0.1.255  Mask:255.255.255.0
          inet6 addr: fe80::f816:3eff:fef7:8bbc/64 Scope:Link
          UP BROADCAST RUNNING MULTICAST  MTU:1450  Metric:1
          RX packets:99 errors:0 dropped:0 overruns:0 frame:0
          TX packets:101 errors:0 dropped:0 overruns:0 carrier:0
          collisions:0 txqueuelen:1000
          RX bytes:19048 (19.0 KB)  TX bytes:12910 (12.9 KB)

lo        Link encap:Local Loopback
          inet addr:127.0.0.1  Mask:255.0.0.0
          inet6 addr: ::1/128 Scope:Host
          UP LOOPBACK RUNNING  MTU:65536  Metric:1
          RX packets:190 errors:0 dropped:0 overruns:0 frame:0
          TX packets:190 errors:0 dropped:0 overruns:0 carrier:0
          collisions:0 txqueuelen:0
          RX bytes:18097 (18.0 KB)  TX bytes:18097 (18.0 KB)

root@openlab:/home/openlab# netstat -an|grep 6633
tcp6       0      0 :::6633                 :::*                    LISTEN
root@openlab:/home/openlab#
```

图 7.2.12　查看 ODL 控制器 IP 地址及状态

sudo ./miniedit.py 命令启动可视化界面。

3）按图 7.2.11 所示的拓扑，从左侧控件工具框中选择控制器、支持 OpenFlow 的交换机、主机，并用链路将其连接。需要注意的是，交换机需要接收控制器下发的流表才能执行转发动作，所以每个交换机都要与控制器有连接（此连接显示为红色虚线）。

4）右击控制器，选择 Properties 命令，在打开的对话框中设置其属性。将 Controller Type 改设为 Remote Controller，并填写控制器端口及 IP 地址，如图 7.2.13 所示。如果采用 Mininet 自带控制器，则控制器参数设置如图 7.2.14 所示。

图 7.2.13　连接远程控制器

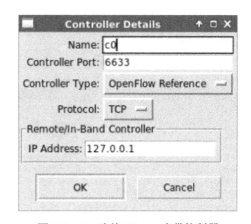

图 7.2.14　连接 Mininet 自带控制器

5）右击交换机，选择 Properties 命令，在打开的对话框中设置其属性，如图 7.2.15 所示。其中，DPID 为交换机 ID，是一个 16 位数，可以从 0000000000000001 依次设置各个交换机；Net-Flow 和 sFlow 都是网络流量监控协议，选中这两个使能复选框。

6）在 Miniedit 窗口选择 "Edit→Properties" 命令，在打开的窗口中可以看到，默认主机的 IP 地址为 10.0.0.0/8，选中 Start CLI 复选框，再选择 OpenFlow 协议版本，以明确告知使用哪个终端工具来配置主机以及 OpenvSwitch 支持的 OpenFlow 版本号，如图 7.2.16 所示。

7）单击 Miniedit 窗口左下角的 Run 按钮，即可运行已经配置好的网络拓扑。此时，终端窗口会创建并启动各个网络节点，并在 Mininet 的交互模式下等待。

8）此时，可以使用交互模式下的各种命令，如 dump、nodes、links 等查看各种信息，使用 ping 和 pingall 命令查看连通性。

9）对于 Miniedit 帮助生成的自定义拓扑，选择"File→Export Level 2 Script"命令将其保存为 Python 脚本，以后即可直接运行脚本重现拓扑，并在命令行中进行操作，如图 7.2.17 所示。也可以选择"File→Save"命令，将网络拓扑保存为 .mn 文件，下次启动 Miniedit 后，直接选择打开该文件就可以继续进行配置及修改，如图 7.2.18 所示。

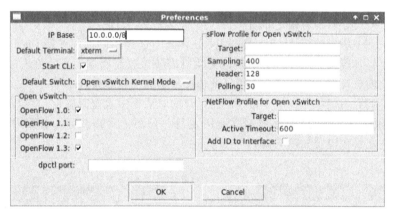

图 7.2.15　交换机参数设置

图 7.2.16　主机属性设置

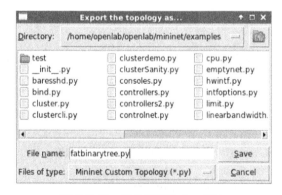

图 7.2.17　导出保存 Python 脚本

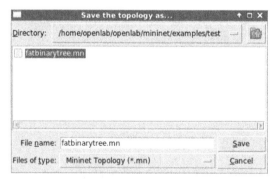

图 7.2.18　保存拓扑文件

## 7.2.3　OVS下发流表实验

**1. 实验目的**

理解传统交换机与 OpenFlow 交换机工作原理的差异，直接在 O VS 手动下发流表，掌握添加、删除流表的命令，实现主机间通信。

**2. 实验关键命令**

传统交换机基于源 MAC 地址学习，基于目的 MAC 地址进行转发，其转发表是自学习形成的，再利用生成树协议保证网络的逻辑拓扑不会产生环路。SDN 结构中的 OpenFlow 交换机，当它收到一个数据包并且该交换机没有与该数据包匹配的流表项，而且交换机未与 SDN 控制器连接时，数据包将被丢弃。

在 OpenFlow 交换机上实现手动对流表的控制，可以使用 Mininet 内部交互命令 dpctl，也可以使用 Linux 系统 shell 模式下的 ovs-ofctl 命令（或在 Mininet 交互模式下，使用 mininet>sh ovs-ofctl 命令）。

手动下发流表的关键命令如下。

```
mininet>dpctl dump-flows     //显示交换机当前流表信息
mininet>dpctl add-flow in_port = [port number], actions=output: [port number]
//添加一条流表项，从某入端口送出的数据包转发到某出端口（第一层流匹配规则，
//根据端口匹配）
mininet>dpctl add-flow dl_src = [src MAC], dl_dst = [dst MAC], actions=output:
[port number]
//添加一条流表项，将数据包转发到某出端口（第二层流匹配规则，根据协议和 MAC
//地址匹配）
mininet>dpctl add-flow dl_type = [protocol type], nw_src = [src IP], nw_dst =
[dst IP],
actions=output: [port number]
//添加一条流表项，将数据包转发到某出端口（第三层流匹配规则，根据协议和 IP
//地址匹配，action 动作可以是转发到某个端口，也可以是 NORMAL，即按传统交换
//机方式转发）
mininet>dpctl del-flows     //删除当前交换机的流表项

mininet>sh ovs-ofctl show     //显示交换机详细信息
mininet>sh ovs-ofctl add-flow s1 action=normal     //将交换机设为流表自动更新
mininet>sh ovs-ofctl del-flows  s1     //清空交换机 s1 的流表
mininet>sh ovs-ofctl add-flow s1 priority=500, in_port=1, actions=output: 2
//为交换机 s1 添加一条从 1 端口入、2 端口出的流表，优先级为 500
```

**3. 实验步骤**

1）创建如图 7.2.19 所示的网络拓扑。运行该拓扑，使用 dump、nodes、links 等命令查看各项信息。

2）使用 dpctl dump-flows 命令查看交换机当前流表信息，如图 7.2.20 所示，可以看到没有流表。

3）使用 xterm h1 h2 h3 命令打开三个主机的命令行窗口，可以查看各自的 IP 地址。为便于后续观察主机间通信，在主机

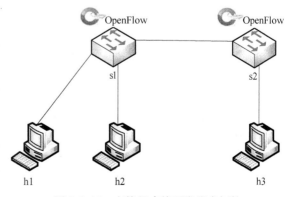

图 7.2.19　交换机直接下发流表拓扑

```
mininet> dpctl dump-flows
*** s1 ---------------------------------------------
NXST_FLOW reply (xid=0x4):
*** s2 ---------------------------------------------
NXST_FLOW reply (xid=0x4):
mininet>
```

图 7.2.20 交换机当前流表

h2 上使用 tcpdump -n -i h2-eth0 命令、主机 h3 上使用 tcpdump -n -i h3-eth0 命令进行抓包。

4）在主机 h1 上 ping 主机 h2 和 h3，可以看到连通失败，h2 和 h3 没有收到任何 ICMP 请求报文，如图 7.2.21 所示。这里进行 ping 操作时，交换机没有流表，因而不进行转发，将 ping 包丢弃。

```
                            "Node: h1"                        ↑ _ □ ×
root@openlab:/home/openlab/openlab/mininet/mininet/examples# ping 10.0.0.2 -c4
PING 10.0.0.2 (10.0.0.2) 56(84) bytes of data.
From 10.0.0.1 icmp_seq=1 Destination Host Unreachable
From 10.0.0.1 icmp_seq=2 Destination Host Unreachable
From 10.0.0.1 icmp_seq=3 Destination Host Unreachable
From 10.0.0.1 icmp_seq=4 Destination Host Unreachable

--- 10.0.0.2 ping statistics ---
4 packets transmitted, 0 received, +4 errors, 100% packet loss, time 3001ms
pipe 3
root@openlab:/home/openlab/openlab/mininet/mininet/examples# ping 10.0.0.3 -c4
PING 10.0.0.3 (10.0.0.3) 56(84) bytes of data.
From 10.0.0.1 icmp_seq=1 Destination Host Unreachable
From 10.0.0.1 icmp_seq=2 Destination Host Unreachable
From 10.0.0.1 icmp_seq=3 Destination Host Unreachable
From 10.0.0.1 icmp_seq=4 Destination Host Unreachable

--- 10.0.0.3 ping statistics ---
4 packets transmitted, 0 received, +4 errors, 100% packet loss, time 3001ms
pipe 3
root@openlab:/home/openlab/openlab/mininet/mininet/examples#
```

图 7.2.21 主机间连通测试

5）因为主机 h1 连接 s1 的 1 号端口，主机 h2 连接 s1 的 2 号端口，要使彼此互通，使用 ovs-ofctl 命令给交换机添加双向流表项。

```
mininet>sh ovs-ofctl add-flow s1 in_port=1, actions=output: 2
mininet>sh ovs-ofctl add-flow s1 in_port=2, actions=output: 1
```

6）使用 dpctl dump-flows 命令可以看到 s1 添加了两条流表记录，如图 7.2.22 所示。

```
mininet> dpctl dump-flows
*** s1 ---------------------------------------------------------------------
 cookie=0x0, duration=23.407s, table=0, n_packets=1, n_bytes=70, in_port="s1-eth1" actions=output:"s1-eth2"
 cookie=0x0, duration=10.963s, table=0, n_packets=1, n_bytes=70, in_port="s1-eth2" actions=output:"s1-eth1"
*** s2 ---------------------------------------------------------------------
```

图 7.2.22 流表下发成功

7）重复在主机 h1 上 ping 主机 h2 和 h3，可以看到，能 ping 通 h2，不能 ping 通 h3。这是因为上面仅对交换机 s1 添加了 1、2 号口互通的流表项。

8）使用 dpctl del-flows 命令删除前面添加的流表，并用 dpctl dump-flows 命令查看。

9）接下来要使三台主机相互均能 ping 通，可以使用如下命令：

```
mininet>sh ovs-ofctl add-flow s1 in_port=1, actions=output: 2, 3
```

```
mininet>sh ovs-ofctl add-flow s1 in_port=2, actions=output: 1, 3
mininet>sh ovs-ofctl add-flow s1 in_port=3, actions=output: 1, 2
mininet>sh ovs-ofctl add-flow s2 in_port=1, actions=output: 2
mininet>sh ovs-ofctl add-flow s2 in_port=2, actions=output: 1
```

10）再次在主机 h1 上 ping 主机 h2 和 h3，可以看到均 ping 通，如图 7.2.23 所示。

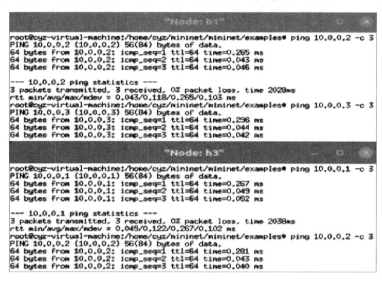

图 7.2.23　添加流表后主机间连通测试

## 7.2.4　ODL 下发流表实验

### 1. 实验目的

了解 YANG UI 在 OpenDaylight 控制器中的功能特点，掌握 YANG UI 下发流表的方式，通过流表下发过程，理解 OpenFlow 交换机数据包处理流程，进一步理解单级流表和多级流表的概念。

### 2. 实验拓扑

OpenFlow 1.0 协议只支持单级流表，对数据包的处理流程相对简单。交换机接收到数据包后进行解析，然后开始匹配，从 table 0 开始匹配。如果匹配成功则对该数据包执行相应的动作，更新相应的计数器；如果没有找到匹配项，则将数据包交给控制器。

OpenFlow 1.3 协议支持多级流表匹配，即一个交换机会有多个流表，因此数据包处理过程相对复杂。首先对进入设备的报文解析，然后从 table 0 开始匹配，按照优先级高低依次匹配该流表中的流表项，一个报文在一个流表中只会匹配到一条流表项。通常根据报文的类型、报头的字段（如源 MAC 地址、目的 MAC 地址、源 IP 地址、目的 IP 地址）等进行匹配，大部分还支持掩码进行更精确、灵活的匹配。也可以通过报文的入端口或元数据信息来进行报文的匹配，一个流表项中可以同时存在多个匹配项，一个报文需要同时匹配流表项中所有匹配项才能匹配该流表项。报文匹配按照现有的报文字段进行，例如，前一个流表通过 apply actions 改变了该报文的某个字段，则下一个表项按修改后的字段进行匹配。如果匹配成功，则按照指令集里的动作更新动作集，或更新报文/匹配集字段，或更新元数据和计数器。根据指令决定是否继续前往下一个流表，不继续则终止匹配流程执行动作集，如果指令要求继续前往下一个流表则继续匹配，下一个流表的 ID 必须比当前流表 ID 大。当报文匹配失败，如果存在无匹配流表项（table miss），就按照该表项指令执行，一般是将报文转发给控制器、丢弃或转发给其他流表。如果没有 table miss 表项则默认丢弃该报文。

对流表的操作使用 ovs-ofctl 命令，流表项遵循"key-value"格式，如果存在多个字段，以英文逗号分隔。常用字段名及含义见表 7.2.1。

表 7.2.1　常用 ovs-ofctl 字段含义

| 字段名 | 说　明 |
| --- | --- |
| in_port = port | 传递数据包的 OpenFlow 交换机端口编号 |
| dl_vlan = vlan | 数据包的 VLAN Tag 值，取值范围为 0～4095，0xffff 代表不包含 VLAN Tag 的数据包 |
| dl_src = <MAC>dl_dst = <MAC> | 匹配源或目的 MAC 地址。<br>01：00：00：00：00：00/01：00：00：00：00：00 代表广播地址；<br>00：00：00：00：00：00/01：00：00：00：00：00 代表单播地址 |
| dl_type = ethertype | 匹配以太网协议类型<br>dl_type = 0x0800 表示 IPv4<br>dl_type = 0x086dd 表示 IPv6<br>dl_type = 0x0806 表示 ARP |
| nw_src = ip［/netmask］ nw_dst = ip［/netmask］ | 当 dl_type = 0x0800 时，匹配源或目的 IPv4 地址。可使用 IP 地址或域名 |
| table = number | 指定要使用的流表编号，范围为 0～254。<br>未指定情况下，默认值为 0。<br>通过流量编号，可以创建或修改多个流表中的流表项 |

　　YANG UI 是一个用户界面应用程序，通过它可以在 OpenDaylight 控制器中所有可用的 YANG 模型之间进行导航。通过此界面，可以创建、删除、更新基于模型驱动的操作配置、状态数据、远程过程调用等。

　　构建如图 7.2.24 所示的网络拓扑，它由一个 OpenDaylight 控制器、三个主机和一个 OpenFlow 交换机组成。通过 YANG UI 配置数据存储，推送/更新一些数据，实现主机间数据转发的通断。实验内容以 OpenFlow 1.0 单级流表和 OpenFlow 1.3 多级流表两种方式来实现。在单级流表中配置 h1 到 h2 之间的包丢弃，多级流表中配置 h1 到 h3 之间的包丢弃。

**3. 实验步骤**

（1）基于 OpenFlow 1.0 协议下发单级流表

1）创建网络拓扑。

2）登录安装 OpenDaylight 控制器的虚拟机，查看其 IP 地址，执行 netstat -an | grep 6633 命令查看该端口是否处于监听状态。

3）以 root 用户登录 OpenFlow 交换机，删除可

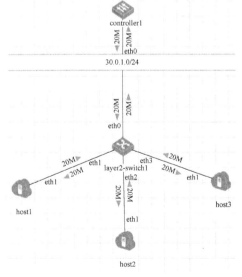

图 7.2.24　实验拓扑

能存在的原有控制器，建立和 ODL 控制器的连接（这里的 30.0.1.79 是控制器的 IP 地址）。

```
ovs-vsctl del-controller br-sw    //删除控制端
ovs-vsctl set-controller br-sw tcp:30.0.1.79:6633
//连接控制端,控制器位于 30.0.1.79,端口 6633
ovs-vsctl show    //查看控制器连接状态
```

如果连接成功，可以看到控制器下方显示 is_connected：true，如图 7.2.25 所示。

```
Bridge br-sw
        Controller "tcp:30.0.1.79:6633"
            is_connected: true
```

图 7.2.25　交换机与控制器连接成功

4）分别登录各主机，主机的网口为 eth1，执行 ifconfig 命令指定主机 h1、h2、h3 的 IP 地址分别为 10.0.0.11、10.0.0.22 和 10.0.0.33。

```
ifconfig eth1 10.0.0.11
ifconfig eth1 10.0.0.22
ifconfig eth1 10.0.0.33
```

5）在交换机上设置协议版本。

```
ovs-vsctl set bridge br-sw protocols=OpenFlow10
//该指令交换机支持版本设为 OpenFlow1.0
```

6）进入 ODL 控制器，打开浏览器，在地址栏中输入 http：//127.0.0.1：8080/index.html，用户名和密码均为 admin，进入控制器管理界面，如图 7.2.26 所示。

图 7.2.26　ODL 控制器登录界面

7）登录后进入图 7.2.27 所示的界面，单击左侧的 Nodes 标签可以查看节点信息。这里需要注意 Node Id，后面下发流表时会依据此 Node Id。

8）单击左侧的 YANG UI 标签，再单击 Expand all 按钮展开所有目录，可以查看各种模块。

9）找到 opendaylight-inventory rev.2013-08-19 模块目录，单击其左侧的 "+" 号按钮，逐级

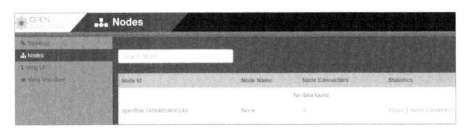

图 7.2.27　在控制器查看设备 Node Id

展开 config→nodes→node{id}→table{id}→flow{id}。

10）在下方补全 node id、table id 和 flow id 的值。因为这里为单级流表，所以 table id 为 0，如图 7.2.28 所示。

图 7.2.28　在 YANG UI 设置单级流表

11）单击 flow list 后面的 "+" 号按钮展开流表相关参数，flow id 填写为 1，此时路径中的 flow id 也会同步更新。

12）展开 match→ethernet-match→ethernet-type，填写 type 为 0x0800，即为 IPv4。在 layer-3-match 后面的下拉列表框中选择 ipv4-match 选项。

13）展开 layer-3-match，填写源 IP 和目的 IP 地址，这里源 IP 地址为主机 h1 的 IP 地址，目的 IP 地址为主机 h2 的 IP 地址，如图 7.2.29 所示。

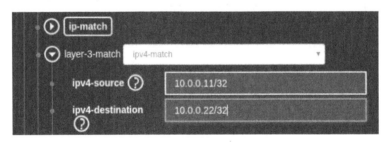

图 7.2.29　三层的流表匹配设置

14）展开 instructions，单击 instruction list 后面的 "+" 号按钮，在下拉列表中选择 apply-actions-case 选项。

15）展开 apply-actions，单击 action list 后面的 "+" 号按钮，在 action 后面的下拉列表中选择 drop-action-case 选项，且 action order 和 instruction order 都设置为 0。将匹配的流表动作设为 drop。

16）设置 priority 为 27，idle-timeout 为 0，hard-timeout 为 0，cookie 为 100000000，table_id 为 0。这里的优先级数值要求比已有流表项高，idle-timeout 和 hard-timeout 设为 0 表示该流表项永不过期，除非被删除。

17）至此，流表项参数设置完成。回到上方的 Actions 栏，路径后面有动作类型 GET、PUT、POST 和 DELETE。选择 PUT 下发流表，单击 Send 按钮，流表将会携带刚配置的参数下发给交换机。如图 7.2.30 所示，下发流表成功。

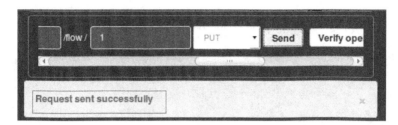

图7.2.30 下发流表成功

18）切换至交换机，执行 ovs-ofctl dump-flows br-sw 命令可以查看刚刚下发的流表，如图
7.2.31 所示，其中 table＝0，nw_src＝10.0.0.11，nw_dst＝10.0.0.22，actions＝drop 表示 table 0
中，对 10.0.0.11 发往 10.0.0.22 的包执行动作为 drop。

```
NXST_FLOW reply (xid=0x4):
 cookie=0x2b00000000000004, duration=2765.661s, table=0, n_packets=105, n_bytes=35638, idle_age=303, priority=2,in_port=3 action
s=output:1,output:2,CONTROLLER:65535
 cookie=0x2b00000000000003, duration=2765.661s, table=0, n_packets=121, n_bytes=41382, idle_age=2, priority=2,in_port=1 actions=
output:3,output:2,CONTROLLER:65535
 cookie=0x2b00000000000005, duration=2765.661s, table=0, n_packets=109, n_bytes=37006, idle_age=10, priority=2,in_port=2 actions
=output:1,output:3,CONTROLLER:65535
 cookie=0x5f5e100, duration=73.895s, table=0, n_packets=0, n_bytes=0, idle_age=73, priority=27,ip,nw_src=10.0.0.11,nw_dst=10.0.0
.22 actions=drop
 cookie=0x2b00000000000003, duration=2769.654s, table=0, n_packets=0, n_bytes=0, idle_age=3378, priority=100,dl_type=0x88cc acti
ons=CONTROLLER:65535
root@openlab:~#
```

图7.2.31 交换机查看下发的流表

19）登录主机 h1，向 h2 和 h3 发送数据包，测试主机间的连通性。可以发现，主机 h1 与 h2
不通，与 h3 能 ping 通，说明刚下发的流表已经生效。

20）登录交换机，执行如下命令删除刚下发的流表项，并查看流表是否成功删除。

```
ovs-ofctl del-flows br-sw dl_type=0x0800, nw_src=10.0.0.11, nw_dst=10.0.0.22
ovs-ofctl dump-flows br-sw
```

21）登录主机 h1，再次测试 h1 与 h2 之间的连通性，可以验证已经连通。

（2）基于 OpenFlow1.3 协议下发多级流表

1）登录交换机，执行下面的命令将 OpenFlow 的版本设置为 1.3。

```
Ovs-vsctl set bridge br-sw protocols=OpenFlow13   //设置交换机协议
```

2）OpenFlow 1.3 的流表下发过程与 1.0 版本的基本一致，找到 opendaylight-inventory
rev.2013-08-19 模块目录，单击左侧的"＋"号按钮，逐级展开 config→nodes→node｛id｝→table
｛id｝→flow｛id｝，补全 Actions 路径中的 node id、table id 和 flow id。node id 仍为先前的值，不同
之处在于多级流表，这里的 table id 设置为 2。

3）后续匹配 ethernet-type、layer-3-match、instruction list 均与前面的配置一致。其中，layer-
3-match 的 ipv4-destination 设为 10.0.0.33。

4）设置 priority 为 25，比 table 0 的优先级低，设置 table_id 为 2，apply-actions 选择 drop-ac-
tion-case，流表项配置完成，在 YANG UI 中使用 PUT 命令下发流表。

5）登录主机 h1，执行命令测试到 h3 的连通性。此时依然可以 ping 通，表示新流表项没有
发挥作用。这是因为存在多级流表时，数据包在 table 0 中能够匹配到相应流表就不会转到 table
2，要想 table 2 起效，需要向 table 0 增加一条流表项，将源 IP 地址为 10.0.0.11、目的 IP 地址为
10.0.0.33 的数据包转发到 table 2 处理。

6）展开 instructions，单击 instruction list 后面的"+"号按钮，在下拉列表中选择 go-to-table-case 选项，如图 7.2.32 所示。table_id 设为 2，其余参数不变。

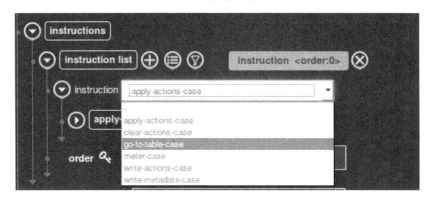

图 7.2.32　多级流表跳转

7）回到 Action 栏，动作类型设为 PUT，单击 Send 按钮下发流表。

8）切换至交换机，查看新下发的流表项，如图 7.2.33 所示。其中 table = 0, nw_src = 10.0.0.11, nw_dst = 10.0.0.33, actions = goto_table：2 表示 table 0 流表项为匹配 10.0.0.11 发往 10.0.0.33 的包执行动作为跳转到 table 2。

teble = 2, nw_src = 10.0.0.11, nw_dst = 10.0.0.33, actions = drop 表示 table 2 流表项为 10.0.0.11 发往 10.0.0.33 的包执行动作为 drop。

```
root@openlab:~# ovs-ofctl -O OpenFlow13 dump-flows br-sw
OFPST_FLOW reply (OF1.3) (xid=0x2):
 cookie=0x2b00000000000005, duration=601.855s, table=0, n_packets=34, n_bytes=8356, priority=2,in_port=3 actions=output:1,output
:2,CONTROLLER:65535
 cookie=0x2b00000000000003, duration=601.855s, table=0, n_packets=35, n_bytes=8698, priority=2,in_port=1 actions=output:2,output
:3,CONTROLLER:65535
 cookie=0x2b00000000000004, duration=601.855s, table=0, n_packets=24, n_bytes=7936, priority=2,in_port=2 actions=output:1,output
:3,CONTROLLER:65535
 cookie=0x3b9aca00, duration=33.804s, table=0, n_packets=0, n_bytes=0, priority=23,ip,nw_src=10.0.0.11,nw_dst=10.0.0.33 actions=
goto_table:2
 cookie=0x2b00000000000003, duration=605.849s, table=0, n_packets=0, n_bytes=0, priority=100,dl_type=0x88cc actions=CONTROLLER:6
5535
 cookie=0x989680, duration=250.075s, table=2, n_packets=0, n_bytes=0, priority=25,ip,nw_src=10.0.0.11,nw_dst=10.0.0.33 actions=d
rop
root@openlab:~# _
```

图 7.2.33　交换机查看流表跳转

9）切换至主机 h1，再次进行主机间连通性测试，可以验证 h2 可达，h3 不通，即 table 2 新流表已经起效。

## 7.3　SDN 简易负载均衡实验

负载均衡（Load Balance，LB）是一种服务器或网络设备的集群技术。负载均衡将特定的业务（如网络服务、络流量等）分担给多个服务器或网络设备，从而提高了业务处理能力，保证了业务的高可靠性。在企业网、运营商链路出口需要部署链路负载均衡设备以优化路由选择，从而大大提高对资源的高效利用，显著降低用户的网络部署成本，提升用户的网络使用体验。

SDN 网络架构下，SDN 控制器可监控连接各转发设备的端口流量，可以作为链路负载均衡设备。当 SDN 控制器监控到各链路流量后，会根据设置的流量门限值判断是否重载，如果判定为重载，那么将改变转发规则，从而将流量成功地进行分流引导。

链路负载均衡工作流程如下：

1）监控各端口流量。

2）根据门限值判断是否重载。

3）将重载链路的流量分流转发给选定的链路。

4）继续监控各端口流量。

在本实验中，最优路径的规划依赖于链路负载的计算，用通过一定时间内链路上传输的数据包的数量来衡量负载大小，通过 Dijkstra 算法计算出最优路径。

**1. 实验目的**

了解负载均衡的概念、作用和原理，掌握基于 SDN 的负载均衡实现方法。

**2. 实验拓扑**

简易负载均衡的实验拓扑如图 7.3.1 所示。多个交换机和主机均可在一个 Mininet 中进行搭建，具体方式可以参看 7.2.2 节的实验内容。此外，需配置一个外部控制器如 OpenDaylight，与 Mininet 建立连接，也可以使用 Mininet 自带的 POX 控制器。

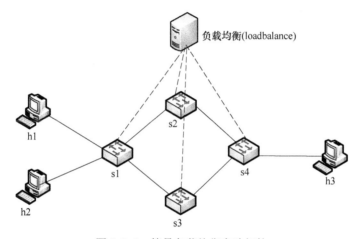

图 7.3.1　简易负载均衡实验拓扑

实验要求如图 7.3.2 所示。假设 h1、h2 为客户端，h3 为服务器，h1、h2 到 h3 的默认路径均为 s1-s2-s4，要求设计一个负载均衡程序 loadbalance，加载于控制器上。当 h1 向 h3 请求数据时，可以选择默认路径 s1-s2-s4。同时，h2 向 h3 请求数据时，首先也是选择默认路径 s1-s2-s4，当监测到端口流量大于门限值时，表明出现重载，将改变转发规则，即 h2 到 h3 为 s1-s3-s4，从而实现链路负载均衡。

loadbalance 脚本文件实现的程序流程如图 7.3.2 所示。其主要功能为：首先，根据链路连接下发正常情况的流表，即 s1-s2-s4 链路；接着，通过 sFlow 获取 s1 出端口流量并分析判断，若流量没有大于门限值，意味着链路带宽充足，继续采用 s1-s2-s4 链路不变，并继续监测；若端口流量大于设定的门限值时，意味着 s1-s2-s4 链路重载，那么需要下发重载情况的流表，改变转发规则，即将 h2 发往 h3 的出口改变为 s1-s3-s4，及时调整链路负载情况。

**3. 实验步骤**

1）登录 OpenDaylight 控制器，执行命令 netstat- an | grep 6633 查看端口是否处于监听状态，确保控制器启动。执行 ifconfig 命令查看控制器 IP 并记录。

2）登录 Mininet 主机，进行自定义创建本实验拓扑，创建方式可以参照本书 7.2.2 节的实验。使用命令--cotroller＝remote 进行外部控制器的指定，并指定其 IP 地址和端口。

3）执行 pingall 命令查看拓扑连通性。

4）登录控制器浏览器，输入 URL：http：//127. 0. 0. 1：8181 查看 ODL 视角的拓扑图，还可以查看拓扑中的 nodes 信息。All paths 可查看 h1 和 h3、h2 和 h3 之间的所有链路。

5）依据图 7.3.2 编写 loadbalance 脚本，包括设置门限值、监测周期，在控制器上执行脚本。

6）执行 h1 ping h3 操作，查看转发链路，应为 s1-s2-s4。

7）执行 h1 ping h3，不中断 ping，同时 h2 ping h3 不中断，模拟 s1-s2-s4 重载情况。

8）登录控制器查看 h1 和 h3 之间的选择链路，h2 和 h3 之间的选择链路。

9）查看 h2 和 h3 之间的选择链路，应该从 s1-s2-s4 变化为 s1-s3-s4。

10）中断 h1 ping h3，再次查看 h2 和 h3 之间的链路，应该从 s1-s3-s4 变化为默认路径 s1-s2-s4。

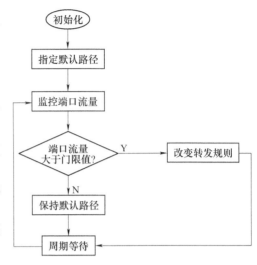

图 7.3.2　程序流程图

## 本章小结

本章首先介绍了软件定义网络的原理，包括体系架构、数据平面、控制平面、常见的南向/北向接口协议等，之后介绍了 SDN 网络拓扑搭建、流表下发的方法与实验，最后以 SDN 网络中的负载均衡为例给出了综合实验。

软件定义网络具有的转发与控制分离、开放可编程、逻辑上集中控制的三大特点，破除了传统网络中由于系统封闭、分散式控制、灵活性不够所带来的难以满足快速增长的网络业务新需求的问题，加快了网络架构迭代周期、网络业务创新周期，得到了业界的关注，也成为 5G 核心网的关键技术之一。

SDN 基础设施层也称为数据平面或转发平面，通过南向接口接收控制平面的决策并执行数据转发功能。从这个意义上来说，SDN 的数据平面是一种通用转发抽象。其中最常用的南向接口协议是 OpenFlow。它将控制器的决策通告交换机，并在交换机内部形成流表，以指导交换机的数据转发。

逻辑上集中的控制器完成网络中路由计算、网络管理、策略下发等控制平面的功能，同时通过开放的南向、北向接口与数据平面和应用层交互，是整个 SDN 网络的大脑。OpenDaylight 作为最常用的控制器之一，通过 REST API 形式的开放可编程北向接口，使得应用程序能够方便地访问控制平面的功能和服务，而不必知道底层网络交换机的细节，加快了架构升级和业务创新。

## 练习与思考题

1. SDN 的主要特征以及分层架构各层的主要功能是什么？

2. 除了 OpenFlow，还有哪些协议可用于 SDN 南向接口？请查阅资料并分析比较。

3. 访问 ODL 官网，查看其版本演进，了解最新版本的特点。

4. 试比较传统路由器的转发表与 OpenFlow 交换机流表在创建方式和组成结构方面的差异。

5. 在 OpenFlow 1.5 中，交换机处理分组分为入口和出口两个阶段，查阅资料简述其过程。

6. 基于 Mininet 配置交换机与控制器，使其支持 OpenFlow 1.3，自主设计实验，学习 OpenFlow 交换机与控制器建立 TCP 连接和消息交互的流程。

7. 自主设计实验环境，使用 Wireshark 捕获 OpenFlow 数据包，利用捕获过滤器和显示过滤器快速筛选出 OpenFlow 数据包，并简单分析 OpenFlow 报文的分层协议栈。

# 参 考 文 献

[1] 库罗斯，罗斯. 计算机网络：自顶向下的方法与Internet特色 原书第7版 ［M］. 陈鸣，译. 北京：机械工业出版社，2020.

[2] 彼得森，戴维. 计算机网络：系统方法：第5版 ［M］. 王勇，等译. 北京：机械工业出版社，2015.

[3] 杨武军，郭娟，李娜，等. IP网络技术与应用 ［M］. 北京：北京邮电大学出版社，2010.

[4] 黄韬，魏亮，刘江，等. 软件定义网络实验教程 ［M］. 北京：人民邮电出版社，2018.

[5] GÖRANSSON P，BLACK C，CULVER T. Software Defined Networks：A Comprehensive Approach ［M］. 2nd ed. San Francisco：Morgan Kaufmann，2017.

[6] GORALSKI W. The Illustrated Network：How TCP/IP Works in A Modern Network ［M］. 2nd ed. San Francisco：Morgan Kaufmann，2017.

[7] FOROUZAN B A . Data Communications and Networking ［M］. New York：McGraw Hill，2013.

[8] 中兴通讯股份有限公司. ZXR10 GAR（V2.6）通用接入路由器用户手册 ［Z］. 2007.

[9] 中兴通讯股份有限公司. ZXR10 3900/3200（V2.6）系列智能快速以太网交换机用户手册 ［Z］. 2005.

[10] 中兴通讯股份有限公司. 中兴数据产品中级培训实习手册：ZCSE ［Z］. 2006.

[11] 刘昭斌，曹钧尧，谭方勇. 网络工程设计实用教程 ［M］. 北京：清华大学出版社，2010.

[12] 何利，曹启彦，钱志成，等. 网络规划与设计实用教程 ［M］. 北京：人民邮电出版社，2018.

[13] 张友生，王勇. 网络规划设计师考试全程指导 ［M］. 2版. 北京：清华大学出版社，2014.

[14] 谢希仁. 计算机网络 ［M］. 7版. 北京：电子工业出版社，2017.

[15] 朱仕耿. HCNP路由交换学习指南 ［M］. 北京：人民邮电出版社，2017.

[16] 华为技术有限公司. HCNA网络技术学习指南 ［M］. 北京：人民邮电出版社，2015.

[17] 黄韬，刘江，魏亮，等. 软件定义网络核心原理与应用实践 ［M］. 3版. 北京：人民邮电出版社，2018.

[18] 谭振建，毛其林，吴海涛. SDN技术与应用 ［M］. 西安：西安电子科技大学出版社，2017.

[19] 斯托林斯，等. 现代网络技术：SDN、NFV、QoE、物联网和云计算 ［M］. 胡超，邢长友，陈鸣，译. 北京：机械工业出版社，2018.

[20] 戈朗生，布莱克，卡尔弗. 深度剖析软件定义网络：SDN 2版 ［M］. 王海，张娟，等译. 北京：电子工业出版社，2019.

[21] 唐宏，刘汉江，陈前锋，等. OpenDaylight应用指南 ［M］. 北京：人民邮电出版社，2016.

[22] 程丽明. SDN环境部署与OpenDaylight开发入门 ［M］. 北京：清华大学出版社，2018.

[23] OpenDaylight. Project Lifecycle & Releases ［EB/OL］. ［2021.6.21］ https：//www. opendaylight. org/about/lifecycle-releases.

[24] OpenDaylight. User Stories ［EB/OL］. ［2021-06-21］. https：//www. opendaylight. org/use-cases/stories.